에너지 공학

Energy Engineering

| 장구수 지음 |

도서출판 동화기술

머리말

우리가 살아가고 있는 지구는 하나의 고립계이다. 그 고립계 안에서 에너지 자원의 이용은 우리 생활에 윤택함을 주는 동시에 인간과 자연의 생태계에 나쁜 환경오염을 초래한다. 즉 경제 발전으로 급격한 에너지 사용량의 증가는 탄산가스 (CO_2)와 같은 온실가스 (Greenhouse gas) 방출량을 늘여 지구 온난화 (Global warming)를 초래하고 이로 인한 기후변화 (Climate change)와 지속적인 지구 생태계의 변화를 가져오게 되었다. 이와 같이 에너지 사용은 환경문제와 깊은 관계를 가지고 있다.

따라서 우리가 에너지 사용을 설계할 때 이제는 반드시 지구 환경문제를 생각하지 않을 수 없게 되었다. 이를 반영하듯 오늘날 주요 사용 에너지는 원유, 석탄, 천연가스와 같은 화석연료에서 점진적으로 친환경연료라고 할 수 있는 태양에너지, 수소에너지, 수력에너지, 풍력에너지, 해양에너지, 지열에너지, 원자력에너지, 바이오매스에너지 등의 신재생에너지로 느리지만 조금씩 전환되어 가는 추세를 보이고 있다.

본서에서는 에너지 분야에서 에너지 생산 공정 기술서비스의 엔지니어로서 오랜 경험과 노하우를 기초로 에너지 생산, 에너지 절약, 에너지 장치 설계까지 실제 현장에서 일어나는 여러 가지 내용을 소개하여 가능한 에너지공학에 대한 실질적인 이해의 폭을 높이는데 중점을 두고 이론과 실제를 함께 기술하였다. 그리고 본 저서를 출간하게 된 동기는 수원대학교 에너지공학 강의 준비를 위해 오랫동안 준비한 자료를 기초로 이 도서를 출간하게 되었다.

전체 내용은 12장으로 구성되어 있으며 1장에서 4장까지는 에너지의 개념과 분류, 에너지 관련 법칙, 에너지 이송 재료와 장치 부품, 열기관과 스팀 (증기) 및 열펌프에 대하여 기술하였다. 5장은 주요 화석연료의 하나인 석유에너지의 원유 정제에 대하여 정리하였다. 6장은 연료전지의 원료인 수소 생산 개질 공정에 대하여 언급하였다. 7장은 정유 공정의 에너지 장치 (가열로) 효율 개선에 대한 내용을 다루었다. 8장은 에너지 장치 (열교환기) 디자인에 대한 내용을 상세히 다루었다. 9장은 여러 가지 신재생 대체 에너지에 대한 개요와 현황 및 원리를 소개하였다. 10장에서는 바이오디젤 에너지 생산 그리고 11장과 12장은 미래의 에너지 활용과 초전도 기술에 대해 기술하였다.

아무튼 취업을 앞둔 학생들을 비롯하여 산업체의 에너지 분야에서 에너지 생산 및 절약에 종사하는 여러분들에게 조금이나마 도움이 되었으면 하는 바람을 가져봅니다. 아울러 보다 좋은 책으로 완성될 수 있도록 지속적인 수정 보완을 약속드리며 본서의 출간에 많은 도움을 주신 도서출판 동화기술의 임직원 여러분께 깊은 감사를 드립니다.

목 차

Contents

Contents

Chapter 1

에너지의 개념

에너지는 다양한 방법으로 분류할 수 있다. 에너지를 분류하는 방법은 운동에너지 또는 위치에너지로 분류한다. 고전적인 관점에서 운동에너지는 단순한 물리적인 움직임과 관련이 있다. 위치에너지는 시스템과의 상호작용 관점에서 설명할 수 있다. 예를 들어 중력 위치에너지는 2개의 질량 사이의 중력 상호 작용에 의해 발생한다. 높은 저수지에 있는 물의 위치에너지는 터빈을 가동시키는데 유효하게 이용할 수 있는 운동에너지로 변환할 수 있다. 그러나 실용적인 관점에서 생산 및 사용하는 방법에 따라 에너지의 형태를 설명하는 것이 유용하다. 또한 하나의 에너지 형태가 어떻게 다른 형태의 에너지로 변환할 수 있는지를 이해하는 것도 중요하다. 사실 에너지가 생산되었다라고 말할 때는 (예: 원자로) 우리의 필요에 적합하지 않은 에너지 (예: 핵 결합 에너지)가 쉽게 활용할 수 있는 다른 형태의 에너지 (예: 전기에너지)로 전환되었다는 것을 의미한다. 우리 주위 환경에서 뽑아낼 수 있는 에너지를 1차 에너지라 부른다. 예를 들면 화석연료 형태의 화학에너지, 바람이 가지는 풍력에너지, 저수지 물의 위치에너지, 태양광에너지 등이 있다. 에너지를 활용하기 위해서는 1차 에너지를 우리의 필요에 맞는 형태로 변환하는 것이 필요하다.

1.1 일, 에너지, 동력

에너지라는 용어는 일상적으로 많이 사용하지만 그 개념은 매우 추상적이다. 우리는 에너지를 직접 인지하지 못하고 단지 에너지의 이동 및 변환에 의해 그 존재를 알게 된다. 에너지는 일을 할 수 있는 능력이다. 일 (W)은 에너지 (E)의 소모의 결과이며 물체에 작용한 힘 (F)과 이동거리 (D)의 곱으로 나타낸다.

$$W = F \times D \tag{1-1}$$

위 식에서 물체에 작용하는 힘 F는 물체가 거리 D만큼 움직이는 동안 상수이며 이동방향과 같은 방향으로 작용한다. 일의 단위는 에너지의 단위와 같다. 에너지의 미터법 표준 단위는 Joule (J), 이 때 힘은 Newton (N), 이동거리는 미터 (m)로 표현된다. Joule 단위는 $kg \cdot m^2/s^2$와 같다.

기계적인 시스템에서 위 식 (1-1)로 표현하는 것이 편리할 것이다. 마루 위에 놓인 질량이 m인 물체는 마루 아래쪽으로 중력 mg (g: 중력가속도)가 작용하고 있고 마루는 위쪽으로 물체에 중력을 상쇄시키는 힘 mg가 작용하고 있다. 물체에 수직으로 작용하는 알짜 힘은 0이 되고 뉴턴의 법칙 $F = ma$ (a: 가속도)로부터 가속도는 0이 되어 물체는 움직이지 않는다. 물체가 이동한 거리도 0이므로 한 일도 0이 된다.
만약에 수직 방향으로 mg와 같거나 더 큰 힘이 작용한다면 물체는 마루에서 위로 움직일 것이다. 높이 h만큼 움직였다면 그 때 한 일 (W)은 힘 (ma)과 거리 (h)의 곱이 된다.

$$W = m \times g \times h \tag{1-2}$$

에너지 보존 법칙에 의해 일은 위치에너지 (mgh)로 변환된다. 한 일은 전환 과정 중 시간이 얼마나 걸렸는지 그리고 어떤 경로를 통해 높이 h에 도달했는지는 상관이 없다. 이러한 특성 때문에 중력은 보존된다고 한다.
가끔 에너지나 일보다는 동력을 다루는 것이 편리할 때가 있다. 동력 (P)는 일을 하는 속도 혹은 에너지가 소비되는 속도이다. 동력은 Watt (W)로 표시하고 sec당 1 Joule로 정의한다. 동력 P가 시간 t 동안 상수라 하면 사용된 전체 에너지 (E)는 다음과 같이 표현한다.

$$E = P \times t \tag{1-3}$$

위 식은 1 W · s = 1 Joule임을 보여준다. 전체 에너지는 시간에 따라 적분한 동력이므로 1 sec 동안 1000 W의 동력을 생산하거나 사용하는 것은 1000 sec 동안 1 W의 동력을 생산 혹은 사용하는 것과 같다. 위 식 (1-3)에서 에너지에 대한 다른 단위 kilo-watt-hour (kWh)를 만들 수 있다. kWh는 1 hour (3600 sec) 동안 1 kW (1000 W)의 동력에 해당하는 에너지가 된다. 따라서 1 kWh = 1000 W × 3600 sec = 3.6×10^6 J이 된다.
요약하면 질량 1 kg의 물질을 1 m/s^2의 가속도를 내게 하는 힘 (Force)을 1 Newton (N)이라고 하고 1 N의 힘을 물체에 가하여 1 m 이동시킨 일 (Work)을 1 Joule (J)이라 하며 1 J의 일을 단위 시간 (sec)당 한 일로 보면 동력 1 Watt (W)가 된다. 다른 동력의 단위인 1마력 (HP)은 0.745 W, 1 kW는 1000 W, 1 MW는 1000 kW이다.

1.2 에너지 분류

에너지의 종류와 형태는 몇 가지로 구분할 수 있으며 여러 가지 방법으로 사용되어 왔다.

1.2.1 저장에너지

자연 환경에서 비교적 안정되게 존재할 수 있는 화석연료와 우라늄 등의 에너지를 말한다. 그대로 방치하더라도 변화를 거의 받지 않는 형태의 것이다. 그러나 저장에너지는 에너지로서의 역할을 하려고 하면 온도, 산소, 압력, 중성자, 전류 등 적당한 외부로부터의 활성화 에너지를 가해야 한다. 이것에는 생물 연료 [신탄, 목탄, 바이오가스(메테인), 식량], 화석연료 (석유, 석탄, 천연가스), 핵연료 (핵분열 연료, 핵융합 연료), 전지 (1차 전지, 2차 전지), 화학에너지 (결합에너지, 가연물) 및 농도차 (용액) 등이 있다.

1.2.2 불규칙에너지 (내부에너지)

물질을 구성하는 분자 혹은 원자 등이 여러 방향으로 진동하고 비교적 자유롭게 불규칙적으로 움직이기 때문에 생기는 에너지로서 거시적으로는 온도와 압력으로 에너지 수준이 나타난다. 이 에너지에는 열에너지 (잠열, 현열, 고온체, 지열, 해양열, 열풍, 온수, 증기, 배기열), 압력에너지 (고압가스, 진공), 한랭에너지 (냉수, 액화가스, 얼음, 드라이아이스)가 이에 속한다.

1.2.3 역학에너지

물질의 운동에너지 (풍력, 파력, 조력, 수차, 고속 유체), 회전 운동에너지 (고속 회전체, 플라이 휠), 위치에너지 (고 낙차, 수력 댐), 탄성에너지 (스프링), 그리고 진동에너지 (진동체, 초음파)를 포함한다.

1.2.4 자기에너지 (전기에너지)

전압과 전류량의 곱으로 얻어지는 에너지이다. 전환 시 90% 이상이 역학적 에너지로 전환이 가능하다. 에너지 손실로는 전기 저항에서 생기는 열과 주변으로 자연 방전을 들 수 있다. 이것에는 전류에너지 (모터, 열전대), 정전에너지 (번개, 정전기), 자기에너지 (지자기, 영구 자석)가 있다.

1.2.5 복사에너지

대표적인 예가 지구에 도달하는 태양 에너지이다. 가시광보다 파장이 큰 전자파에너지는 전계와 자계로부터 얻어진다. 감마 및 X선 에너지는 주파수에 비례하여 계산되며 비례상수가 플랑크 상수이다. 즉 $\epsilon = \nu\mu$이다. 음파와 탄성파는 진폭과 진동수의 제곱에 비례하는 에너지를 방출한다. 태양열 (집열기, 태양전지), 전자파 (TV, 라디오, 레이저광), 음파 (마이크, 스피커), 방사능선 (원자핵 전지), 탄성파 (지뢰파)를 포함한다.

또한 에너지를 실용적인 관점에서 보면 운동에너지 (달리는 자동차), 위치에너지 (저수지의 물), 열에너지 (주전자의 끓는 물), 화학에너지 (1갤런의 가솔린), 핵에너지 (1 g 우라늄), 전기에너지 (전구), 전자기에너지 (태양 빛)로 구분할 수 있다. 여기서 열에너지는 물질을 구성하는 분자의 미시적인 운동에너지로 그리고 화학에너지와 핵에너지는 물질의 결합과 연관된 질량-에너지로 볼 수 있다.
이들 에너지를 사용하기 위해서는 에너지가 획득된 상태에서 사용하기 적합한 형태로 변환하는 것이 필요하다. 예를 들어 1갤런의 가솔린의 화학에너지를 열로 전환한 후 차량을 움직이기 위한 기계적 에너지로 변환할 수 있다. 어떤 전환 과정에서든 에너지는 항상 보존된다. 그러나 모든 에너지가 반드시 필요로 하는 형태로 전환되지는 않는다. 참고로 핵물리학에서는 에너지 자체의 보존보다는 질량-에너지의 보존을 더 고려하는데 이는 질량과 에너지의 두 양 사이에 동일성이 있기 때문이다.

(1) 운동에너지 (Kinetic energy)

운동에너지는 움직이는 물체가 정지 상태에 비해서 얼마나 더 많은 에너지를 갖고 있는지를 나타내는 물리량이다. 움직이는 물체의 운동에너지는 그 물체를 정지시키기 위해 해줘야 하는 일과 같다. 여러 구성 물체들로 이루어진 물리계의 운동에너지는 각 구성 물체의 운동에너지의 합과 같다. 질량이 m이고 속력이 v인 물체의 운동에너지 K는 다음과 같이 나타낸다. 여기서 에너지 K 단위는 Joule ($kg \cdot m^2/s^2$)이다.

$$K = \frac{1}{2} m v^2 \tag{1-4}$$

엄밀히 말하면 이는 물체의 속력이 진공 속 광속 c보다 훨씬 작은 경우, 즉 $v \ll c$인 경우 적용될 수 있다. 일반적인 운동에너지 정의는 아래 식으로 나타낸다.

$$K = \frac{mc^2}{\sqrt{1 - \frac{v^2}{c^2}}} - mc^2$$

위 식에서 $\frac{v}{c} \to 0$이면 $K \to \frac{1}{2} mv^2$가 된다.

이 운동에너지의 정량적 의미는 다른 형태의 에너지와 함께 본질적으로 에너지 보존 법칙을 성립한다. 그리고 운동에너지와 연관이 있는 회전체의 회전 운동에너지는 다음과 같다.

$$K = \frac{1}{2} I \omega^2 \tag{1-5}$$

I는 물체의 관성 모멘트이고 ω는 각속도이다. 관성 모멘트의 단위는 $kg \cdot m^2$이고 각속도는 s^{-1}이다. 에너지 단위는 Joule (J)로 나타낸다. 직선 운동하는 물체는 식 (1-4)로 그리고 회전 운동하는 물체는 식 (1-5)로 각각 운동에너지를 표기한다.

(2) 위치에너지 (Potential energy)

어떤 위치에 있는 물체가 가지는 에너지를 위치에너지라고 하며 중력에 의한 위치에너지와 탄성력에 의한 위치에너지가 있다. 중력장 에너지의 경우 질량이 m (kg)인 물체가 기준면에서 높이 h (m)인 곳에 있을 때 가지는 위치에너지 E는 다음 식과 같이 나타낸다. 여기서 에너지 단위는 Joule, g는 중력가속도 (9.8 m/s^2)이다.

$$E = mgh \tag{1-6}$$

위 식에서 위치에너지는 물체의 질량과 높이에 각각 비례한다. 이 위치에너지는 물체가 거리 h (항력이 없다고 가정하면) 만큼 아래로 떨어진다면 운동에너지로 전환될 수 있다.

$$E = \frac{1}{2}mv^2 = mgh \tag{1-7}$$

물체의 속도는 다음과 같이 계산할 수 있다.

$$v = (2gh)^{\frac{1}{2}} \tag{1-8}$$

중력에 의한 위치에너지와 일의 전환에서 물체를 천천히 들어 올리는 일을 하면 물체에 한 일의 양만큼 중력에 의한 위치에너지가 증가한다. 그리고 물체가 낙하하면 감소한 위치에너지만큼 외부에 일을 하게 된다. 중력에 의한 위치에너지의 이용 예는 수력발전, 스카이다이빙, 물레방아, 널뛰기 등이 있다. 또한 용수철과 같은 물체가 변형되면 탄성력에 의해 원래 모양으로 돌아가면서 외부에 일을 할 수 있는 능력이 생긴다. 이때의 에너지를 탄성력에 의한 위치에너지라고 한다. 그 크기는 탄성체의 변형이 클수록 크다.

(3) 열에너지 (Heat energy)

열의 형태를 취한 에너지를 말한다. 물체의 온도나 상 (기체, 액체, 고체)을 변화시키는 작용을 한다. 물리적으로는 물체 상태 변화에 대해 정의하는 에너지로서 물체 내부에너지의 증가량과 물체가 밖으로 한 일의 양을 합하여 그 물체가 얻은 열에너지의 양 (열량)이라 한다. 열량의 단위로서는 일반적으로 칼로리 (Calorie)를 사용한다. 또 열을 에너지의 한 형태로서 취급할 때는 에너지의 공통 단위인 Erg 또는 Joule (J)로 표시한다. 기체의 열에너지는 분자의 미시적인 움직임에 따른 운동에너지에 기인한다. 각각의 기체 분자는 $E = 1/2\ mv^2$의 운동에너지를 가지고 있다. 이때 분자의 질량 m, 평균속도는 v이다. 언급한 식의 우변은 기체의 온도에 관한 이상기체 이론을 적용하여 다음과 같이 표현할 수 있다.

$$\frac{1}{2}mv^2 = \frac{3}{2}k_B T \tag{1-9}$$

여기서, k_B는 볼쯔만 상수로 1.3806×10^{-23} J/K이고 T는 절대온도 (K)이다. 기체 분자 집합의 전체 내부에너지는 식 (1-9)의 우변에 전체 기체 분자의 수를 곱하면 얻어진다. 실용적 관점에서 기체 몰수와 같은 거시적 양을 다루는 것이 편리하다. 따라서 열에너지는 다음과 같다.

$$E = \frac{3}{2}nRT \tag{1-10}$$

여기서, n은 기체의 몰수, R은 기체상수이다. $R = N_A k_B = 8.315$ J/mol K, N_A는 아보가드로수 6.022×10^{23} /mol이다.

고체나 액체의 경우 물질의 거시적 열에너지 변화는 비열 C로 표현하는 것이 편리하다. 즉 질량 m인 물체에 Q만큼의 에너지가 공급된다면 온도 변화 ΔT는 다음과 같다.

$$\Delta T = \frac{Q}{MC} \tag{1-11}$$

큰 비열을 가지는 물질은 정해진 양만큼 온도를 올리기 위해 질량당 큰 에너지가 필요하다. 반대로 비교적 적은 양의 온도가 올라갔을 때 비열이 큰 물질은 많은 양의 열에너지를 저장할 수 있다. 고체가 녹는점까지 가열된다면 추가 에너지는 녹이는데 이용된다. 이 추가 에너지는 고체를 구성하는 화학결합을 끊는데 사용되며 이 에너지를 용융 잠열 (Latent heat)이라고 한다. 잠열은 고체의 온도를 변화시키지 않기 때문에 현열 (Sensible heat)과 구별되어 사용된다. 액체가 끓는점까지 가열될 때 기화 잠열인 추가 에너지는 물질을 기체로 상변이 시키기 위해 필요하다.

다만 에너지 전환 법칙의 경우에 역학적 일은 적당한 방법으로 같은 값의 열에너지로 바꿀 수 있으나 열에너지를 전부 역학적 (기계적) 에너지로는 전환은 불가능하다. 이것을 자연 원칙의 하나로 주장하는 것이 열역학 제2법칙이다. 또한 엔트로피 S는 내부에너지 U와 같이 상태함수이고 열평형상태에 있는 절대온도 T인 계에 열에너지 Q가 가역적인 열역학 과정에 의해서 전달되는 경우 엔트로피의 변화량은 $\Delta S = Q/T$이다. 만약 비가역 과정에 의해서 열에너지가 전달된다면 $\Delta S > Q/T$이다. 외부의 열에너지가 유입되지 않는 고립된 계의 경우 $Q = 0$이지만 만약 계에서 일어나는 열역학적인 과정이 비가역적이라면 $\Delta S > Q/T = 0$이므로 고립계의 엔트로피는 비가역 과정에서는 항상 증가하게 된다. 이 고립계가 결국 열평형상태에 이르면 더 이상 엔트로피의 증가는 없고 따라서 $\Delta S=0$이 된다. 즉 모든 임의의 고립된 열역학계의 엔트로피는 끊임없이 증가하며 열평형에 도달하면 더 이상의 증가를 멈춘다. 이를 이용해서 계의 엔트로피가 최대가 되는 상태로서 계의 열평형상태를 구하기도 한다.

(4) 화학에너지 (Chemical energy)

물질마다 가지고 있는 에너지 중 화합물의 원자 수준에서 이루어지는 전자간 상호작용인 화학결합에 의하여 물질 내에 보존되어 있는 에너지를 말한다. 에너지는 원자 결합 변화의 결과로서 화학반응 동안 흡수되거나 방출한다. 즉 원자들 사이의 화학결합으로 공간의 배열 결과, 물질 내에 저장된 잠재 (전위) 에너지이며 핵반응에너지에 비해 대략 100만분의 1 정도의 작은 값을 가진다. 일반적으로 화학반응이 일어날 때 열에너지를 방출하는 것은 발열반응이고 흡수하는 것은 흡열반응이라고 한다.
유기물질의 결합이 끊어질 때 에너지가 필요함으로 결합 해리 에너지는 (+) 값을 가진다. 이를 흡열반응이라 한다. 반대로 결합이 생성될 경우 항상 에너지를 방출함으로 발열반응이고 (−) 값을 가진다.

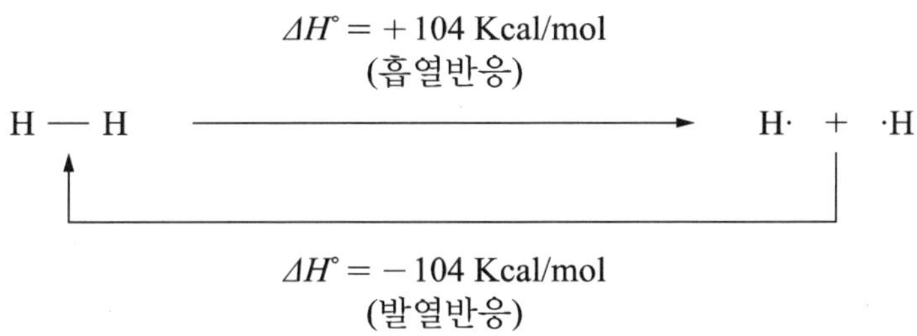

다음에서 A−B 결합이 끊어지고 B−C 결합이 생성된다.

$$\mathrm{A-B} \;+\; \mathrm{C:^-} \longrightarrow \mathrm{A:^-} \;+\; \mathrm{B-C}$$

이를 에너지 도표에 나타내면 다음과 같다. 여기서 E_a는 활성화 에너지를 의미한다.

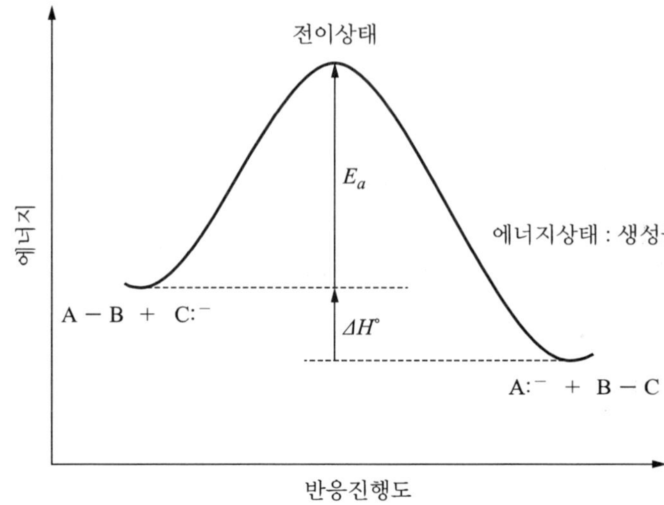

예를 들어 식물의 광합성은 태양의 빛을 받아 물과 이산화탄소를 이용하여 탄수화물(포도당)을 합성하는데 이는 빛에너지가 화학에너지로 전환하여 저장하는 과정이다.

$$6CO_2 + 6H_2O + 빛 \rightarrow C_6H_{12}O_6 + 6O_2 \qquad (1\text{-}12)$$

반대로 탄수화물을 연소시키면 물과 이산화탄소로 분해되고 이때 화학에너지는 열에너지로 방출한다.

$$C_6H_{12}O_6 + 6O_2 \rightarrow 6CO_2 + 6H_2O + 열 \qquad (1\text{-}13)$$

이와 같이 물질의 화학반응이 일어나면 보존되어 있던 화학에너지는 다른 에너지로 변화하여 방출되거나 흡수된다. 석유 등의 화석연료가 연소되는 과정에서는 화학에너지가 빛과 열에너지로 전환한다. 화학에너지의 변화는 빛이나 열뿐만 아니라 전기에너지에 의해서도 일어난다. 전지는 축적된 화학에너지를 전기에너지로 출력하고 있다.

일반적으로 산화반응인 물질의 연소가 발열과정이다. 에너지 생산과 연관된 대부분의 경우는 탄소의 연소를 포함하는 반응들이다. 가장 단순한 반응은 순수한 탄소의 산화반응과 이산화탄소의 생성이다.

$$C + O_2 \rightarrow CO_2 + 32.8\ MJ/kg \qquad (1\text{-}14)$$

이 반응식은 1 kg 순수한 탄소의 연소에 의해 발생하는 에너지의 양 즉 탄소의 연소열(MJ/kg)을 나타낸다. 이 값은 탄소 원자 하나의 산화로부터 방출되는 에너지의 양인

4.09 eV (1 eV = 1.6×10^{-19} J)와 일치한다. 분자량이 M (g/mol)인 물질의 한 원자 (분자)당 에너지 (eV)는 다음 식에서 구할 수 있다.

$$E(\text{eV}) = \frac{(10^6\ \text{J/MJ}) \times M \times (Q/m)}{(10^3\ \text{g/kg})(6.022 \times 10^{23}\ /\text{mol})(1.602 \times 10^{-19}\ \text{J/eV})} \quad (1\text{-}15)$$

여기서, 단위 질량당 방출되는 에너지 Q/m의 단위는 MJ/kg이다. 순수한 탄소의 산화는 때로는 석탄 연소에 적절한 추정법이다.
화석연료인 석유제품 가솔린의 한 성분인 옥테인의 연소반응은 아래와 같다.

$$2C_8H_{18} + 25O_2 \rightarrow 16CO_2 + 18H_2O + 46.8\ \text{MJ/kg} \quad (1\text{-}16)$$

이와 같은 탄화수소의 연소반응은 부산물로 액상의 물이 아닌 수증기를 생산한다. 식 (1-16)의 반응식에 명시된 에너지는 고발열량이며 이는 수증기의 기화 잠열을 포함하는 값이다. 이 값은 생성된 수증기가 액화 시 얻을 수 있는 발열량이다.
석유 (화학에너지)를 연소시켜 얻는 열 (열에너지)로 고온 및 고압의 수증기를 만들고 이 수증기의 압력으로 증기터빈을 돌려 (운동에너지) 이에 연결된 발전기에서 전기 (전기에너지)를 얻는다. 즉 화학에너지 → 열에너지 → 운동에너지 → 전기에너지 순서로 에너지가 전환된다.

(5) 핵에너지 (Nuclear energy)

원자핵의 변환에 따라 방출되는 에너지이다. 즉 원자핵의 변환에는 핵붕괴와 핵반응이 있으며 이에 따라 방출되는 에너지를 말한다. 핵에너지는 입자 간의 결합에 관련된 에너지라는 면에서 화학에너지와 유사하다. 핵에너지와 연관된 에너지 척도는 원자 내부의 전자가 포함된 원자 간의 결합보다는 핵 내부의 중성자 (Neutron)와 양성자 (Proton) 간의 결합과 관련이 있다.

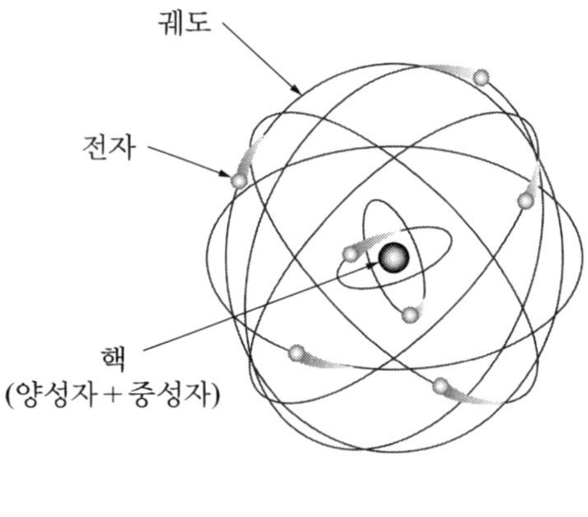

핵 결합은 수 eV (Electron volt)인 화학결합보다는 수 MeV (Mega electron volt)의 값으로 표시된다. 결과적으로 핵반응에서 방출되는 에너지는 화학반응에서 방출되는

에너지보다 훨씬 큰 값을 가진다.

1905년 아인슈타인의 특수상대성이론에 의해 질량과 에너지가 동등함이 밝혀진 이후 원자핵이 형성될 때 핵을 구성하는 핵자의 질량 일부가 결합에너지로 변환되어 원자핵 내부에 축적됨이 알려졌다. 즉 핵 내부의 양성자와 중성자의 결합에너지를 말하며 이러한 축적된 에너지를 핵반응을 통하여 방출시킬 수 있다.

이러한 에너지를 핵에너지라고 하며 아이슈타인의 관계식에 의해 주어진 질량과 에너지의 등가성을 통해 다음 식과 같이 표현한다.

$$E = mc^2 \tag{1-17}$$

여기서, c는 광속이고, 핵에너지는 핵 질량의 변화와 관계가 있다. 발열 핵반응을 통해 방출되는 에너지는 핵 질량의 변화로 나타내진다.

$$E_{exo} = \Delta m c^2 \tag{1-18}$$

비록 이 관계식이 화학에너지에도 적용된다 할지라도 화학결합과 관련된 에너지와 화학반응에 따른 질량 변화는 핵반응에 비해 매우 작다. 핵에너지의 방출은 우라늄과 플루토늄 같은 무거운 핵의 분열 (Fission)과 수소 동위원소와 같은 가벼운 핵의 융합 (Fusion)을 동반하게 된다.

대표적인 우라늄의 핵분열반응은 우라늄 핵에 중성자가 충돌하여 Rb (Rubidium)과 Ce (Cesium)으로 핵이 쪼개진다. 이 때 2개의 중성자와 매우 큰 에너지가 방출된다. 이와 같은 핵에너지를 활용하면 에너지원으로 사용할 수 있다. 대표적인 에너지원이 원자력발전소이다. 원자력발전소에서는 핵분열에 의한 에너지로 증기를 발생시켜 가스터빈을 돌리는 에너지원으로 사용하며 이를 통해 전기를 생산한다.

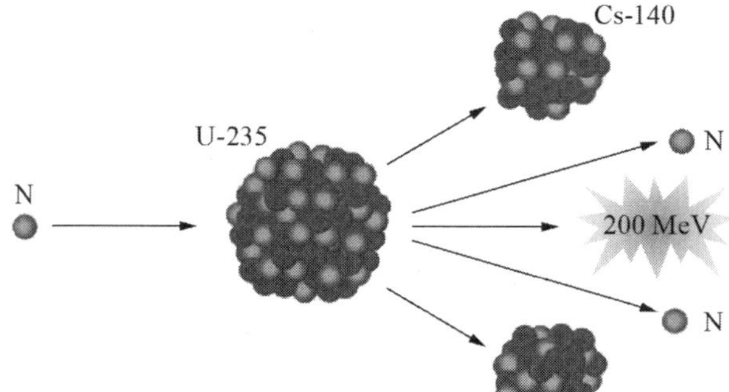

핵분열 외에도 핵융합을 통해서도 핵에너지를 방출시킬 수 있다. 대표적인 경우가 중수소 ($^2_1$H) 또는 삼중수소 ($^3_1$H)를 융합시켜 방출되는 에너지이다. 양성자 1개, 전자 1개로 이루어진 일반적인 수소 ($^1_1$H) 이외에 핵 안에 중성자가 추가적으로 한 개 들어있는 중수소, 두 개의 중성자가 추가적으로 들어있는 삼중수소가 있다. 중수소 2개를 융합시켜 에너지를 발생시킬 수 있는 반응식은 아래와 같다. 중수소 핵융합을 통해서는 3.3 MeV의 에너지를 방출시킬 수 있다.

$$^2_1\mathrm{H} + {}^2_1\mathrm{H} \rightarrow {}^3_2\mathrm{He} + {}^1_0n + 3.3\ \mathrm{MeV}$$

더 큰 핵에너지를 방출시킬 수 있는 핵융합반응은 아래 식에 표현된 것과 같이 중수소와 삼중수소의 핵융합으로부터 발생되는 에너지이다. 이 경우 17.6 MeV의 에너지를 발생시킬 수 있어 훨씬 효율적인 에너지 생산이 가능하다.

$$^2_1\mathrm{H} + {}^3_1\mathrm{H} \rightarrow {}^4_2\mathrm{He} + {}^1_0n + 17.6\ \mathrm{MeV}$$

이와 같이 다양한 핵반응으로 핵에너지를 방출시킬 수 있으며 이를 잘 활용하면 에너지원으로 활용가능하다.

(6) 전기에너지 (Electric energy)

전기와 관련된 에너지를 말한다. 궁극적으로는 전하의 위치에너지나 운동에너지로부터 파생된 에너지이다. 사용자의 입장에서 에너지는 여러 형태로 나눠지며 서로 전환될 수 있다. 그 중 일상생활에서 가장 많이 유용하게 사용하는 에너지가 전기에너지이다. 실질적으로 전기는 회로를 통해 움직이기 때문에 전기회로에 의해 운반되거나 소모되는 에너지를 뜻한다. 전기에너지는 회로에 의해 전달되는 전류와 전위차의 결합에 의해 공급된다.

전도체에서 전기에너지는 전자와 연관되어 있다. 전자를 미시적으로 표현할 필요 없이 전압 (Voltage)과 전류 (Current)로 전기에너지를 거시적으로 다루는 것이 편리하다. 만약 전류 I가 저항 R을 가진 회로를 통해 흐른다면 저항에 의한 전압 강하 V는 다음과 같이 주어진다.

$$V = IR \tag{1-19}$$

이 때 전류가 암페어 (Ampere, A), 저항이 옴 (Ohm, Ω), 전압은 볼트 (Volt, V)가 된

다. 저항에서 소모되는 동력 P는 다음과 같이 나타낸다.

$$P = VI \tag{1-20}$$

V와 I의 단위는 각각 볼트 (V)와 암페어 (A)이며 이 때 동력 P는 와트 (Watt)이다. 식 (1-19)를 식 (1-20)에 대입하면 다음과 같다.

$$P = I^2R = \frac{V^2}{R} \tag{1-21}$$

앞에서 나온 식 (1-3)으로부터 전기에너지 (Joule)는 동력 (Watt)과 시간 (second)의 곱이 된다. 전기에너지는 주로 kWh 단위로 나타내고, J로서 에너지를 나타내기 위해서는 환산 인자로 3.6×10^6 J/kWh를 사용한다. 동일한 방법으로 kWh와 MJ 사이의 환산 인자는 0.278 kWh/MJ이다.

전기에너지는 사용자에게 도달하여 다른 형태의 에너지로 전환되기까지는 전기적 위치에너지이다. 이 위치에너지가 전환이 되면 열, 빛, 운동과 같은 다른 형태의 에너지가 된다.

전기회로를 통하여 단위 시간당 공급되는 에너지를 전력 (kWh)이라 한다. 전력은 전압과 전류의 곱으로 표시할 수 있고 교류인 경우는 이 값의 시간 평균을 사용한다.

$$(P) = \frac{1}{T}\int_0^T P(t)dt = \frac{1}{T}\int_0^T I(t)\,V(t)dt$$

여기서, T는 주기를 뜻한다. 만약 전류와 전압이 각기

$$I(t) = I_0 \sin(2\pi ft), \qquad V(t) = V_0 \sin(2\pi ft + \phi)$$

인 경우라면, 위의 시간 평균은

$$(P) = \frac{1}{2}\cos\phi$$

가 된다.

때로는 이와 대등하게 전기에너지를 전기장이나 자기장과 관련하여 생각할 수 있다. 즉 전기장이나 자기장이 있는 공간에는 전기에너지가 분포하고 있다. 예를 들어 전자기파의 경우도 전기장과 자기장에 의해 구성되어 있으므로 전기에너지를 수반하고 또 전달할 수 있다.

(7) 전자기에너지 (Electromagnetic energy)

전기적 방전의 진동과 가속에 의해 발생하는 역동적인 에너지의 한 형태이다. 전자기 에너지는 원자나 분자가 아주 높은 에너지 궤도에서 낮은 에너지 궤도로 떨어질 때 발생하는 전자 그리고 원자나 전자의 불규칙 운동과 함께 융합과 분열 중인 원자핵과 관계가 있다.

[참고 1] Rh 원소의 전자궤도와 전자 배치

5주기, 9족, 원자번호 (Z) 45, 원자량 102.9055; 전자궤도 (껍질) 5개 (K, L, M, N, O), 전자가 9가, 전자 (양성자) 45개, 중성자 58개 (103-45).

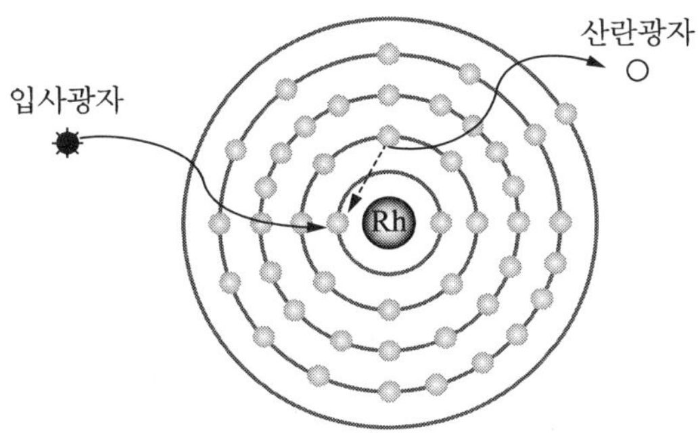

에너지준위 (전자 45개)

K $1s^2$ ↑↓ 2개

L $2s^2$ $2p^6$ ↑↓ ↑↓ ↑↓ ↑↓ 8개

M $3s^2$ $3p^6$ $3d^{10}$ ↑↓ ↑↓ ↑↓ ↑↓ ↑↓ ↑↓ ↑↓ ↑↓ ↑↓ 18개

N $4s^2$ $4p^6$ $4d^8$ ↑↓ ↑↓ ↑↓ ↑↓ ↑↓ ↑↓ ↑↓ ↑↓ 16개

O $5s^1$ ↑ 1개

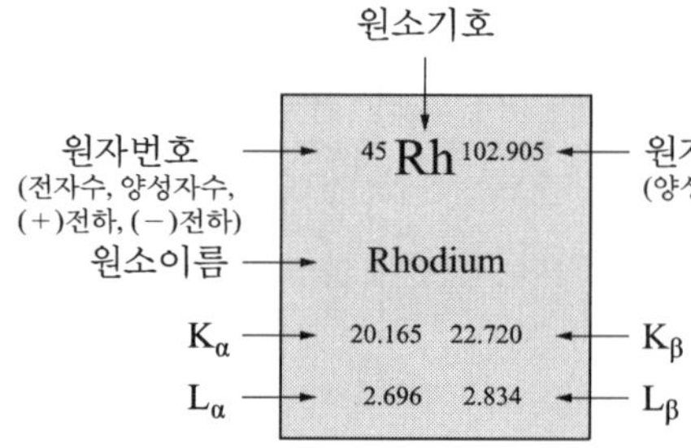

Rh-$K_{\alpha, \beta}$ & Rh-$L_{\alpha, \beta, \gamma, \delta}$

Rh-K_α < Rh-K_β

Rh-K_α, K_β ≫ Rh-L_α, L_β

[참고 2] Ar 원소의 전자궤도와 전자 배치

3주기, 18족 (0족), 불활성기체, 전자껍질 3개

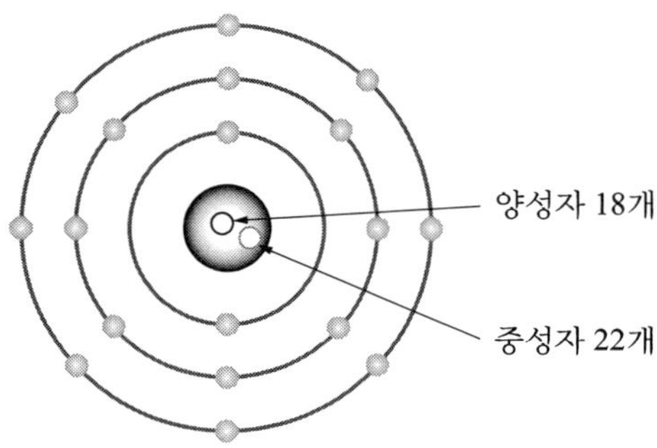

궤도(오비탈)	K	L				M			
	($n=1$)	($n=2$)				($n=3$)			
전자배치	$1s^2$	$2s^2$	$2p^6$			$3s^2$	$3p^6$		
Spin	↑↓	↑↓	↑↓	↑↓	↑↓	↑↓	↑↓	↑↓	↑↓

3주기 18족(0족) 불활성기체

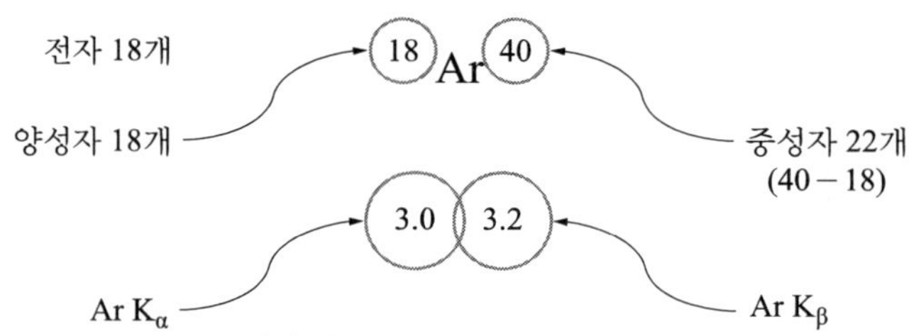

전자껍질 3개 (K, L, M) @3주기

입사 Beam (X-ray) 6.4 KeV가 Ar K_α 3.0 KeV짜리 전자 1개 떼어내고 (Ar^+, e^-) (6.4 − 3.0 = 3.4), 이때 생성 e^- 전자가 기하급수적으로 전자를 만들어낸다. 나머지 3.4 KeV로 다른 전자궤도의 전자를 떼어낸다 (매우 Random하게).

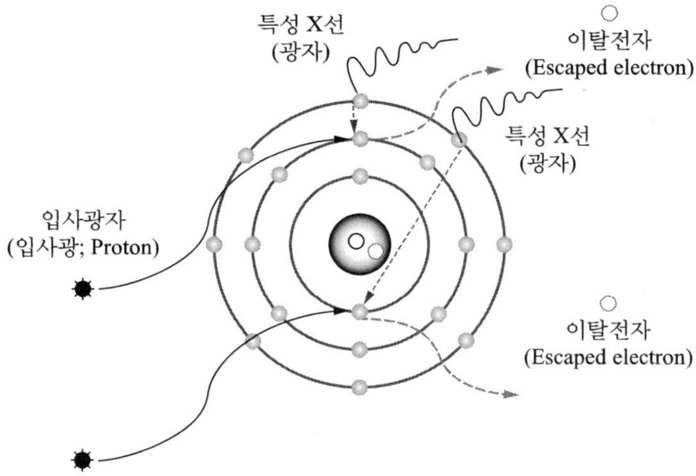

모든 자연물질들과 합성물질들은 절대 0도 이상의 온도를 지속적으로 생산하며 자기 자신의 온도와 비례하는 전자기에너지를 방사한다. 원자나 분자의 모든 불규칙 운동은 절대 0도 이하에서는 중지된다. 우주에는 자연적으로 발생되는 전자기에너지뿐만 아니라 인공적인 것까지 무수히 많은 범위의 전자기에너지가 존재한다. 실질적으로 지구시스템으로 투사되는 모든 자연발생 전자기에너지는 태양에서 만들어진다.

전자기 복사는 전기와 자기 요소 둘 다를 가지고 있고 가변적인 파장의 일련의 사인파형으로 보일 수 있다. 감마선, X선, 자외선 (UV), 가시광선, 적외선 (IR), 마이크로파, 라디오파를 포함한 전자기에너지의 많은 형태가 있다. 이들 빛의 파장과 에너지는 다음과 같다.

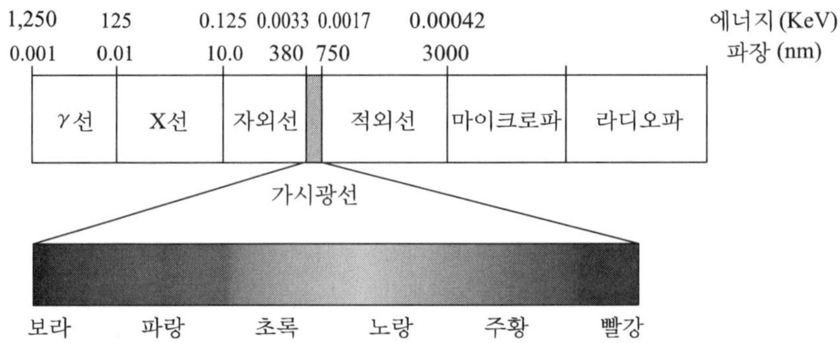

빛은 파동성과 입자성의 두 가지 성질을 지니고 있다. 파동의 성질로 본다면 빛은 전자기파에 해당하고 입자의 성질로 볼 때는 광자 (광양자)로 명명한다. 즉 전자기 복사는 광파 (Light wave)와 같은 파동을 형성하는 전기장 및 자기장과 관련되어 있다. 또한 양자역학에서는 광자 (Photon)라는 입자의 집합으로 간주한다. 태양으로부터 전자기 복사 (대부분 가시광선 영역)는 화석연료, 바람, 태양광, 바이오매스 등과 같은 다른 에너지의 기본 원천이기 때문에 매우 중요한 에너지원의 하나이다. 파장이 짧아짐에 따라 복사 에너지양은 증가한다. 다른 파장에 대해서도 파장 λ는 속도의 형태로 진동수 ν와 관계된다. 전자기파의 경우는 광속 ($c \fallingdotseq 3\times10^8$ m/s)이며 다음과 같이 나타낸다.

$$\lambda = \frac{c}{\nu} \tag{1-22}$$

여기서, 파장의 단위는 m, 속도의 단위는 m/s, 진동수의 단위는 Hertz (s^{-1})이다. 만약 전자기에너지를 광자 (Photon)라고 하면 각 광자의 에너지는 전자기파의 진동수와 관계한다. 즉 광자 한 개의 에너지는 플랑크상수 h에 빛의 진동수 ν (혹은 주파수 f)를 곱한 값이다.

$$E = h\nu = h\frac{c}{\lambda} = \frac{1.24}{\lambda} \tag{1-23}$$

여기서, E는 전자기에너지, λ는 빛의 파장, ν는 복사선 진동수, h는 플랑크상수, c는 빛의 속도이다.

장파장의 라디오파는 전기장치 (무선 송신기)에서 인공적으로 만들 수 있다. 적외선에서 자외선 및 X선 스펙트럼 영역에서의 복사는 자연적으로나 인공적으로 원자에너지 수준 사이의 전자 전이를 통해 보통 만들어진다. 단파장 (고에너지) 복사는 핵의 들뜬

상태 (Exited state)를 포함하는 전이에서 보통 나타나게 된다. 식 (1-23)에서 에너지 단위는 J이고, 플랑크상수 $h = 6.626 \times 10^{-34}$ J/s이다. 많은 경우 광자당 에너지는 eV (혹은 KeV)로 표시하는 것이 편리하다. 이 경우 플랑크상수 $h = 4.136 \times 10^{-15}$ eV/s이다.
다시 말해 빛은 파장이 짧은 감마선부터 파장이 긴 라디오파까지를 포함하는 에너지이다. 이 에너지는 빛의 속도로 진행하며 다양한 물질에 에너지를 전달하면서 반응을 일으킨다. 진동수에 따른 전자기 복사의 특성은 다음과 같다.

① 마이크로파 (Micro waves)/라디오파 (Radio waves)

주파수가 가장 낮으며 물질에 쬐면 전하의 이동을 유발한다. 특히 금속과 같은 전도체에서는 전하의 이동에 따른 전류가 발생하고 금속이 전자기파를 흡수하거나 전하를 분리시켜 새로운 전자기파를 방출한다. 이 원리를 이용한 것이 TV나 라디오의 안테나이다. 또한, 전자레인지의 경우도 마이크로파가 음식물에 존재하는 물이나 지방과 같은 물질에 흡수되면서 분자의 진동을 유발해 열을 발생시키는 원리이다.

② 적외선 (Infrared rays)

마이크로파와 라디오파보다 더 넓은 범위의 물질에 열을 발생시키고 반대로 열을 발생시키는 물질이 적외선을 방출하기도 한다.

③ 가시광선 (Visible light)

사람의 망막 세포에 흡수되어 사물을 볼 수 있게 하고, 식물들의 광합성을 일으킨다. 다만 마이크로파, 라디오파, 그리고 적외선과는 달리 진동을 통해 열을 발생시키지는 않는다.

④ 자외선 (Ultraviolet rays)

광자 (Photon)가 이중결합을 한 분자에게 영구적인 손상을 가할 정도로 에너지가 높다. 사람의 피부에 흡수된 자외선은 DNA를 손상시켜 피부암을 포함한 여러 피부질환을 일으킨다. 자외선 중 가장 주파수가 높은 수준에 이르면 전자가 원자에서 벗어날 정도의 충분한 에너지를 전달한다. 전자를 원자에서 자유롭게 할 정도의 에너지는 보통 10 eV (Electron volt) 정도이고 이는 파장이 124 nm보다 낮은 경우에 해당한다.

⑤ X선 (X-rays)/감마선 (Gamma rays)

가장 주파수가 높은 전자기파로 분자를 이온화시킬 수 있을 정도의 큰 에너지를 전달하기 때문에 이온화 복사로 부르기도 한다. 기형아 출산이나 암 발병의 주요 원인이며 X선 중 주파수가 가장 높은 부분과 감마선은 물체를 투과할 정도로 강력해 많은 의료기기에 쓰이기도 한다.

[참고 3] XRF 분석기의 X-선관 (X-ray tube) 원리

아래와 같이 시편에 조사할 X선을 발생시킨다. 즉 진공의 Tube에 전압을 걸어 전류를 흘려주면 저항 (Ω)이 생겨 열 (Heat)이 발생한다. 발생열은 전자 이동 (분자 결합 이동 등)을 의미한다. 전자는 (−)이므로 Rh (5주기 8족)의 Anode (음극판)과 부딪혀 반발 (Coulomb 반발력)하여 X-ray (빛) Protons (광자)로 바뀌어 Be 창을 통해 나와 (주로 K line 사용, L line은 중금속) 시편을 때리게 된다. 고속 충돌 반발력으로 과열이 발생하므로 냉각장치가 필요하다. 진공 속에서 전자 이동속도는 광속의 1/100 (1/10이라고 해도)이므로 Kinetic energy (운동에너지)는 $E=\frac{1}{2}mv^2=\frac{1}{2}m\left(\frac{c}{10}\right)^2=\frac{1}{2}\times\frac{1}{100}mc^2$의 빠른 속도로 Rh와 충돌 반발해서 Proton으로 바뀐다.

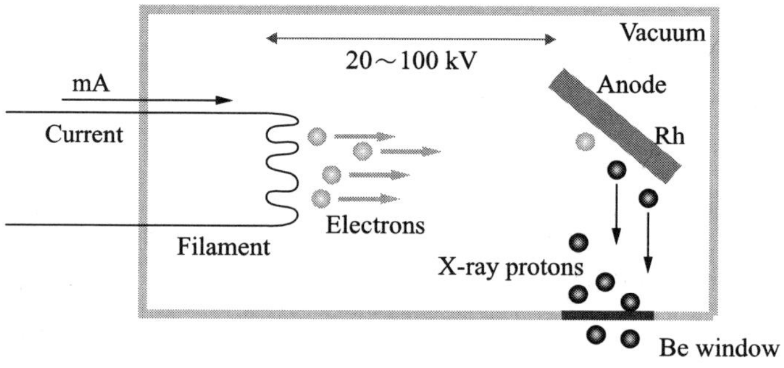

그 밖에 전자기 복사와 분석기기의 활용 예는 아래에 나타낸 것과 같다.

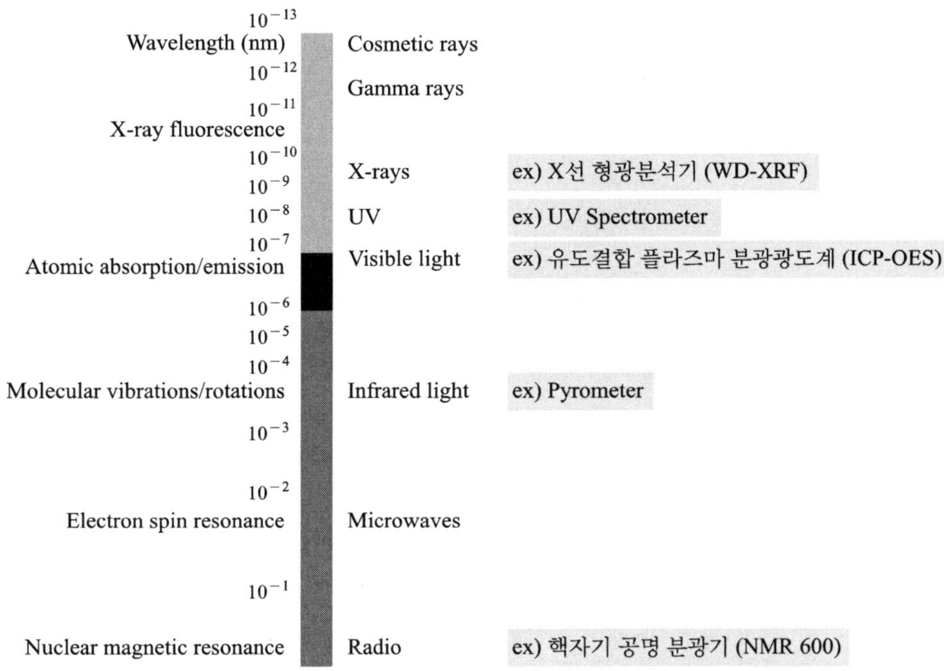
10^{-13}
Wavelength (nm)
Cosmetic rays
10^{-12}
Gamma rays
10^{-11}
X-ray fluorescence
10^{-10}
X-rays
ex) X선 형광분석기 (WD-XRF)
10^{-9}
10^{-8}
UV
ex) UV Spectrometer
10^{-7}
Visible light
ex) 유도결합 플라즈마 분광광도계 (ICP-OES)
Atomic absorption/emission
10^{-6}
10^{-5}
10^{-4}
Molecular vibrations/rotations
Infrared light
ex) Pyrometer
10^{-3}
10^{-2}
Electron spin resonance
Microwaves
10^{-1}
Nuclear magnetic resonance
Radio
ex) 핵자기 공명 분광기 (NMR 600)

Chapter 2

에너지와 열역학

2.1 엔탈피, 엔트로피, Gibbs자유에너지

2.1.1 엔탈피 (Enthalpy)

어떤 물질이 가지고 있는 에너지양을 그 물질의 엔탈피 (혹은 열함량)라 한다. 즉 액체나 기체가 갖는 단위 중량당의 열에너지 (kcal/kg)를 말하고, 기호는 H로 나타내며 단위는 kJ을 사용한다.

화학에서는 반응열, 연소열, 용해열, 중화열, 증발열 등이 있다. 열은 일정한 압력에서 반응 (변화)이 일어날 때, 반응 전후의 온도를 같게 하기 위하여 계가 흡수하거나 방출하는 열 (에너지)을 의미한다. 엔탈피는 엔트로피와 함께 물질계의 안정성과 변화의 방향 그리고 화학평형의 위치와 이동을 결정하는 핵심 요소이다. 엔탈피는 에너지와 유사하며 때로는 혼동하여 사용한다.

엔탈피를 잘 이해하기 위해서는 열, 일, 에너지에 대한 내용을 살펴보는 것이 필요하다.

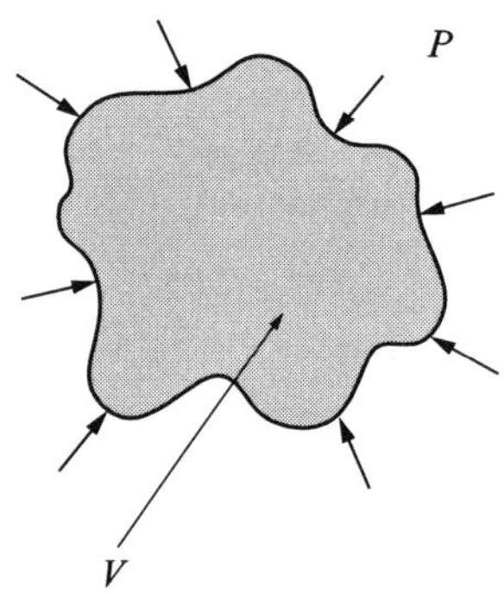

계 (System)의 상태가 변하면 계에서 주위로 또는 주위에서 계로 열과 일이 이동한다. 계가 받은 열 Q와 계에게 해준 일 W의 합을 계의 에너지 변화량 ΔE이라 한다.

$$\Delta E = Q + W$$

일에는 전기적인 일과 기계적인 일이 있으며 외부 압력 P에 대해 계의 부피 V가 변할 경우도 일이 관여한다. 이때 계에 해준 일 W은 $-P\Delta V$로 나타낼 수 있다. 만약 계에 외부 압력에 대해 부피가 변하는 일 외에 다른 일이 없다면, ΔE는 다음과 같이 열역학 제1법칙으로 나타내진다.

$$\Delta E = Q - P\Delta V \tag{2-1}$$

부피가 일정하면 ($\Delta V = 0$) 에너지 변화량 ΔE는 흡수한 열량 Q_v와 같다.

$$\Delta E = Q_v \tag{2-2}$$

화학에서 관심이 많은 변화는 부피가 일정한 상태보다는 압력이 일정한 상태 즉, 대기압 하에서 일어나는 경우가 많다. 물의 증발, 얼음의 융해, 연료의 연소반응이 그 예이다. 이와 같이 우리 주변에서 흔히 볼 수 있는 물리 화학적 변화에서 출입하는 열량을 알기 위해 엔탈피가 도입되었다. 엔탈피 H는 에너지 E에 압력 P와 부피 V의 곱을 더한 것으로 정의한다.

$$H = E + PV \tag{2-3}$$

따라서 엔탈피 변화량 ΔH는 다음과 같다.

$$\Delta H = \Delta E + \Delta(PV) \tag{2-4}$$

위 식에서 $\Delta(PV)$는 $(P\Delta V + V\Delta P)$로 쓸 수 있다. P, V 일 이외에 다른 일이 없다면 식 (2-1)을 식 (2-4)에 대입하면 ΔH는 다음과 같다.

$$\Delta H = Q + V\Delta P \tag{2-5}$$

따라서 엔탈피 변화량 ΔH는 일정한 압력 ($\Delta P = 0$) 하에서 계가 흡수한 (받은) 열량 Q_p이다.

$$\Delta H = Q_p \tag{2-6}$$

그리고 반응에 있어서 엔탈피는 다음과 같다.

(1) 발열반응에서 엔탈피가 감소하고 흡열반응에서는 엔탈피가 증가한다.

(2) 화합물의 표준생성엔탈피 $\Delta H_f°$는 반응식에서 반응열을 구하게 해준다. 이는 1기압 하에서 일어나는 반응의 엔탈피 변화량으로 반응에서 출입하는 열량을 측정하면 바로 구할 수 있다.

(3) 헤스 (Hess)의 법칙 (여러 단계 반응에서 각 단계의 엔탈피 변화량의 합은 0이다)을 이용하여 간접적으로 화합물의 표준생성엔탈피 $\Delta H_f°$를 구할 수 있다. 이와 같은 방법으로 구해진 많은 화합물의 $\Delta H_f°$ 데이터가 문헌에 나와 있다. 이것을 이용하면

화학반응의 반응엔탈피 (반응열)를 실험하지 않고 구할 수 있다.

(4) 기체의 몰수가 변하지 않으면 반응의 에너지와 엔탈피 변화량은 거의 같다. 반응에서 생성물과 반응물에 있는 기체의 몰수 변화 Δn이 없다면 부피 변화는 미미하다. 따라서 $\Delta(PV)$는 아주 적은 값이 되어 $\Delta H \fallingdotseq \Delta E$가 된다. 이 때문에 부피의 변화가 크지 않은 고체나 액체만을 포함하는 반응에서는 엔탈피와 에너지를 엄격히 구분하지 않고 사용한다. 반응에서 기체의 몰수가 변하는 경우에 $\Delta(PV)$는 이상기체 방정식 ($PV = nRT$)에서 대략 ΔnRT (R: 기체상수, T: 절대온도)가 된다. 따라서

$$\Delta H = \Delta E + \Delta nRT \tag{2-7}$$

이 경우 ΔH나 ΔE 중 하나를 알고 반응식에서 Δn을 알면 다른 값을 구할 수 있다.

2.1.2 엔트로피 (Entropy)

비가역 정도를 나타내는 상태함수이다. 이론적으로 물질계가 흡수하는 열량 dQ와 절대온도 T와의 비 $dS = \delta Q / T$로 정의한다. 여기서, dS는 물질계가 열을 흡수하는 동안의 엔트로피의 변화량이다. 어떤 계의 엔트로피 변화 ΔS (무질서도)는 다음과 같이 나타낸다.

$$\Delta S = S_2 - S_1 = \int_{T_1}^{T_2} \frac{\delta Q}{T}$$

단열계에서 어느 비가역적 변화가 일어나면 반드시 그 엔트로피는 증가하며 결코 감소하지 않는다. 이것은 열역학 제2법칙이다.

우주의 전체 에너지양은 일정하고 전체 엔트로피는 증가한다. 열기관의 효율을 이론적으로 계산하는 이상 기관의 경우는 모두 가역과정이므로 엔트로피는 일정하게 유지된다. 일반적으로 현상이 비가역과정인 자연적 과정을 따르는 경우는 엔트로피가 증가하고 자연적 과정에 역행하는 경우에는 엔트로피가 감소하는 성질이 있다.

열역학에서 제1법칙은 에너지보존의 법칙이다. 즉 우주에 존재하는 에너지 총량은 일정하며 절대 변하지 않는다는 것이다. 제2법칙은 대부분 자연현상의 변화는 어떤 일정한 방향으로만 진행한다. 이는 이미 진행된 변화를 되돌릴 수 없다는 의미이다. 따라서 자연 물질계의 변화는 엔트로피의 총량이 증가하는 방향으로 진행한다. 이것을 엔트로피의 증가의 법칙이라고 한다. 다시 말해 가용할 수 있는 에너지는 일정한데 자연의

물질은 일정한 방향으로만 움직이기 때문에 무용한 상태로 변화한 자연현상이나 물질의 변화는 다시 되돌릴 수 없다는 것이다.

따라서 엔트로피는 다시 가용할 수 있는 상태로 환원할 수 없는 무용의 상태로 전환된 질량 (에너지)의 총량을 말한다. 예를 들어 화석연료인 석유 (Petroleum), 석탄 (Coal), 천연가스 (Natural gas)를 이용하여 에너지를 얻을 수 있지만 이들 연료들은 아황산가스 (SO_2), 아질산가스 (NO_2), 이산화탄소 (CO_2) 등으로 기화하기 때문에 가용 가능한 상태로 다시 되돌리지 못한다. 그 질량은 다른 상태로 변화되어도 사라지지 않지만 이미 되돌릴 수 없는 상태로 전환된 것이다.

때때로 자연현상은 국부적으로 엔트로피가 감소하는 비자연적 변화를 따르는 것도 있지만 그것에 관계되는 물질계 전체를 다루어 보면 항상 엔트로피를 증가시키는 방향으로 현상이 변화한다. 즉 물질의 재활용을 위해서는 또 다른 에너지를 소모해야 하기 때문에 전체적으로 엔트로피가 상승하는 결과를 가져올 뿐이다. 이 이론은 자연현상이 일어나는 방향을 정하는 것으로 에너지 보존 법칙 (열역학 제1법칙)과 함께 열역학의 기본 법칙이다.

엔트로피는 물질계의 열적상태로부터 정해진 양으로 통계역학의 입장에서 보면 역학적인 확률을 나타내는 양이다. 엔트로피 증가의 원리는 분자운동의 확률이 적은 질서 있는 상태로부터 확률이 큰 무질서한 상태로 이동해 가는 자연현상으로 해석한다. 예를 들면, 마찰에 의해 열이 발생하는 것은 역학적 운동 (분자의 질서 있는 운동)이 열운동 (무질서한 분자운동)으로 변하는 과정이다. 그 반대의 과정은 무질서에서 질서로 옮겨가는 과정이며 이것은 자발적으로 일어나지 않는다. 일반적으로 열역학적 확률의 최대값은 온도가 균일한 열평형상태에 대응한다. 다른 에너지의 출입이 없는 고립계인 경우에는 계 전체가 열평형에 도달하여 모든 열과정이 정지하는 상태이다.

산업화를 통한 기계화는 지구에 한정된 화석 자원을 급속하게 고갈시켜 막대한 에너지를 소비하는 사회로 진화되었다. 오늘날처럼 엔트로피가 증가하게 되면 머지않아 석유, 석탄 등 전통적인 자원이 고갈되어 이를 대체하는 에너지를 생산하는 일은 추가적인 생산 에너지를 필요로 하므로 엔트로피는 더욱 더 심화될 것이다.

2.1.3 엔트로피와 엔탈피의 관계

무질서 해지는 것은 비가역과정으로 보통 부피가 커지는 (확산이나 자유팽창) 것이 대부분이다. 최종 부피 V_f가 최초 부피 V_i보다 크면 엔트로피는 증가한다. 여기서 열 출입이 있느냐는 것은 다른 문제이다. 자유 팽창의 경우에는 계의 내부에너지 변화도 없고 외부로부터 잃거나 얻는 일도 없어 (열량 출입이 없어) 그 때 엔탈피는 0이다. 즉 비가역과정에서 엔트로피 변화는 항상 양수이고 그 때의 엔탈피는 엔트로피 값과 무관하다. 그러나 준정적과정이면 단열과정에서 엔트로피와 엔탈피가 모두 0이고 등온과정이면 엔트로피가 커지는 경우는 엔탈피도 양수이고, 엔트로피가 작아지는 경우는 엔탈피도 음수이다.

예를 들어 얼음 속의 물 분자는 결정구조 속에 속박돼 있어 진동운동에 의해서만 에너지를 저장할 수 있다. 그러나 얼음이 액체인 물로 되면 물 분자는 회전운동과 병진운동에 의해 에너지 저장이 가능해진다. 이와 같이 다양한 방식으로 에너지를 저장할 수 있는 분자운동의 다양화가 이루어지면 엔트로피도 이에 따라 증가한다. 얼음이 녹는 과정은 두 가지 힘에 의하여 영향을 받는다. 하나는 엔탈피가 감소하는 방향이며 다른 하나는 엔트로피가 증가하는 방향이다. 엔탈피가 감소하는 자연 법칙은 발열반응으로 액체 상태의 물을 얼음으로 변화시키는 경우이다. 한편 엔트로피가 증가하는 자연의 힘은 얼음을 액체 상태의 물로 변화시키는 경우를 말한다. 이와 같이 물질의 변화를 지배하는 두 가지 서로 다른 자연 법칙에 의해 물질의 변화는 가역적으로 진행되며 두 힘의 균형에 의해 평형상태가 된다.

정리하면 얼음에서 물의 상태로 변화 시 물 분자의 엔트로피 (무질서도)가 증가하고 이때 열량을 흡수하게 된다. 열량을 흡수하는 것은 엔탈피가 양수라는 뜻이고 물 분자 자체로 보면 가역과정이다. 반대로 액체의 물을 얼음으로 응고 시 엔트로피는 감소하게 된다. 이때 열량을 방출하고 엔탈피는 음수가 되며 물 분자 자체는 가역과정이다. 이 실험의 전체 계를 고려하면 엔트로피가 항상 증가한다. 즉 물의 액화와 응고를 위해 변화시키는 실험실 내부의 조건을 외부에서 걸어 주어야 하므로 전체의 무질서도는 항상 증가한다. 전체에 대해서는 비가역과정이고 물의 응고 및 액화 실험 전으로 되돌릴 수 없다.

2.1.4 깁스자유에너지 (Gibbs free energy)

화학반응의 평형상태를 설명할 때 사용되는 열역학 변수이다. 어떤 화학반응이 계속 진행할 때 유효한 일을 하는 에너지를 말한다. 즉 발열반응을 진행했을 때 그 계가 갖는 자유에너지는 감소하고, 반대로 흡열반응을 추진했을 때는 계 안의 자유에너지가 증가한다. 일반적으로 계의 변화는 자유에너지가 감소하는 방향으로 진행하며, 열평형 상태는 이것이 극소가 될 때 실현된다.

이 자유에너지는 반응의 엔트로피 S와 엔탈피 H의 변화를 절충한 함수로 일정한 온도에서 일어나는 경우 깁스자유에너지 변화는 다음과 같이 나타낸다.

$$\Delta G = \Delta H - T\Delta S$$

여기서, T는 켈빈 (Kelvin)온도이고 단위는 kcal/mol이다.

화학반응이라는 현상은 분자의 운동인 열에 의해 일어나는 것이므로 열역학 법칙이 작용한다. 열역학 제2법칙에 의하면 모든 계는 에너지 수준이 높은 쪽에서 낮은 쪽으로 옮겨간다. 따라서 엔트로피가 증대하면 자유에너지는 감소하고 화학변화는 자유에너지가 감소하거나 엔트로피가 증가하는 방향으로 일어난다. 어떤 계와 그 주위 사이에서 열량 δQ, 역학적 일 에너지 $\delta W\,(=-P\,dV)$ 외에 에너지 δU의 주고 받음이 가역적으로 행해졌다고 하면, 그 계의 모든 에너지 변화 dE는 가역 변화에의 열역학 제2법칙의 관계 $\delta Q = TdS$를 적용하면 다음과 같다.

$$dE = \delta Q + \delta W + \delta U = TdS - P\,dV + \delta U$$

$$\begin{aligned} -\delta U &= -[dE + d(PV) - d(TS)] = -d(E + PV - TS) \\ &= -d(H - TS) = -dG \end{aligned}$$

이 경우의 열역학적 함수 $G\ (= H - TS)$가 Gibbs의 자유에너지이다. 자유에너지에 의해 물질계의 안정 상태에서 벗어난 정도를 나타낸다. 계가 가지고 있는 자유에너지가 최소라는 것은 계가 가장 안정하다. 즉 평형에 도달하고 있다는 것을 의미한다. 다시 말해 화학반응들은 엔트로피 최대화와 에너지 최소화 사이의 절충을 이루는 방향으로 진행된다.

일정한 온도와 일정한 압력 하에서 일어나는 반응은 $\Delta G < 0$이면 반응은 자발적이고 부수적인 생성물이 형성될 수 없다. $\Delta G > 0$이면 반응은 비자발적이고 에너지의 공급 없이는 부수적인 생성물이 생성될 수 없다. $\Delta G = 0$이면 반응은 평형상태에 있으며 더 이상 변화가 일어나지 않는다. ΔG 값은 생성물의 생성자유에너지의 합에서 반응물의 생성자유에너지의 합을 빼어 계산할 수 있다.

2.2 열역학 법칙

열역학 법칙에는 제0법칙, 제1법칙, 제2법칙, 그리고 제3법칙이 있으며 이들 각각의 개념을 아래에 기술한다.

2.2.1 열역학 제0법칙 (The zero law of thermodynamics)

어떤 계의 물체 A와 C가 열적 평형상태에 있고 B와 C가 열적 평형상태에 있으면 A와 B도 열평형상태에 있다. 이것은 온도의 존재를 주장하는 것이며 열역학의 기본적 출발점이 된다. 예를 들면 C는 온도를 측정할 수 있는 온도계이다. A와 C를 접촉해서 온도계 C가 A의 온도를 56℃라고 측정했다. 다음으로 B와 C를 접촉해서 온도계 C가 B의 온도를 56℃라 측정했다면 A와 B는 서로 열평형에 있다. 즉 A와 B를 접촉하면 곧바로 열평형을 이룬다. 열역학 제0법칙은 모든 물체는 온도라는 특성을 가지고 있으며 두 물체가 열적 평형상태에 있다면 둘의 온도는 같다.

실험실에서 열역학 제0법칙은 항상 사용된다. 두 물체의 온도가 같은지 알고 싶다면 각각의 물체의 온도를 측정하면 된다. 두 물체를 접촉시키고 둘 사이에 열평형을 이루어 졌는지 알 필요가 없다. 이 법칙은 열역학 제1법칙과 제2법칙 이후에 발견되었다. 그러나 논리적으로 앞서기 때문에 열역학 제0법칙이라 하였다. 온도라는 개념이 제1, 2법칙의 기본이므로 온도가 유효한 개념임을 정립하는 차원에서 제0법칙으로 명명한 것이다. 요약하면 물체 A와 B가 다른 물체 C와 열평형을 이루었다면 A와 B도 열평형을 이룬다. 즉 한 물체 C와 각각 열평형상태에 있는 두 물체 A와 B는 서로 열평형상태에 있다.

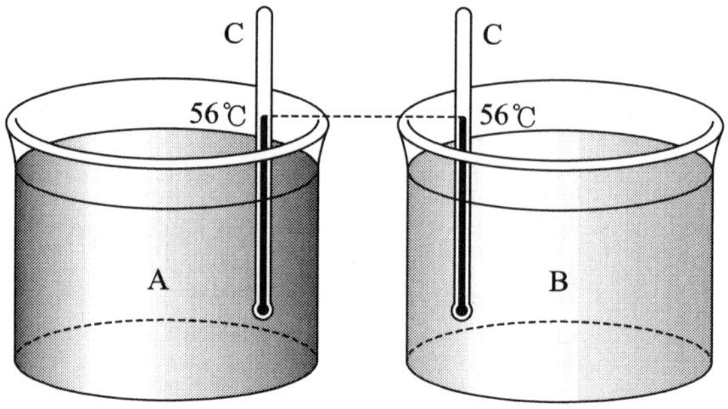

2.2.2 열역학 제1법칙 (The first law of thermodynamics)

에너지 보존의 법칙으로서 어떤 계의 내부에너지 U는 계에 흡수되는 열 Q에서 계가 외부에 해준 일 W를 뺀 양과 같다.

$$U = Q - W$$

만약 계가 외부에서 열 Q를 흡수하면 내부에너지는 증가하고 방출하면 내부에너지는 감소한다. 그리고 계가 일을 하면 내부에너지는 감소하고 계가 외부로부터 일을 받으면 내부에너지는 증가한다. 미소 변화에 대해서는 $dU = dQ - dW$이다.
열역학 제1법칙의 특수한 경우로 단열 압축/팽창 과정, 자유 팽창 과정, 등적 과정, 등온 과정의 4가지가 있다.

(1) 단열 압축/팽창 과정

열역학 제1법칙 $U = Q - W$에서 $Q = 0$인 경우이다. 즉 외부로부터 열의 출입이 없는 경우이다. 그러면 $U = -W$가 된다. 이는 외부와 열에너지 전달이 일어나지 않은 과정이다. 계가 일을 하면 내부에너지는 그 만큼 감소하고 반대로 계가 외부로부터 일을 받으면 내부에너지는 그 만큼 증가한다. 단열벽은 계에 출입하는 열을 완벽하게 막는다. 계와 주위 사이에서 에너지가 전달될 수 있는 방법은 오직 하중을 올리거나 내리는 것뿐이다. 피스톤 위에 하중을 올리면 기체가 압축되어 계가 한 일은 음의 값이고

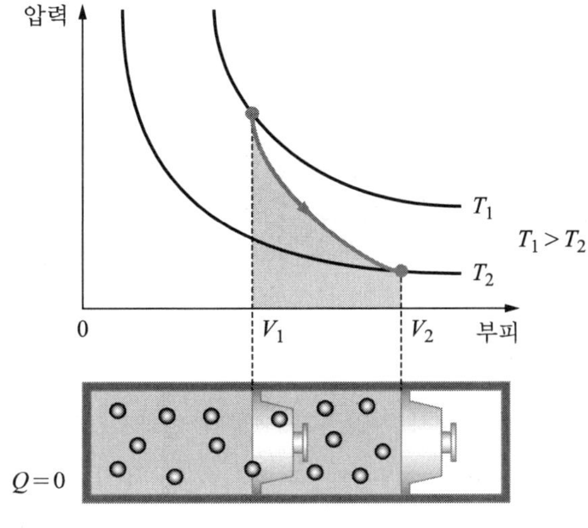

내부에너지는 증가한다. 반면 하중을 내리면 기체가 팽창되어 계가 한 일은 양의 값이고 내부에너지는 감소한다.

(2) 자유 팽창 과정

계와 주위 사이에 열전달이 없고 계가 일도 하지 않은 단열 과정의 일종이다. 즉 열역학 제1법칙 $U = Q - W$에서 $Q = W = 0$인 경우이다. 그러면 $U = 0$이 된다. 자유 팽창에서 잠금 마개가 열리면 기체는 자유 팽창을 하여 양쪽 공간을 모두 채운다. 이 때 두 공간은 단열되어 있으므로 외부와 열전달은 없다. 그리고 기체가 아무 압력도 받지 않고 진공으로 들어가므로 일도 없다.

(3) 등적 과정

열역학 제1법칙 $U = Q - W$에서 $W = 0$인 경우이다. 즉 부피가 일정하다. 그러면 $U = Q$가 된다. 계가 열을 흡수하면 계의 내부에너지는 증가하고 반대로 열을 잃으면 내부에너지가 감소한다.

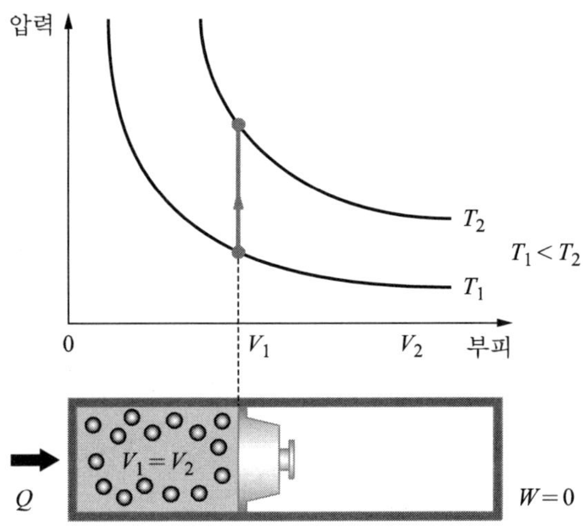

(4) 등온 과정

온도를 일정하게 유지하고 압력과 부피를 변화시키는 과정이다. 열역학 제1법칙 $U = Q - W$에서 $U = 0$인 경우이다. 따라서 $Q = W$가 된다. 등온 과정으로 온도 변화가 없으므로 내부에너지가 일정하고 외부에서 공급되는 열에너지는 모두 일로 바뀐다.

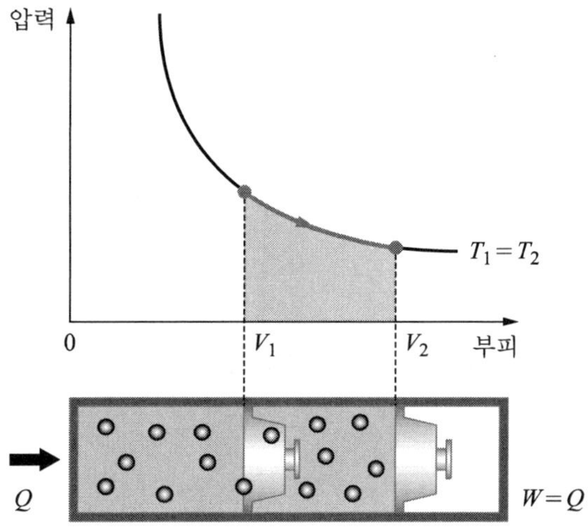

열역학 제1법칙을 정리하면 계의 내부에너지 변화는 계가 흡수한 열과 계가 한 일의 차이이다. 즉 계의 내부에너지는 열의 형태로 더해지면 증가하고 계가 일을 하면 감소한다.

2.2.3 열역학 제2법칙 (The second law of thermodynamics)

가역과정을 결정하는 필요충분조건을 제공하는 법칙으로 수식으로 간단히 나타내면 아래와 같다. 부등호 (>)는 비가역과정에 적용되고 엔트로피의 변화 ΔS는 0보다 크다. 즉 항상 증가한다는 것과 같다. 등호 (=)는 가역과정에 적용된다.

$$\Delta S \geq 0$$

열역학 제1법칙은 에너지가 보존된다는 것을 나타낸다. 그러나 에너지는 보존되지만 자연계에서 실제로 일어나지 않은 많은 과정들이 있다. 예를 들어 차가운 물체에 뜨거운 물체를 접촉시키면 뜨거운 물체에서 차가운 물체로는 열이 전달되지만 반대의 과정은 자발적으로 일어나지 않는다. 만약 열이 차가운 물체에서 흘러 나와 뜨거운 물체로 흘러 들어간다고 하면 에너지는 보존되어 열역학 제1법칙을 만족한다. 그러나 자연 현상에서 이와 같은 일은 일어나지 않는다. 이러한 비가역성을 설명하기 위해 과학자들은 열역학 제2법칙이라는 새로운 원리를 발표하게 되었다. 이 법칙으로 자연계에서 일어나지 않는 과정이 어떤 것들 인가에 대한 설명이 가능해졌다.

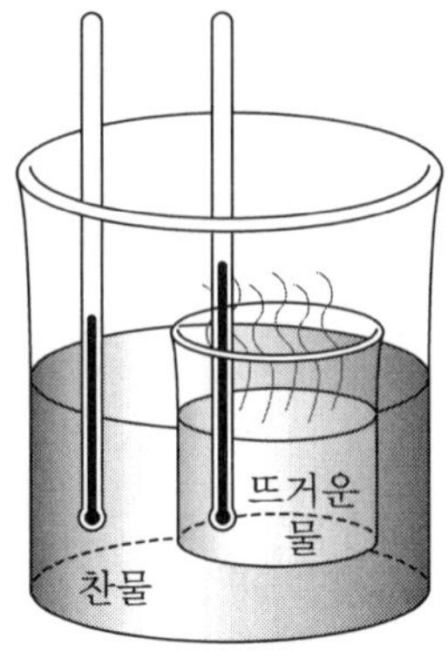

열역학 제2법칙은 독일의 이론 물리학자인 클라우지우스 (Clausius)가 처음 수학적으로 표현하였고 그 후 켈빈 - 플랑크 (Kelvin-Planck)가 설명하였다. 클라우지우스는 열은 스스로 차가운 물체에서 뜨거운 물체로 옮겨갈 수 없다고 하였고, 켈빈 - 플랑크는 계가 한 온도에서 열 저장실로부터 흡수한 열로 순환과정을 하면서 흡수한 열과 같은 양의 일을 하는 것 (즉 100% 열을 흡수해서 흡수한 열을 100% 운동으로 바꾸는 것)은 불가능하다고 하였다. 이것은 에너지 전환과정의 영향을 제시하여 주는 것으로 에너지의 2가지 형태인 열과 일 사이의 질의 차이가 있음을 의미한다.

열역학 제1법칙이 과정 전과 후의 에너지를 양적으로 규제하고 있는데 반하여 제2법칙은 에너지가 흐르는 방향을 규제하는 성격을 띠고 있다. 즉 에너지의 흐름은 엔트로피가 증가하는 방향으로 흐른다는 것이다. 따라서 이 법칙에 따르면 하나의 열원에서 열을 받아 이것을 일로 바꾸되 그 외 어떤 외부의 변화도 일으키지 않은 열기관인 제2종 영구기관의 제작은 불가능하다고 할 수 있다. 제2종 영구기관은 100% 열을 받아서 100% 운동에너지로 바꿀 수 있는 기관이다. 그렇지만 켈빈 - 플랑크에 의하면 제2종 영구기관의 제작은 불가능하다고 했다. 효율이 좋은 기관의 제작은 가능하지만 영구기관을 만드는 것은 불가능하다.

물체의 상태만으로 결정되는 엔트로피라는 양을 정의하고 이것으로 제2의 법칙에 대해 열의 출입이 차단된 고립계에서는 엔트로피가 감소하는 변화가 일어나지 않고 항상 엔트로피가 증가하는 방향으로 변하며 결국에는 엔트로피가 극대값을 가지는 평형상태에 도달한다고 할 수 있다. 즉 에너지는 자유로이 형태를 변화시킬 수 있지만 그 때마다 반드시 에너지가 갖고 있었던 능력인 퍼텐셜이 사라진다. 일반적으로 에너지를 변화시킬 때마다 엔트로피가 발생한다. 그 결과 엔트로피의 총량은 증가하게 되며 에너지의 가치는 점점 줄어들게 된다.
열역학 제2법칙을 정리하면 고립계에서 총 엔트로피 (무질서도)의 변화는 항상 증가하거나 일정하며 절대로 감소하지 않는다. 에너지 전달에는 방향이 있다는 것이다. 즉 자연계에서 일어나는 모든 과정들은 가역과정이 아니라는 것이다.

2.2.4 열역학 제3법칙 (The third law of thermodynamics)

이것은 네른스트 (Nernst)의 열 정리 또는 네른스트 - 플랑크 (Nernst-Planck)의 정리라 한다. 1906년 네른스트는 열역학과정에서의 엔트로피의 변화 ΔS는 절대온도 T가 0에 접근함에 따라 0이 된다 (즉 $T \rightarrow 0$의 극한에서 $\Delta S \rightarrow 0$)고 주장하였다.
계의 엔트로피는 압력, 부피, 자기장 등의 외부 조건과는 관계없이 온도가 0에 접근하게 되면 0이 된다. 그러면서 계가 크든 작든 간에 하나의 가장 낮은 에너지 상태를 가지게 된다.
이 표현 또한 경험에서 얻어졌으며 다음과 같이 표현할 수 있다. 순수한 물질의 완전한 결정상태의 고체가 가지는 엔트로피는 절대온도 0 K에서 0이다.
목적으로 하는 임의의 온도 T에 있는 기체의 엔트로피의 일반식은 다음과 같다.

$$S = \int_0^{T_f} C_p(\text{cryst})\, d(\ln T) + \frac{\Delta H_f}{T_f} + \int_T^{T_b} C_p(\text{liq})\, d(\ln T) + \frac{\Delta H_{vap}}{T_b} + \int_{T_b}^{T} C_p(\text{gas})\, d(\ln T) + S_o$$

식에서 S_o항만으로 측정할 수 없으므로 열역학적 제3법칙에 의하여야 한다.
열역학 제3법칙을 정리하면 절대 0도에서의 엔트로피에 관한 법칙으로 네른스트의 열 정리라고도 한다. 열역학 과정에서의 엔트로피의 변화 ΔS는 절대온도 T가 0으로 접근할 때 일정한 값을 갖고 그 계가 가장 낮은 상태의 에너지를 갖게 된다는 법칙이다.
이 법칙에 의하면 절대 0도에서 열용량은 0이 된다.

2.3 열용량과 비열

2.3.1 열용량 (Heat capacity)

어떤 물질의 온도를 1℃ (1 K) 높이는데 필요한 열량으로 열을 가하거나 빼앗을 때 물체의 온도가 얼마나 쉽게 변하는지를 알려 주는 값이다. 열용량의 단위는 cal/℃ (J/K)이다. 즉 어떤 물질에 가해준 열의 양이 Q이고 가열에 의한 온도 변화가 ΔT라면 이 물질의 열용량 C는 다음과 같다.

$$C = \frac{Q}{\Delta T}$$

위의 식에서 알 수 있는 바와 같이 가해준 열용량은 가해준 열의 양에 비례하고 온도 변화에 반비례한다. 즉 같은 양의 열을 가할 때 온도 변화가 적으면 물질의 열용량은 크고 온도 변화가 크게 나타나면 물질의 열용량은 작다. 일반적으로 열용량의 크기는 질량에 비례하므로 같은 물질일 때 질량이 큰 쪽이 열용량이 크게 나타나게 된다. 즉 단위 질량에 대한 열용량인 비열 (Specific heat)을 c라 하고 물질의 질량을 m이라고 할 때 물질의 열용량 C는 다음과 같이 나타낼 수 있다.

$$C = cm$$

예를 들어 해수욕장에서 모래와 바닷물의 온도차를 살펴보자. 한 여름의 태양은 같은 시간 동안 동일한 열량을 해수용장의 바닷물과 모래에 전달한다. 그러나 같은 열량을 공급 받았음에도 불구하고 바닷물은 비교적 시원한데 반해 모래나 바위 등은 손을 대기 힘들 정도로 높은 온도를 나타낸다. 이는 같은 양의 열을 공급 받았을 때 모래의 온도 변화가 바닷물의 온도 변화보다 크기 때문이다. 즉 바닷물의 열용량이 모래보다 더 크기 때문이다.

2.3.2 비열 (Specific heat)

어떤 물질 1 g의 온도를 1℃ 만큼 올리는데 필요한 열량이고 단위는 cal/g · ℃이다. 일반적으로 질량이 m (g)인 물질이 Q (cal) 만큼의 열량을 공급 받을 때 ΔT 만큼의 온도 변화가 발생했다면 이 물질의 비열 c는 다음 식에 의해 얻어진다.

$$c = \frac{Q}{m \Delta T}$$

어떤 물질 1 g을 1℃ 올리는데 필요한 열량은 물질에 따라 다르다. 예를 들어 1 g의 물을 1℃ 올리는데 드는 열량은 1 cal이고 1 g의 구리를 1℃ 올리는데 드는 열량은 0.0924 cal이다. 이는 물질이 갖는 고유한 특성 중의 하나이다.

표 2.1 ● 여러 가지 물질의 비열

물질	비열	
	J/kg · ℃	cal/g · ℃
금속		
알루미늄	900	0.215
카드뮴	230	0.055
구리	387	0.0924
게르마늄	322	0.077
금	129	0.0308
철	448	0.107
납	128	0.0305
은	234	0.056
고체		
나무	1700	0.41
유리	837	0.2
실리콘	703	0.168
얼음	2090	0.5
화강암	860	0.21
액체		
알코올	2400	0.58
수은	140	0.033
물	4186	1

비열 값은 실험을 통하여 얻어지게 되는데 실험 조건에 따라 일정한 압력 하에서 측정한 정압비열 C_p과 일정한 부피 하에서 측정한 정적비열 C_v은 그 값이 서로 다르다. 고체와 액체의 경우는 두 비열 값의 차이가 거의 없으며 또 열을 가할 때 일정한 부피를 유지하도록 만들기 어렵기 때문에 정압비열을 그 물체의 비열로 한다. 그러나 기체

는 가열하면 열팽창에 의하여 외부 압력에 대해 일을 하게 되므로 압력이 일정한 경우와 부피가 일정한 경우의 비열이 달라지게 된다.

부피를 일정하게 유지하면서 가열할 경우 가해진 열은 모두 용기 내 기체를 가열하는 데만 쓰여진다. 그러나 무게의 피스톤으로 눌려지고 있는 기체를 가열하면 기체는 일정한 압력 $P=W/A$ (A: 피스톤 면적)을 유지하면서 팽창하여 $W\Delta S$ 만큼의 일을 하게 된다. 즉 가한 열의 일부는 내부 기체를 가열하고 일부는 피스톤을 밀어 올리는 일을 하는데 사용되게 된다. 다시 말해 정압을 유지하기 위한 계의 체적은 변하지만 그에 요하는 일의 몫만큼 C_p는 C_v보다 크다. 따라서 양자 간에는 $C_p > C_v$의 관계가 있다.

기체의 경우 정적비열에 대한 정압비열의 비 $k=C_p/C_v$를 비열비 (Specific heat ratio) 혹은 단열비 (Adiabatic exponent)라고 한다. 이는 기체의 단열과정에서 매우 중요한 의미를 갖는 지수이다.

위의 표에서와 같이 물은 우리 주변의 물질 중에서 가장 비열이 크다. 낮 동안 태양은 바다와 육지에 동일한 열량을 전달하지만 육지의 낮은 비열로 인해 육지의 기온이 바다의 기온보다 높아지게 된다. 이로 인해 바다의 차가운 공기가 육지의 더운 공기를 밀어내게 되어 바다에서 육지 쪽으로 해풍이 분다. 반대로 밤 동안에는 육지가 바다보다 빨리 차가워지므로 바다의 기온이 높게 되어 육지에서 바다로의 육풍이 불게 된다.

2.4 질량보존의 법칙과 상대성 이론

2.4.1 질량보존의 법칙 (The law of conservation of mass)

화학반응의 전후에서 반응물질의 전체 질량과 생성물질의 전체 질량은 같다는 법칙이다. 이는 질량불변의 법칙이라고도 한다. 즉 화학반응의 전후에서 원물질을 구성하는 성분은 모두 생성물질을 구성하는 성분으로 변할 뿐이며 물질이 소멸하거나 또는 무에서 물질이 생기지 않는다. 다만 아인슈타인 (Einstein)의 상대성 이론에 의하면 반응열의 출입에 따르는 반응계의 에너지 증감에 의해서 극히 미소하지만 반응계의 질량은 변화를 받으므로 엄밀히 말하자면 이 법칙은 성립하지 않으며 이런 뜻에서 이 법칙은 근사적인 법칙이라고 할 수 있다.

그러나 방대한 반응에너지의 출입을 수반하는 원자 핵반응 등과는 달리 보통의 화학반응에서는 계 전체의 질량에 비해서 그 영향이 무시할 수 있을 정도로 작으므로 이 법칙은 성립되는 것으로 생각해도 무방하다. 화학에서는 정량분석의 기본이 되는 중요한 법칙이다.

2.4.2 상대성 이론 (The theory of relativity)

속도 v가 빛의 속도 (광속 c)에 가까워지면 질량은 급격히 증가하게 된다. 다시 말해 물체에 가해 준 에너지의 일부는 물체의 속도를 증가시키는데 사용되고 일부는 질량을 증가시키는데 사용되는 것이다. 속도가 느린 경우에는 대부분의 에너지가 속도를 증가시키는데 사용되지만 속도가 빨라지면 거의 모든 에너지가 질량을 증가시키는데 사용된다. 그렇게 되면 속도가 빛의 속도 가까이 다가가면 물체의 질량은 무한대로 다가간다. 그것은 물체의 속도를 증가시키는데 무한대의 에너지가 필요하다는 것을 의미한다. 따라서 아무리 많은 에너지를 가해주어도 빛의 속도보다 빨라지지는 않는다.

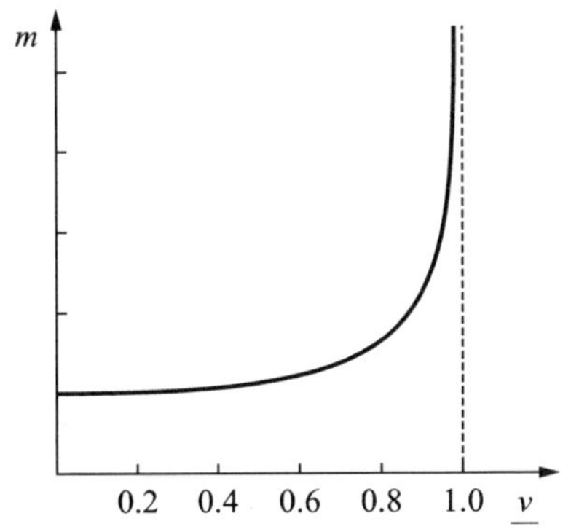

그것은 에너지가 질량으로 변할 수 있다는 것을 나타낸다. 만약 에너지가 질량으로 변할 수 있다면 질량이 에너지로 변하는 것이 가능하지 않을 이유도 없다. 그렇다면 에너지와 질량 사이의 관계에서 가장 중요한 역학 법칙 중의 하나가 운동량 보존 법칙이다. 두 물체가 충돌하는 과정을 두 다른 관성계에서 관측한 충돌하는 물체들의 속도와

질량은 다를 수 있다. 그러나 충돌 전후의 운동량이 보존되어야 한다는 운동량 보존 법칙은 똑같이 성립해야 한다. 두 다른 관성계에서 측정한 운동량이 보존되기 위해서는 질량이 속도에 따라 다음 식과 같이 변해야 한다.

$$m = \frac{m_0}{\sqrt{1 - \frac{v^2}{c^2}}}$$

m_0는 정지한 관성계에서 측정한 질량이고, m은 상대적으로 v의 속도로 운동하고 있는 관성계에서 측정한 질량이다. 속도가 빛의 속도에 비해서 아주 느린 보통의 경우에는 근호 속의 값이 거의 1이 되어 질량은 거의 같은 값으로 측정된다. 그러나 속도가 빛의 속도 (광속)에 다가가면 질량이 크게 증가하게 된다. 질량이 증가하는 것은 에너지가 질량으로 변하기 때문이다. 조금 복잡한 계산을 하면 운동량 보존 법칙과 에너지 보존 법칙을 성립시키기 위해서는 에너지와 질량 사이에 다음과 같은 관계식이 성립해야 한다는 것을 알 수 있다.

$$E = mc^2$$

이것은 물리 법칙 중에서 가장 널리 알려진 식이다. 이 식을 아인슈타인 (Einstein)의 특수상대성 원리라고 생각하는 사람들도 많다. 아주 틀린 것은 아니다. 이 식도 특수상대성이론의 결과 중 하나이기 때문이다. 이 식은 원자핵 폭탄과 원자력발전의 이론적 기초가 되었고 태양과 같은 별들이 어떻게 많은 에너지를 계속 낼 수 있는지를 설명할 수 있을 뿐 아니라 이 식으로 인해 에너지와 물질을 이전과는 다른 방법으로 이해할 수 있게 되었다.

핵융합 반응이 일어나는 과정에서 발생하는 엄청난 에너지는 아인슈타인 (Einstein)의 특수상대성이론으로 설명할 수 있다. 1905년 아인슈타인의 특수상대성이론에서 질량-에너지 등가 원리인 상기 식이 발표되어 물질과 에너지의 경계를 허물게 되었다. 질량-에너지 등가 원리의 핵심은 질량과 에너지의 대칭성이다. 현대 물리학의 새 장을 연 아인슈타인은 특수상대성이론을 통해 핵물리학의 기초를 제공하여 핵물리학이 발전할 수 있는 토대를 만들었다.

아인슈타인 (Einstein) 이전에도 질량보존의 법칙은 화학의 중요한 법칙 중 하나였고 에너지 보존 법칙은 널리 알려진 열역학의 제1법칙이다. 둘 모두 대상만 다를 뿐 외부에서 유입되거나 밖으로 빠져나가는 무언가가 없다면 질량과 에너지는 항상 총합이 일정하다는 진리를 담고 있다. 아인슈타인은 이를 확장하여 수식으로 간단명료하게 정리하여 질량과 에너지가 사실상 동등하며 상호 교환될 수 있음을 보여준다.

기존 뉴턴의 물리학에 따르면 중력이 없는 상태에서 정지한 물체는 아무런 에너지를 지니지 않는다. 움직임도 없고 힘도 작용하지 않으므로 아무런 일을 할 수 없기 때문이다. 그러나 아인슈타인 (Einstein)의 물리학에 따르면 우주에서 정지한 물체는 그 질량에 상응하는 에너지를 지닌다. 물체가 질량을 가졌다면 그만큼 에너지로 변환될 수 있다는 뜻이다. 반대로 파동이나 빛과 같은 순수 에너지가 입자로 변환될 수도 있다.

초기 핵물리학자들은 아인슈타인 (Einstein)의 공식이 보여주는 가능성 즉 작은 질량이라도 어마 어마한 양의 에너지로 변환될 수 있음에 주목하였다. 공식에서 c는 광속을 뜻하며 대략 3억 m/s로 정의된다. 질량이 5 g 정도인 100원짜리 동전 한 개가 순수하게 에너지로 변환될 때를 생각해 보자. 공식에 대입하면 에너지는 $E = 0.005$ kg × (3억 m/s)^{2}이며 이를 계산하면 45×10^{13} J $= 45 \times 10^{10}$ kJ이다.

2008년 자료 기준에 따르면 한국의 한 가구당 평균 전력소비량은 5000 kWh = 1800만 kJ이다. 따라서 100원짜리 동전 한 개로 2만 5000가구가 1년 동안 사용할 수 있는 전기를 생산하는 셈이다. 이는 4인 가족을 기준으로 했을 때 10만 명의 인구를 가진 도시에 사는 모든 사람이 1년 동안 전기를 쓸 수 있다는 이야기다. 이 정도면 전기요금 걱정은 하지 않아도 된다. 문제는 질량을 어떻게 순수한 에너지로 바꾸느냐는 것인데 그 시작은 핵분열이었다.

2.5 베르누이의 정리

2.5.1 베르누이 정리

유체 흐름이 층류인 경우에 베르누이 (Bernoulli) 방정식을 활용함으로써 비교적 단순하게 에너지의 손실을 구할 수 있다. 즉 베르누이 방정식은 유동 관로 내에서는 수두에 의한 위치에너지, 압력에 의한 에너지, 운동에너지의 총합이 항상 일정하다는 관계식이다. 이의 수식과 함께 연속의 식을 적용하면 관로에서의 간단한 속도나 압력의 상태를 예측할 수 있다.

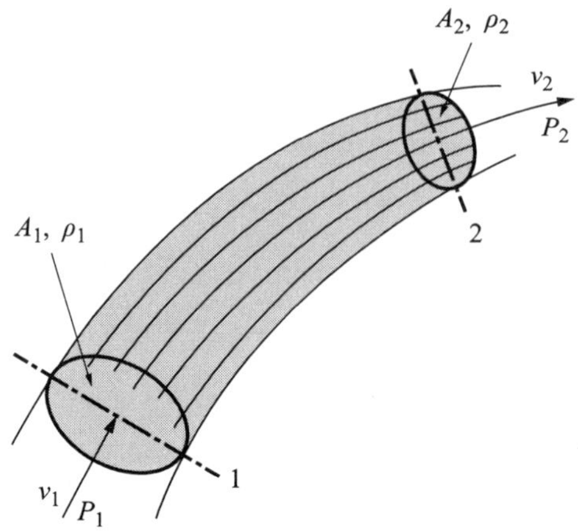

그림 2.1 유동 관로 (벤투리관의 흐름)

상기 그림에서 단면 1, 2를 통과하는 유체의 질량은 유체의 물질수지 연속성에서 $m_1 = m_2$이므로 단위 시간당 질량은 다음과 같이 나타낸다.

$$A_1 v_1 \rho_1 = A_2 v_2 \rho_2 \tag{2-8}$$

그리고 유량의 종류와 단위는 다음과 같다.

(1) 질량 유량: $A v \rho = \text{Constant}$ (kg/s)

(2) 체적 유량: $A v = \text{Constant}$ (m^3/s)

(3) 중량 유량: $A v \rho g = \text{Constant}$ (kg_f/s)

여기서, A: 단면적, v: 속도, ρ: 밀도, g: 중력가속도를 각각 의미한다.

관로에서의 에너지 보존 법칙은 1차원의 베르누이 방정식에 귀결한다. 다음 그림에서 단면 1, 2에서 단위 시간당 총 에너지 = 운동에너지 + 압력에너지 + 위치에너지 + 내부 에너지이다. 따라서 아래와 같은 식으로 나타낼 수 있다.

$$\begin{aligned}&\frac{1}{2}(A_1 v_1 \rho_1) v_1^2 + P_1 (A_1 v_1) + (A_1 v_1 \rho_1) m_1 g z_1 + U_1 \\ &= \frac{1}{2}(A_2 v_2 \rho_2) v_2^2 + P_2 (A_2 v_2) + (A_2 v_2 \rho_2) m_2 g z_2 + U_2 \ \text{[J]}\end{aligned} \tag{2-9}$$

여기서, z는 높이, U는 내부 마찰로 발생하는 열이다. 하류 단면 2에서는 유체 온도가 상승하기 때문에 열에너지의 손실로 작용한다. $A_1 v_1 \rho_1 = A_2 v_2 \rho_2$이므로 이를 양변에 나누면 다음과 같은 식이 된다.

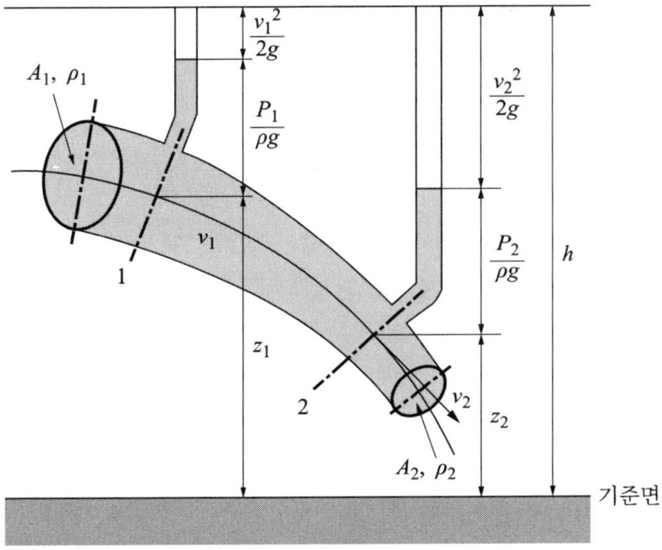

▌그림 2.2 에너지 보존 법칙의 유동 상태

$$\frac{1}{2}v_1^2 + \frac{P_1}{\rho_1} + g z_1 + u_1 = \frac{1}{2}v_2^2 + \frac{P_2}{\rho_2} + g z_2 + u_2 \ \text{[J/kg]} \qquad (2\text{-}10)$$

여기서, u는 단위 질량당 내부에너지 (비내부에너지)로 $u = u_2 - u_1$, $\rho_1 = \rho_2$ (비압축성)라고 하면

$$\frac{1}{2}v_1^2 + \frac{P_1}{\rho_1} + g z_1 + u_1 = \frac{1}{2}v_2^2 + \frac{P_2}{\rho_2} + g z_2 + u \ \text{[J/kg]} \qquad (2\text{-}11)$$

여기서, u는 유체의 온도함수로 $u = c(T_2 - T_1)$이 되며 유체가 물인 경우는 아주 작으므로 무시한다.

$$\frac{1}{2}v^2 + \frac{P}{\rho} + g z = E = \text{Constant} \qquad (2\text{-}12)$$

위의 식 (2-12)는 수도관 내에서의 에너지 보존 법칙을 적용한 수식으로 베르누이 방정식이라 부른다. 이 베르누이 방정식은 필요에 따라 다음과 같이 표현한다.

(1) 단위 질량당 에너지: $\frac{1}{2}v^2 + \frac{P}{\rho} + g z = E = \text{Constant}$ [J/kg]

(2) 수두 차원: $\frac{1}{2}g v^2 + \frac{P}{\rho g} + z = E = \text{Constant}$ [m]

(3) 압력에너지: $\frac{1}{2}\rho v^2 + P + \rho g z = E =$ Constant [Pa] (2-13)

그리고 식 (2-13)의 각 3항은 동압 P_d (=1/2 ρv^2), 정압 P_s, 위치압 ($\rho g h$)으로 기준면에서 같은 높이 (위치압 동일)에 대해서는 다음의 수식을 만족한다.

전압 (Total pressure)
= 정압 (Static pressure) + 동압 (Dynamic pressure) (2-14)

이들 각 압력의 관계는 다음 그림과 같이 나타낸다.

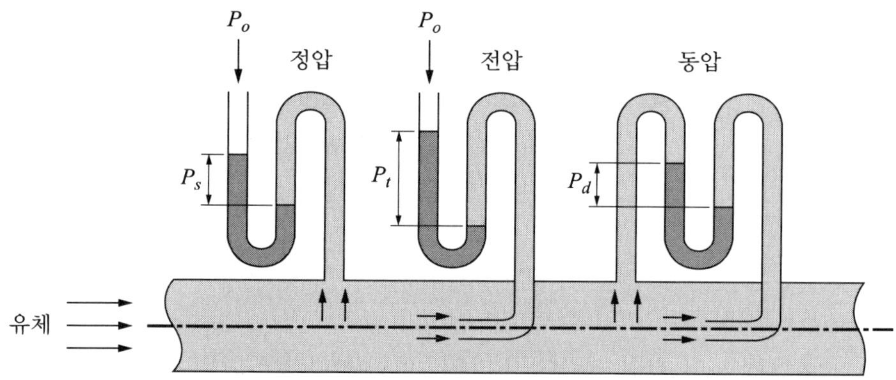

그림 2.3 정압, 동압, 전압의 관계

2.5.2 베르누이 원리 이용 및 설명

유체역학의 기본 법칙의 하나이다. 1738년 D. 베르누이가 발표하였다. 점성이 없는 비압축성 유체의 정상 흐름에서 유체의 속력, 압력, 높이의 관계를 규정한 것이다. 즉, 관로의 각 단면에 있어서 속도수두, 위치수두, 압력수두는 일정하다는 정리이다. 점성이 없는 비압축성 유체의 정상 흐름에서는 하나의 유선을 따라 유체의 어느 부분에서나 1/2 $\rho v^2 + P + \rho gz =$ Constant (일정)의 관계가 성립한다. 여기서, v는 유체의 유속, P는 유체의 정압, ρ는 유체의 밀도, g는 중력가속도, z는 임의의 수평면에서 높이이다. 유체가 동일 수평면을 흐르는 경우의 이 식은 1/2 $\rho v^2 + P =$ Constant (일정)로 단순화된다. 이 식의 1/2 ρv^2의 항은 유체의 흐름에 기인하는 동압으로서 유체의 운동에너지에 해당하고, $P + \rho gz$의 항은 유체의 위치에너지에 해당한다. 즉, 이 정리는 유체의 위치에너지와 운동에너지의 합은 항상 일정하다는 의미를 가진다. 그러나 이 법칙이 적용되는 것은 점성을 무시할 수 있는 이상유체가 규칙적으로 흐르는 경우에 한정되고 실제의 유체에 대해서는 적당히 변형된다. 이 정리에 의하면 유체의 흐름에서 유속이 빠를수록 정압이 낮고, 유속이 느릴수록 정압이 높아지므로 정압을 측정하면 유속을 알 수 있다. 이러한 원리를 유량계에 적용한 것이 차압식 유량계이다.

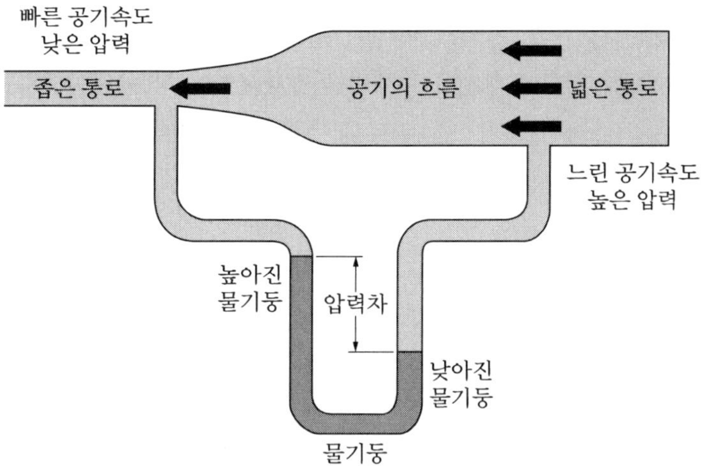

그림 2.4 베르누이 원리의 차압식 유량계

다시 말해 유체가 흐름선을 그리며 흐를 때 두 점 A와 B 사이에서 높이, 압력, 속도 관계의 역학적 에너지가 보존됨을 수식으로 나타낸 것이다. 즉 기준점에 대한 높이 h로 위치에너지를, 유체가 흐르는 속도 v로 운동에너지를, 압력 P로 일 (에너지)을 나타낼 수 있다. 어느 한 점에서 이 세 에너지의 합은 다른 점에서의 세 에너지의 합과 같음을 나타내는 식이다. 이 때 유체의 밀도는 변하지 않는다고 가정한다. 또 유체의 위치에너지나 운동에너지는 밀도 ρ를 써서 나타내야 한다.

$$P + \rho g h + \frac{1}{2}\rho v^2 = \text{Constant}$$

혹은

$$P_A + \rho g h_A + \frac{1}{2}\rho v_A^2 = P_B + \rho g h_B + \frac{1}{2}\rho v_B^2$$

이 관계식을 이용하여 흐르는 유체의 유속을 측정할 수 있다. 즉 흐르는 유체의 압력이 유체의 유속과 기준점에 대한 높이와 관계되기 때문이다.

베르누이 원리는 유체의 속력이 증가하면 압력이 감소한다. 이것은 에너지 보존 법칙의 결과이다. 예를 들어 비행기가 나는 현상도 이 원리로 설명할 수 있다. 즉 아래 그림과 같이 날개의 위쪽은 약간 굴곡이 져 있어 공기의 흐름이 빨라 압력이 작아지고, 날개의 아래쪽은 직선으로 돼 있어 공기의 흐름이 느려 압력이 크다. 따라서 압력이 작은 쪽으로 이끌려 위로 올라가는 힘인 양력이 발생한다. 그러나 양력이 생긴다고 해서 비행기가 뜨는 것은 아니다. 양력이 비행기 중력보다 커야 비행기가 뜰 수 있다. 양력을 발생시키기 위해서는 비행기를 전진시켜야 하는데 이 힘은 비행기의 프로펠러나 제트엔진이 공기나 가스를 뒤로 분출할 때 생긴다. 즉 작용과 반작용의 원리에 따른 것이다.

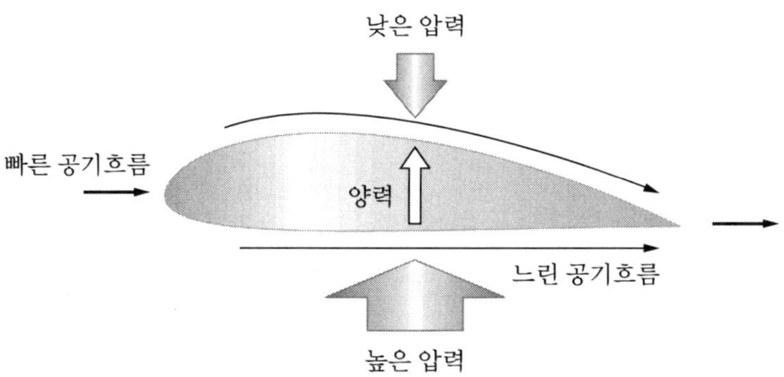

그림 2.5 항공기의 베르누이 원리

한편 회전하는 물체가 유체 속을 지나갈 때 압력이 높은 쪽에서 낮은 쪽으로 휘어져 나가는 현상을 마그누스 (Magnus) 효과라 한다. 예를 들어 축구에서 스핀킥을 했을 때 다음 그림과 같이 공의 회전 방향과 공기의 흐름이 같은 공의 왼쪽은 공기의 흐름이 빠르고 기압이 낮으나, 공의 회전 방향과 공기의 흐름이 반대 방향인 공의 오른쪽은 공기의 흐름이 느리고 기압이 높다. 따라서 공은 기압이 높은 쪽에서 낮은 쪽으로 작용하므로 공은 왼쪽으로 휘어져 날아간다.

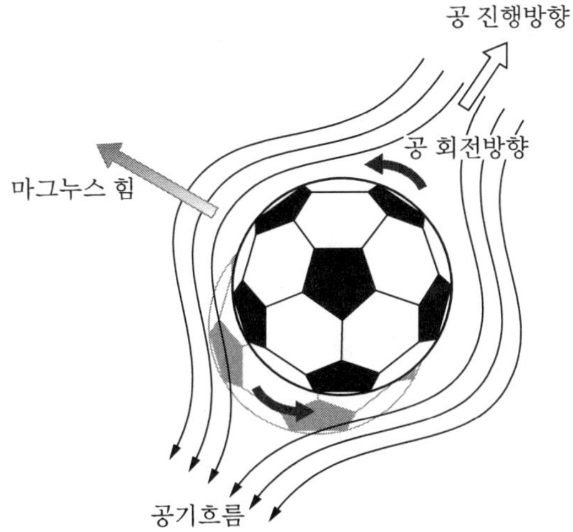

그림 2.6 축구공의 베르누이 원리

2.6 뉴턴의 운동 법칙

뉴턴의 운동 법칙 (Newton's law of motion)에는 제1법칙인 관성의 법칙, 제2법칙인 가속도의 법칙, 그리고 제3법칙인 작용과 반작용의 법칙이 있다. 이 세 법칙으로 물체의 질량과 힘의 개념이 명백해지고 고전 역학의 기초가 확립되었다. 관성의 법칙은 물체에 외력이 작용하지 않거나 작용한 합력 (알짜힘)이 0이면 물체는 정지해 있거나 현재의 운동 상태를 유지한다는 것이다. 가속도의 법칙은 물체 속도의 시간적 변화 (Acceleration: a)는 물체에 작용하는 힘 (Force: F)의 방향으로 일어나며 힘의 크기에 비례한다는 법칙이다 ($F=ma$). 이 식을 운동 방정식이라 하며 비례 상수는 질량이다. 그리고 작용과 반작용의 법칙은 두 물체가 서로 힘을 미치고 있을 때 한쪽 물체가 받는 힘과 다른 쪽 물체가 받는 힘은 크기가 같고 방향이 반대임을 나타내는 법칙이다. 보다 상세한 내용은 아래에 기술한다.

2.6.1 뉴턴의 운동 제1법칙 (관성의 법칙)

이것은 외부에서 힘이 가해지지 않는 한 모든 물체는 자기의 상태를 그대로 유지하려고 하는 것을 말한다. 즉 물체에 힘이 작용하지 않으면 정지한 물체는 계속 정지해 있고 운동하고 있는 물체는 현재의 속도를 유지한 채 계속 운동을 하려고 한다. 예를 들어 초고속으로 달리는 고속철도 안에서 식사를 하다가 포크를 떨어뜨린다고 하면 손을 떠난 포크는 아래쪽으로는 중력을 받지만 기차가 달리는 방향으로는 힘을 받지 않는다. 포크가 떨어지는 순간에도 고속철도는 앞으로 나아갔으므로 포크가 떨어지는 위치를 계산할 수 있다. 낙하하는 물체의 이동거리 공식은 $s = 1/2\ gt^2$이다. 이 공식에 식탁의 높이 $s = 0.8$ m, 중력가속도 $g = 9.8$ m/s^{2}을 대입하면 $t = 0.4$초가 된다. 다시 말해 식탁의 높이가 80 cm라면 포크가 바닥에 떨어질 때까지 걸리는 시간은 약 0.4초이다. 시속 300 km 고속철도라고 하면 속력은 초속 약 83 m이다. 이는 1초에 83 m를 달린다는 뜻이므로 포크가 떨어지는 0.4초 동안에 고속철도는 33 m 앞으로 나아간다. 그 결과 포크는 뒤로 날아가 기차의 출입문에 박히게 될 것이다. 그런데 실제로는 이런 일이 일어나지 않는다. 이유는 포크가 아래로 떨어지는 순간에도 기차와 함께 앞으로 갔기 때문이다. 기차가 달리는 방향으로 아무런 힘도 작용하지 않았지만 포크는 초속 83 m의 속력을 그대로 갖고 있었던 것이다.

(a) (b)

그림 2.7 관성

그림 2.7에서 (a) 포크가 떨어지는 순간 수평 방향의 속력이 0이 된다면 포크는 뒤로 날아가 뒤쪽 출입문에 박히고 말 것이다. (b) 포크가 아래로 떨어지는 동안 기차와 같은 수평 방향의 속력을 그대로 유지하므로 포크는 아래로 떨어진다. 그 밖에 달리던 버스가 급정거하면 앞으로 넘어지거나 브레이크를 급히 밟아도 차가 앞으로 밀리는 경우, 트럭이 급커브를 돌면 가득 실은 짐들이 도로로 쏟아지는 경우, 컵 아래의 얇은 종이를 갑자기 빠르고 세게 당기면 컵은 그 자리에 가만히 있는 현상들을 예로 들 수 있다.

2.6.2 뉴턴의 운동 제2법칙 (가속도의 법칙)

물체에 힘이 가해졌을 때 물체가 얻는 가속도 a는 가해지는 힘 F에 비례하고 물체의 질량 m에 반비례한다는 것이다. 즉 아래와 같이 물체에 작용하는 힘 = 물체의 질량 × 가속도로 나타낸다.

$$F = m \times a$$

정지해 있는 자전거의 페달을 밟으면 자전거는 움직이기 시작한다. 페달을 더 세게 밟으면 자전거는 더 빠르게 움직인다. 장애물을 만나 브레이크를 밟으면 자전거는 멈춘다. 이처럼 힘이 작용하면 자전거의 속력은 변한다. 시간에 따라 속력이 변하는 비율을 나타낸 양을 '가속도'라고 한다. 가속도는 운동 상태가 변하는 정도를 나타내는 것이다. 일반적으로 큰 힘이 작용하면 가속도도 커진다. 그러나 같은 크기의 힘이 작용하더라도 물체의 질량에 따라 가속도는 달라진다. 같은 힘으로 무거운 볼링공과 가벼운 탁구공을 각각 밀어 보자. 어느 공이 더 쉽게 움직이는가? 또한 두 공이 같은 속력으로 굴러가고 있을 때 어느 것이 더 쉽게 멈추는가? 탁구공이 쉽게 움직이고 쉽게 멈춘다. 볼링공처럼 질량이 클수록 속력을 변화시키기 어렵기 때문이다. 물체의 질량이 클수록 관성이 크기 때문에 질량은 운동의 변화를 방해하는 역할을 하며, 관성의 크기를 나타내는 양이라고 할 수 있다. 이처럼 물체에 작용한 힘과 물체의 질량 및 가속도 사이에는 '힘=질량×가속도'라는 관계가 성립한다. 뉴턴의 운동 제2법칙인 힘과 가속도의 법칙은 다음과 같다.

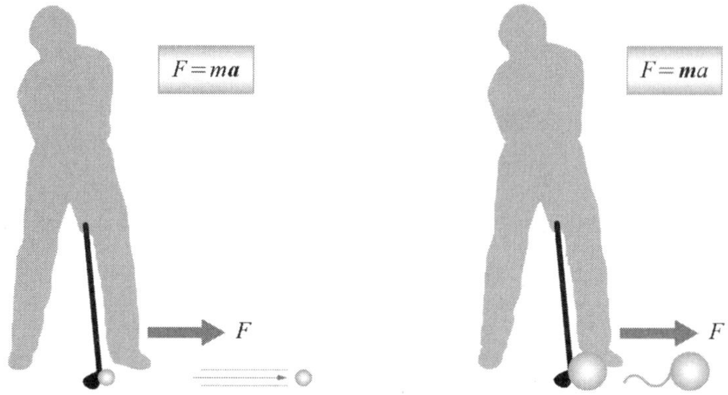

(a) 작은 질량/큰 가속도 (b) 큰 질량/작은 가속도

▌그림 2.8 가속도

뉴턴의 운동 제2법칙을 이용하면 질량이 다른 물체에 같은 크기의 힘을 작용할 때의 결과를 비교할 수 있다. 질량이 큰 물체에 작용하는 힘은 상대적으로 작은 가속도를 만든다.

이 간단한 공식은 인류가 가장 많이 사용하는 공식 가운데 하나다. 대포에서 쏜 포탄이 날아가는 경로를 구하거나, 브레이크를 밟았을 때 자동차가 움직이는 거리를 구할 때도 이 공식을 이용한다. 로켓을 쏘아 달로 보낼 때에도 이 공식을 이용하여 그 경로를 계산한다.

2.6.3 뉴턴의 운동 제3법칙 (작용과 반작용의 법칙)

물체 A가 물체 B에 힘을 작용 (F_{AB})하면, 동시에 물체 B도 물체 A에 크기가 같고 방향이 반대인 반작용의 힘 ($-F_{BA}$)을 가한다. 즉 F_{AB}의 B가 A에 작용하는 힘 ($-F_{BA}$)은 A가 B에 작용하는 반작용의 힘으로 다음과 같이 나타낸다.

$$F_{AB} = -F_{AB}$$

우리는 작용과 반작용의 법칙을 수없이 경험한다. 예를 들어 야구방망이로 야구공을 치면 야구공도 야구방망이를 되민다. 야구방망이가 야구공을 치는 작용에 대하여 야구공이 야구방망이를 미는 반작용이 생긴 것이다. 작용과 반작용의 크기는 같지만 운동의 제2법칙에 의해 가속도는 달라진다. 즉 야구공은 야구방망이와 야구방망이를 쥐고

그림 2.9 작용과 반작용

있는 사람에 비해 질량이 작으므로 가속도가 크게 붙어 멀리 날아간다. 뉴턴의 운동 제3법칙을 이용하여 사람이 걸어가는 과정을 설명해 보자. 작용과 반작용의 힘은 크기가 같고 방향이 반대이다. 사람이 걸을 때 다리는 지구를 밀고 이 반작용으로 지구도 다리를 되민다. 즉 사람과 지구의 양쪽에 크기가 같고 방향이 반대인 힘이 각각 작용하는 것이다. 이 때 지구는 질량이 크기 때문에 가속되지 않지만 사람은 질량이 작아 쉽게 가속된다. 따라서 사람은 지구의 반작용력에 의해 걸어 다닐 수 있는 것이다. 그 외 총을 쏘면 총이 뒤로 밀리거나 (총과 총알) 지구와 달 사이의 만유인력 (지구와 달), 배에서 막대기로 땅을 밀면 배가 멀어지는 경우 등의 예가 있다.

2.7 열에너지

다음 그림과 같이 열전달 방식에 따른 열에너지 (Heat energy)는 전도 (Conduction)에 의한 열, 대류 (Convection)에 의한 열, 그리고 복사 (Radiation)에 의한 열의 3가지 형태가 있다.

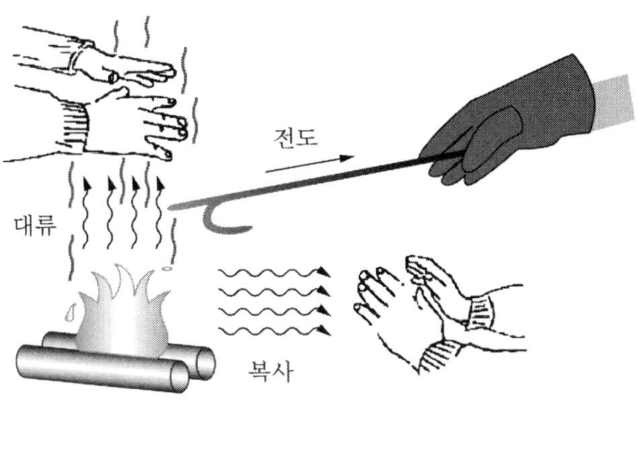

2.7.1 복사 열에너지

복사는 열에너지를 가진 물체가 전자기파를 방출하면서 공간적으로 떨어진 곳에 에너지를 전달하는 과정이다. 일반적으로 높은 온도를 가진 물체는 짧은 파장의 전자기파를 방출하고 낮은 온도를 가진 물체는 긴 파장의 전자기파를 방출한다. 표면온도가 6000 K (3300℃)에 달하는 태양에서는 자외선, 가시광선, 적외선이 모두 방출된다. 일상생활에서 쉽게 접하는 몇 백도 정도의 물체에서는 적외선이 주로 나온다. 눈으로는 볼 수 없지만 우리 피부는 적외선을 감지하여 따뜻함을 느낀다.

복사 열전달 메커니즘은 Stefan-Boltzmann 법칙에 기초를 두고 있다. 즉 흑체의 단위 표면적에서 방출되는 모든 파장의 빛에너지의 총합은 흑체의 절대온도 T의 4제곱에 비례한다.

$$Q = kb(T^4 - t^4)$$

여기서, Q: 단위 면적과 시간당 전달된 열로 열유속 (Heat flux)으로 더 잘 알려져 있음
k: 흑체 상수
b: 흑체 메커니즘의 차이를 고려하고 복사영역 기하학적 구조 및 고온부 조건을 설명하는 인자
T: 복사영역의 고온부 평균 절대온도
t: 복사영역의 저온부 열전달 표면의 평균 절대온도

복사영역 기하학적 구조가 정의되면 열유속은 작은 고온부 온도 차이나 고온부 조건에도 급격히 변화한다.

2.7.2 대류 열에너지

대류는 높은 에너지를 가진 물질 자체가 이동하면서 에너지를 전달하는 과정이다. 대류는 기체나 액체에서 일어난다. 높은 온도의 기체나 액체는 분자의 운동이 활발하고 밀도가 낮다. 낮은 밀도의 기체나 액체가 상승하면서 위쪽으로 에너지가 전달된다.

예를 들어 연소 가열로에서 복사영역을 떠나는 연소가스 (Flue gas)는 대류영역에서

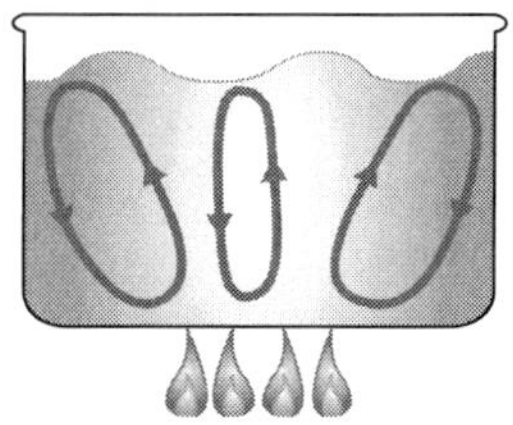

냉각된다. 거기서 열 (Heat)은 대류에 의해 공정으로 전달된다. 이것은 대류 열전달에 대한 다음 식을 사용함으로서 요약할 수 있다.

$$Q = h_c(T - t)$$

여기서, Q: 단위 면적과 시간당 전달된 열 (열유속)
h_c: 대류 열전달 상수
T: 연소가스 온도
t: 튜브 금속 온도

이것은 대류영역에 대해 다음과 같이 전개될 수 있다.

$$Q = U_o\,(\text{LMTD})$$

여기서, Q: 단위 면적과 시간당 전달된 열 (열유속)
U_o: Overall 열전달 상수
LMTD (대수 평균온도차): 연소가스 온도와 공정 (Process) 온도 사이

2.7.3 전도 열에너지

전도는 물체를 이루고 있는 원자나 전자들의 충돌에 의해 에너지가 확산되는 과정이다. 전도는 온도가 다른 두 물체가 접촉해 있을 때 높은 온도의 물체에서 낮은 온도의 물체로 일어나고 한 물체 내에서도 온도 차이가 생기면 일어나기도 한다.

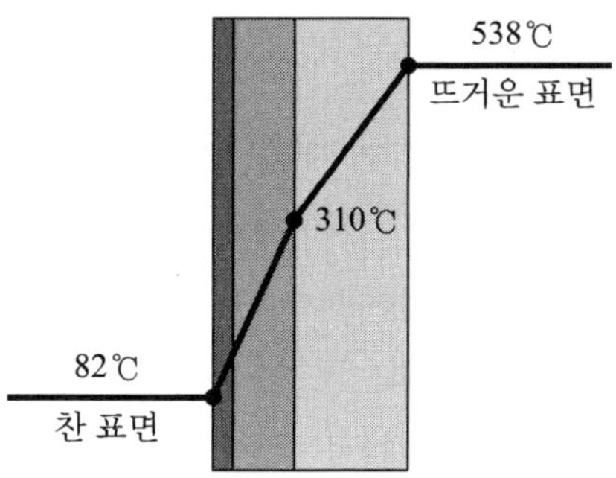

예를 들어 연소 가열로 벽 (Case)을 사이에 두고 고온의 연소실과 저온의 대기 사이에 열손실의 열전달 형태를 말한다.

$$\frac{dq}{dt} = k \times \frac{dT}{dx}$$

여기서, q: 전도열, t: 시간, T: 온도, x: 두께 (혹은 거리), k: 물질상수 (열전도도)이다.

2.8 에너지 이송 장치 재료

에너지 생성, 이송, 저장에 필요한 장치 재료를 다음과 같이 간단히 정리하였다.

2.8.1 탄소강 (Carbon steel)

성분은 Fe (철)이 기본 (Base)이다. 용접되는 탄소강은 C (탄소)가 최대 0.25%, C+1/6 Mn (망간)이 최대 0.41%이다. 그 밖의 철을 기본으로 한 다른 재질에 비해 값이 저렴하고 쉽게 구할 수 있으며 제작과 보수가 까다롭지 않다.

재료 성분	Fe (철)	Cr (크롬)	Ni (니켈)	Mo (몰리브덴)	Cu (구리)	Zn (아연)	기타
탄소강	기본	-	-	-	-	-	-

특징은 ① 일반적으로 운전온도 343℃까지 대부분의 장치에 사용할 수 있다. ② 400℃ 이상에서는 허용설계응력 (Allowable design stress)이 급격히 떨어지므로 이 온도 이상에서 사용할 경우에는 주의가 요구된다. ③ H_2 (수소)가 포함된 분위기에서는 고온 수소 공격 (HTHA; High temperature hydrogen attack)을 고려하여 약 232℃까지 사용한다. 즉 수소가 서비스되고 있는 공정에 사용 시 특별 관리가 필요하다. ④ 수소가 없는 황화수소 (H_2S) 포함 분위기에서는 황화물화 (Sulfidation)을 고려하여 260℃까지 사용한다. ⑤ 사워 서비스 혹은 두꺼운 벽 같은 특이한 경우를 제외하고는 용접 시 열처리가 불필요하다.

[참고] 황화수소 (H_2S): 장치에서 부식을 일으키는 황화합물 중 가장 활성이 강하며 습식흐름공정 (Wet process stream)에서 50 ppm 이상 포함되면 사워 서비스 (Sour service)라 부른다.

문제점은 ① 부식에 대한 저항성, 산화 저항성, 고온강도 그리고 노치인성 (Notch toughness)이 낮다. ② 수용액 상태의 황화합물, 가성소다 (Caustic), 아민 (Amine) 용액에서 응력부식 (Stress corrosion)에 민감하다. ③ 고온수소공격 (HTHA)과 흑연화 (Graphitization)에 민감하다.

2.8.2 저 합금강 (Low alloy steel)

성분은 철을 기본으로 하고 Cr (크롬) 1.25～9%와 Mo (몰리브덴) 0.5～1%를 포함한다. 크롬 함량의 증가로 인해 탄소강 (Carbon steel)에 비해 고온강도와 산화, 황화수소에 의한 황화, 고온수소공격에 대한 저항성이 증가되었다. 몰리브덴이 첨가되어 핏팅부식 (Pitting corrosion)에 대한 저항성이 생겼다.

재료 성분	Fe (철)	Cr (크롬)	Ni (니켈)	Mo (몰리브덴)	Cu (구리)	Zn (아연)	기타
Carbon-0.5Mo	기본	-	-	0.5	-	-	-
1.25Cr-0.5Mo	기본	1.25	-	0.5	-	-	-
2.25Cr-1Mo	기본	2.25	-	1	-	-	-
5Cr-0.5Mo	기본	5	-	0.5	-	-	-
9Cr-1Mo	기본	9	-	1	-	-	-

특징으로 수소 없이 황화수소 분위기에서 5Cr-0.5Mo 제품은 260～343℃까지, 9Cr-1Mo 제품은 343℃ 이상에서 사용하고 카본 (Carbon) 함량은 0.15%를 초과하지 않아야 한다.

문제점은 ① 크롬 함량의 증가는 가격 상승효과를 가져온다. ② 용접이 까다로우며 예열 (Preheat)과 용접후열처리 (PWHT; Post welding heat treatment)가 요구된다. ③ 수소서비스 경우는 황화물화에 대한 저항이 없다. ④ 1.25Cr-0.5Mo와 2.25Cr-1Mo 제품 경우는 템퍼링 취화 (Tempering embrittlement) 방지를 위해 성분 제약이 더 까다로워지고 추가적인 테스트가 필요하다.

2.8.3 스테인리스강 (Stainless steels)

성분은 철을 기본으로 하고 크롬이 12% 이상 함유되어 금속표면에 치밀한 Cr_2O_3 (산화크로뮴)의 부동태층이 형성되어 녹이 슬지 않는다. 페라이트 (Ferritic)와 마텐자이트 (Martensitic) 스테인리스강에는 400계열의 405, 410, 416, 430 등의 제품이 있다. 이들의 성분은 철을 기본으로 크롬이 12% 이상 들어가 있고 저합금강보다 황화물화, 산화, 고온수소공격에 대한 저항성이 우수하다.

재료 성분	Fe (철)	Cr (크롬)	Ni (니켈)	Mo (몰리브덴)	Cu (구리)	Zn (아연)	기타
Type 405 (페라이트)	기본	13	-	-	-	-	0.3Al (알루미늄)
Type 410 (마텐자이트)	기본	13	-	-	-	-	-

특징으로는 ① 염화물의 응력부식 균열 (Chloride stress corrosion cracking)에 민감하지 않다. ② 크롬이 철에 고용되어 완전 고용체를 만들며 탄소량에 따라 페라이트와 마텐자이트가 된다.

문제점은 ① 가격이 오스테나이트 스테인리스강 (Austenitic stainless steel)보다 비쌀 수 있다. ② 용접이 까다롭고 (크롬 함량이 높을수록) 고온강도가 약하다. ③ 수용액 상태의 염화물 (Chloride)과 황화합물에서 핏팅 (Pitting)이 생성되는 경향을 가진다. ④ 고온에서 금속조직의 변화로 인해 공정 셧다운 (Shut down)이나 혼란 (Upset) 시에 취성 문제가 발생할 수 있다. 보통 취화온도 (Embrittlement temperature)는 474℃이고 시그마상 취화 (Sigma (σ) phase embrittlement)가 일어난다.

2.8.4 오스테나이트 스테인리스강 (Austenitic stainless steels)

성분은 철을 기본으로 하고 크롬이 18% 이상 그리고 니켈이 8% 이상 각각 함유되어 있다. 산화와 황화물화에 대한 저항성이 매우 우수하다. 용접이 까다롭지 않으며 특이한 경우를 제외하고는 열처리가 불필요하다. Type 317 제품은 특별히 나프텐산

(Naphthenic acid)에 우수하며, Type 321과 Type 347은 다중티온산 응력부식 균열 (Polythionic acid stress corrosion cracking)에 우수하다. 오스테나이트 스테인리스강에는 300계열의 304, 316, 321, 347 등의 제품이 있다.

재료 성분	Fe (철)	Cr (크롬)	Ni (니켈)	Mo (몰리브덴)	Cu (구리)	Zn (아연)	기타
Type 304	기본	18	10	-	-	-	최대 0.08C (탄소)
Type 304L	기본	18	10	-	-	-	최대 0.03C (탄소)
Type 316	기본	17	12	2.5	-	-	최대 0.08C (탄소)
Type 316L	기본	17	12	2.5	-	-	최대 0.03C (탄소)
Type 317	기본	19	13	3.5	-	-	최대 0.08C (탄소)
Type 321	기본	18	10	-	-	-	0.5Ti (티타늄)
Type 347	기본	18	10	-	-	-	0.8Nb (니오븀)
Type 310	기본	25	20	-	-	-	-

주) Nb (Niobium)의 옛이름: Cb (Columbium), 컬럼븀

특징에는 ① 니켈은 단독으로는 별 효과가 없으나 크롬 (Cr) - 니켈 (Ni)의 합금 (Alloy)이 되면 효과가 커진다. ② 니켈이 오스테나이트 (Austenite) 조직을 상온에서도 유지시켜 비자성의 성질을 가진다. ③ Type 317은 몰리브덴 (Mo) 3% 이상 함량으로 나프텐산 (Naphthenic acid)에 우수하며, Type 321은 티타늄 (Ti) / Type 347은 컬럼븀 [Cb, (Nb (니오븀)] 함유로 다중티오산 응력부식 균열에 우수하다.

문제점은 ① 가격이 탄소강 (Carbon steel)의 10배 이상이다. ② 수용액 상태의 염화물 (Chloride) 존재 하에서 염화물에 의한 응력부식 균열에 상당히 취약하다. ③ Type 304 / Type 316은 고온 (427～870℃)에서 예민화되어 다중티온산 응력부식 균열의 발생 가능성이 있다. ④ 금속 조직 내에 페라이트 (Ferrite)가 존재 시 취성 문제가 발생할 수 있다 (474℃에서 취화, 시그마 (σ)상 취화).

2.8.5 니켈합금 (Nickel alloy)

크게 합금, 인콜로이, 인코넬, 하스텔로이, 모넬이 있으며 각 성분과 특징 및 문제점은 아래와 같다.

재료 성분	Fe (철)	Cr (크롬)	Ni (니켈)	Mo (몰리브덴)	Cu (구리)	Zn (아연)	기타
합금 20	43	20	30	2	4	-	0.75Mn (망간)
인콜로이 800	46	21	33	-	-	-	-
인콜로이 825	30	22	42	3	2	-	1.0Ti (티타늄)
인코넬 600	8	16	76	-	-	-	-
인코넬 625	3	22	62	9	-	-	4.0Nb (니오븀)
하스텔로이 B	5	-	65	30	-	-	-
하스텔로이 C	5	16	59	16	-	-	4.0W (텅스텐)
모넬 400	14	-	66	-	31.3	-	-

(1) 합금 20 (Alloy 20) 성분은 철 40%, 크롬 20%, 몰리브덴 2%, 구리 4%, 망간 0.75%로 되어 있다. 산 (Acid)과 화학물질 (Chemical)에 대한 저항성이 높다. 황산에 대한 저항성으로 알킬레이션 (Alkylation)이나 황회수공정 (Sulfur recovery unit)에서 주로 사용된다. 일반 오스테나이트계 스테인리스강보다 염화물 응력부식 균열에 훨씬 강하다. 문제점은 비용증가 및 일반 오스테나이트계 스테인리스강보다 용접이 어렵다.

(2) 인콜로이 800/825 (Incoloy 800/825) 성분은 800이 철 46%, 크롬 21%, 니켈 33%이고, 825는 철 30%, 크롬 22%, 니켈 42%, 몰리브덴 3%, 구리 2%, 티타늄 1%이다. 일반 오스테나이트계 스테인리스강과 비슷한 내식성을 가지며 고온강도는 더 뛰어나다. 그리고 염화물 응력부식 균열에 매우 우수하다. 특징으로 825는 안정화 원소인 컬럼븀 (Cb)의 첨가로 예민화에 저항성을 가진다. 문제점은 일반 오스테나이트계 스테인리스강보다 고비용이고 800은 예민화 현상의 발생 가능성이 있다.

(3) 인코넬 600/625 (Inconel 600/625) 성분은 600이 철 8%, 크롬 16%, 니켈 76%이고, 625는 철 3%, 크롬 22%, 니켈 62%, 몰리브덴 9%, 컬럼븀 (Cb) 4%이다. 일반적으로 부식과 산화에 대한 저항성이 우수하고 우수한 고온강도를 가지며 가성소다 (Caustic)에 매우 강하다. 문제점으로 538℃ 이상에서 황화물화 (Sulfidation)에 대한 저항성이 나쁘고 가공과 용접이 까다로우며 가격이 비쌀 뿐 아니라 유연성이 떨어진다.

(4) 하스텔로이 B/C (Hastelloy B/C) 성분은 하스텔로이 B가 철 5%, 니켈 65%, 몰리브덴 30%이고, 하스텔로이 C는 철 5%, 크롬 16%, 니켈 59%, 몰리브덴 16%, 텅스텐 (W) 4%이다. 응력부식 균열에 대한 저항성과 산에 대한 부식 저항성이 매우 뛰어나고 우수한 고온강도를 가진다. 문제점은 가격이 비싸고 유용성이 떨어진다.

(5) 모넬 400 (Monel 400) 성분은 철 1.4%, 니켈 66%, 구리 (Cu) 31.3%이다. 수성 황화물 (Aqueous sulfide)과 가성소다에 우수한 부식 저항성을 가진다. 그리고 용기내의 디미스터패드 (Demister pad), 칼럼 (Column) 상부의 트레이 (Tray)나 피복 (Cladding)으로 주로 사용한다. 또한 염화물 응력부식 균열과 바닷물 (Sea water)에 뛰어난 저항성을 가진다. 문제점은 204.4℃ 이상에서 황화물화 저항이 취약하고 또한 암모니아 (NH_3)와 아민 (Amine)에도 취약하다.

2.8.6 구리합금 (Copper alloy)

애드미럴티황동, 알루미늄황동, 구리니켈이 있으며 각각의 성분과 특징 및 문제점은 다음과 같다.

재료 성분	Fe (철)	Cr (크롬)	Ni (니켈)	Mo (몰리브덴)	Cu (구리)	Zn (아연)	기타
알루미늄황동 (Aluminum brass)	-	-	-	-	77	21	2.0Al (알루미늄)
카트리지황동 (Cartridge brass)-놋쇠	-	-	-	-	70	30	1.0Sn (주석)
큐프로니켈 90/10 (Cupro-nickel 90/10)	1	-	10	-	89	-	백동
큐프로니켈 70/30 (Cupro-nickel 70/30)	1	-	30	-	69	-	백동
알루미늄청동 (Aluminum bronze)	2	-	-	-	91	-	7.0Al (알루미늄)

(1) 애드미럴티황동/알루미늄황동 (Admiralty/Aluminum brass) 성분은 애드미럴티황동이 구리 (Cu) 70%, 아연 (Zn) 29%, 주석 (Sn) 1%이고, 알루미늄황동은 구리 (Cu) 77%, 아연 (Zn) 21%, 알루미늄 (Al) 2%이다. 냉각수 응축기 (Cooling water condenser)의 기본 튜브 재질이고 수성 황화물에 충분한 저항을 가진다. 문제점으로는 ① 204.4℃ 이상에서는 강도가 약하다. ② 물 서비스에서 아연성분 탈부식 (Zn dealloy) 현상이 발생한다. ③ 애드미럴티황동은 바닷물에 대한 저항이 취약하다. ④ 암모니아 서비스에 응력부식 균열 가능성이 매우 높다. ⑤ pH 8 이상에서 매우 빠른 부식이 일어난다. ⑥ 용접성이 매우 나쁘다.

(2) 구리니켈 70-30/90-10 (Copper nickel 70-30/90-10) 성분은 구리니켈 70-30이 철 (Fe) 1%, 니켈 (Ni) 30%, 구리 (Cu) 69%이고, 구리니켈 90-10은 철 (Fe) 1%, 니켈 (Ni) 10%, 구리 (Cu) 89%이다. 특징은 ① 바닷물에 우수하고 용접성이 우수하다. ② 암모니아 응력부식 균열에 취약하지 않다. ③ 구리니켈 70-30은 수성 황화물에 우수한 저항성을 가진다. ④ 현재 물을 이용한 응축기 튜브 (Condenser tube)의 기본 재질로 사용된다. 문제점으로는 ① 애드미럴티황동/알루미늄황동보다 고비용이다. ② 니켈 탈알로이 (Ni dealloy) 가능성이 높다. ③ 구리니켈 90-10은 수성 황화물에 취약하다.

2.8.7 표면경화합금 (Hard facing alloy)

표면경화합금에는 상품명 스텔라이트 1 (Stellite 1)과 스텔라이트 6 (Stellite 6)이 있으며 각각의 재료 성분은 아래 표와 같다.

재료 성분	Fe (철)	Cr (크롬)	Ni (니켈)	Mo (몰리브덴)	Cu (구리)	Zn (아연)	기타
스텔라이트 1	-	30	-	-	-	-	2.5C (카본), 12W (텅스텐), 55Co (코발트)
스텔라이트 6	-	29	-	-	-	-	1C (카본), 4W (텅스텐), 66Co (코발트)

이들은 크롬 (Cr), 탄소 (C), 텅스텐 (W), 코발트 (Co)의 합금 (Alloy)으로써 칼날, 의료기구 등에 사용된다.

2.9 에너지 이송 장치 부품

유체의 수송 장치에는 펌프와 밸브 그리고 파이프가 있다. 펌프는 전동기 (모터)에 의해서 구동되는 유체 기계의 일종이며 압력 작용을 이용하여 필요로 하는 양의 액체를 목적하는 곳의 높이로 올리거나 목적하는 곳으로 보내는데 사용한다. 공장에서는 원료액의 공급, 설비의 가열이나 냉각, 물이나 기름의 순환, 제품액이나 폐액의 배출 등을 위해 쓰이며 공장의 심장이라고 해야 할 역할을 하고 있다. 따라서 펌프의 선정을 실수하면 운전 중에 고장이 일어나거나 장치를 정지시킬 뿐만 아니고 때로는 큰 사고 원인이 될 수 있다.

2.9.1 펌프 (Pump)

펌프의 기본 성능을 표시하는 데에는 펌프가 액체를 밀어 올릴 수 있는 높이를 나타내는 양정과 단위 시간에 송출할 수 있는 액체의 부피를 나타내는 유량으로 표시한다. 따라서 펌프에는 이 양정과 유량 및 취급하는 액체의 종류에 따라 여러 가지 형식이 있다. 구조상으로 펌프를 분류하면 왕복펌프, 회전펌프, 원심펌프, 축류펌프, 마찰펌프 및 그 밖의 펌프가 있다.

(1) 왕복펌프 (Reciprocating pump)

실린더 안을 피스톤 또는 플런저가 왕복운동을 하는 펌프로 송출밸브와 흡입밸브가 교대로 개폐하여 액체를 흡입 및 송출하면서 양수를 한다. 이것에는 피스톤펌프, 플런저펌프, 격막펌프 (다이어프램펌프)가 있다. 이 형식에서는 송수의 맥동이 일어나므로 송수량을 평균화하기 위하여 복동펌프, 차동펌프 또는 단동펌프를 몇 개 조합해서 사용한다. 특징은 양정이 크고 (즉, 고압을 요하는 경우) 유량이 작은 경우에 적합하며 수압기용과 보일러용 등에 쓰인다.

① **피스톤펌프** (Piston pump)

원통형 실린더 내의 피스톤의 왕복운동에 의해서 직접 액체에 압력을 주는 펌프이다. 피스톤은 크랭크에 의해 움직이며 피스톤이 오른쪽으로 움직일 때 배출밸브는 닫히고 흡입밸브가 열려서 액체는 실린더 안으로 흡입된다. 피스톤이 왼쪽 방향으로 움직일 때 흡입밸브는 닫히고 배출밸브가 열려서 실린더 안의 액체는 배출밸브에서 바깥으로 흘러나간다.

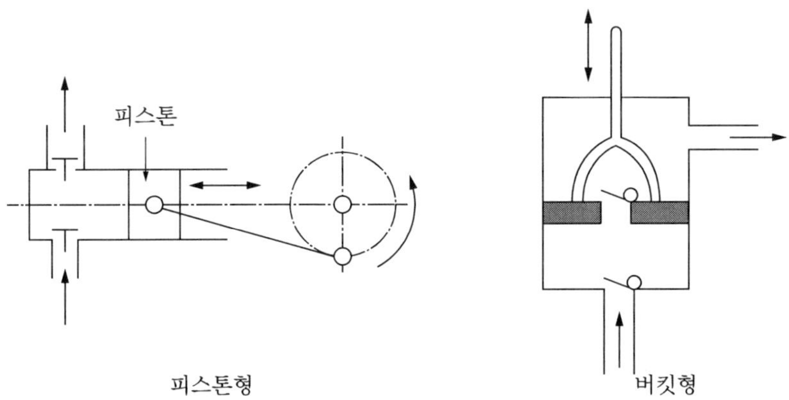

② **플런저펌프** (Plunger pump)

원통형의 실린더 내에 플런저 (봉이 달린 피스톤)를 왕복 운동시켜 실린더 내부의 물을 송출하는 용적펌프이다. 소수량 고압에 적합하며 급수용으로 보일러 수압기 등에 사용된다. 또한 정용량펌프로 보일러 부수처리 및 pH 자동조정기 등의 약액 주입용으로써 사용된다.

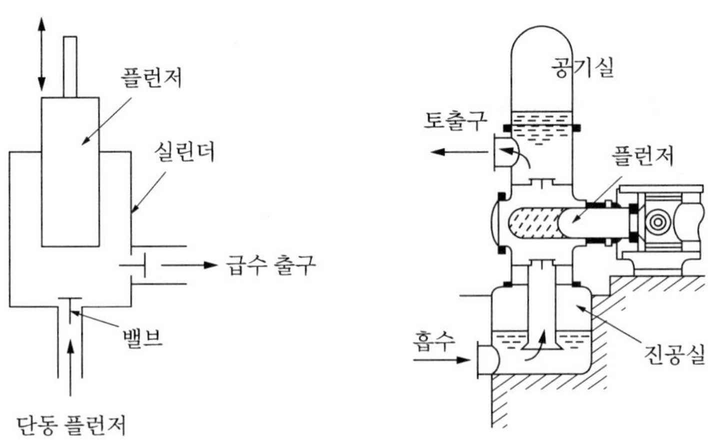

③ 격막펌프 (다이어프램펌프, Diaphragm pump)

유연성이 있는 가죽이나 고무막의 왕복운동에 의해서 액체를 올리는 펌프이다. 즉 격막의 상하운동에 의해서 유체의 흡입과 토출이 이루어지는 일종의 용적펌프이다. 터널의 배수 혹은 가솔린엔진의 연료펌프 등에 사용한다.

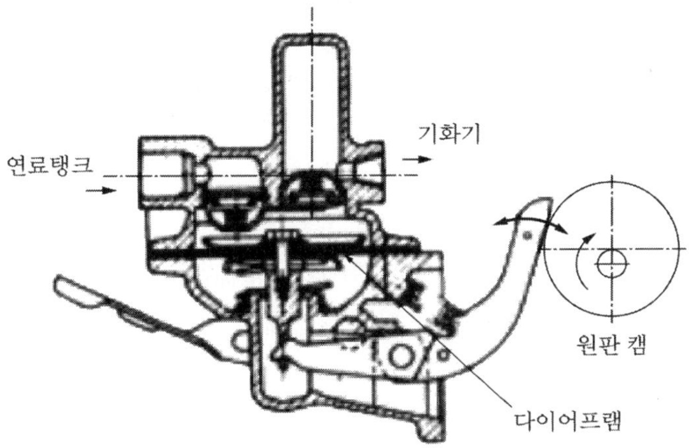

가솔린 내연기관

(2) 회전펌프 (Rotary pump)

펌프의 피스톤 작용을 하는 부분이 회전운동을 하여 피스톤 작용을 로터에 행하게 한다. 송출밸브와 흡입밸브를 가지지 않는다. 로터에는 미끄러져 움직이는 베인 (날개)을 가진 슬루스펌프 (베인펌프), 맞물리는 2개의 기어를 가진 기어펌프, 스크류펌프 등이 있다. 왕복펌프에 비하여 송출량의 변동이 적다. 용도가 넓어 물, 가솔린, 윤활유, 도료, 아스팔트 등에 사용되고 자동 제어용 유압펌프로서도 널리 사용한다.

① 슬루스펌프 (Sluice pump)

베인펌프 (Vane pump)라고도 한다. 원통형 케이싱 안에 편심 회전자가 있고 그 홈 속에 판상의 베인 (날개)이 들어 있으며 이 베인이 원심력 또는 스프링의 장력에 의해 벽에 밀착되어 회전하면서 액체를 입송하는 형식이다. 편심펌프라고도 한다. 주로 유압펌프용으로 사용한다.

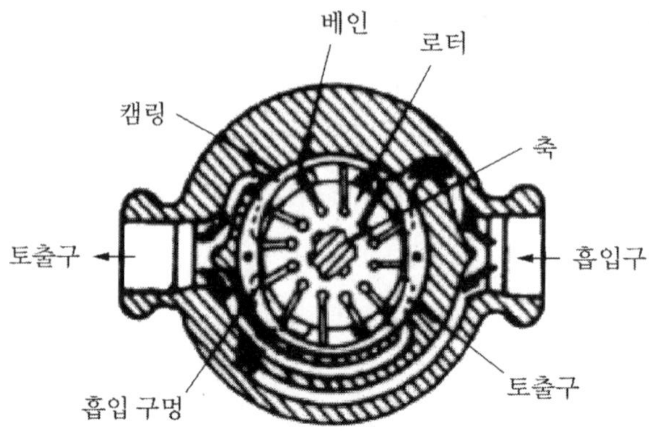

② 기어펌프 (Gear pump)

같은 모양의 2개의 기어의 맞물림에 의하여 송액하는 펌프로서 경량이고 구조가 간단하며 역류하지 않도록 되어 있기 때문에 밸브가 필요 없다. 점도가 높은 균질의 액체를 수송하는데 적합하기 때문에 기름펌프로서 가장 널리 사용되고 있다. 배출되는 유량은 기어의 회전수에 비례한다.

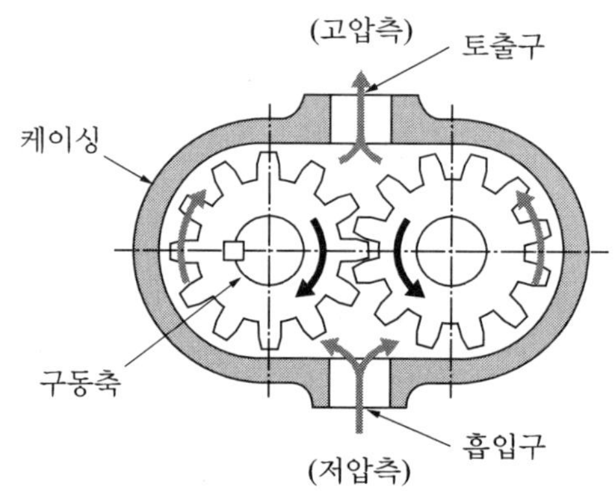

③ 스크류펌프 (Screw pump)

케이싱 내에 1~3개의 나사 모양의 회전자를 회전시키고 유체는 그 사이를 채워서 나아가도록 되어 있는 펌프로서 유체에 회전운동을 주지 않기 때문에 조용한 운전이 되고 효율도 높아서 유압용 펌프나 오니 (Sludge)펌프로 사용되고 있다.

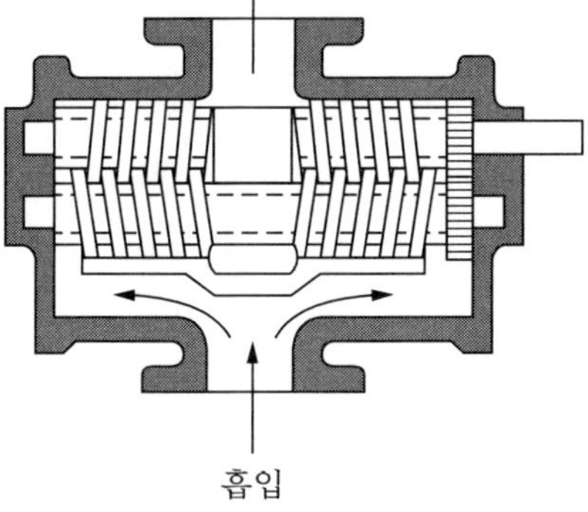

(3) 원심펌프 (Centrifugal pump)

회전하는 임펠러 (Impeller)의 바깥쪽에 스파이럴형의 통로가 있는 펌프로 공업 분야에 가장 많이 사용되고 있다. 중심부에 들어간 물이 회전하는 임펠러를 지나 압력이 높아져서 바깥 둘레로 유출하고 스파이럴형의 통로를 지나 펌프 출구에 도달한다. 임펠러를 나온 물이 가이드 베인 (Guide vane, 안내 날개) 사이를 지나 케이싱으로 나가는 터빈펌프 (Turbine pump)와 가이드 베인을 가지지 않는 볼류트펌프 (Volute pump)의 2종류가 있다. 터빈펌프는 고양정에 적합하다. 특히 양정이 클 때에는 제1단의 가이드 베인을 나온 물을 2단째의 입구로 이끄는 다단식을 사용한다. 배수용, 상하수도용, 광산용, 화학공업용 등 산업체에서 사용하고 있는 펌프 중 가장 많이 사용되고 있다. 원심펌프의 날개 (Vane)를 개량하여 마모나 부식에 대하여 특히 강하게 한 것은 이수, 오수, 펄프 혼액, 자갈, 석탄 등에 적합하다. 물고기 등을 물과 함께 운반할 때도 사용된다.

① 터빈펌프 (Turbine pump)

임펠러의 외측에 유선형의 고정 날개 즉 가이드 베인을 설치한 것이다. 물의 속도를 압력으로 변환하기 위해서는 가이드 베인이 가장 효과적이며 임펠러로부터 송출된 물은 가이드 베인에 의해 속도가 늦춰져 효율적인 압력으로 변환됨으로써 고압수가 되어 소용돌이 실로 들어가 토출 급수된다. 보일러의 급수펌프로는 터빈펌프를 주로 사용한다.

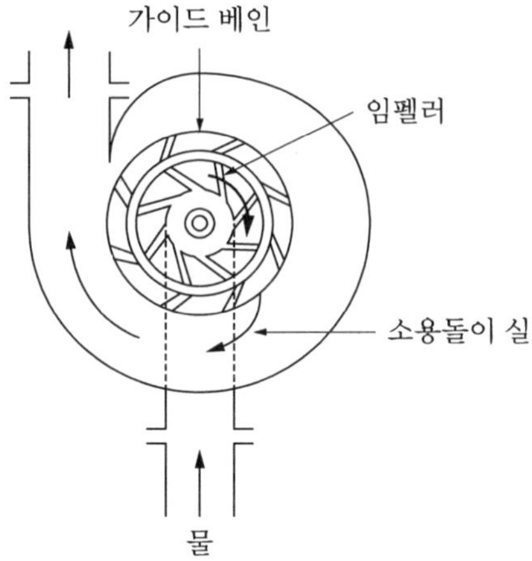

② **볼류트펌프 (Volute pump)**

위에서 언급한 것처럼 터빈펌프와는 달리 가이드 베인을 가지지 않으며 소용돌이 펌프 중에서 가장 간단한 것으로 스크루형 방과 프로펠러로 되어 있다. 프로펠러를 고속도로 회전시켜 그 원심력을 이용하여 물을 송출하는 것으로 소형으로 되어 있어 양수 고도가 30 m 이하의 경우에 가장 널리 사용된다.

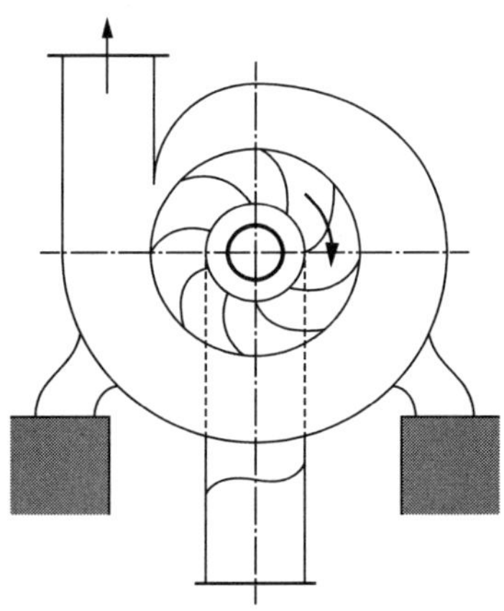

(4) 축류펌프 (Axial flow pump)

동체 내에 프로펠러형의 날개바퀴가 있고 물이 축방향을 따라 흐르는 펌프이다. 구조는 간단하며 같은 용량의 원심펌프와 비교하면 약 1/2 용적으로 해결된다. 비교적 고속도의 전동기 (모터)에 직결할 수 있다.

① 프로펠러펌프 (Propeller pump)

양정이 낮고 (10 m 이하) 양수량이 많은 경우에 사용한다. 일반적인 양수와 배수 및 상하수도에 사용한다. 양수량이 변화하여도 효율이 저하되지 않도록 운전 중 임펠러의 설치 각도를 변화시킬 수 있다. 횡축형과 입축형이 있는데 입축형이 설치 면적을 적게 차지하고 캐비테이션 (Cavitation)을 일으키지 않아 많이 사용된다.

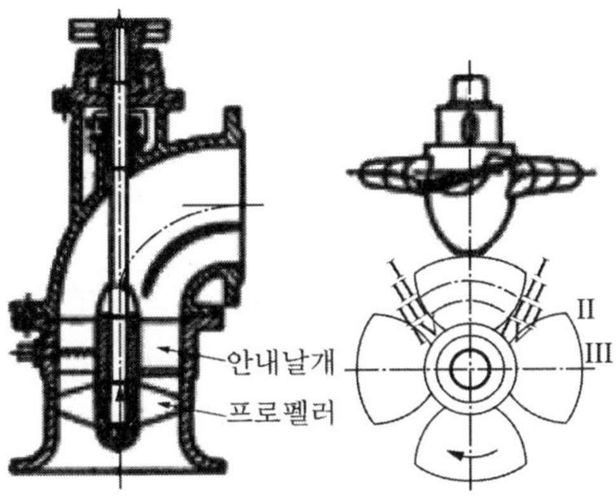

일반적으로 펌프의 동력은 그 기종과 목적에 관계없이 전 양정을 H_t (m), 유량을 Q (m^3/min), 액의 비중을 γ (kg/m^3)로 했을 때 펌프의 이론 동력 (HP)은 $\gamma \times H_t \times Q / 75$로 주어진다. 이것을 수마력이라 한다. 그리고 실제로 외부로부터 펌프에 가해지는 동력을 축마력이라 하며 펌프 효율 η는 (수마력)/(축마력) × 100 (%)로 나타낸다.

상기 언급한 펌프의 주요 특성을 정리하면 아래 표와 같다.

표 2.2 ● 주요 펌프의 특성

펌프의 종류		장점	단점
왕복펌프	피스톤펌프	-	대형으로 중량이 크다.
	플런저펌프	고압, 효율이 높다.	맥동 있음, 고가
	격막펌프	정량성이 매우 좋다. 고점성도에서도 좋다. 개방, 슬러리나 부식성인 것에도 사용된다.	맥동이 심해 양정에도 한계가 있다. 구조, 재료가 한정된다.

펌프의 종류		장점	단점
회전 펌프	기어펌프, 회전펌프, 슬루스펌프, 스크루펌프, 로브펌프	싼 가격, 정량성이 있으며 고점성도에서도 좋다. 소형도 있다. 구조는 간단하며 회전수도 적다. 유동 일정	클리어런스 작고, 구조 재료에 한도가 있다. 효율이 낮고 마모가 있다.
원심 펌프	터빈펌프	비교적 양정이 높고 싼 가격, 소형, 구조 간단, 맥동 없음	저점성도일 필요가 있다.
	볼류트펌프	용량 범위 큼. 여러 단으로 하면 양정도 높아진다. 싼 가격, 오래 사용해도 견딘다.	작은 용량이 없다. 정량성이 작고, 흐트러짐이 크다. 회전 속도가 크다.

2.9.2 밸브 (Valve)

물, 기름, 가스와 같은 유체의 이동 통로인 관 (파이프) 중간에 설치하여 유체의 양이나 흐르는 방향, 압력 등을 조절 하는 장치이다. 목적에 따라 여러 가지 종류가 있는데 수도꼭지처럼 유체의 차단 장치로 많이 사용되는 스톱밸브 (Stop valve), 원판 모양의 밸브로 유량을 제어하는 슬루스밸브 (Sluice valve), 한쪽 방향으로만 유체의 흐름을 제어하는 체크밸브 (Check valve), 유체의 압력을 제어하고 유지할 수 있는 감압밸브 (Pressure reducing pump), 가스 콕 (Cock)처럼 기체의 차단과 방향을 제어할 수 있는 콕 (Cock) 등이 있다. 밸브의 재료는 유체의 종류나 압력의 크기에 따라 청동, 주철, 그리고 합금강 등이 사용된다.

일반적으로 밸브는 수동밸브가 많지만 전동기에 의해 개폐되는 전동밸브도 원격 조작과 자동 제어에 이용되고 있다. 다음 표는 주요 밸브의 종류를 나타낸다.

표 2.3 ● 밸브의 종류

밸브 (Valve)	매뉴얼밸브 (Manual valve)	게이트밸브 (Gate valve)
		글로브밸브 (Globe valve)
		체크밸브 (Check valve)
		볼밸브 (Ball valve)
		버터플라이밸브 (Butterfly valve)
		기타밸브
	오토매틱밸브 (Automatic valve)	작동밸브 (Regulator valve)
		컨트롤밸브 (Control valve)

(1) 슬루스밸브 (Sluice valve)

물을 제어하는 밸브로 몸체가 흐름에 대해 직각이다. 밸브 시트에 대해 상하로 미끄러지는 운동을 하여 개폐하는 밸브이다. 밸브 몸체를 완전히 열었을 때는 흐름에 대한저항이 거의 없고 압력에 대해서도 강하므로 지름이 큰 관이나 개폐를 별로 하지 않는 관에 이용한다. 밸브 봉과 몸체가 함께 오르내리는 것과 밸브체만 오르내리는 것이 있다.

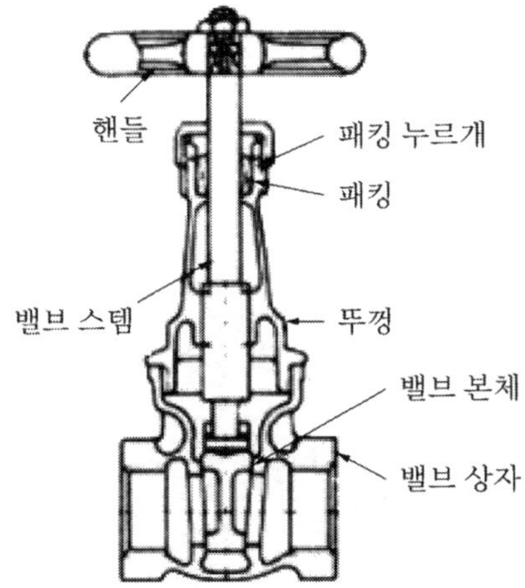

(2) 게이트밸브 (Gate valve)

배관 도중에 설치하여 유로의 차단에 사용한다. 유체가 흐르는 방향에 대하여 직각으로 이동하여 유로를 개폐한다. 유량의 미세제어에는 부적합하다. 그림에서 디스크가 시트면과 마찰하면서 열리거나 닫힘으로써 유체 흐름을 차단하거나 개방한다. 구조상 가장 튼튼한 시팅 구조이나 밸브의 열팽창과 배관 작용력에 대한 디스크에서의 흡수 여유가 없기 때문에 상온 이외의 사용에서 디스크가 고착되거나 누설 가능성이 높다.

(3) 글로브밸브 (Globe valve)

스톱밸브 (Stop valve)라고도 한다. 그림과 같이 구형의 밸브 박스를 가지며 입구와 출구의 중심선이 일직선상에 있고 유체의 흐름이 S자형으로 되는 밸브이다. 나사에 의해 밸브를 밸브 시트에 꽉 눌러 유체의 개폐를 실행한다. 밸브 내에서 흐름의 방향이 바뀌고 모두 열렸을 때에도 밸브가 유체 속에 있으므로 유체의 에너지 손실이 크지만 밸브의 개폐속도는 빠르다. 수도와 증기용으로 많이 이용된다.

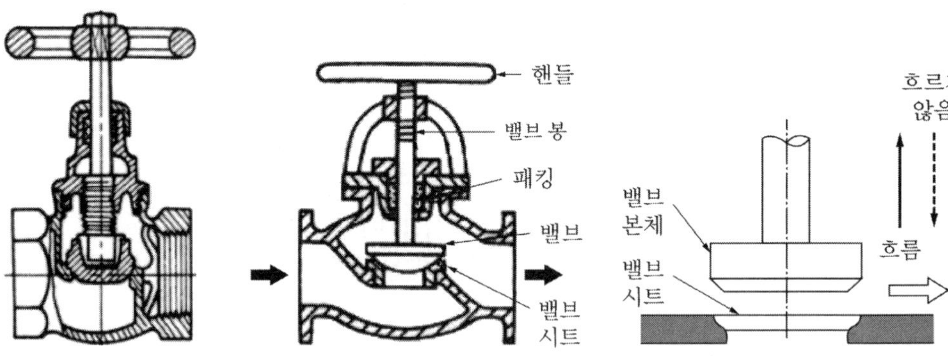

(4) 체크밸브 (Check valve)

유체의 역류를 방지하기 위해 한쪽 방향으로만 흐르게 하는 밸브를 말한다. 펌프의 토출관 (급배수관) 또는 냉매관 등에 많이 사용되고 있다. 스윙형과 리프트형이 있으며 리프트형은 확실히 폐쇄작용을 하지만 수평관에서만 이용되고 입형관에는 사용되지 않는다.

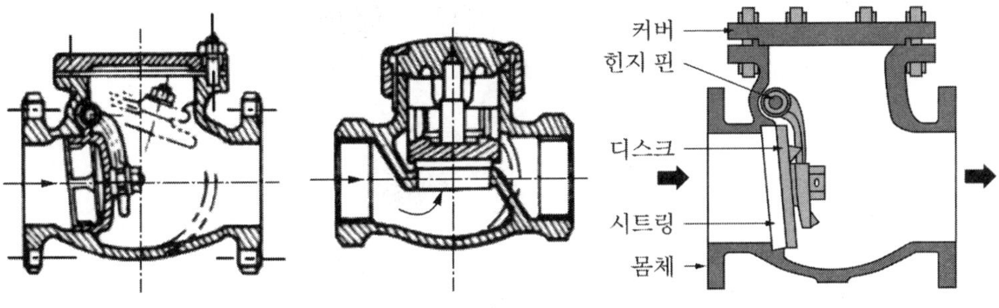

스윙형 리프트형

(5) 볼밸브 (Ball valve)

밸브 디스크가 볼 모양이고 볼을 감싸고 있는 시트는 기밀을 확실하게 한다. 즉 그림과 같이 밸브의 개폐부분에는 구멍이 뚫린 공 모양의 밸브가 있으며 이것을 회전시킴에 의해 구멍을 막거나 열어 밸브를 개폐시키는 것으로 콕 (Cock)과 유사한 밸브이다. 핸들을 90°로 조작하여 개폐하며 완전 개방의 경우에 관 단면적과 거의 동일하기 때문에 저항이 적은 특징이 있고 가스배관에 많이 사용된다.

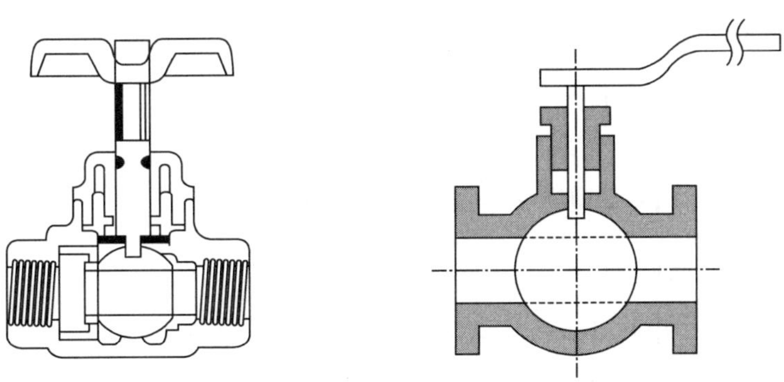

(6) 버터플라이밸브 (Butterfly valve)

게이트밸브의 일종으로 관내 원판 형상의 밸브 본체를 돌려 관로의 유량을 조절한다. 개폐를 간단하고 빨리 할 수 있어서 저압부터 고압까지의 물, 증기, 공기, 가스용으로 널리 사용된다. 타 밸브에 비해 소형으로 공간이 협소한 곳에도 설치가 가능하다.

(7) 플로트밸브 (Float valve)

탱크 또는 보일러 등의 액면 제어용이다. 즉 액면이 저하하면 플로트에 의해 연결된 밸브가 열리거나 또는 스위치가 닫혀 전동기를 구동시키고 일정한 범위로 액면을 제어한다. 다시 말해 탱크 등의 저장 유량을 감지하는 밸브로서 부유체를 유체의 상위 면에 띄워 액면을 감지하여 제어하는데 사용한다.

(8) 다이어프램밸브 (Diaphragm valve)

특수한 합성고무판을 밸브 봉과 결합하여 밸브 봉의 작동에 의해 유로 면적을 변화시킨다. 유체 저항이 적고 액과의 접촉은 합성고무판 면에서 이루어지기 때문에 부식성 액체에 사용 가능하다. 밀폐도 용이하고 단지 고압 및 증기 등 온도가 높은 유체에는 사용이 곤란하다.

(9) 이스케이프밸브 (Escape valve)

송출량의 감소에 따른 압력의 증대를 방지하기 위해 유체의 일부를 밖으로 흘려 내보내는 밸브이다. 스로틀밸브 (Throttle valve)는 유량을 조정하는 밸브로 압력은 문제되지 않는다. 안전밸브 (Safety valve)는 압력이 어느 제한된 값을 초과했을 경우에 유체의 일부를 방출하여 압력의 상승을 억제하기 위한 밸브이다. 콕 (Cock)은 기체의 유통을 막는 미끄럼 면의 회전에 의해 유체의 흐름을 급속히 차단하거나 방향을 바꾸는 데 사용한다.

① 스로틀밸브 (Throttle valve)

게이트밸브의 일종으로 원판을 회전시켜 관로를 열고 닫음으로써 생기는 유체와의 마찰로 유체의 압력을 낮추는 밸브이다. 즉 관로의 유효 단면적을 넓히거나 줄여서 유체의 흐름을 조절한다.

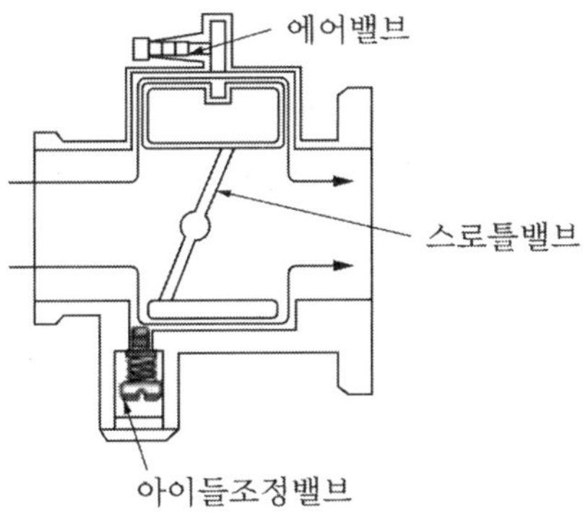

② 안전밸브 (Safety valve)

기기나 관 등의 파괴를 방지하기 위하여 부착하는 최고 압력을 한정하는 밸브이다. 즉 설정 압력 이상이 되면 유체를 내뿜어 압력을 설정 압력 이하로 낮추도록 되어 있다. 그림에서 스프링 안전밸브 내압이 높아지게 되면 스프링 작용에 의해 밸브가 올라가 유체가 밖으로 흐른다. 스프링의 높이를 바꾸어서 밸브에 가하는 힘을 바꾼다.

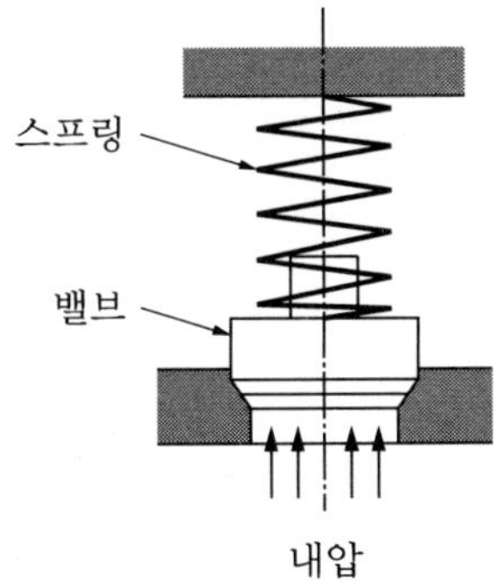

③ 콕 (Cock)

관로 도중에 장착하여 유체의 흐름을 멈추게 하거나 유량을 조절하는 밸브이다. 즉 유체의 통로에 뚫려 있는 원뿔형 또는 원통형 구멍에 끼워 있는 플러그를 돌려서 유체의 흐름을 멈추게 하거나 유량을 가감한다.

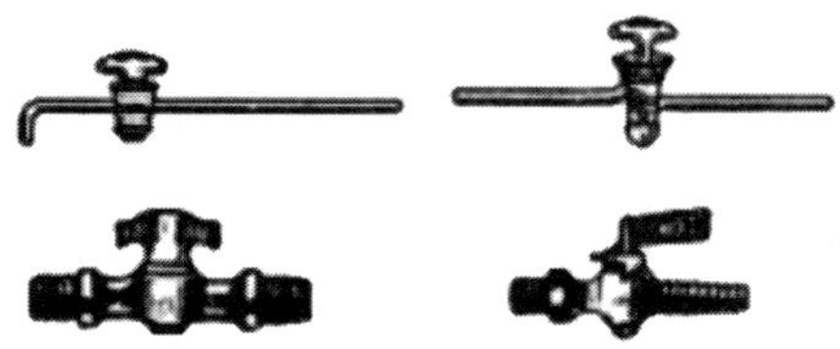

(10) 조절밸브 (Control valve)

유체의 압력, 온도, 양, 흐름 등을 자동적으로 제어하는 것으로 제어 방법에 따라 자동 제어식과 타동 제어식의 구별이 있다. 압력조절밸브 (Pressure control valve)는 1차 압력을 희망하는 2차 압력으로 조정하는 것이다. 온도조절밸브 (Temperature control valve)는 유체 및 실내 온도 조절 등에 이용된다. 감온부 (액 또는 바이메탈)에 의한 벨로즈의 신축을 주 밸브에 전해 제어한다.

① **감압밸브** (Pressure reducing valve)

유체의 압력을 감소시키는 자동조정밸브로 증기압력을 감압할 때 사용한다. 기체 혹은 액체를 통과시킬 때 밸브 입구의 압력을 일정 압력까지 감압해서 출구로 보내는 밸브로 벨로즈나 다이어프램에 가해지는 압력과 스프링의 장력 등에 의해 밸브가 개폐된다. 고압 유체의 압력을 낮추거나 정압력으로 유지할 때 사용한다. 사용할 때는 고압 쪽에 스톱밸브와 저압 쪽에 안전밸브를 설치한다.

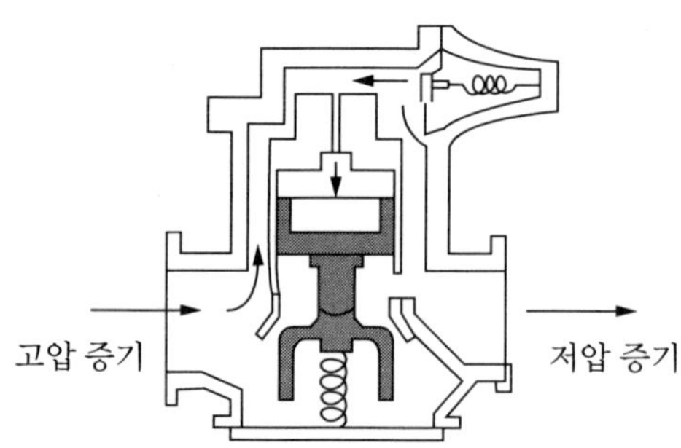

2.9.3 파이프 (Pipe)

관 또는 튜브 (Tube)라고도 한다. 파이프는 주로 유체 (기체, 액체)나 분체의 수송에 사용한다. 파이프에 의해 구성되는 유체의 통로 등을 관로라 하고 유체의 유량, 물성값, 마찰저항 등을 고려해서 합리적으로 관로를 설치하는 것을 배관 (Piping)이라 한다. 긴 배관은 도중에서 관의 방향을 바꾸거나 굵기가 다른 관을 사용할 때는 파이프와 파이프를 접합하기 위하여 파이프 커플링 (Pipe coupling)을 사용한다.
파이프는 재질에 따라 금속관과 비금속관으로 나눈다. 금속관에는 강관, 주철관, 구리관, 황동관, 알루미늄관, 연관 등이 있다.

(1) **강관**: 박판을 굽혀서 용접이나 단접 등으로 이은 이음매 있는 강관과 봉재에서 압연하여 만든 이음매 없는 강관이 있다. 이음매 없는 강관은 수압 및 유압이 걸리는 곳과 보일러 등에 널리 사용된다.
(2) **주철관**: 강관보다 무겁고 강도도 약하지만 값이 싸고 내식성이 좋으므로 수도, 가스, 배수 등 지중 매설용으로 많이 사용한다.
(3) **구리관**: 내식성이 좋아 화학 공업용 등에 사용되며 또 열전도가 좋으므로 보일러 및 열교환용으로도 사용한다.
(4) **황동관**: 구리관과 같은 성질이 있으므로 열교환기 등에 사용된다.
(5) **알루미늄관**: 가볍고 내식성도 뛰어나므로 항공기 등의 배관 및 기타 광범위하게 이용된다.
(6) **연관**: 구부리기 쉽고 내식성도 우수하여 수도관에 널리 사용되었으나 비닐관 대체로 수도용으로 사용은 감소하고 있다.

일반적으로 파이프의 규격 (두께)은 다음 표와 같다.

표 2.4 ● 파이프 규격 (두께)

Size (inch)	Outside Dia.		Carbon Steel												Stainless Steel				SGP	Size	
			Schedule No.									Weight Designation			Schedule No.						
	ANSI	JIS	10	20	30	40	60	80	100	120	160	STD.	X-Stg.	XX-Stg.	10S	20S	40S	80S		inch	mm
3/8	17.1	17.3	-			2.3		3.2				2.3	3.2		1.7	2.0	2.3	3.2	2.3	3/8	10
1/2	21.3	21.7	-	-	-	2.8	-	3.7	-	-	4.7	2.8	3.7	7.5	2.1	2.5	2.8	3.7	2.8	1/2	15
3/4	26.7	27.2	-	-	-	2.9	-	3.9	-	-	5.5	2.9	3.9	7.8	2.1	2.5	2.9	3.9	2.8	3/4	20
1	33.4	34.0	-	-	-	3.4	-	4.5	-	-	6.4	3.4	4.5	9.1	2.8	3.0	3.4	4.6	3.2	1	25
1 1/4	42.2	42.7	-	-	-	3.6	-	4.9	-	-	6.4	3.6	4.9	9.7	2.8	3.0	3.6	4.9	3.5	1 1/4	32
1 1/2	48.3	48.6	-	-	-	3.7	-	5.1	-	-	7.1	3.7	5.1	10.2	2.8	3.0	3.7	5.1	3.5	1 1/2	40
2	60.3	60.5	-	-	-	3.9	-	5.5	-	-	8.7	3.9	5.5	11.1	2.8	3.5	3.9	5.5	3.8	2	50
2 1/2	73.0	76.3	-	-	-	5.2	-	7.0	-	-	9.5	5.2	7.0	14.0	3.0	3.5	5.2	7.0	4.2	2 1/2	65
3	88.9	89.1	-	-	-	5.5	-	7.6	-	-	11.1	5.5	7.6	15.2	3.0	4.0	5.5	7.6	4.2	3	80
3 1/2	101.6	101.6	-	-	-	5.7	-	8.1	-	-		5.7	8.1	16.2	3.0	4.0	5.8	8.1	4.2	3 1/2	90
4	114.3	114.3	-	-	-	6.0	-	8.6	-	11.1	13.5	6.0	8.6	17.1	3.0	4.0	6.0	8.6	4.5	4	100
5	141.3	139.8	-	-	-	6.6	-	9.5	-	12.7	15.9	6.6	9.5	19.1	3.4	5.0	6.6	9.5	4.5	5	125
6	168.3	165.2	-	-	-	7.1	-	11.0	-	14.3	18.2	7.1	11.0	21.9	3.4	5.6	7.1	11.0	5.0	6	150
8	219.1	216.3	-	6.4	7.0	8.2	10.3	12.7	15.1	18.2	23.0	8.2	12.7	22.2	4.0	6.5	8.2	12.7	5.8	8	200
10	273.1	267.4	-	6.4	7.8	9.3	12.7	15.1	18.2	21.4	28.6	9.3	12.7	25.4	4.0	6.5	9.3	12.7	6.6	10	250
12	323.9	318.5	-	6.4	8.4	10.3	14.3	17.4	21.4	25.4	33.3	9.5	12.7	25.4	4.5	6.5	9.5	12.7	6.9	12	300
14	355.6	355.6	6.4	7.9	9.5	11.1	15.1	19.0	23.8	27.8	35.7	9.5	12.7	-	-	-	-	-	7.9	14	350
16	406.4	406.4	6.4	7.9	9.5	12.7	16.7	21.4	26.2	30.9	40.5	9.5	12.7	-	-	-	-	-	7.9	16	400
18	457.2	457.2	6.4	7.9	11.1	14.3	19.1	23.8	29.4	34.9	45.2	9.5	12.7	-	-	-	-	-	-	18	450
20	508.0	508.0	6.4	9.5	12.7	15.1	20.6	26.2	32.5	38.1	50.0	9.5	12.7	-	-	-	-	-	-	20	500
22	558.8	558.8	6.4	9.5		15.9		28.6			54.0	9.5	12.7	-	-	-	-	-	-	22	550
24	609.6	609.6	6.4	9.5	14.3	17.5	24.6	31.0	38.9	46.0	59.5	9.5	12.7	-	-	-	-	-	-	24	600
26	660.4	660.4	6.4	9.5	-	18.9	-	34.0	-	-	64.2	9.5	12.7	-	-	-	-	-	-	26	650
30	762.0		7.9	12.7	15.9	-	-	-	-	-	-	9.5	12.7	-	-	-	-	-	-	30	750

Chapter 3

에너지 열기관

열기관은 열을 이용하여 동력을 발생시키는 장치를 말한다.

3.1 열기관의 효율

열기관 (Heat engine)은 열에너지를 흡수하여 그 에너지 중 일부를 역학적 에너지로 변환시키는 장치이다. 즉 열기관에서는 열이 기체나 액체 등의 매개체를 통해 고온열원에서 저온열원으로 이동하며 이 때 열에너지 중 일부가 기계적인 일을 할 수 있는 역학적 에너지로 바뀌고 나머지는 저온열원으로 사라진다. 예를 들면 증기기관, 내연기관, 자동차의 가솔린엔진과 디젤엔진 등이 열기관의 일종이다. 이러한 열기관들은 가열된 기체의 팽창운동을 피스톤의 운동과 같은 기계의 움직임으로 바꿔줌으로써 열을 일로 바꾼다.

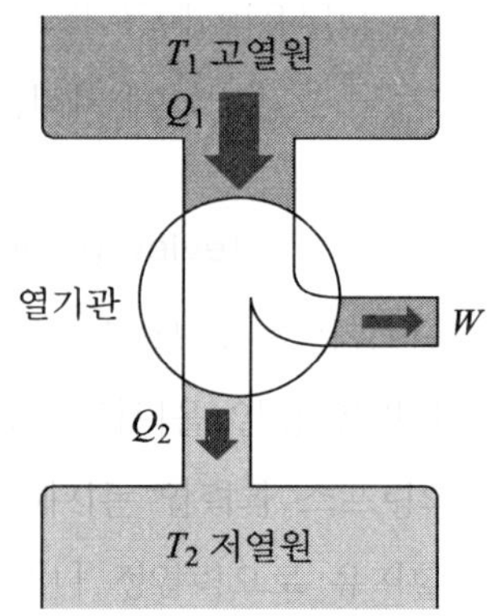

그림 3.1 열기관의 개요도

상기 그림은 열기관의 개요를 보여준다. 온도 T_1인 고온열원에서 열 Q_1이 나와서 그 중의 일부가 일 W로 변환되고 그 나머지 열 Q_2가 온도 T_2인 저온열원으로 손실된다. 이 때 열역학 제1법칙에 의해 에너지는 보존되므로 흡수한 에너지는 빠져 나간 에너지와 같다. 이것은 $Q = \Delta U + W$와 비슷하고 열역학 제1법칙에 의해 표현된 에너지 보존의 직접적인 결과이다.

$$Q_1 = Q_2 + W \tag{3-1}$$

열기관의 목적은 열에너지를 최대한 많이 일로 변하게 하는 것이므로 열기관의 효율 η는 한 순환과정당 한 일 W를 그 순환과정 동안 흡수한 열 Q_1으로 나눈 것으로 정의한다. 이것의 백분율 효율은 다음과 같이 나타낸다.

$$\eta = \frac{W}{Q_1} \times 100 \tag{3-2}$$

식 (3-1)은 다음과 같이 나타낼 수 있다.

$$W = Q_1 - Q_2 \tag{3-3}$$

식 (3-2)의 효율은 다음과 같이 나타낸다.

$$\eta = \left(1 - \frac{Q_2}{Q_1}\right) \times 100 \tag{3-4}$$

그리고 Sadi Carnot의 연구 결과로 Q_2와 Q_1의 비는 열원의 온도 비로 나타낼 수 있다.

$$\frac{Q_2}{Q_1} = \frac{T_2}{T_1} \tag{3-5}$$

따라서 효율은 다음과 같은 표현으로 나타내 진다.

$$\eta = \left(1 - \frac{T_2}{T_1}\right) \times 100 \tag{3-6}$$

T_2와 T_1은 Q_2와 Q_1보다 쉽게 측정할 수 있기 때문에 이 표현은 사용하기에 편리하다. 이 때 온도는 절대온도 (K)를 사용해야 한다. 식에서 표현한 효율은 이상 Carnot 효율로 알려져 있다. 각각 온도가 T_1, T_2인 고온 저장조와 저온 저장조를 활용하는 열기관이 얻을 수 있는 최대 효율이 된다. 100% 효율은 T_2가 도달할 수 없는 절대 0도일 때 이루어질 수 있다. 그림 3.1에서 Q_2는 Q_1보다 클 수 없다는 것을 알 수 있다. 비록 Carnot효율이 열기관의 최대 효율이나 일반적으로 실제 열기관은 Carnot보다 매우 낮은 효율로 운전된다.

따라서 저온열원으로 빠져나간 열이 전혀 없을 때 ($Q_2=0$) 최대 열효율 $\eta=1$, 즉 열에너지 전부가 일로 변환되는 이상기관이 된다. 실제 열기관에서는 저온열원으로 손실되는 열 Q_2가 반드시 있는데 그것은 열역학 제2법칙에 의해 기체나 액체 등이 고온열원에서 열을 흡수할 때 열기관과 주변 환경을 포함한 전체 계의 엔트로피가 증가해야 하기 때문이다. 열기관이 고온열원으로부터 열을 흡수할 때 고온열원에서 감소하는 엔트로피는 Q_1/T_1이고, 열기관에서 저온열원으로 열이 손실될 때 저온열원에서 증가하는 엔트로피는 Q_2/T_2이다. 그러므로 열역학 제2법칙 ($\Delta S\geq 0$)에 의해 다음과 같이 된다.

$$\frac{Q_2}{T_2}-\frac{Q_1}{T_1}\geq 0$$

$$\frac{Q_2}{Q_1}\geq\frac{T_2}{T_1}$$

따라서 효율 $\eta\leq 1-T_2/T_1$가 된다. 그러므로 열기관의 효율을 높이려면 T_2/T_1을 줄여야 한다. $T_2=0$이 현실적으로 불가능하므로 $Q_2=0$, 즉 $\eta=1$인 기관은 존재할 수 없다.

열기관에는 크게 내연기관 (Internal combustion engine)과 외연기관 (External combustion engine)으로 구분할 수 있으며 이들에 대한 내용은 다음과 같다.

3.2 내연기관

자동차에 있어 엔진 (기관)은 필수적인 부분으로 자동차의 심장에 비유한다. 대표적으로 자동차의 가솔린엔진, 디젤엔진 및 냉동사이클 등이 여기에 속한다. 가솔린과 디젤엔진은 실린더 내부에서 연료를 연소시켜 동력을 발생시킨다.

3.2.1 가솔린엔진

가솔린엔진 (Gasoline engine)은 연료와 공기 등의 산화제를 연소실 내부에서 연소시켜 에너지를 얻는 기관이다. 연소실 내부에서 연료와 산화제의 연소반응은 발열반응이어서 반응 시 높은 온도와 압력의 기체가 생성된다. 이 기체가 연소실 내부의 피스톤 및 축차를 움직여 내연기관을 가동시킨다. 작동 방식은 행정 수에 따라 달라진다. 피스톤이 한 번 내려가거나 올라가는 것을 1행정이라고 한다. 4행정 방식이 가장 대표적이고 2행정, 5행정, 6행정 방식도 있다. 2행정 방식은 피스톤이 2행정 하는 동안 즉 한 번 왕복하는 동안 한 주기가 끝난다. 반복운동 시 두 번째 행정마다 폭발 혹은 강한 왕복운동이 일어나며 주로 소형 오토바이, 모터보트 등 소형기관에 이용된다. 4행정 방식은 아래에 설명이 되어 있으며 5행정 및 6행정 방식은 모두 4행정 방식을 기반으로 약간의 변형을 도입하여 연료 효율 또는 기계적 성질을 향상하기 위해 고안되었다. 가솔린기관의 작동원리를 보면, 그림 3.2와 같이 흡입 - 압축 - 폭발 (점화) - 배기의 4행정을 차례대로 되풀이한다. 이를 4행정 사이클 (Stroke cycle)이라 부른다.

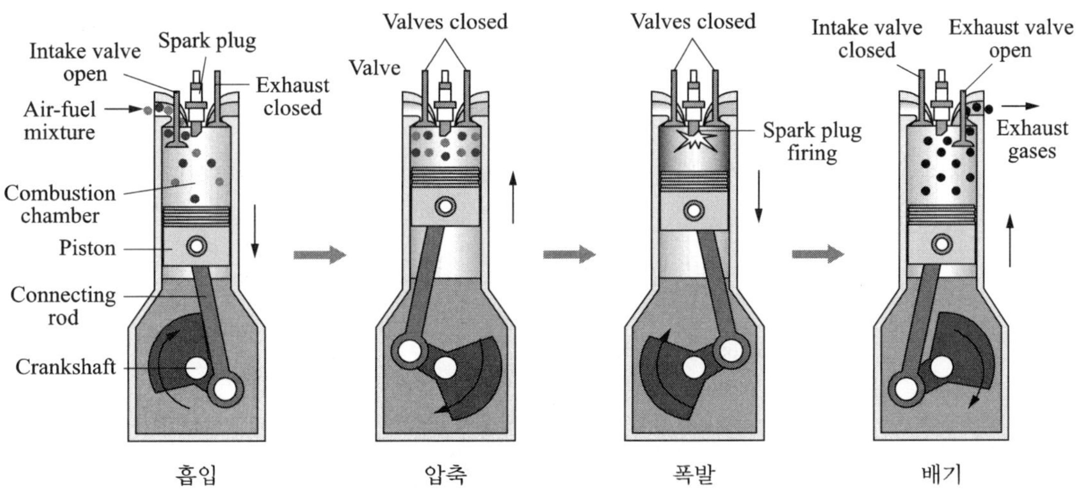

그림 3.2 가솔린엔진 작동원리 (4행정 사이클)

(1) 흡입 (Intake)

두 밸브가 닫힌 상태에서 피스톤이 원통 속의 맨 위에 있을 때 시작하여 피스톤이 내려가면서 흡입밸브가 열려 가솔린 증기와 공기의 혼합 기체가 원통 속으로 주입되며 피스톤이 맨 아래로 내려갈 때 흡입밸브가 닫히면서 끝난다.

(2) 압축 (Compression)

플라이휠의 회전운동에 의해 피스톤이 다시 위로 올라가면서 주입된 혼합 기체가 압축되어 맨 위에 있을 때 끝난다.

(3) 폭발 (Ignition & Explosion & Power)

피스톤이 맨 위에 있을 때 불꽃 방전을 일으켜 압축된 혼합 기체가 순간적으로 연소되고, 그 결과 생기는 많은 열 때문에 고온 고압 상태가 된 연소 기체가 피스톤을 밀어 내리는 과정이다. 이 과정에서 연소 기체의 열에너지가 역학적 에너지, 즉 기관 축에 달린 플라이휠의 회전 운동에너지로 바뀐다.

(4) 배기 (Exhaust)

플라이휠의 회전운동에 따라 맨 아래로 내려간 피스톤이 다시 올라올 때 배기밸브가 열리면서 연소 기체를 밖으로 내보내어 피스톤이 맨 위로 올라갔을 때 배기밸브가 닫히면서 사이클이 끝난다.

다음 그림은 상기 4행정 사이클에서 각 과정의 열역학적 현상 (분석)을 나타낸다.

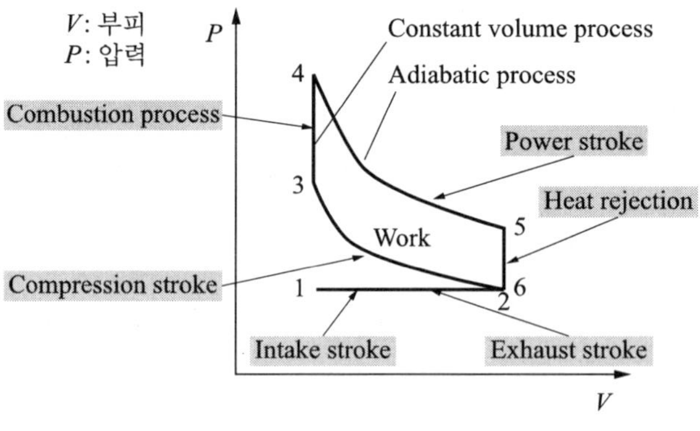

그림 3.3 열역학 과정 분석

일반 내연기관의 열효율은 20~30% 정도로 낮은 반면, 외연기관은 40~50% 정도까지 나올 수 있다. 그러나 외연기관의 출력을 높이기 위해서 많은 양의 기체가 필요해 같은 출력을 내는 내연기관보다 부피가 큰 단점이 있다.

우리나라에서는 가솔린엔진에 쓰는 휘발유가 디젤엔진에 쓰는 경유에 비해 가격이 비싸기 때문에 열효율이 좋고 저렴한 디젤엔진이 상용차에 많이 쓰이고 있다. 가솔린엔진은 진동과 소음이 적어서 승용차의 엔진으로 많이 쓰인다.

3.2.2 디젤엔진

경유 또는 중유를 연료로 압축 연소에 따라 작동하는 왕복운동형 기관이다. 즉 먼저 실린더 안에 공기를 흡입 압축해서 고온 고압으로 한다. 여기에 액체 연료를 분사하여 자연 발화시킨 다음 피스톤을 작동시킴으로써 동력을 얻는다. 디젤엔진 (Diesel engine)은 피스톤, 실린더, 2개 밸브 (흡인, 배출)로 이루어지고 점화 플러그가 없다. 다음은 디젤엔진의 4행정 사이클의 작동원리를 보여주고 있다.

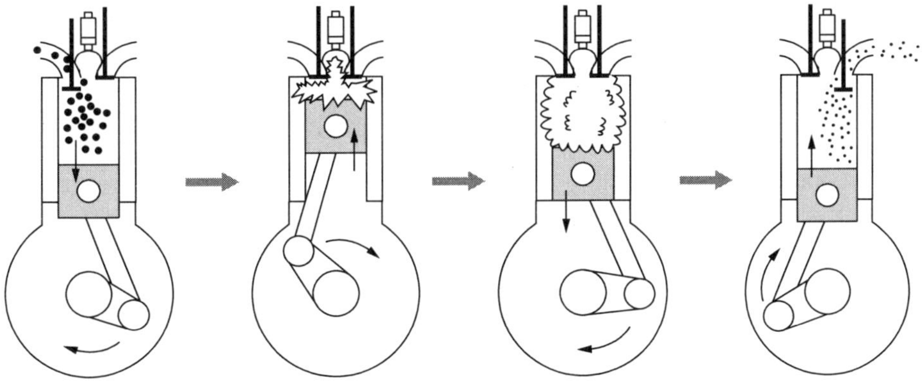

그림 3.4 디젤엔진 작동원리 (4행정 사이클)

다음은 디젤엔진의 4행정 사이클에 대한 열역학적 현상을 나타내는 P-V 및 T-S 선도이다.

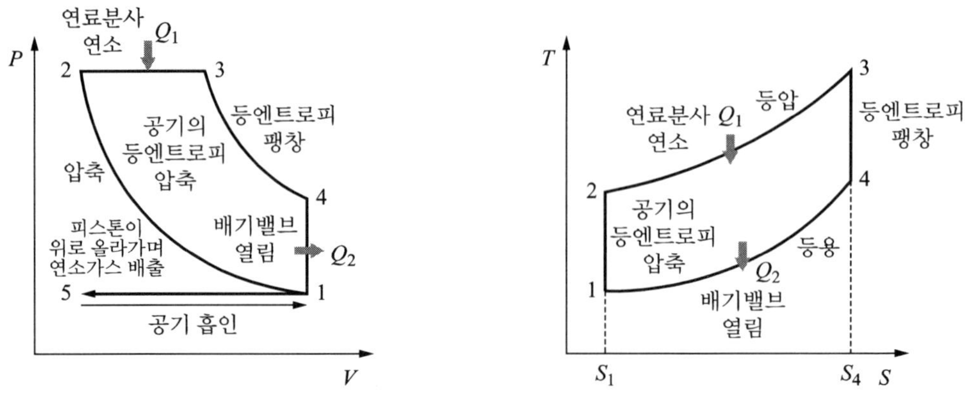

(a) P - V 선도 (b) T - S 선도

그림 3.5 디젤엔진 P–V와 T–S 선도

(1) 1–2 **과정**: 피스톤이 받아들인 공기를 등엔트로피 상태로 단열압축한다.

(2) 2–3 **과정**: 피스톤이 최상부에 위치한 점에서 등압으로 연료를 분사 점화 연소시킨다.

(3) 3–4 **과정**: 피스톤이 등엔트로피로 연소가스가 팽창하면서 일을 한다.

(4) 4–1 **과정**: 피스톤이 최하부에 위치한 점에 이르면 배기밸브가 열려 실린더의 압력이 대기압 상태로 되돌아간다. 등용상태이고 열전달이 없는 것으로 가정한다.

(5) 1–5 **과정**: 배기밸브가 열린 상태에서 피스톤이 위로 올라가 연소 배기가스를 배출시킨다. 등압과정이다.

(6) 5–1 **과정**: 피스톤이 최상부에 위치한 점에서 배기밸브를 닫고 흡기밸브가 열리며 피스톤이 아래로 움직이면서 공기를 새로 받아들인다.

낮은 연료소비는 높은 압축비에 주로 기인한다. 여기서 디젤엔진은 연료분사방식과 연소과정의 특성 때문에 비교적 비정제된 연료를 사용할 수 있다. 이렇게 디젤엔진은 저급연료도 사용이 가능하므로 연료비가 적게 드는 장점이 있다. 반면 마력당 중량, 초기 비용, 대기오염물질 배출, 작동소음, 진동 등 큰 단점이 있다.

3.2.3 가솔린엔진과 디젤엔진 차이

디젤엔진은 외관 및 구조가 가솔린엔진과 비슷하다. 다른 점은 가솔린엔진이 혼합기를 전기 불꽃으로 점화하여 연소시키기 쉬운데 비하여 디젤엔진은 공기를 압축하여 고온이 되었을 때에 연료를 분무하여 태운다.

이런 차이는 주로 열효율에서 나타난다. 일반적으로 가솔린엔진은 약 25%, 디젤엔진은 약 35%의 효율을 가진다. 여기서 효율의 의미는 100이란 열이 엔진을 통해 약 25～35%의 운동에너지로 변환되고, 나머지 65～75%의 열은 운동에너지로 변하지 못하고 사라진다는 것이다. 이것을 찾아내어 개선한 것이 자동차 엔진 기술의 개발이다.

이와 같이 두 엔진의 효율 차이가 나는 가장 큰 이유는 폭발 방식 때문이다. 가솔린엔진은 공기와 연료를 섞은 혼합기에 점화장치가 불꽃을 터뜨려 폭발시킨다. 반면 디젤엔진은 보통 20 : 1 정도의 고압에 연료를 안개처럼 뿌려서 자체 폭발을 유도한다. 경유를 비롯한 디젤연료는 400～500℃ 온도에서 자체 폭발을 일으키기 때문에 가능하다. 자체 폭발을 일으키면 골고루 동시에 폭발을 하게 된다. 따라서 연료의 연소율이 높아지고 결과적으로는 연비가 좋아지는 효과를 가져온다.

그리고 공기를 압축하면 온도가 높아진다. 가솔린엔진은 혼합기를 1/10 정도의 체적으로 압축하지만 디젤엔진은 공기를 1/20 전후까지 압축하여 600℃ 이상의 온도로 높인 후 연료 분사펌프에서 연료의 압력을 100기압 이상으로 높여 1/1000～2/1000초의 단시간에 분무한다. 가솔린엔진은 흡입되는 혼합기의 양에 따라 출력이 조절되지만, 디젤엔진은 흡입되는 공기량은 변하지 않고 분사되는 연료량에 따라 출력이 조절되는 차이점이 있다.

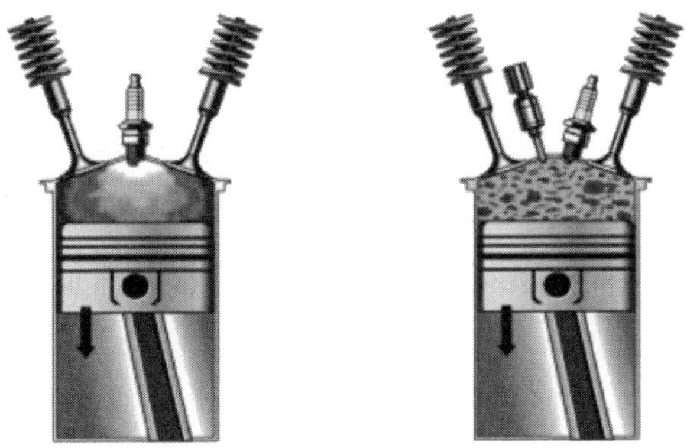

그림 3.6 가솔린엔진과 디젤엔진 점화 차이

3.3 외연기관

기관 외부의 열을 이용하는 내연기관과 대조된다. 대표적으로 증기/터빈시스템을 이용하여 전기를 생산하는 열발전과 화학연료를 순간적으로 폭발시켜서 움직이는 로켓을 예로 들 수 있다.

3.3.1 전기 생산

우리가 사용하는 대부분의 에너지는 전기의 형태이다. 다음 그림은 전 세계적으로 전기를 생산하기 위해 사용되는 에너지원의 비율을 나타낸다. 대부분의 전기는 화석연료, 핵에너지, 그리고 수력에서 얻어지는 것을 볼 수 있다. 약 1% 정도가 태양광, 바람, 조력, 바이오연료와 같은 다른 에너지원으로부터 얻어진다.

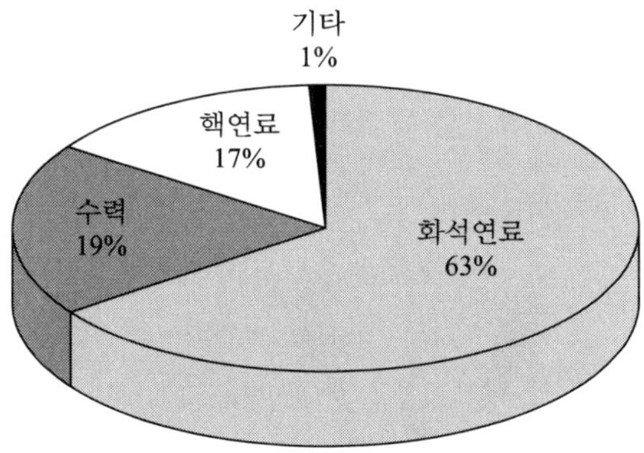

그림 3.7 전기 생산 에너지 비율

화석연료와 핵연료는 1차적으로 열에너지로 전환된다. 그러고 나서 터빈을 이용하여 기계에너지로 변환한다. 다시 발전기를 사용해서 전기에너지를 생산한다. 수력발전은 높은 수위에 위치한 물의 위치에너지를 기계에너지와 전기에너지 순으로 변환하여 전기를 생산한다. 그 외 다른 전기 생산 방법은 나중에 자세히 설명하기로 한다. 여기서는 열에너지를 차례로 기계에너지와 전기에너지로 전환하는 방법이 될 것이다. 열에너지의 기계에너지로의 전환은 앞에서 이미 언급한 열기관은 열에너지를 기계에너지로 전환한다. 이와 같은 방식으로 일하는 장치인 열기관은 최고효율을 Carnot의 설명에서 온도로 표현하게 된다. 즉 높은 효율을 얻기 위해서는 가능한 고온열원의 온도는 고온으로 유지하고 저온열원의 온도는 저온으로 유지하는 것이다.
일반적으로 화석연료에서 전기를 생산하는 방법에는 열발전 (Thermal generation)과 연소터빈 (Combustion turbine)이 있다. 열발전은 연료를 태워 열을 생산하고 이 열은 수증기를 생산하며 다시 터빈을 가동시킨다. 이러한 시설들은 주로 석탄과 같은 연소가 가능한 어떠한 연료에도 사용할 수 있다. 그리고 연소터빈은 터빈을 가동시키기 위해 연소에 의해 생성되는 고온가스를 이용한다. 연소터빈은 주로 천연가스나 가솔린과 같은 고휘발성 액체를 연료로 이용한다. 그 외 핵에너지는 특별한 방식의 열을 생산하는 방식을 제외하면 석탄의 열발전 방식과 아주 유사한 방법으로 전기로 전환된다.

3.3.2 열발전 (증기터빈)

기본적으로 열발전시설에서 필수 요소의 하나는 지속 가능한 저온열원이다. 일반적으로 바다, 큰 호수, 강, 대기 (냉각탑)가 이 역할을 한다. 물을 저온열원으로 사용하는 발전소의 개요도는 다음 그림과 같다.

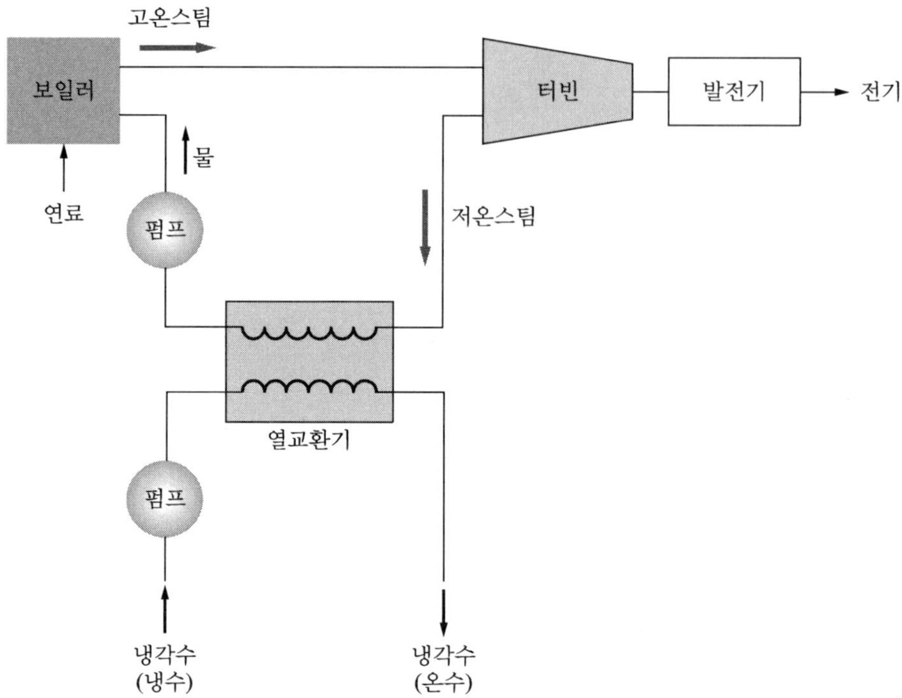

▌그림 3.8 열 (핵)발전 개요도

고온열원은 핵반응이나 화석연료 연소에 의해 생성된 보일러의 수증기이다. 고온 고압의 수증기는 터빈 (Turbine)의 회전자를 회전시킴과 동시에 터빈을 일을 하게 된다. 터빈을 지나면서 수증기에서 나온 에너지는 수증기의 온도와 압력을 감소시킨다. 아래 그림은 수증기터빈을 나타내며 압력이 감소되는 일련의 단계로 구성된다.

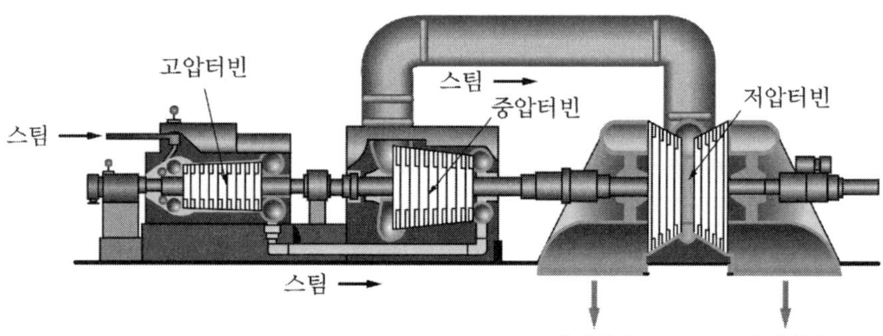

▌그림 3.9 수증기터빈 개요도

과잉 열은 열교환기를 통해 저온열원으로 전달된다. 기계에너지는 발전기에 의해 전기로 전환된다. 이 설비의 출력은 전기 와트 (We)로 측정된다. 열에너지의 전기로의 전환 효율은 열에너지의 기계에너지로의 Carnot 효율의 영향을 받는다. 기계에너지에서 전기에너지로의 전환 효율은 90% 이상으로 매우 높다. 물이 저온열원으로 사용되면 $T_{냉각}$의 온도 하한점은 0°C이다. 보통 열발전소시설에서 냉각탑이 사용되는데 이는 대기를 저온열원으로 사용한다. 냉각탑은 0°C로 제한하는 것이 아니어서 수냉방식보다 더 다양하게 된다. 일반적으로 발전 효율은 화석연료와 핵연료를 사용 시 각각 35~45%, 30%이다. 열기관의 효율로 인해 화석연료나 핵연료의 에너지양은 대략 전기 와트 출력의 3배 정도이다.

3.3.3 연소터빈 (가스터빈)

액체나 천연가스와 같은 기체 화석연료에서 전기를 생산하는데 이용한다. 연소로 뜨거워진 기체는 제트엔진과 같은 터빈에 직접 공급되고 온도와 압력이 감소하면서 터빈을 회전시킨다. 즉 연소터빈은 외부로부터 취입한 공기를 압축기 (Compressor)에서 압축시킨 후 연소기 (Combustor)에서 연료와 함께 연소시켜 얻어진 고온 고압의 연소가스를 이용하여 터빈 (Turbine)을 회전시킨다. 이때 터빈 축에 있는 발전기 (Generator)에서 발전을 하고 팽창된 연소가스는 폐열 회수 보일러 (Waste heat recovery boiler)로 인입되어 고압 스팀을 생산한다. 이 시설은 석탄 열발전소보다 크기는 더 작고 연료로 사용하는 천연가스 및 가솔린의 단위 J당 연료비용은 석탄보다 더 높다. 연소터빈은 비교적 열발전의 스팀터빈에 비해 시동시간이 짧기 때문에 수요가 높아질 때 석탄 화력발전이나 원자력발전을 보완하기 위해 사용한다.

그리고 가스터빈은 압축기, 연소기, 발전기, 터빈으로 구성되고 개요도는 다음과 같다.

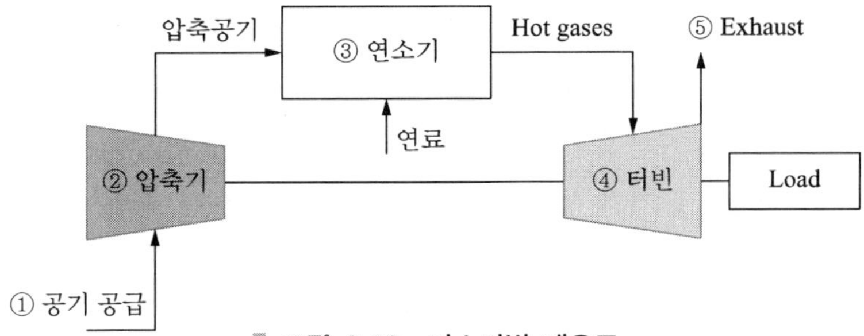

그림 3.10 가스터빈 개요도

가스터빈 작동순서는 다음과 같다. ① 공기 압축기에서 외부공기를 압축하여 연소용 공기로 공급한다. ② 연소기에서 공기와 연료 (주로 천연가스)를 혼합하여 연소시킨다. ③ 연소가스로 발전기와 연결된 터빈을 회전시킨다. ④ 터빈과 연결된 발전기에서 전력을 생산한다. ⑤ 가스터빈을 회전시키고 배기덕트를 나온 배기가스를 폐열회수 보일러로 보낸다.

3.3.4 화력발전소

일반적으로 화력발전소는 화석연료를 보일러에 공급하여 그 연소열로 물로부터 스팀을 발생시키고 이것으로 터빈을 돌려 발전하는 형식이다. 화석연료는 석탄을 주로 사용하나 석유와의 혼소 발전도 이용한다. 그 외 목재, 쓰레기 같은 연소 가능한 것을 모두 포함할 수 있다. 이러한 외연기관은 작동유체가 사이클을 구성하여 동력을 발생하는데 그 구성 요소는 다음 표와 같다.

표 3.1 ● 외연기관 동력 발생 구성 요소

구성 요소	역할	에너지 생성 및 전환
보일러	외부 열을 공급 받아 증기 발생	열에너지
터빈/발전기	증기로 동력 생성	기계적 에너지 / 전기에너지
응축기	터빈 배출 포화증기 액화	-
펌프	응축수 압축하여 보일러에 공급	-

여기서 매체는 순환을 하며 동력을 연속적으로 생산한다. 이와 같은 외연기관의 매체로는 물, CFC, 암모니아 등의 유체가 있다. 이 중 물이 임계점도가 높고 가장 안전하며 저렴하다. 또한 효율 향상에도 좋은 특성을 가지고 있다. 그리고 CFC나 HCFC 같은 것은 냉동이나 저온 사이클에 적합하다. 이들 사용 유체가 일정한 순환을 하는 과정에서 열을 받고 내보내면서 압력과 용적의 변화가 생기고 이를 이용하여 동력을 얻는다.

다음 그림은 몇 가지 사용 매체의 증기압을 나타낸다. 물은 포화상태 범위가 크고 임계점이 높아 동력 생산의 매체로서 유리하다. 암모니아나 CFC 등은 저온에서 적합하고 알칼리금속 등은 고온에서 사용할 수 있다.

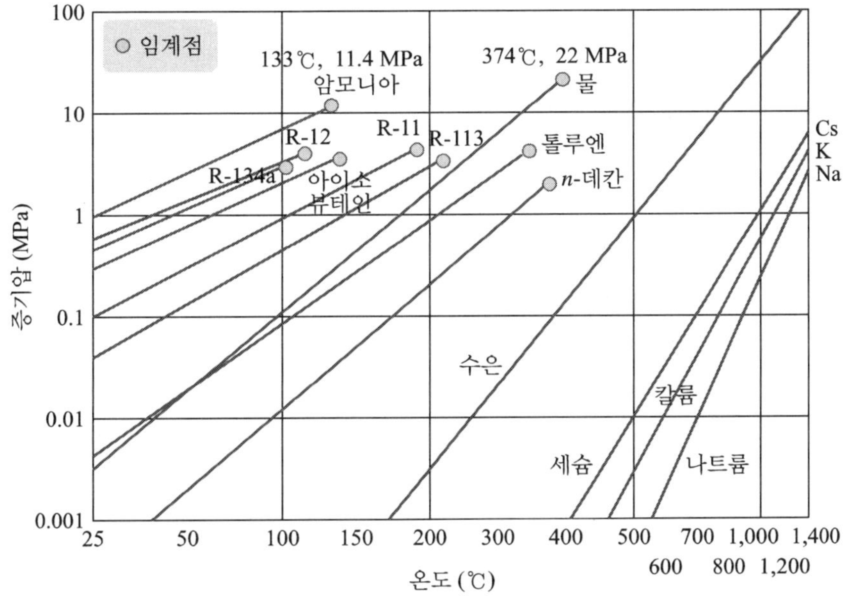

■ 그림 3.11 외연기관 사용 매체의 증기압 곡선

물을 매체로 사용하는 경우를 살펴보자. 보일러에서 연료의 연소열을 열교환기를 통해서 보일러 내의 물에 가한다. 즉 들어온 압축된 응축수를 보일러 내의 비점으로 가져가 증발시켜 포화증기로 만든 후 이를 과열기를 통해 과열하여 터빈으로 보내어 발전기를 회전시킨다. 이때 터빈 내에서는 증기의 압력이 내려가서 포화증기압 근처 혹은 그 이상으로 내려가며 응축하기 쉽게 된다.

따라서 포화증기는 터빈 내에서 작은 액체 방울을 형성하여 터빈 날개에 손상을 주어 그의 수명을 단축시킬 뿐 아니라 터빈의 효율을 저하시킨다. 이처럼 물방울을 가진 증기를 습증기 (Wet steam)라고 한다. 그러나 물방울을 포함하는 증기를 재가열하여 과열하면 물방울이 없는 건증기 (Dry steam)가 된다. 따라서 터빈 내에서는 건증기를 유지해야 한다. 다음에 온도가 떨어지고 압력이 저하된 터빈에서 나오는 습증기는 응축기에서 응축된다.

이와 같이 사용 유체가 액상으로부터 기상을 거쳐 순환하는 것을 증기사이클이라 하며 기본형이 랭킨사이클 (Rankine cycle)이다. 여기서는 이 랭킨사이클과 가스터빈사이클(브레이턴사이클)에 대하여 살펴보기로 한다. 이들 사이클 조작은 이상적인 과정을 거치는 것으로 가정한다. 즉 터빈, 공기의 압축이나 팽창, 펌프의 압축에서 실제는 엔트로피가 약간 증가하나 일정하다고 가정하고 유체에 포함되는 운동에너지나 위치에너지도 모두 무시한다.

(1) 저임계 증기랭킨사이클

물의 임계점 이하에서 형성되는 랭킨사이클을 저임계 사이클이라고 하자. 그림 3.12는 전형적인 랭킨사이클의 개요도를 나타낸다.

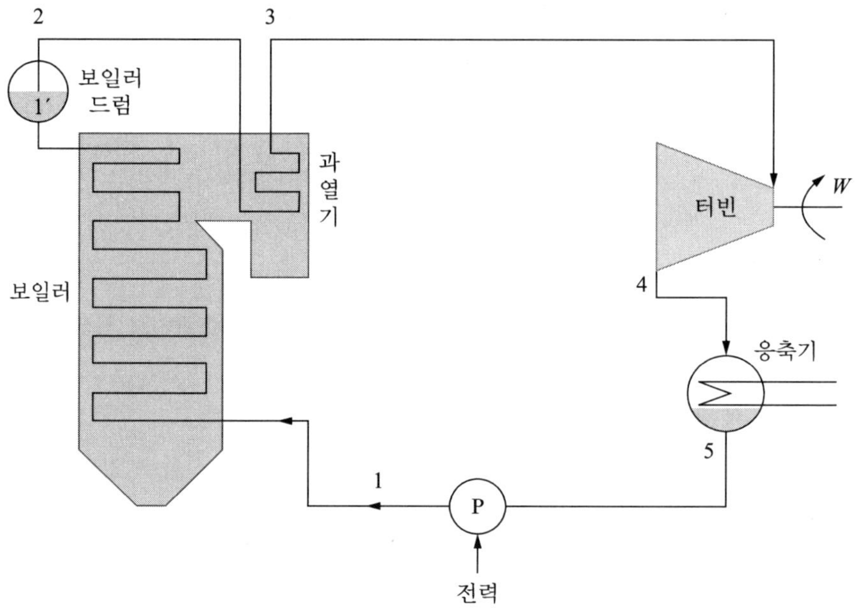

그림 3.12 랭킨사이클의 개요도

이 구성시스템 내에서 작동하는 유체의 순환과정을 열역학적 상태량으로 나타낼 수 있다.

표 3.2 유체 순환과정의 열역학적 상태량

종류	다이어그램
압력과 부피 변화	P-V 선도
엔탈피와 엔트로피 변화	H-S 선도
압력과 엔트로피 변화	P-S 선도
온도와 엔트로피 변화	T-S 선도

이와 같은 변화를 통해 열로부터 동력이 얻어지는 상태를 정량적으로 나타낼 수 있는데 여기서는 P-V 선도와 T-S 선도를 사용하기로 한다. 그림 3.13에 전형적인 랭킨 사이클의 P-V 및 T-S 선도를 나타내었다.

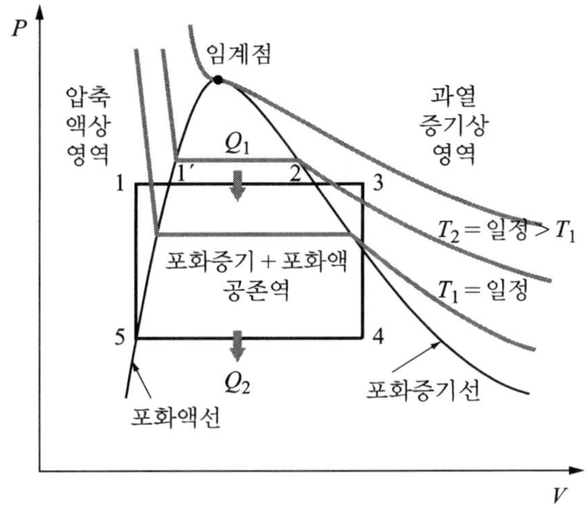

(a) P - V 선도

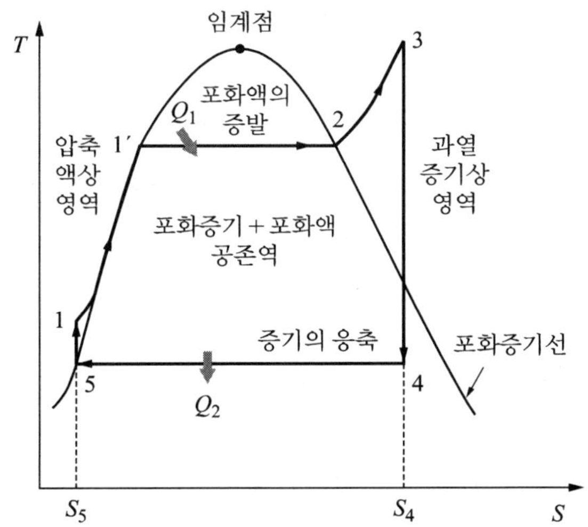

(b) T - S 선도

▌그림 3.13 랭킨사이클 P–V와 T–S선도

이 중 T-S 선도의 각 과정의 의미는 다음과 같다.

① **5–1 과정**: 이 과정은 터빈에서 나온 응축수를 펌프로 보일러에 공급한다. 즉 펌프가 보일러에 모터 동력을 사용하여 포화 응축수를 단열적 (이상적)으로 공급하는 과정이다. 열역학 제2법칙에서 단열이므로 $dQ=0$이고 $dS=dQ/T$에 의하여 $dS=0$, 즉 S는 일정하다.

② **1–1′ 과정**: 이 과정은 보일러에 공급된 응축수가 포화수가 된다. 따라서 $dQ>0$이고 T와 S는 증가한다.

③ **1′–2 과정**: 이 과정은 비점의 물이 보일러 내에서 증발하는 과정으로 잠열을 보일러 연소열로부터 공급받아 포화증기가 된다. 따라서 $dQ>0$, T와 P 일정, S는 증가한다.

④ **2–3 과정**: 이 과정은 포화증기 (습증기)가 보일러에 설치된 과열기에서 열을 받아 과열증기 (건증기)가 된다. 즉 $dQ>0$, P 일정 (등압), T와 S는 증가한다.

⑤ **3–4 과정**: 이 과정은 과열증기가 터빈에서 단열팽창하며 동력 W를 생산한다. 단열이라고 하지만 실제 터빈 내에서는 동작유체 간 마찰, 주위로 열손실, 난류 등으로 등엔트로피가 될 수 없으나 이상적으로 본 것이다. 따라서 $dQ=0$, P와 T 강하, $dS=0$, S는 일정하다.

⑥ **4–5 과정**: 이 과정은 응축기가 터빈에서 나오는 포화증기 (습증기, 점 4)를 냉각수로 냉각하여 포화수로 만든다. $dQ<0$, P와 T 일정, S는 감소한다.

이와 같이 랭킨의 사이클이 완성되며 연속 사이클을 구성하고 열을 연속적으로 일로 바꿔 가게 된다. 상기 T-S 선도를 보면 선의 모양과 상태변화 사이에 다음과 같은 관계가 있다.

① **수평선 부분**: 매체의 상변화이다. 즉 증발 및 응축이 일어나는 부분으로 온도는 일정하다.

② **경사선 부분**: 매체가 일정한 압력에서 온도가 상승한다.

③ **수직선 부분**: 압력의 변화가 있는 펌프나 터빈 내에서의 단열 변화이다.

④ **포화선**: 임계점 좌측의 평형선은 액의 비등 시작점이고, 우측의 평형선은 증기의 응축 시작점이다. 따라서 평형선 아래 포위되는 범위는 기액의 포화 공존의 영역이다.

이 랭킨사이클의 효율을 1 kg의 유체가 갖는 열함량인 엔탈피 H로 나타내 보자. 시스템 전반의 열효율을 따질 때는 터빈에서 얻은 동력은 유체 순환펌프에서 소비된 동력을 터빈 동력에서 빼 주어야 실제 얻어지는 동력이 되므로 다음과 같이 나타낼 수 있다.

$$W = (h_3 - h_4) - (h_1 - h_5) \tag{3-7}$$

따라서 이론 열효율은 다음과 같다.

$$\eta = \frac{W}{Q} = \frac{(h_3 - h_4) - (h_1 - h_5)}{(h_3 - h_1)} \tag{3-8}$$

실제 펌프의 투입된 동력은 터빈에서 생성된 동력의 1~3% 정도이므로 $(h_3 - h_4) \gg (h_1 - h_5)$로 가정하고 무시하면 효율은 다음과 같이 된다.

$$\eta \fallingdotseq \frac{(h_3 - h_4)}{(h_3 - h_1)} \tag{3-9}$$

T-S 선도에서 S_5-5-1-1′-2-3-4-S_4-S_5를 연결하는 선의 내면적은 공급열의 입력으로 다음과 같이 나타낸다.

$$Q_1 = \int_{\text{열공급선}} TdS$$

그리고 S_5-5-4-S_4-S_5를 연결하는 선의 면적은 방출열의 출력으로 다음과 같다.

$$Q_2 = \int_{\text{열방출선}} TdS$$

따라서 두 면적의 차를 전면적 공급열 Q_1으로 나눈 값인 열효율은 다음과 같이 된다.

$$\eta = \frac{(Q_1 - Q_2)}{Q_1} \tag{3-10}$$

그리고 열의 공급 평균온도는 다음과 같이 나타낸다.

$$T_m = \frac{\int_{\text{열공급선}} TdQ}{Q} \tag{3-11}$$

이 효율을 올리려면 열의 공급선 1에서 3 사이의 평균온도를 크게 하고 점 4에서 5 사이의 평균온도를 작게 할수록 두 면적의 차이가 커진다. 이를 위해서는 열의 공급평균온도 T_m을 높게 하고 방출열의 양 Q_2를 적게 할수록 효율에 유리해진다. 다음에 이 T_m을 올리기 위한 방법을 설명한다.

(2) 재열사이클을 갖는 랭킨사이클

랭킨사이클의 효율을 올리는 과정 중 T_m을 올리는 방법으로 재열기를 설치하는 것이 우선이다. 이것은 터빈을 고압 (HP)의 터빈과 저압 (LP)의 터빈으로 나누고 보일러에서 얻어진 과열 증기로 HP에서 우선 동력을 생산한다. 그리고 이때 HP에서 나오는 증기는 압력과 온도가 낮아지며 습증기로 거의 되었기 때문에 이를 전부 그림 3.14와 같이 보일러에 다시 보내서 재가열한다.

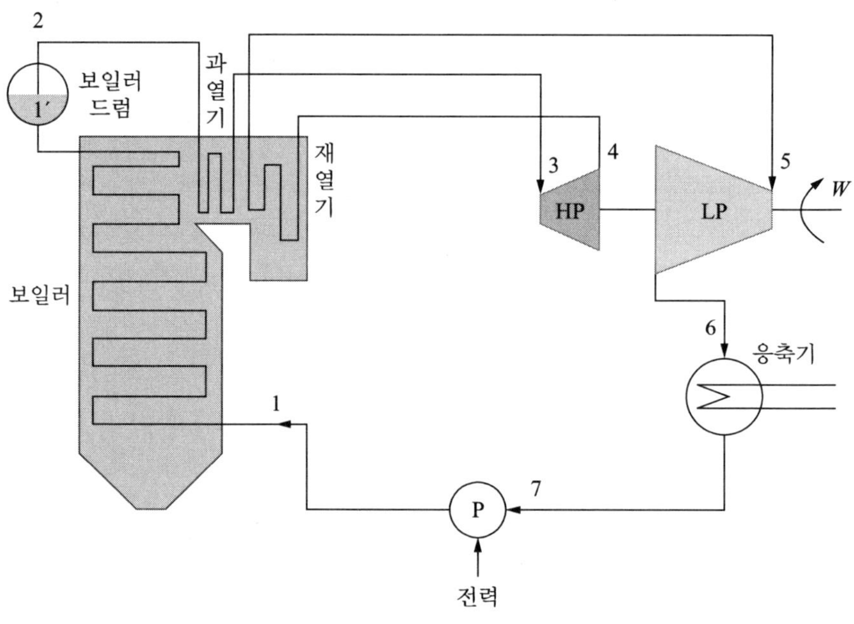

그림 3.14 재열기의 랭킨사이클 개요도

이의 T-S 선도를 그림 3.15에 나타내었고 과정 4-5가 재열 피크이다.

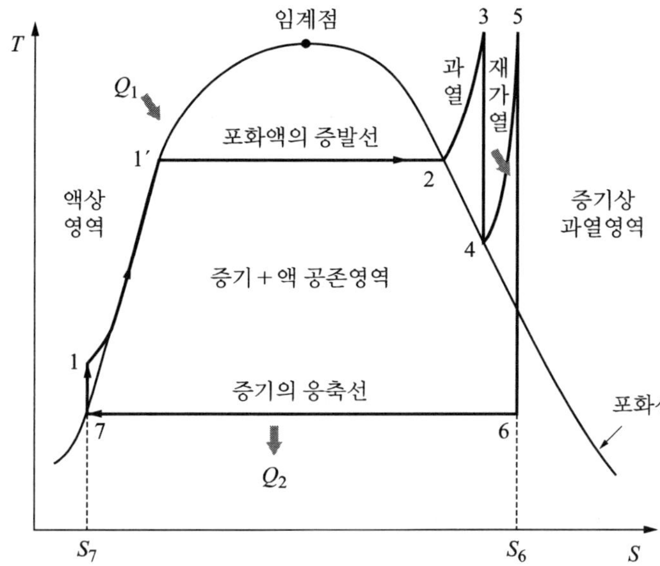

그림 3.15 재열기의 랭킨사이클의 T-S선도

HP에서 증기는 4까지 떨어진 상태에서 포화선에 근접하므로 습증기가 포함될 수 있어 재가열하여 HP와 같은 축상에 있는 LP 터빈에 보내 함께 가동함으로써 동력을 향상시킨다. 이 경우 이론 열효율은 다음과 같다.

$$\eta = \frac{\text{면적}(7\text{-}1\text{-}1'\text{-}2\text{-}3\text{-}4\text{-}5\text{-}6\text{-}7)}{\text{면적}(S_7\text{-}7\text{-}1\text{-}1'\text{-}2\text{-}3\text{-}4\text{-}5\text{-}S_6\text{-}S_7)}$$

$$= \frac{(Q_1 - Q_2)}{Q_1} = \frac{W}{Q_1} = \frac{(W_{\text{HP}} + W_{\text{LP}} - W_P)}{(Q_{\text{보일러}} + Q_{\text{재열기}})}$$

$$= \frac{(h_3 - h_4) + (h_5 - h_6) - (h_1 - h_7)}{(h_3 - h_1) + (h_5 - h_4)}$$

$$\fallingdotseq \frac{(h_3 - h_4) + (h_5 - h_6)}{(h_3 - h_1) + (h_5 - h_4)} \text{ (펌프 동력 무시)}$$

(3) 가스터빈발전 [브레이턴 (Brayton)사이클]

공기를 압축하고 여기에 연료를 주입해서 연소시킨다. 이때 발생된 연소가스를 가스터빈에서 팽창시켜 그 동력으로 발전을 한다. 이것에는 개방계와 닫힌계의 두 가지 형식이 있으며 다음 그림과 같다.

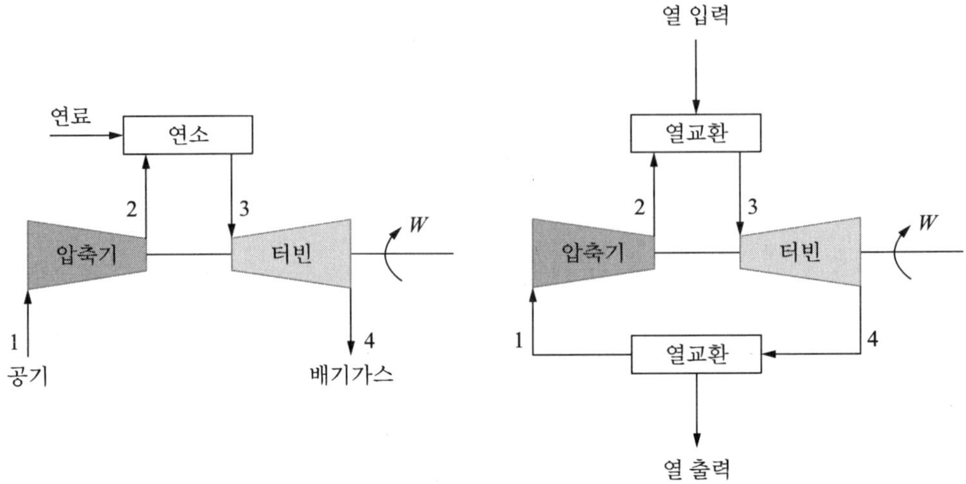

(a) 개방계 (b) 닫힌계

그림 3.16 가스터빈 발전기

보통 가스발전소에서는 개방계를 채택하며 연료로 천연가스 (LNG)를 사용하는 경우가 대부분이다. 개방계의 P-V 및 T-S 선도는 다음 그림에 나타내었다.

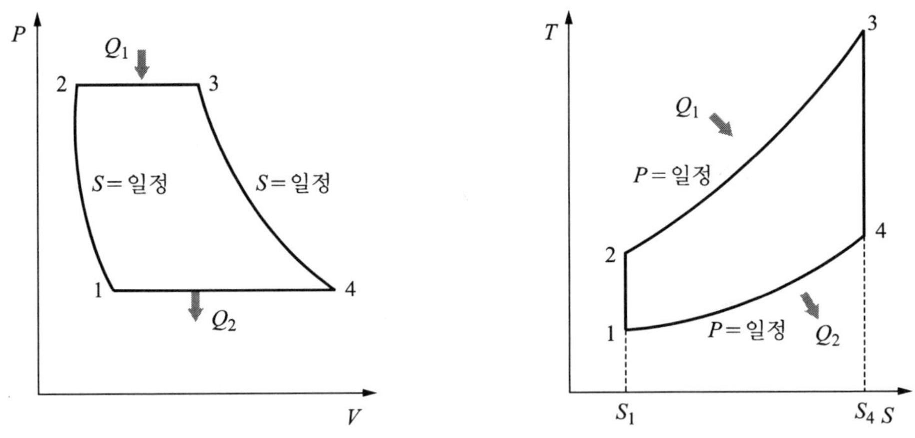

(a) P-V 선도 (b) T-S 선도

그림 3.17 가스터빈 발전기의 원리도

① **1–2 과정**: 공기의 압축으로 단열이고 마찰이 없는 이상적인 상태로 가정한다. 따라서 엔트로피 S는 일정하고 가스터빈과 동일 축에 의하여 터빈 동력으로 공기를 압

축한다.

② **2–3 과정**: 등압과정으로 압축된 공기에 연료가 들어가서 공기와 고압에서 혼합되어 연소된다. 이때 연소 생성물의 온도가 올라간다. 이 과정은 등압가열로 생각한다.

③ **3–4 과정**: 연소실에서 나온 가스가 단열팽창으로 터빈에서 일을 하며 발전기를 회전시킨다. 등엔트로피 과정으로 가정한다.

④ **4–1 과정**: 연소된 가스가 터빈에서 대기로 배출 (개방계의 경우) 된다. 이때 압력은 일정하고 새로운 공기를 1에서 다시 흡입하여 2까지 압축한다. 열효율은 다음과 같이 표시한다.

$$\begin{aligned}\eta &= \frac{W_{3-4}}{Q_{2-3}} = \frac{(Q_1 - Q_2)}{Q_1} \\ &= 1-\left(\frac{1}{\phi}\right)^{(k-1)/k} \\ &= \frac{(h_3 - h_4)-(h_2 - h_1)}{(h_3 - h_2)}\end{aligned}$$

단, 여기서 $\phi = P_2 / P_1$으로 터빈의 압축비, $k = C_p / C_v$이고 등압비열과 등용비열의 비이다. 따라서 효율을 크게 하려면 터빈의 입구 압력 P_2가 커야 한다.

3.4 카르노 사이클

카르노 사이클 (Carnot cycle)은 1824년 카르노 (Sadi Carnot)가 제안한 사이클이다. 열기관 사이클 중 가장 이상적인 사이클이다. 즉 카르노 사이클은 실현 가능성이 없는 이론 사이클이다. 그러나 어떻게 하면 효율이 가장 우수한 기관을 제작할 수 있는가에 대한 이론적인 방향을 제시하고 있다. 따라서 모든 열기관 사이클의 비교 표준으로 활용된다.

아래 그림에 도시한 바와 같이 전체 사이클의 상태변화는 등온팽창 (열량 Q_{in} 공급), 등엔트로피 팽창 (단열팽창), 등온압축 (열량 Q_{out} 방출), 등엔트로피 압축 (단열압축)의 4가지의 과정을 거친다.

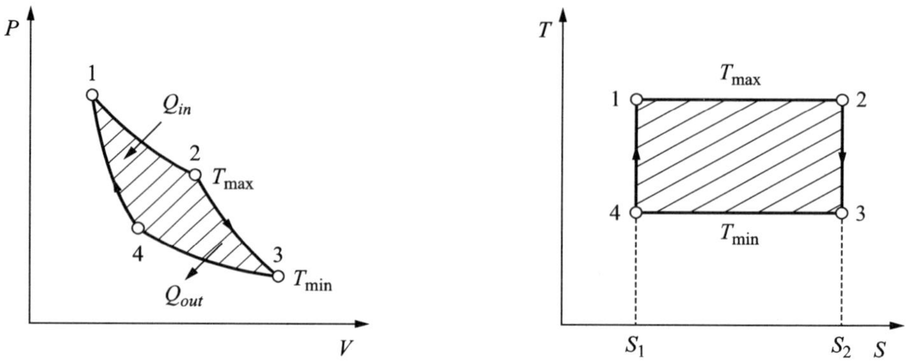

(a) P - V 선도 (b) T - S 선도

그림 3.18 카르노 사이클

즉 과정 1 → 2는 등온팽창을 하면서 고온열원 T_{max} $(= T_1 = T_2)$로부터 열량 Q_{in}을 공급받아 이를 모두 일로 소비한다. 그리고 과정 2 → 3의 등엔트로피 팽창과정 (단열팽창)에서는 상태 2의 가스의 내부에너지를 이용하여 저온열원의 온도 T_{min} $(= T_3 = T_4)$이 될 때까지 일을 한다. 그 다음 3 → 4의 등온압축과정에서는 저온열원으로 열량 Q_{out}을 방출하고 이어서 4 → 1의 등엔트로피 압축과정 (단열압축)을 거쳐, 상태 1로 복귀하여 사이클 1 → 2 → 3 → 4를 완성한다.

상기 카르노 사이클의 이론 열효율 η_{the}을 구하면 다음과 같다.

$$\eta_{the} = 1 - \frac{Q_{out}}{Q_{in}} \tag{3-12}$$

Q_{in}과 Q_{out}은 각각 등온과정의 급열과 방열이므로

$$Q_{in} = P_1 V_1 \ln\frac{V_2}{V_1} = nRT_1 \ln\frac{V_2}{V_1} \tag{3-13}$$

$$Q_{out} = nRT_3 \ln\frac{V_3}{V_4} \tag{3-14}$$

그리고 등엔트로피 과정 2 → 3 및 4 → 1에 대해서는 다음 식이 성립한다. 단, κ는 압축비 (C_p / C_v)이다.

$$\frac{T_{max}}{T_{min}} = \left(\frac{V_3}{V_2}\right)^{\kappa - 1} = \left(\frac{V_4}{V_1}\right)^{\kappa - 1} \tag{3-15}$$

따라서

$$\frac{V_2}{V_1} = \frac{V_3}{V_4} \tag{3-16}$$

식 (3-12)에 식 (3-13)과 식 (3-14)를 대입하고 다시 식 (3-16)을 대입 후 정리하면 다음과 같다.

$$\eta_{the} = 1 - \frac{Q_{out}}{Q_{in}} = 1 - \frac{T_{\min}}{T_{\max}} \tag{3-17}$$

3.5 스팀 (증기) 에너지

증기 (Steam)는 산업혁명의 초창기 이래로 에너지 전달매체로 사용되었다. 증기는 여전히 산업 전반에 걸쳐 기계적 전력 생산뿐 아니라 난방 설비와 공정 설비에 사용된다. 동력용으로서 증기를 사용할 때의 장점은 분배 및 제어가 쉽고 전력을 생산한 후 가열설비 및 공정설비의 열원으로 사용할 수 있다.
물과 증기는 많은 양의 에너지를 보유할 수 있어 물이 증기로 증발할 때 많은 열을 흡수한다. 증기는 압력이 일정한 상태에서 공정에 열을 전달할 때는 높은 열전달계수를 가지고 일정 온도에서 응축한다. 이 일정한 응축 온도로 인해 증기 공간의 열전달 전체 표면에서 온도 편차가 생기지 않는다. 따라서 증기를 사용하는 것은 사용처에 정확한 열에너지를 전달하는 이상적인 방법이다. 따라서 순환펌프를 사용할 필요 없이 매우 효율적으로 열을 전달한다. 거의 모든 산업공정과 난방시스템에서 증기 사용은 오랫동안 계속되었다. 이것의 근본 이유는 높은 열용량, 증기 배관을 통한 열에너지 수송의 편의성, 용이한 제어 공정 및 난방을 위해 사용되는 증기의 장점 때문이다.

온도가 상승하여 물이 끓는 조건에 도달하면 액체 표면을 떠나는 분자 수가 다시 들어오는 분자 수보다 많아질 때 물은 자유롭게 증발하고 이를 포화점 (끓는점)이라 한다. 일정한 압력이 유지되면 물은 가열되어도 온도는 더 이상 상승하지 않고 포화증기가 된다. 동일한 시스템에서 끓고 있는 물과 포화증기의 온도는 동일하지만 단위 질량당 열에너지는 증기가 더 크다. 물이 증기로 변하는 증발 과정은 가역적이다. 즉 포화증기가 냉각되면 증발시키는데 사용되었던 양과 동일한 열을 버리고 액체로 되돌아간다. 이 과정을 응축이라 하고 증기가 낮은 온도에 있는 어떤 표면과 접촉할 때 일어나는 현상이다. 응축하는 동안 증기를 생산하기 위해 사용되었던 동일한 양의 열이 외기로 방출된다. 가열 공정에서는 증기의 열량 중 이 방출된 열을 이용한다.

그리고 포화증기는 열 저장소로서 열을 한 곳에서 다른 곳으로 이송하고 마지막 목적지에 열을 전달하는 열매체로서 탁월한 능력을 갖고 있다.

3.5.1 대기압에서 증기 형성

증기 보일러에서 생산된 증기는 포화증기이다. 증기가 물 표면과 접촉하는 곳에서 순수한 건증기가 얻어지는 것은 불가능하기 때문에 이와 같은 방식으로 생성된 포화증기는 보통 질량으로 약 5%의 물을 포함하고 있다. 보일러에서 생성된 증기량과 같은 비율로 증기가 모두 배출될 경우 더 많은 열이 공급되면 증기의 생성량은 증가하게 된다. 보일러에서 생성된 증기의 배출을 억제하고 열 유입량을 유지한다면 보일러에 공급되는 에너지는 배출되는 에너지에 비해 더 클 것이다. 이 초과되는 에너지는 압력을 상승시키고, 따라서 포화증기의 온도가 그 압력에 따라 결정되기 때문에 포화온도가 상승하게 된다. 물의 온도를 끓는점까지 상승시키는데 공급된 열과 끓는 물을 증기로 증발시키는데 공급된 열은 별개로 간주된다.

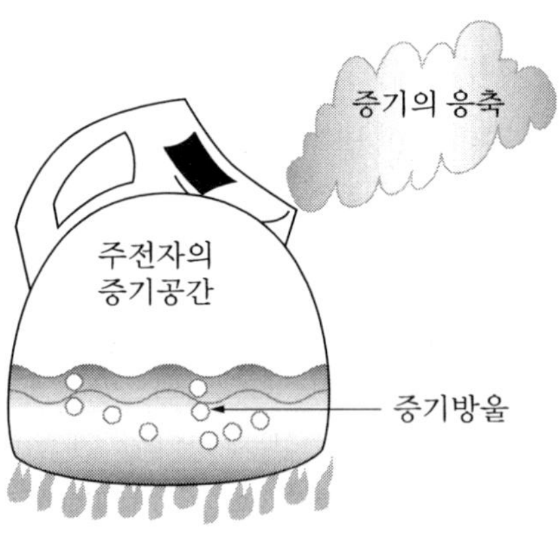

그림 3.19 대기압에서 증기 생성

3.5.2 액체 엔탈피의 현열 (h_f)

이것은 액체 상태의 물을 끓는 온도까지 상승시키는 데 필요한 열이다. 물에 공급된 열은 온도 변화를 수반하기 때문에 현열 (Sensible heat)이라 부른다. 요즘은 이를 액체 엔탈피 또는 물의 엔탈피라 한다. 1 kg의 물을 0℃에서 끓는 온도까지 상승시키는 데 필요한 열량은 아래 포화증기표에 나타내었다. 예를 들면 대기압 (0 barg)에서 물은 100℃에서 끓고, 1 kg의 물을 0℃에서 끓는 온도인 100℃까지 가열하는데 419 kJ (= 100 kcal)의 에너지가 필요하다. 물의 비열 C_p은 0℃에서 100℃ 사이에서 계산에 의하여 유도할 수 있다. 즉 419 kJ/kg (= 100 kcal/kg) / 100℃ = 4.19 kJ/kg · ℃ (= 1 kcal/kg · ℃)이다.

표 3.3 ● 물의 포화증기표

계기압력		포화온도	현열		잠열		전열		비용적
bar	MPa	℃	kJ/kg	kcal/kg	kJ/kg	kcal/kg	kJ/kg	kcal/kg	m^3/kg
0	0	100	419	100	2,257	539	2,676	639	1.673
1	0.1	120	506	120	2,201	526	2,707	646	0.881
2	0.2	134	562	133	2,163	517	2,725	651	0.603
3	0.3	144	605	143	2,133	517	2,725	651	0.603
4	0.4	152	636	151	2,108	504	2,749	656	0.374
5	0.5	159	662	158	2,086	498	2,757	658	0.315
6	0.6	165	697	164	2,066	494	2,763	660	0.272
7	0.7	170	721	170	2,048	489	2,769	661	0.240

3.5.3 증발 엔탈피의 잠열 (h_{fg})

이것은 물의 끓는 온도에서 온도 변화 없이 물을 증기로 상 변화시키기 위해 필요한 열량이다. 열이 공급될 때 증기와 물의 혼합물 온도는 변화가 없고 모든 에너지는 액체 (물)에서 기체 (증기)로 상을 변화시키는데 사용된다. 잠열 (Latent heat)의 의미는 열이 추가되지만 어떠한 온도 변화도 없다는 것에 기인한다. 요즘 사용 용어는 증발 엔탈피라고도 한다. 끓는 온도에서 물 1 kg을 증발시키는데 필요한 열량, 즉 증발잠열은 포화증기표에 나와 있다. 예를 들면 대기압 (0 barg)에서 100℃의 물 1 kg을 100℃의 증기로 증발시키는데 필요한 에너지는 2,257 kJ (= 539 kcal)이다.

3.5.4 전열 (h_g)

이것은 증기의 전체 에너지이고 현열과 잠열의 합이다. 이에 관한 내용도 포화증기표에 나와 있다. 예를 들면 대기압 (0 barg)에서 물은 100℃에서 끓고, 1 kg의 물을 0℃에서 끓는 온도 100℃까지 가열하는데 419 kJ (=100 kcal)의 에너지가 필요하다. 그리고 100℃의 물 1 kg을 100℃의 증기로 증발시키는데 2,257 kJ (=539 kcal)의 추가 에너지가 필요하다. 그러므로 전열은 419 kJ (=100 kcal)+2,257 kJ (=539 kcal)= 2,676 kJ (=639 kcal)이다.

3.5.5 대기압 이상에서 증기

증기가 공정에 열을 전달할 때 먼저 동일한 온도에서 잠열을 전달하고 증기는 응축하여 물이 된다. 증발잠열은 증기가 열전달을 위해 사용되는 열이다. 대기압 상태의 증기는 사용에 제약이 있다. 대기압의 증기는 자신의 압력으로는 사용 지점까지 증기배관을 따라 수송될 수 없기 때문이다.

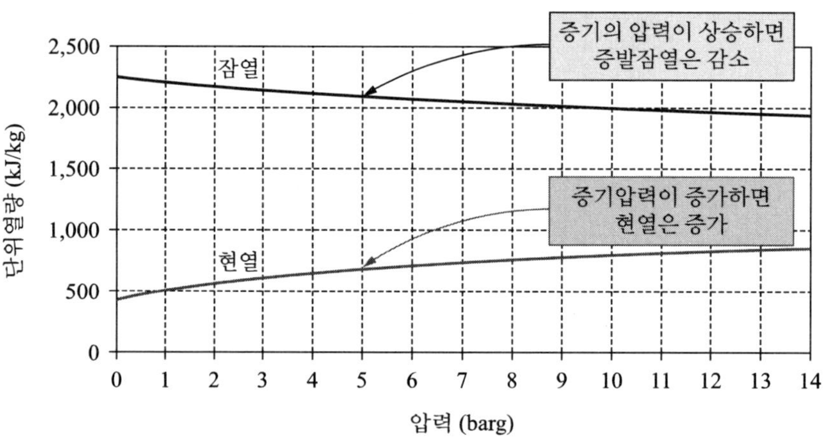

그림 3.20 건포화증기의 압력과 단위열량 관계

실제로 증기는 보일러 (증기 발생 장치)에서 사용 목적에 맞는 압력보다 높은 압력으로 생산되어야 한다. 물이 대기압 이상의 압력으로 유지되면 100℃ 이상으로 상승되어야 물이 끓는다. 예를 들어 7 barg에서 물의 끓는점은 170℃이다. 이는 물이 대기압 상태에 있을 때 필요한 열량보다 7 barg (=0.7 MPa)에서 물의 온도를 끓는점까지 상승시키기 위해 더 많은 열량이 공급되어야 함을 의미한다. 포화증기표에서 보면 1 kg의 물을 0℃에서 끓는 온도인 170℃까지 상승시키기 위해 필요한 열량은 721 kJ (= 172 kcal)이다. 그러나 1 kg의 물을 완전히 증기로 상변화시키기 위해 7 barg에서 필요한 증발잠열 (2,048 kJ/h = 489 kcal/h)은 대기압에서 물의 잠열 (2,257 kJ/h = 539 kcal/h)보다 작다. 포화증기표 (그림 3.20)를 보면 증기의 압력이 증가함에 따라 잠열은 감소한다.

3.5.6 증기의 압력과 온도 관계

포화증기표를 보고 압력에 따른 증기온도를 그래프로 나타내면 그림 3.21 같은 곡선이 얻어진다. 이 곡선을 포화증기곡선이라 한다. 물과 증기는 이 곡선 상의 어떤 온도에서도 공존할 수 있다. 따라서 포화온도 곡선 상에서 증발온도에 상응하는 압력을 읽을 수 있다. 끓거나 응축하는 조건에 있는 물과 증기는 열에너지에 의해 포화되어 있기 때문에 각각 포화수 및 포화증기라 불린다. 포화증기 내에 포화수가 없으면 건포화증기라고 한다. 포화증기곡선보다 위에 있는 증기를 과열증기라 한다. 그리고 포화온도 이상의 온도는 증기의 과열도라 불린다. 예를 들어 0 barg, 120℃에서 과열도는 20℃이다. 한편 포화증기곡선 하부의 물은 과냉수 (Undercooled water) 또는 불포화수 (Subsaturated water)이다. 실제로 곡선 하부는 단수한 액체상태의 물이다.

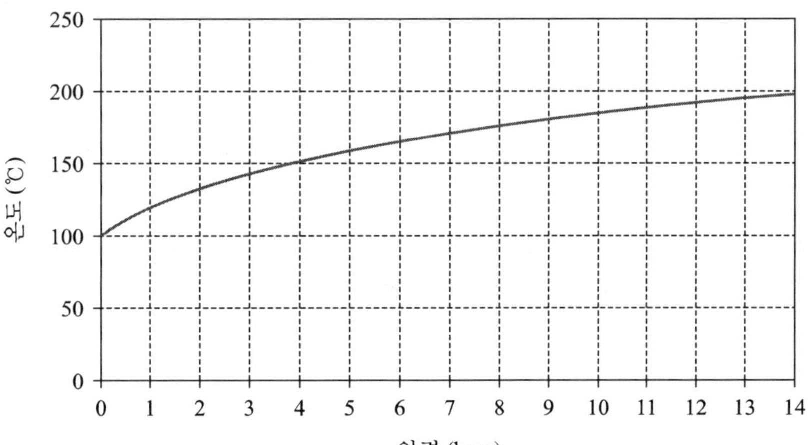

그림 3.21 포화증기의 압력과 온도 관계

3.5.7 증기의 압력과 부피 관계

밀도 ρ는 물질의 단위 부피 V당 질량 m이다. 비용적 v은 밀도의 역수로 단위 질량 당 부피이다. 즉 밀도의 단위는 kg/m³이고, 비용적 단위는 m³/kg이다. 그러므로 $\rho = m/V = 1/v$이다.

액체와 증기의 분자구조를 비교해 보면 증기의 분자들이 더 멀리 떨어져 있기 때문에 증기의 밀도가 물의 밀도에 비해 작다. 보통 대기 조건에서 물과 증기의 밀도는 각기 1,000 kg/m³과 0.6 kg/m³로 약 1,700배의 차이가 있다. 증기의 압력이 상승함에 따라 증기의 밀도도 증가하지만 비용적은 감소한다. 포화증기표에서 증기압력에 대한 비용적을 나타내면 아래 그래프가 된다.

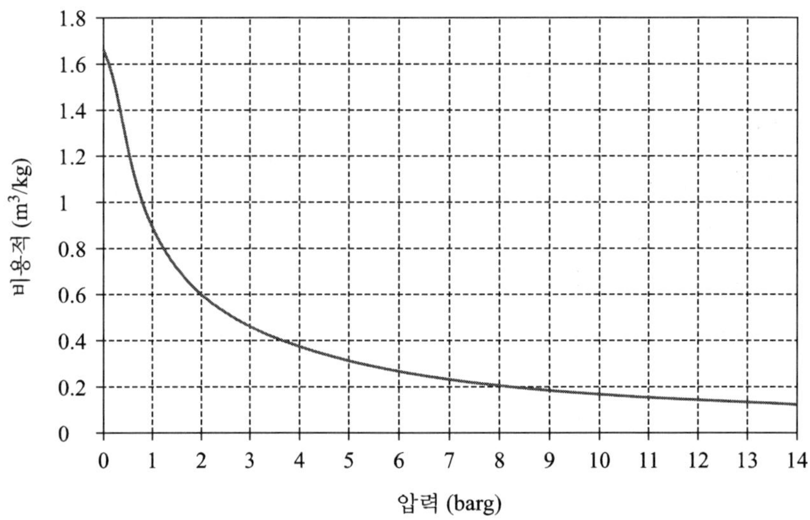

그림 3.22 포화증기의 압력과 부피 관계

이 그래프를 통해 압력이 증가에 따른 부피 감소 및 밀도 증가를 각각 알 수 있다. 6 barg 이하 압력에서 비용적이 급격히 증가한다.

3.5.8 증기의 압력과 엔탈피 관계

포화증기표를 보면 증기의 압력이 상승함에 따라 증발잠열 (kJ/kg, kcal/kg)은 감소한다. 예를 들면 2 barg의 증기 1 kg은 2,133 kJ (=510 kcal)의 잠열을 갖지만 14 barg의 증기 1 kg은 1,947 kJ (=465 kcal)의 잠열을 가진다. 따라서 14 barg의 증기가 약 9.6%의 열량이 부족하다. 이것은 높은 압력의 증기일수록 단위 질량당 열을 전달할 수 있는 잠열이 작음을 의미한다. 그러나 압력이 상승함에 따라 증기 밀도가 더 높아지고 더 많은 질량 유량 (더 많은 열량)이 흐를 수 있기 때문에 배관을 통해 열을 수송할 때는 높은 압력의 증기가 더 유리하다. 예를 들어 증기 1 m^3의 경우에 2 barg에서 1.658 kg의 잠열은 3,587 kJ (=857 kcal)이고 14 barg에서 7.576 kg의 잠열은 14,750 kJ (=3,525 kcal)이다. 여기서 동일 부피의 증기는 고압에서 4.5배만큼 더 무겁고 4.1배만큼 잠열을 더 갖고 있다.

3.5.9 건도와 잠열

어떤 압력에 상응하는 끓는점에서 생성된 증기는 포화증기이다. 산업용 보일러에서 100% 건포화증기를 생산하는 것은 불가능하여 증기에는 물방울이 포함된다. 증기 중의 물 함량이 10%이면 증기는 90% 건(조)도라 말한다. 그러므로 증기의 잠열은 포화증기표에 나오는 증발 엔탈피의 잠열 (h_{fg})이 아닌 건도 X와 잠열 h_{fg}에 연관한다. 따라서 실질적으로 습증기의 잠열은 건도 X × 잠열 h_{fg}이다.

3.5.10 증기압력과 열 수송

증기배관의 궁극적인 목적은 배관의 한 곳에서 다른 지점으로 요구되는 수요를 만족시키기 위해 열을 수송하는 것이다. 증기배관은 적절한 속도와 적절한 압력강하 내에서 이 역할을 하도록 선정해야 한다. 다음의 예는 고압에서 얼마나 많은 증기를 수송하는지를 보여준다.

[경우 1] 각기 같은 구경의 배관을 30 m/s의 속도로 통과하는 2 barg와 6 barg 압력의 증기에 대해 비교한다. 이 때 부피유량은 0.01 m^3/s로 동일하다.

표 3.4 ● 증기압력에 따른 열 수송량 (@ 같은 속도)

조 건		단위	증기	
			2 barg	6 barg
부피유량 $\dot{V}$		m^3/s	0.01	0.01
비용적 v		m^3/kg	0.603	0.272
질량유량 (초당) $\dot{m}$	$(\dot{V}/v)$	kg/s	0.01658	0.03676
질량유량 (시간당) $\dot{m}$	$(\dot{V}/v \times 3{,}600)$	kg/h	60	132
속도 C		m/s	30	30
증발잠열 h_{fg}		kJ/kg	2,163	2,066
		kcal/kg	517	494
부피당 증발잠열 h_v	(h_{fg}/v)	kJ/m^3	3,587	7,597
		$kcal/m^3$	857	1,816
공급된 열량 $\dot{Q}$	$(\dot{V} \times h_v)$	kW	36	76
	$(\dot{V} \times h_v \times 3{,}600)$	Mcal/h	31	65

결론은 동일 구경의 배관을 통해 높은 압력의 증기가 더 많은 에너지를 공급할 수 있다.

[경우 2] 호칭경 25 mm 배관 (단면적 = 0.00049 m^2)을 통해 100 kW (= 86 Mcal/h)의 부하를 공급하는 건포화증기가 있다. 하나는 2 barg의 압력이고 다른 하나는 6 barg 압력의 증기일 때 비교하면 다음과 같다.

표 3.5 ● 증기압력에 따른 열 수송량 (@ 다른 속도)

조 건		단위	증기	
			2 barg	6 barg
공급된 열량 $\dot{Q}$		kW	100	100
		Mcal/h	86	86
부피당 증발잠열 h_v		kJ/m^3	3,587	7,597
		$kcal/m^3$	857	1,816
부피유량 $\dot{V}$	$(\dot{Q}/h_v)$	m^3/s	0.02788	0.01316
증발잠열 h_{fg}		kJ/kg	2,163	2,066
		kcal/kg	517	494
질량유량 (초당) $\dot{m}$	$(\dot{Q}/h_{fg})$	kg/s	0.0462	0.0484
질량유량 (시간당) $\dot{m}$	$(\dot{Q}/h_{fg} \times 3{,}600)$	kg/h	166	174
속도 C	$(\dot{V}$ / 단면적$)$	m/s	57	27

결론은 동일 구경의 배관을 통해 높은 압력의 증기가 낮은 속도로도 같은 열량을 공급할 수 있다.

요약하면 같은 열량 부하를 공급함에 있어서 6 barg의 증기배관은 2 barg에 비해 다소 많은 질량유량의 증기를 공급한다. 그러나 압력이 높을수록 증기 밀도는 더 크고 부피유량이 작아진다. 결론적으로 같은 구경의 배관을 통한 6 barg 증기의 속도는 상대적으로 낮기 때문에 27 m/s인 6 barg의 증기가 57 m/s인 2 barg의 증기에 비해 속도가 더 적합하다. 그리고 보일러 용량과 증기 부하를 나타내는데 kW (또는 kcal/h)보다는 kg/h를 사용한다. 포화증기표가 질량의 형태인 kJ/kg (또는 kcal/kg)으로 열량을 나타내기 때문에 질량유량으로 배관을 선정하는 것이 실용적이다. 다른 압력에서의 비용적과 적절한 속도를 고려하는 배관 선정 차트를 이용하는 것이 손쉬운 방법이다.
열량 부하가 kW (또는 kcal/h)로 나타나 있으면 증기부하는 다음과 같이 쉽게 kg/h로 계산될 수 있다.

$$\text{증기부하 (kg/h)} = \text{kW} + 3{,}600/h_{fg} \text{ (kW, 증발잠열)}$$

$$\text{증기부하 (kg/h)} = \text{kcal}/h_{fg} \text{ (kcal, 증발잠열)}$$

3.5.11 공정에서 증기압력과 열전달

열교환 설비에서 열전달률은 다음 식으로 계산된다.

$$Q = U \times A \times \Delta T_m / 1{,}000 \text{ (열전달률, kW)}$$

$$Q = U \times A \times \Delta T_m \text{ (열전달률, kcal/h)}$$

여기서, Q: 열전달률 (kW, kcal/h), U: 전열계수 (W/m^2 ℃, kcal/m^2 h℃), A: 전열면적 (cm^2, m^2), ΔT_m: 1차측/2차측 평균온도차 (℃) (대수평균온도 혹은 산술평균온도)이다.
참고로 평균온도차는 LMTD (Logarithmic mean temperature difference)와 AMTD (Arithmetic mean temperature difference)로 표시한다.
위 식을 보면 열교환기의 증기측에서 액체측으로 전달된 열전달률은 다음 3가지 요소에 의해 영향을 받는다. (1) U (2) A (3) ΔT_m

U와 A가 일정하면 열전달률 Q를 키우려면 ΔT_m이 커져야 한다. 이 경우 더 높은 증기온도가 필요하다. 따라서 더 높은 압력의 증기가 필요하다.

그러므로 증기압력은 열전달에 영향을 준다. 증기는 공정에서 응축되므로 이를 고려하여 공급되어야 한다. 필요한 온도와 압력으로 공기 및 비응축성 가스가 없는 청결하고 건조한 상태의 증기가 공급되어야 한다.

궁극적으로 위 3가지 요소 중 적어도 하나 이상의 요소에 의해 증기를 사용하는 설비의 설계 및 기대치가 결정된다. 일반적으로 열교환기의 운전압력이 높을수록 열교환기의 크기가 작아질 수 있으나 가격적인 면에서는 그렇지 않다. 고압으로 운전되는 장치 및 연관된 장비는 더 높은 엄격한 설계등급 및 표준을 요구하기 때문에 설치 및 정비에 드는 비용에 영향을 준다. 이 이유 때문에 일반적으로 공정장비는 가능하면 낮은 압력에서 운전되는 것이 가격적인 면에서 더 유리하다. 모든 공정이 같은 압력으로 운전되도록 설계하는 것이 아니라 사용처에서 감압하여 사용하면 경제적으로 장점이 있다. 즉 고압으로 증기를 수송하고 각각의 개별 사용처에서 감압하여 사용하는 것이 좋다.

가능한 낮은 압력으로 증기사용 설비를 운전하는 추가적인 장점은 응축수 회수시스템에서 재증발증기의 발생량이 적어진다는 것이다. 이는 재증발증기 회수설비가 없는 시스템에서 응축수 회수탱크를 통해 대기로 벤트되는 에너지 손실이 적어짐을 의미한다. 또한 응축수 회수배관에서 재증발증기에 의한 응축수 흐름을 방해하는 현상을 방지하여 응축수 회수시스템을 더욱 효율적으로 운전할 수 있도록 한다. 결론적으로 고압으로 증기를 이송하고 저압의 증기를 사용하는 것이 실용적이다.

3.5.12 스팀 생산 보일러 장치

앞에서 언급한 스팀 (증기)은 패키지 보일러에서 생산이 되며 다음은 보일러 장치 개요도를 나타낸다. 즉 장치는 퍼니스, 버너, 수관, 이코너마이저, 전기 집진기, 스텍, 스팀코일 에어히터, 탈기기 등으로 구성되어 있다. 스팀 생산 과정은 수관을 흐르는 보일러수가 퍼니스 내에서 연소에 의한 복사 및 대류열로 가열된 후 증기화가 일어나서 스팀이 생산된다.

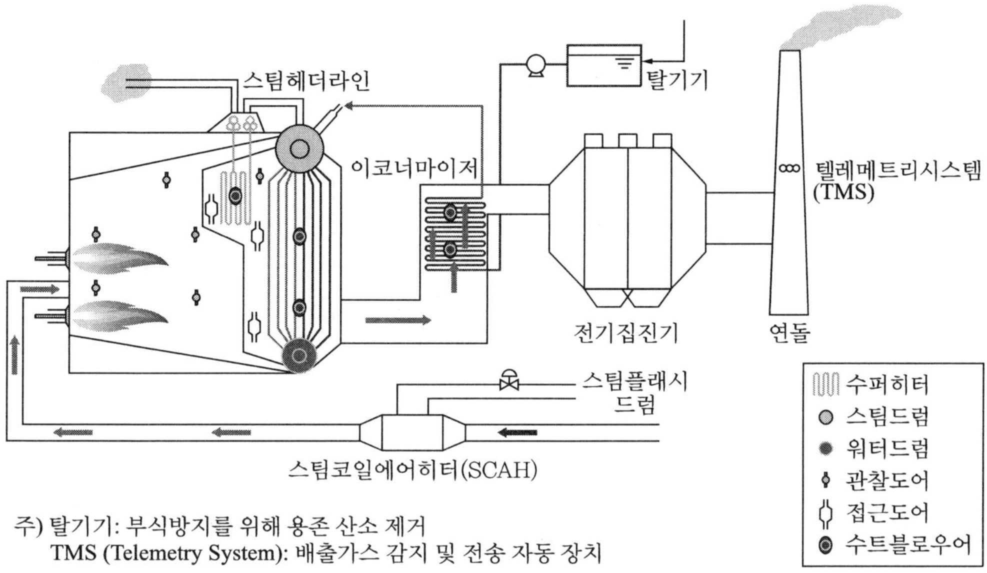

주) 탈기기: 부식방지를 위해 용존 산소 제거
TMS (Telemetry System): 배출가스 감지 및 전송 자동 장치

그림 3.23 스팀 생산 보일러 장치 개요도

Chapter 4

에너지 열펌프

이것은 글자 그대로 열을 퍼 올리는 펌프라고 할 수 있다. 그 작동원리는 냉장고나 에어컨과 같다. 다른 점은 냉장고는 냉장고 내부를 냉각하는 것이 목적이나 열펌프 (Heat pump)는 온도가 분리된 즉 따뜻하게 하는 곳과 차게 한 곳이 둘 다 사용 가능하도록 설계된 것이다. 최근에 와서 열펌프의 이용이 많이 거론되고 있고 이용이 급증하고 있다.

4.1 열펌프 원리

우리가 냉장고 뒷부분의 냉각코일을 만져 보면 따뜻한 것을 알 수 있다. 이 부분의 온도가 대기보다 높기 때문에 열은 여기를 통해서 대기로 빠져나가게 된다. 즉 냉장고나 열펌프는 찬 부분이 있으며 또 반드시 따뜻한 부분이 있는, 즉 한쪽을 따뜻하게 함으로써 다른 쪽을 차게 하는 온도의 양쪽 분리를 일으키는 것이다.

상온을 한쪽에서는 이보다 온도가 높도록 하고 다른 한쪽은 그만큼 낮도록 분리시키는 장치가 열펌프라고 말할 수 있다. 따라서 찬 곳과 따뜻한 곳을 동시에 얻으려고 한다면 가장 이상적인 용도가 된다. 예를 들어 초봄과 초가을에 수영장에서 열펌프를 이용한다고 생각해 보자. 따뜻한 열원으로는 풀장의 물을 따뜻하게 덥히고 생성된 다른 쪽의 찬 공기는 실내에서 냉방으로 사용할 수가 있다. 이렇게 찬 것과 더운 것을 동시에 쓰면 이상적이지만 현재 한 곳에서 찬 곳과 더운 곳을 동시에 요구하는 데가 많지 않아서 동시에 쓰기보다는 겨울에는 따뜻한 공기를 대기로부터 만들고 여름에는 찬 공기를 만들어 쓰는 것이 보통이다.

보통 열펌프의 효율은 승온폭 (온도 분리폭)이 적은 범위에서 현저히 높다. 즉 열원온도가 사용온도에 충분히 근접되어 있을 때 효과적이다. 따라서 폐열회수를 위한 압축식 열펌프에서는 상승온도차를 적게 하고 다단으로 압축/응축을 행하여 효율 향상을 얻고자 하는 노력이 진행되는 경우가 많다. 더욱이 중저온 폐열회수용 고온 출력형에서는 두 대의 스크류 압축기를 직렬로 연결하고 저단, 고단의 2단 압축과 이들 중간에 위치한 직접 접촉형 중간 냉각기에 의하여 냉각하여 고온 출력을 얻는 기술도 실용화되고 있다.

4.2 열펌프 활용

화학공업과 식품공업에서 폐열회수에 현저한 성과를 얻고 있다. 즉 다량의 폐저압증기를 승온시켜 농축/증류공정의 가열원으로 다시 사용하는 것이다. 즉 오픈 사이클 열펌프로 공정에서 발생된 저압증기를 오일 프리 스크류식 및 터보식 압축기로 직접 압축 승온시켜 그의 발생원에 되돌려 보내 가열원으로 재사용하는 것이다. 에너지 절약효과, 즉 증기 사용 효율을 높일 수가 있는 것이다. 이러한 증기 재압축식 열펌프의 보급은 식품공업에서 두드러지고 있다. 이러한 압축식 열펌프 외에 근래에는 흡수식 등 화학식 열펌프가 많은 관심의 대상이 된다. 그 이유는 압축식에서는 프레온 가스가 사용되므로 오존층 파괴문제가 대두되고 승온의 한계가 있기 때문이다. 작동원리에 따라 열펌프는 압축식과 화학식으로 나눈다. 다시 화학식 열펌프는 흡수식, 흡착식, 반응식으로 구분한다. 이들에 대하여 보다 상세히 알아보기로 하자.

4.3 압축식 열펌프

압축식 열펌프는 냉매에 전기에너지를 투입하여 압축－응축－증발－압축을 반복하는 순환 (Cycle)에서 열의 흐름, 즉 온도차를 발생시키는 것이다. 냉매로는 프레온이 가장 많이 사용되고 있으며 그 외에도 냉각온도에 따라서, 즉 강한 냉동을 할 때는 암모니아 (비점 40℃)를 사용한다. 보통 많이 사용되는 냉매는 다음 표와 같다. 또한 저온의 증기압을 갖는 물질도 모두 냉매로 사용 가능하다.

표 4.1 ● 사용 냉매 종류

프레온의 번호	화학식	분자량	비점 (℃)
CFC-11	CCl_3F	137.4	23.7
CFC-12	CCl_2F_2	120.9	−29.8
HCFC-21	$CHCl_2F$	102.9	8.9
HCFC-22	$CHClF_2$	86.5	−40.0
R-134a	$F_3C\text{-}CH_2F$	102.0	−26.6

주) HCFC: CFC 대체품

다음은 압축식 열펌프의 원리를 나타낸다.

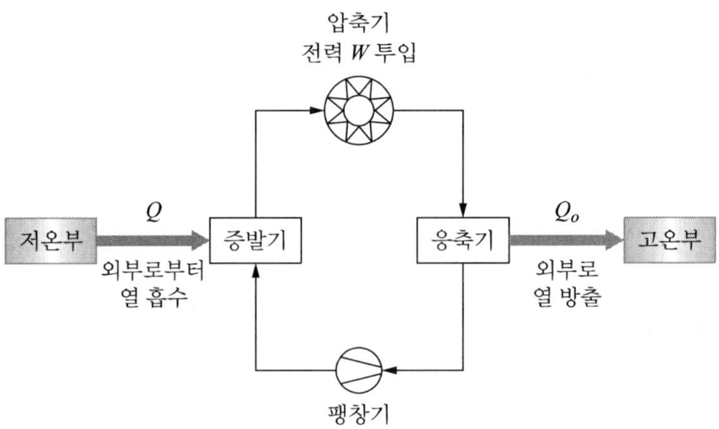

그림 4.1 압축식 열펌프의 원리도

원리를 간단히 설명하면, 이미 앞에서 다룬 바와 같이 전기/모터에 의하여 가동되는 압축기가 증기냉매를 압축하면 압축된 증기가 응축기에서 액화하여 고온측에 열을 방열한다. 압축된 액체는 팽창기에서 압력이 낮아지고 증발기에서 증발하며 외부로부터 열을 흡수한다. 만일 주변이 따뜻해서 응축기의 온도와 같거나 오히려 높으면 잠열을 제거할 수가 없어서 응축될 수가 없다. 따라서 냉각기 주변은 냉각코일의 표면온도보다 항상 낮아야 열, 즉 응축잠열이 냉각기 내부에서부터 주변 공기로 흐를 수 있다. 증발기에서 취한 열량을 Q, 이때 온도를 T, 그리고 주변에 방출한 열량과 그 온도를 Q_o, T_o라고 하자. 그리고 열펌프에 투입된 구동에너지인 모터에 들어가는 전기에너지를 W라고 하면 다음과 같다.

$$Q_o = Q + W$$

열펌프의 효율은 냉각을 목적으로 할 경우는 투입된 전기에너지에 대하여 주변에서 빼앗은 열량의 비가 된다. 따라서 뒤에서 다룰 냉각에 대한 성능계수 (COP; Coefficient of performance)는 다음 식과 같다.

$$\mathrm{COP_{cooling}} = \frac{Q}{W}$$

가열을 목적으로 할 때는 주변에 제공한 열량, 즉 Q_o를 W로 나눈 값으로 다음과 같이 나타낸다.

$$\mathrm{COP_{heating}} = \frac{Q_o}{W}$$

4.4 화학식 열펌프

화학식 열펌프에는 흡수식 LiBr/H_2O 열펌프, 흡착식 열펌프, 무기화학반응, 암모니아염 1/암모니아/암모니아염 2, MH_{x+y} / H_2 / MH_y, 유기화학반응 등이 있다. 또한 유기반응에는 2-프로판올/수소/아세톤 반응계, 사이클로헥세인/수소/벤젠계, tert-Butanol/H_2O/iso-Butene계가 있다. 여기서는 흡수식 LiBr/H_2O와 흡착식 열펌프에 대하여 그 원리를 살펴보기로 하자.

4.4.1 흡수식 LiBr/H_2O 열펌프

다음 그림은 흡수식 LiBr/H_2O 열펌프의 원리도를 나타낸다. 그림에서 용기 (b)와 (c)에 LiBr 액이 각각 들어 있다. 그리고 (a)와 (d)에는 물이 들어 있다. 이 시스템을 진공으로 하면 물만 들어 있는 용기 (a)의 증기압이 LiBr 용액 쪽보다 커서 물이 증발하고 용기 (b)의 LiBr 쪽으로 이동하여 LiBr 용액을 희석시키며 여기서 희석열이 발생하여 발열하게 된다. 용기 (b)에서 열이 발생되지 않을 정도로 희석이 되면 액을 용기 (c)로 운반하고 외부로부터 가스 연소열 또는 폐열로 가열하면 용액이 농축되며 물이 증기로 증발하여 증기는 오른쪽 용기 (d)에서 액상의 물로 응축한다. 여기서 또 열이 발생하고 출구온도를 상승시킨다. 이와 같이 증발, 흡수, 농축, 응축이 일어나는 사이클이 된다. 전기가 들어가는 곳은 액을 순환하는 용액펌프 뿐이다. 따라서 전력은 압축식 열펌프에 비하여 매우 적다. 즉, 가열이 에너지 공급원이 되고 (a)에서는 냉각효과를 얻게 되어 냉방에 사용된다. 흡수액과 냉매의 조합은 여러 가지가 가능하다. 그 짝은 물 - 암모니아, 황산 - 물, KOH - 물, NaOH - 물, $LiNO_3$ - 암모니아를 들 수가 있다.

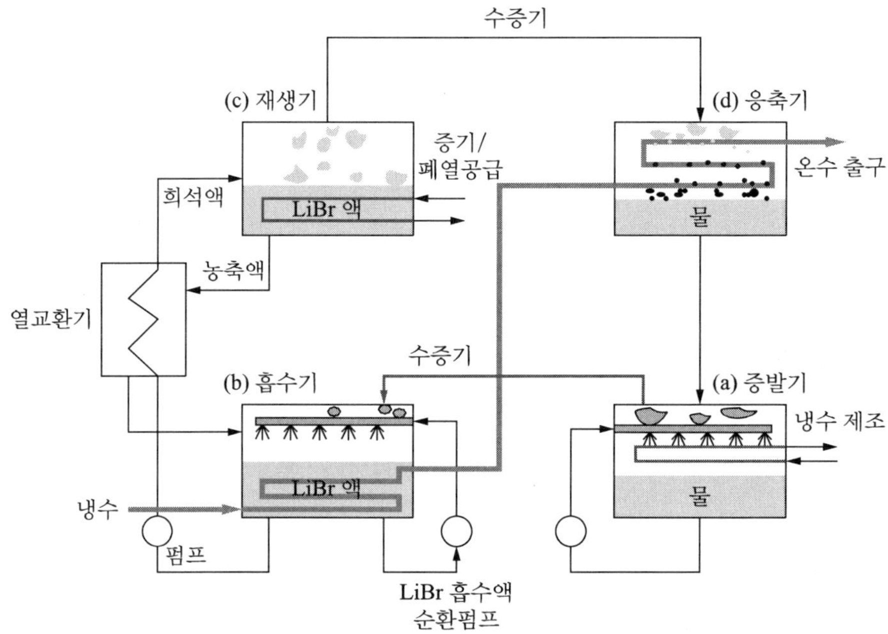

그림 4.2 흡수식 $LiBr/H_2O$ 열펌프의 원리도

4.4.2 흡착식 열펌프

이것의 원리는 열을 얻고자 할 경우는 흡착제인 고체에 매체인 물이나 알코올을 흡착시켜 고온의 열 (흡착열)을 발생하고 이를 열교환기를 통해 온수 등으로 회수한다. 그러고 나서 진공으로 하여 탈착할 때는 흡열반응이 일어나며 냉각되는데 이때 탈착을 촉진하기 위하여 공정폐열, 엔진 배기열은 물론 집열된 태양열을 사용함으로써 결국 탈착시킨다. 즉 저온의 폐열을 질이 좋은 고온의 열로 회수하는 결과를 얻는 것이다.

냉수를 목적으로 할 경우는 흡착 시 발생된 열을 폐수로 제거하고 진공 탈착하여 탈착층을 냉각상태를 만들거나 물이든 증발기로부터 흡착에 의하여 물을 진공으로 빨아들여 물의 온도를 강하시켜 냉열의 물을 얻든가 한다.

아래 그림은 냉수 제조장치이다. 즉 공조 및 공정용 냉각수 제조를 위한 흡착식 열펌프의 원리를 나타낸다. 밀폐형으로 되어 있고 진공으로 작동되나 진공펌프는 가지고 있지 않다. 왼쪽 탑에서 탈착이 이루어진 흡착탑이 하부 밸브를 열어 증발기로부터 증기를 빨아들여 공급받아 흡착함으로써 증발기의 물의 증발을 촉진시켜 잠열을 탈취하여 온도를 강하시킨다. 흡착이 완료되면 하부 밸브를 잠그고 상부 밸브를 연다. 그러면 공기가 없는 상부 응축기는 진공상태이어서 왼쪽 탑에서 탈착이 일어나는데 이때 진공 상태는 냉각수 온도의 증기압 정도로 된다 (약 23 torr @ 25℃). 이 진공으로 탈착이 이루어지며 온도가 내려가는데 탈착열은 폐열 등으로 공급해 준다. 그리고 열평형이 이루어지면 상부 밸브는 잠그고 하부 밸브를 다시 열어 증발기로부터 증기를 공급받으며

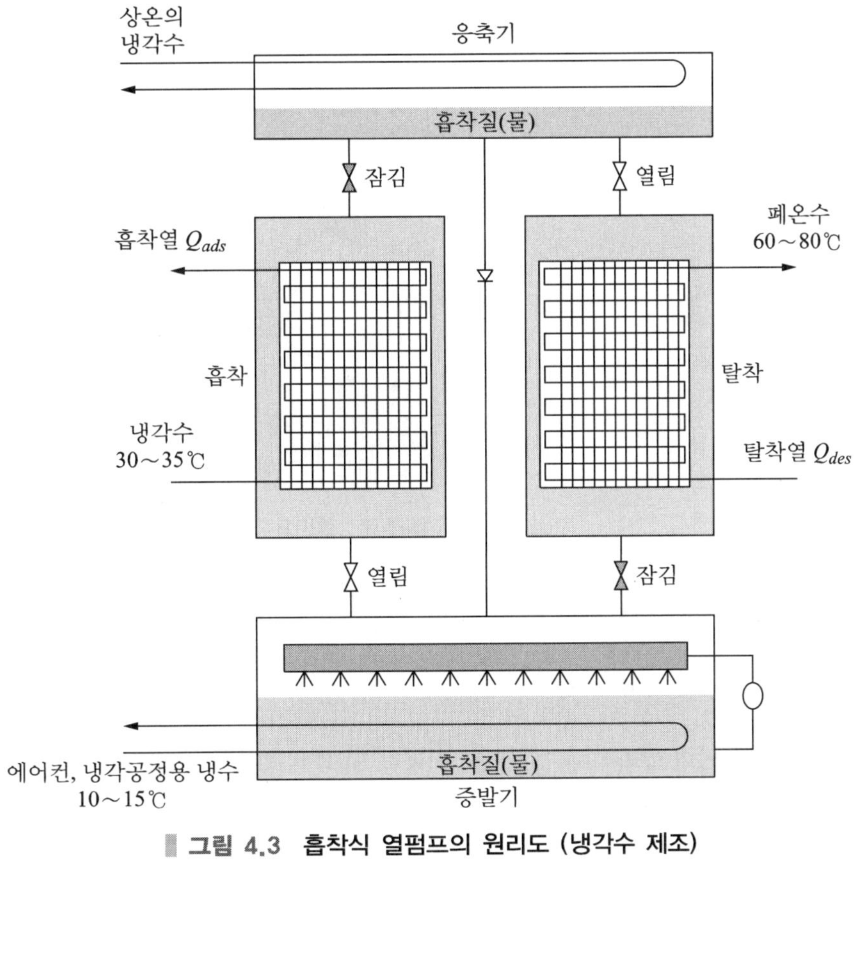

그림 4.3 흡착식 열펌프의 원리도 (냉각수 제조)

증발기의 온도를 계속 낮게 유지시킨다. 응축기의 응축수는 어느 수준이 되면 역지밸브를 통해서 증발기로 내려온다. 오른쪽 흡착탑은 왼쪽 흡착탑과는 반대로 작동함으로서 증발기의 물의 온도를 냉각수의 상태로 계속 연속 유지하며 공조에 사용할 수가 있다. 흡착식 열펌프의 다른 흡착제와 흡착질의 짝은 Zeolite/H_2O, 활성탄/메탄올, 활성탄/물, 활성탄/암모니아, 실리카겔/물 등이 가능하다.

4.5 열펌프 성능계수

열은 온도가 높은 곳에서 낮은 곳으로 이동하는 성질이 있는데 열펌프는 반대로 낮은 온도에서 높은 온도로 열을 끌어 올리는 역할을 한다. 기본적으로 열펌프는 단순히 열기관과 반대 즉, 기계적인 에너지를 이용하여 열을 저온열원에서 고온열원으로 이동시킨다. 열펌프의 개요는 다음 그림과 같다.

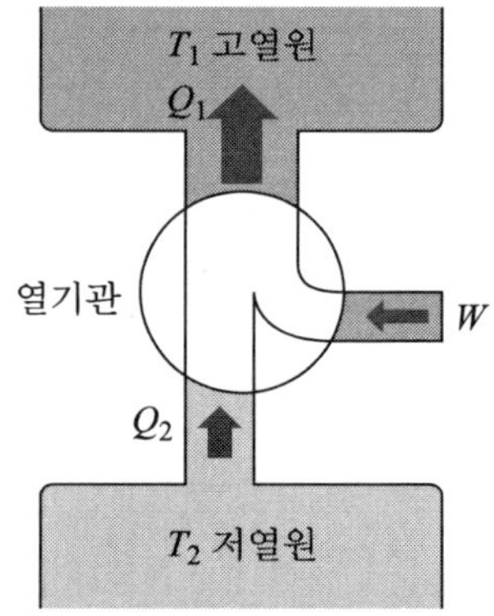

그림 4.4 열펌프의 개요도

에너지 보존 법칙에서 다음 식이 성립한다.

$$W + Q_2 = Q_1 \tag{4-1}$$

공급한 일의 양과 고온열원으로 이동한 열의 비를 열펌프의 성능계수 (COP; Coefficient of performance)로 나타낸다.

$$\text{COP} = \frac{Q_1}{W} \tag{4-2}$$

그림 4.4에서 성능계수가 1 (100%) 이상이 될 수 있다는 것을 알 수 있다. 식 $Q_1 = Q_2 + W$[식 (3-1)]을 이용하고 분자 분모에 Q_1으로 나누어 주면 식 (4-2)는 이상 Carnot 성능계수로 다음과 같이 표기할 수 있다.

$$\text{COP} = \frac{1}{(1 - Q_2 / Q_1)} \tag{4-3}$$

식 $Q_2 / Q_1 = T_2 / T_1$ [식 (3-5)]를 이용하면 위 식은 다음과 같이 된다.

$$\text{COP} = \frac{1}{(1 - T_2 / T_1)} \tag{4-4}$$

열펌프를 이용한 저온열원에서 고온열원으로 열을 이동하는 실제 응용 사례가 있다. 처음에는 냉장고, 냉동고, 에어컨과 같이 압축된 냉매를 증발시켜 주위의 열을 빼앗는 용도로 개발되었다. 그러나 지금은 냉매의 발열 또는 응축열을 이용해 저온의 열원을 고온으로 전달하는 냉방장치, 고온의 열원을 저온으로 전달하는 난방장치, 냉난방 겸용장치를 포괄하는 의미로 쓰인다.

열펌프는 구동방식에 따라 전기식과 엔진식, 열원에 따라 공기열원식, 수열원식 (폐열원식), 지열원식으로 구분한다. 또 열 공급방식에 따라 온풍식, 냉풍식, 온수식, 냉수식으로, 펌프의 이용범위에 따라 난방, 냉방, 제습, 냉난방 겸용으로 분류한다.

열펌프 구조는 압축기, 증발기, 응축기, 팽창밸브 등으로 이루어져 있다. 작동원리는 난방용의 경우, 압축기에서 고온 고압으로 압축된 냉매를 기화시킨 후, 응축기로 보내 높은 온도의 열을 온도가 낮은 바깥쪽으로 내뿜는 사이클을 반복하도록 구성되어 있다. 냉방용은 이와 반대로 응축기는 증발기로, 증발기는 응축기로 작용하도록 만들어 응축된 냉매가 더운 바깥 공기와 열교환됨으로써 냉방을 하고자 하는 대상 지점을 차갑게 만들도록 시스템이 구성되어 있다.

현재 대부분의 열펌프는 냉방과 난방을 겸용하는 구조로 되어 있다. 보통 공기열원식은 외부 온도가 5℃ 이하가 되면 성능이 떨어지고 기계적 손상도 발생해 작동이 원활하지 않게 되는 단점이 있다. 반면 수열원식이나 지열원식은 혹한 지역에서도 지속적으로 열을 공급할 수 있고 에너지 효율도 높아 공기열원식을 대체하는 새로운 열펌프로 주목받고 있다.

4.6 열펌프 냉동사이클

앞에서 언급한 것처럼 열펌프 (Heat pump)란 상온의 공기의 온도를 분리시켜 고온과 저온의 두 영역으로 나누는 시스템이다. 즉 전동기에 전기를 공급하면 열펌프 내의 매체를 압축 → 냉각/액화 → 팽창 → 증발시켜 고온과 저온으로 분리시킨다. 공급된 전동기의 에너지양이 실제 온도가 분리될 때 이동한 에너지양보다 적으면 그의 효율계수 (COP)는 1보다 커진다. 이 열펌프는 저온을 이용하면 액체냉각 (Chiller) 또는 공기냉각 (Cooler)의 냉장고와 냉방이고 고온을 이용하면 일반적으로 압축식 열펌프라고 하는 난방이 된다. 이 둘을 동시에 사용하면 이 효율계수 (COP)가 크게 향상된다.
이 열펌프의 구성요소는 압축기, 응축기, 팽창기, 증발기의 4종으로 이루어진다. 이것의 개요도와 T-S 선도는 아래에 각각 나타내었다. 이 압축식 열펌프에는 냉매로 여러 가지가 사용되는데 보통 CFC (R-11, R-12 등)가 대표적이다. 그러나 지구 환경문제로 HCFC (R-134a, CF_3CH_2F)로 대체되거나 암모니아 같은 것들도 검토되고 있다. 다음은 압축식 열펌프의 냉동사이클과 T-S 선도를 각각 나타낸다.

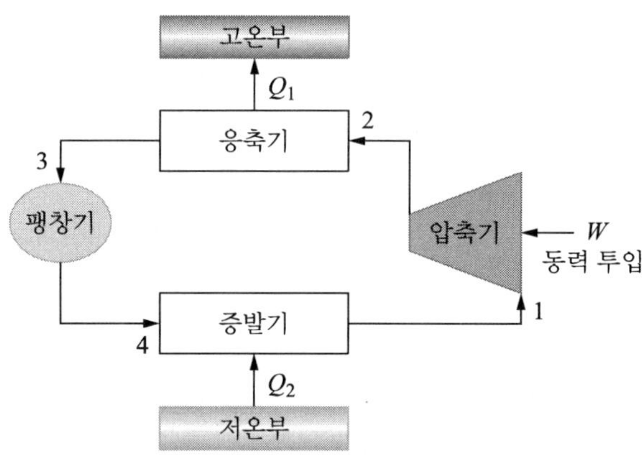

■ 그림 4.5 압축식 열펌프의 냉동사이클

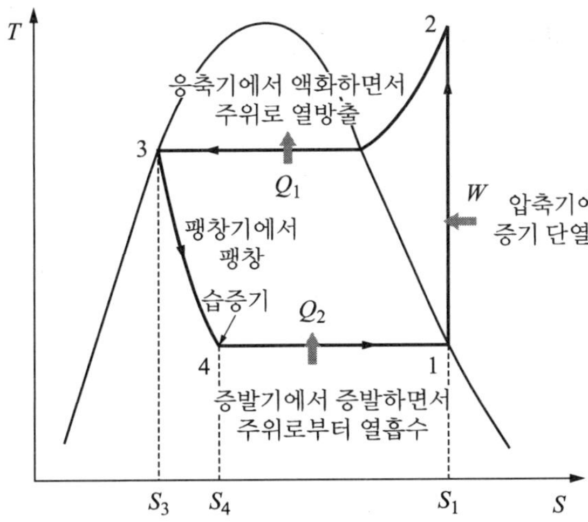

그림 4.6 압축식 열펌프의 *T*–*S* 선도

상기 그림에서 각 과정의 냉동사이클 (Refrigeration cycle)은 다음과 같이 설명된다.

(1) **1–2 과정**: 모터 동력에 의하여 단열압축, 즉 등엔트로피 변화를 하며 압축기에 의해 냉매가 압축되며 열이 발생하고 온도가 올라간다.

(2) **2–3 과정**: 압축된 냉매가 응축기에서 냉각/액화되어 엔트로피는 감소하고 응축/액화 하면서 응축열을 외부로 발산한다. 즉 외부에서 응축잠열의 고온을 얻는다.

(3) **3–4 과정**: 팽창기에서 응축된 고압의 액체가 팽창하면서 온도가 내려간다.

(4) **4–1 과정**: 주변으로부터 열을 받아 증발기에서 냉매가 증발하면서 일정한 온도에서 주변을 냉각시킨다.

이때 효율계수 (COP)는 분리된 온도의 냉열을 이용하느냐 고온을 이용하느냐에 따라 다음과 같이 쓸 수 있다.

$$\mathrm{COP}_{냉각} = \frac{Q_2}{W} = \frac{(h_1 - h_4)}{(h_2 - h_1)} \qquad 냉동\ (공조)$$

$$\mathrm{COP}_{예열} = \frac{Q_1}{W} = \frac{(h_2 - h_3)}{(h_2 - h_1)} \qquad 열펌프$$

4.7 태양열 이용 열펌프 시스템

겨울철 난방 시에는 태양열 집열기에서 얻은 태양열을 10~20℃의 상태로 열펌프의 좌측 축열조 (1)에 축열하고 이 축열조의 물을 열펌프를 통해 약 30~50℃로 올려서 우측 축열조 (2)에 저장하여 난방으로 쓴다. 태양열의 집열상태가 좋아 온도가 약 40℃ 이상으로 충분히 높으면 열펌프를 통하지 않고 우회 (By-pass)시켜 우측 축열조 (2)로 보내서 저장하고 난방에 쓴다. 태양열이 불충분해서 좌측 축열조의 온도가 너무 내려가면 보조 보일러를 이용해 열을 보충한다. 경우에 따라서는 보일러의 온수를 우측 축열조에 저장할 수도 있고 바로 난방에도 쓸 수 있도록 융통성을 둔다. 여름에 냉방할 경우에는 우측 축열조의 물을 열펌프에 순환시켜 냉각하고 냉방에 이용한다. 이 방법은 기술적으로 큰 문제는 없으나 설비가 크다. 태양열 대신에 지열을 열원으로 이용하는 난방용 열펌프도 최근 많이 보급되었다. 다음은 태양열과 열펌프를 결합한 태양열 열펌프 시스템의 개략도를 나타낸다.

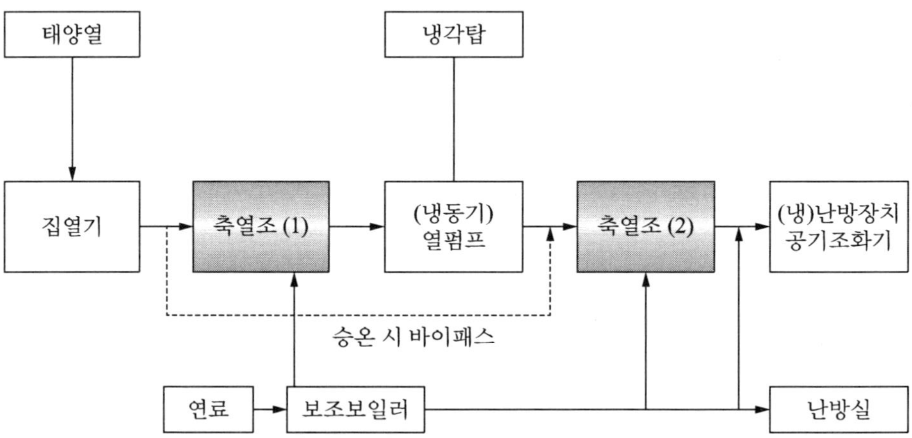

그림 4.7 태양열 열펌프 (냉/난방)

Chapter 5

화석연료 석유에너지

석유화학 제품은 석유정제에서 시작하는데, 석유정제는 여러 물질의 혼합물인 원유를 증류하여 순도 및 가치 높은 석유제품 및 반제품으로 제조하는 것을 말하며 정유라고도 부른다. 이 정유공정은 열역학, 유체역학, 반응공학, 이동현상, 분리공정, 촉매이론, 공정제어, 공정모사 및 최적화 등 화학공학의 모든 이론이 집대성된 화학공학의 꽃이라고 할 수 있다. 과거의 공해산업이라는 이미지에서 벗어나 친환경적 제품 및 공정시스템 구축에 많은 재원을 투자하고 있으며, 이에 따라 신촉매 및 신공정기술들이 활발히 개발되어 적용되고 있다. 아래에 원유정제 공정에 대하여 간단히 살펴보기로 하자.

5.1 원유정제 공정

혼합물인 원유를 끓는점이나 휘발도 등의 차이를 이용하여 증발과 응축의 과정을 통해 분리하는 공정을 증류 (Distillation)라 하며 증류를 통해 분리된 부분을 유분 (Distillate)이라고 한다. 원유는 단순 증류만으로 각 제품을 분리할 수 없고 반복되는 재증류에 의해 분리된다. 증유가 반복되면 증발과 응축의 현상이 발생하여 증기의 조성은 점차로 유출부분으로 향하여 어떤 일정한 유출분을 형성하고, 응축하는 액체의 부분은 액상쪽으로 모여 찌꺼기 부분을 형성하여 두 개의 상이 서로 분리하게 된다. 증류의 종류에는 상압증류 (Atmospheric distillation), 감압증류 (Vacuum distillation), 공비증류 (Azeotropic distillation) 및 추출증류 (Extractive distillation)가 있다. 결국 상압증류 공정은 원유를 증류하여 부생가스 (Off gas), 납사 (Naphtha), 등유 (Kerosene), 경유 (Diesel) 등의 유분과 잔사유 (Reduced crude)를 분리한다.

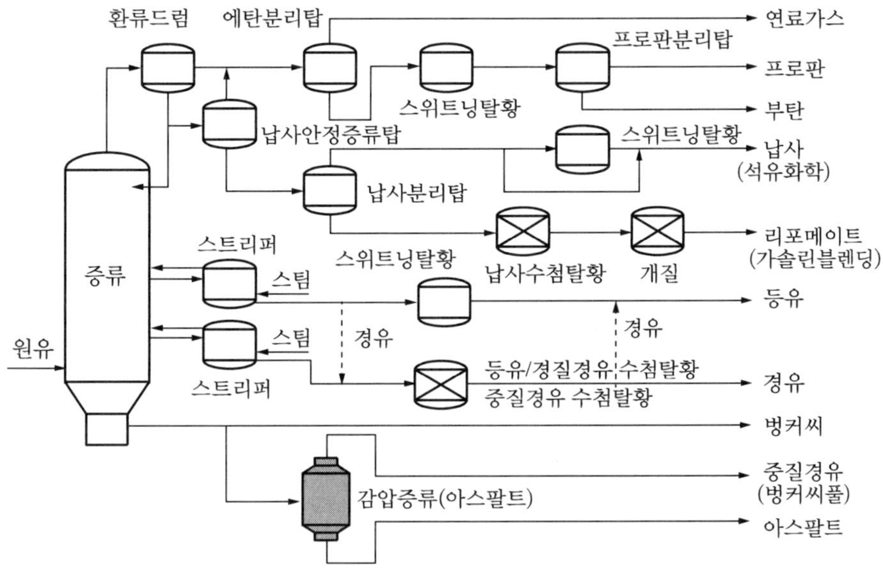

그림 5.1 정유 공정 흐름도

5.2 중질유분해 공정

현대의 석유정제 공정은 전통적인 원유증류 공정 중심의 단순 정제에서 탈피하여 보다 부가가치가 높은 제품의 수율을 선택적으로 높이거나 제품의 품질을 향상시키는 방향으로 계속적으로 발달하고 있다. 또한 환경에 대한 관심이 고조됨에 따라 제품의 청정성 향상은 물론 석유정제 또는 저장 중 발생하는 오염물질을 저감하는 기술이 요구되고 있다. 예를 들면 중질유분해 공정은 상압증류탑의 가스오일 (Gas oil) 혹은 탑저제품 잔사 (Residue)의 중질유를 원료로 하거나 상압증류탑 잔사를 다시 감압증류하여 나온 감압가스오일 (Vacuum gas oil)을 원료로 한다. 이들 원료를 촉매 (Catalyst), 촉매와 수소 (Hydrogen) 혹은 열 (Heat)을 이용하여 중질유를 분해 (Cracking)함으로써 고부가가치의 경질제품 (LPG, 납사)이나 중간제품 (등유, 경유)을 생산하는 고도화된 공정이다.

중질유분해 공정은 수소첨가 유무에 따라 크게 수소공법 (Hydroprocess)과 비수소공법 (Non-hydroprocess)으로 나눈다. 수소공법에는 상압증류 가스오일 (GO; Gas oil) 혹은 상압잔사유 (AR; Atmospheric residue)의 감압증류에서 나오는 감압가스오일 (VGO; Vacuum gas oil)의 수소분해 (Hydrocracking)가 있고, 감압증류탑의 하부 유분인 감압잔사 (VR; Vacuum residue)의 수소분해 (Hydrocracking)가 있다. 비수소공법에는 촉매분해 (Catalytic cracking)와 열분해 (Thermal cracking)가 있는데 촉매분해의 예는 유동식 촉매분해 (FCC; Fluid catalytic cracking)를 대표적으로 들 수 있는데 이는 사용 원료에 따라 ① 상압잔사유를 사용하는 잔사 유동식 촉매분해 (RFCC; Residue fluid catalytic cracking) ② 상압증류 가스오일 (GO)을 사용하는 유동식 촉매분해 (FCC) ③ 상압잔사의 감압증류에서 나오는 감압가스오일 (VGO)을 이용하는 감압가스오일 유동식 촉매분해 (VGOFCC; Vacuum gas oil fluid catalytic cracking) ④ 감압잔사 수소분해 공정에서 나오는 감압가스오일을 피드로 사용하는 유동식 촉매분해가 있다. 그리고 열분해에는 딜레이드 코커 (Delayed coker)와 비스브레이킹 (Vis-breaking)이 대표적인 예가 된다. 이들을 정리하면 그림 5.2와 같다.

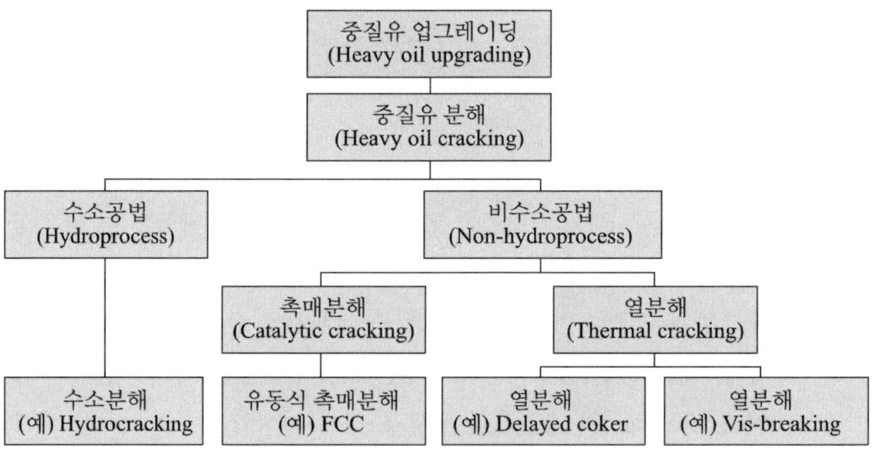

그림 5.2 중질유분해 공정 분류

5.3 중질유 감압증류 공정

상압증류탑 탑저제품인 잔사를 감압 조건에서 증류하여 중질유분해 공정의 원료인 감압가스오일 (Vacuum gas oil)을 생산해내는 공정을 말한다.

그림 5.3 감압증류탑

5.4 중질유 수첨탈황 공정

분해 공정에 사용하는 중질유 원료는 주로 탈황을 하지만 라이센서 (Licensor)에 따라 탈황을 하지 않고 바로 분해하는 경우도 있다. 원료 탈황공정에는 크게 상압잔사유 탈황 (ARDS; Atmospheric residue desulfurization)과 감압잔사유 탈황 (VRDS; Vacuum residue desulfurization)이 있다. 벙커씨 (Bunker-C)의 탈황은 고정 촉매층 (Fixed bed)으로 이루어진 반응기 내에서 수소를 이용하여 이루어지며, 유분 속에 포함되어 있는 유황성분은 황화수소 (H_2S) 가스로 빠져 나온다. 다량의 수소가 사용되는 이 공정은 고온, 고압 하에서 일어나므로 건설비가 매우 높다. 탈황률은 보통 80~90% 정도이며 부반응으로 원료의 일부 (약 20~30%)가 분해되어 액화석유가스 (LPG), 납사 (Naphtha), 등유 (Kerosene), 경유 (Diesel) 등 경질유가 생산된다.

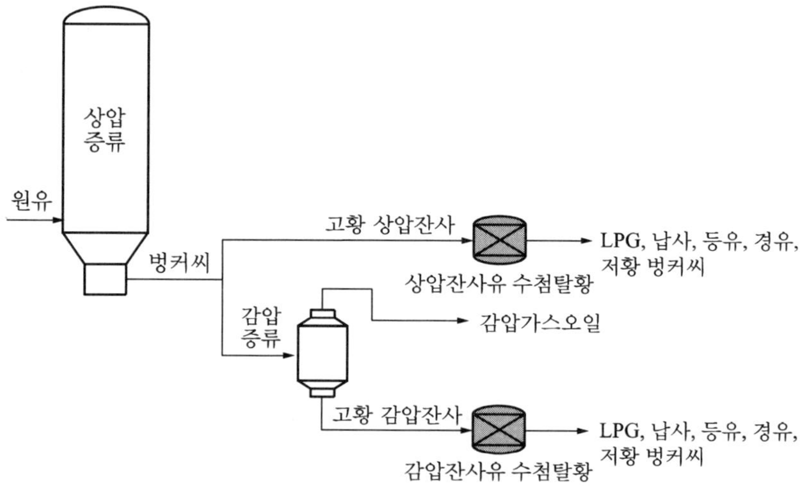

그림 5.4 수첨탈황 공정

5.5 수소분해 공정

감압증류탑에서 생산된 감압가스오일을 고정 촉매층으로 이루어진 반응기 내에서 수소를 이용하여 분해함으로써 중간유분 생산을 주목적으로 하는 시설이다. 다량의 수소가 사용되는 이 공정은 고온, 고압 하에서 일어나므로 건설비가 매우 높다. 투입된 감압가스오일의 약 95% 정도가 분해되며, 분해반응과 동시에 탈황이 이루어져 생산된 제품은 초저유황제품이 된다. 부산물로 생산되는 저급 감압잔사유를 처리하기 위해 보통 감압잔사 수첨탈황 (또는 딜레이드 코커)이 함께 건설된다. 또 다른 경우는 감압잔사 (Vacuum residue)를 분해하는 엘씨 핀어 (LC finer) 공정을 설치하여 고온, 고압 하에서 수소를 이용하여 분해함으로써 중간유분 (Middle distillate)을 생산하기도 한다. 국내 정유사의 수소분해 시설 현황은 표 5.1과 같다.

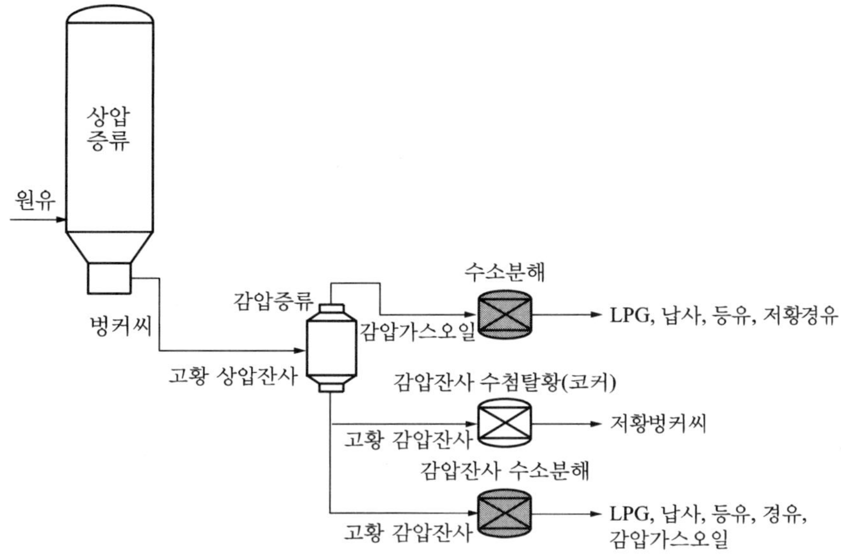

그림 5.5 수소분해 공정

표 5.1 ● 국내 수소분해 시설 현황 (BPSD; Barrel per stream day)

	수소분해 공정	딜레이드 코커	감압잔사탈황 공정
SK정유	30,000	-	30,000
GS칼텍스	80,000	-	-
쌍용정유	30,000	-	27,000
현대정유	18,500	19,000	-

5.6 유동식 촉매분해 공정

벙커씨 또는 감압가스오일을 유동 촉매층으로 이루어진 반응기 내에서 수소를 사용하지 않고 촉매 분해하여 고옥탄가의 휘발유 생산을 주목적으로 하는 시설이다. 온도는 높으나 압력이 매우 낮고 수소가 사용되지 않으므로 수소분해 (Hydrocracking)에 비해 부대시설도 필요 없으며 건설비도 상대적으로 낮은 편이다. 투입된 원료의 약 90% 정도가 분해되며, 생산된 휘발유는 옥탄가가 높아 탈황 후 바로 휘발유로 사용할 수 있다. 수율은 약 50~60%이고, 연속촉매재생 공정으로 가동률이 높으나, 생산된 분해경유는 수첨탈황 후에만 경유로 사용할 수 있다.

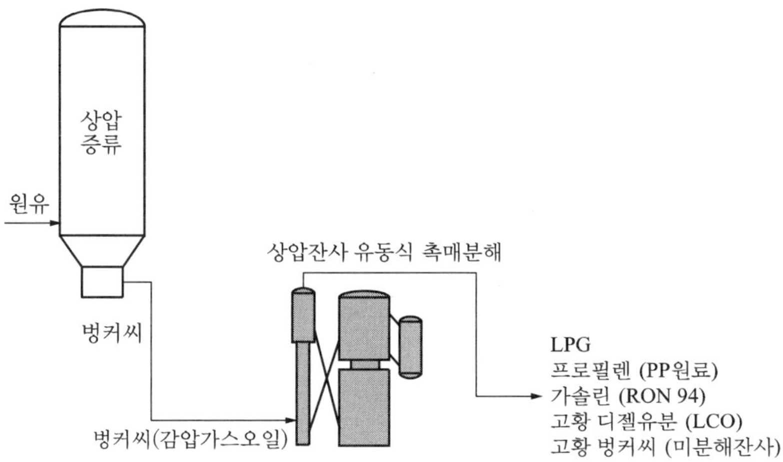

그림 5.6 유동식 촉매분해 공정

표 5.2 ● 국내 유동식 촉매분해 시설 현황

	처리능력 (BPSD)	라이센서
SK정유	50,000	UOP
GS칼텍스	70,000	Stone & webster
쌍용정유	40,000	IFP

그림 5.7 유동식 촉매분해

5.7 딜레이드 코킹

감압잔사유 또는 상압잔사유를 반응기에 넣고 고온, 고압의 상태를 유지시키면 탄소분이 고체의 코크 (Coke)로 변하고 일부는 분해되어 경질유분이 생산된다. 딜레이드 코커 (Delayed coker)에서 생산된 경질제품은 안정성이 낮아 수첨탈황 후에 일반 제품으로 사용될 수 있다. 생산된 코크 (Coke)는 연료로 사용하거나 유황분이 적을 경우 탄소 전극 제조의 원료로 이용된다. 투자비는 비교적 저렴하나 후처리 공정이 반드시 있어야 하며 부산물인 코크 (Coke)의 처리문제 때문에 요즘은 타 분해시설에 비해 선호하지 않은 공정이다. 그리고 국내에서는 유일하게 현대정유가 19,000 BPSD 처리 능력의 코커 (Coker)를 보유하고 있다.

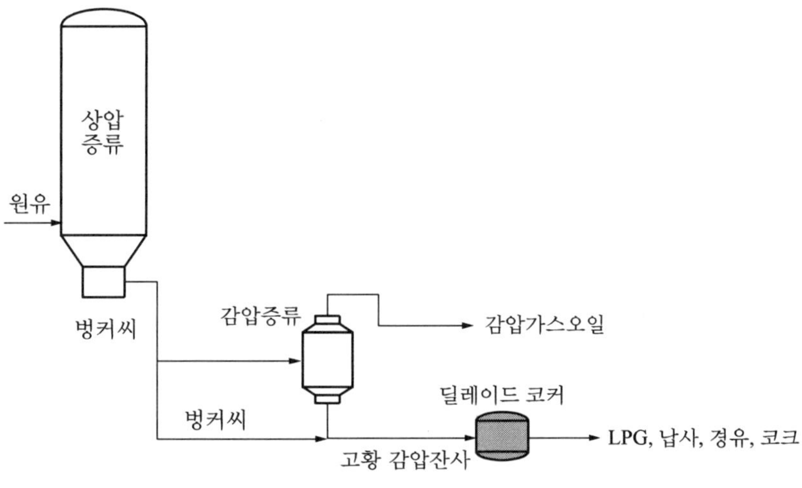

그림 5.8 딜레이드 코킹 공정

5.8 정유공정 전체 흐름도

정유공정의 상압증류 및 감압증류를 기초로 한 다운스트림 (Down stream)의 전체 흐름도는 그림 5.9와 같다.

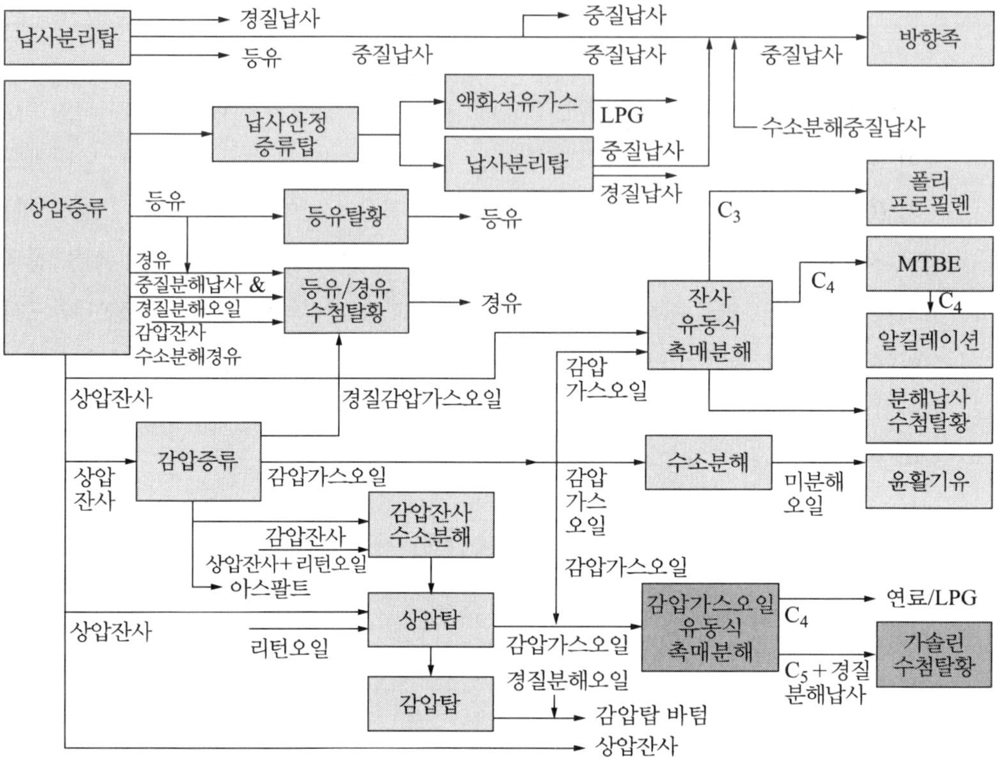

그림 5.9 전체 정유공정 흐름도

Chapter 6

수소에너지 생산

오늘날 수소의 사용량은 계속 증가 추세에 있다. 예를 들면 원유 정제에서 중질유 수소분해 공정과 탈황 공정 그리고 자동차의 수소 연료전지 등을 들 수 있다. 따라서 현재 대규모 생산이 가능한 상업적 수소생산 공정에 대해서 알아보기로 하자. 이 공정은 LNG, C_3, C_4, 납사, NP가스 [Non-permeate gas: 감압잔사 수소분해 공정의 멤브레인 (Membrane)을 통과하지 못한 오프가스 (Off gas)를 말함] 등과 같은 경질 탄화수소 피드를 개질 (Reforming) 및 전환반응 (Shift reaction)을 통하여 99.99 vol%의 고순도 수소를 생산하는 공정을 말한다. 전체 생산 공정은 ① 피드 정제 (Feed purification) ② 스팀/메탄 개질 (Steam/Methane reforming) ③ 폐열회수 ④ 고온전환 (High temperature shift) 및 공정가스 냉각 ⑤ 공정가스 정제 과정을 거쳐 최종 고순도의 수소제품을 생산하게 된다. 이와 같이 생산된 수소는 대부분 앞 장에서 언급한 탈황 공정과 중질유 수소분해 공정에 사용되어 왔다. 수소생산 공정을 단순 다이어그램으로 나타내면 그림 6.1과 같고 여러 종류의 피드 조성은 표 6.1에 나타내었다.

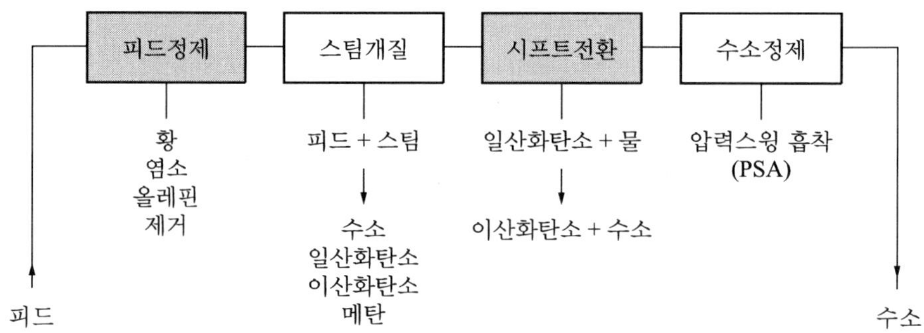

그림 6.1 수소생산 공정 개요도

표 6.1 • 각 피드 조성 및 품질

납사피드			LNG피드		
몰조성 (%):	파라핀	88.28	몰조성 (%):	C_1	89.33
	올레핀	6.48		C_2	6.50
	납센	4.84		C_3	2.69
	방향족	0.40		C_4	1.25
	비중	0.67		C_5	0.04
	황	0.3 wtppm		황	1.7 wtppm
	염소	1.0 wtppm		질소	1.19 wtppm
	압력	13.0 kg_f/cm^2		압력	34.0 kg_f/cm^2

C_3피드			C_4피드		
몰조성 (%):	C_2	0.50	몰조성 (%):	C_2	0.0
	C_3	98.7 (전체)		C_3	0.80
	C_3	4.84 (올레핀)		C_4	97.80 (전체)
	C_4	0.8		C_4	0.40 (올레핀)
				C_5	1.40
	황	0.67 wtppm		황	7.50 wtppm
	압력	13.0 kg_f/cm^2		압력	13.0 kg_f/cm^2

수소생산 공정 흐름도는 아래 그림과 같다.

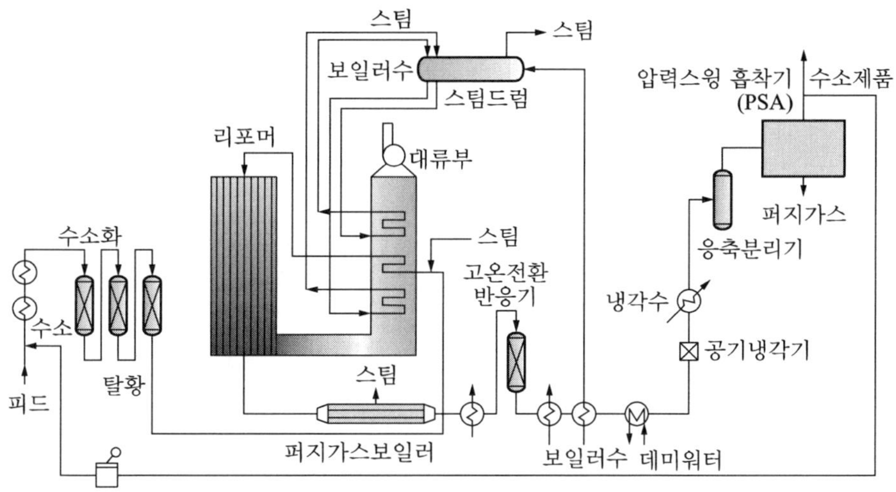

▌그림 6.2 수소생산 공정 흐름도

6.1 피드 정제

피드는 피드드럼에서 열교환기를 거쳐 340℃로 가열된 후 수소화 베셀 (Vessel), 탈황 베셀 (Vessel)을 통과한다. 이 공정을 피드 정제공정 (Feed purification)이라고 하며 그림 6.3, 그림 6.4와 같다.

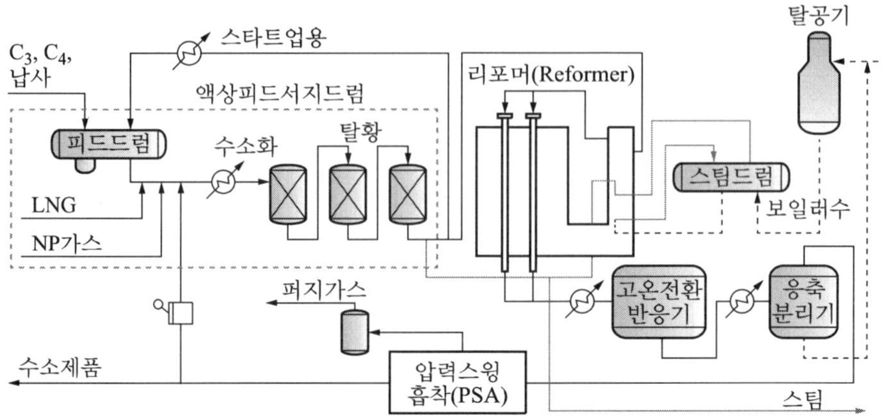

▌그림 6.3 액상 피드서지 드럼부

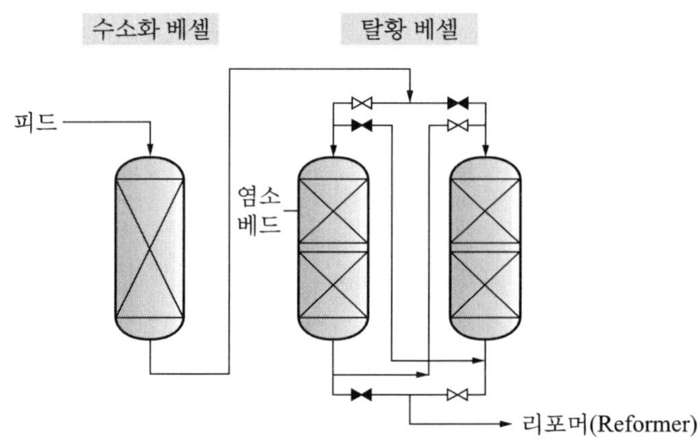

▌그림 6.4 수소화 베셀과 탈황 베셀

그림 6.5의 수소화 베셀은 340℃ 가열된 피드가스 중의 올레핀을 포화 및 탈황 (납사 피드 경우) 한다.

$$RHS + H_2 \rightarrow RH + H_2S \text{ (촉매: CoO 4.4\%, } MoO_3 \text{ 11.5\%, } Al_2O_3\text{)}$$

그림 6.6의 탈황 베셀은 수소화 베셀을 거친 피드가스 중의 황화수소 (H_2S)를 제거한다.

$$H_2S + ZnO \rightarrow ZnS + H_2O \text{ (촉매: ZnO 92\%)}$$

그리고 위쪽 염소베드는 염소가스를 제거한다.

$$NaO + 2HCl \rightarrow 2NaCl + H_2O \text{ (촉매: NaO 12\%, } Al_2O_3\text{)}$$

통상 셧다운 (Shut down) 없이 촉매 교체를 위하여 2기로 구성된다.

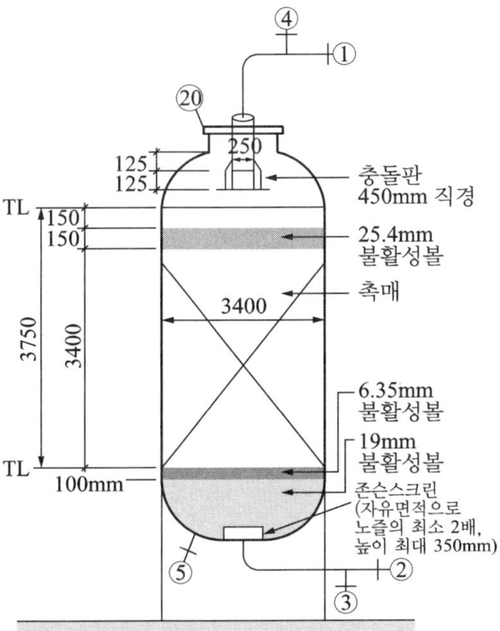

▌그림 6.5 수소화 베셀

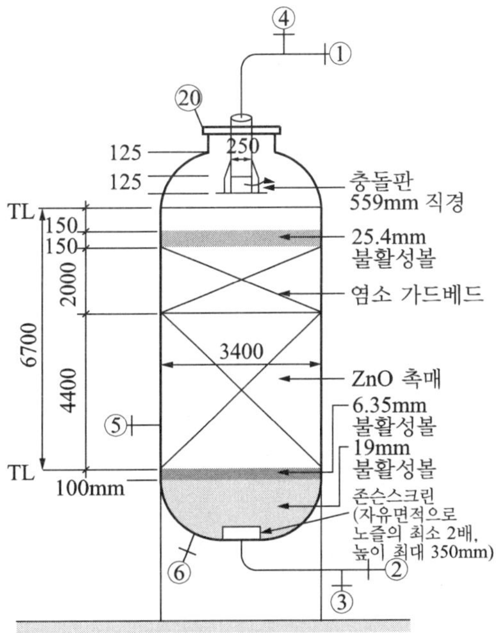

▌그림 6.6 탈황 베셀

6.2 리포머

정제된 피드가스는 리포머 (Reformer)로 들어가서 540℃에서 스팀 (Steam)과 반응하여 수소 (H_2), 일산화탄소 (CO), 이산화탄소 (CO_2)로 전환한다. 리포머는 하나의 퍼니스 (Furnace)로서 촉매가 충진된 350개 이상의 튜브 (Tube)로 이루어진 개질반응기 (Reforming reactor)에 해당한다. 각 튜브의 상부 (Top), 중간 (Middle), 하부 (Bottom)의 충진촉매 성분과 비율은 상이하며 이는 표 6.2와 같다.

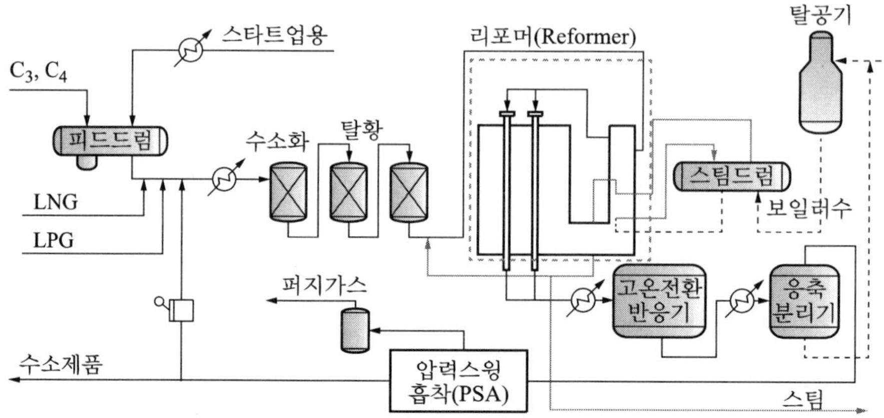

■ 그림 6.7 리포머

6.2.1 리포머 반응

피드와 스팀의 비율은 피드 종류에 따라 다르지만 납사 피드의 경우는 3.5 : 1이고 다른 것은 3.0 : 1로 한다. 주반응인 개질반응은 탄화수소가 촉매 분해하여 올레핀이 생성 (납사피드 경우)되고 스팀/메탄 개질에 의해 CO, $3H_2$가 만들어진다. 기타 탄화수소의 열 분해반응 (발열반응)과 촉매분해에 의한 올레핀의 중합반응 (발열반응)이 일부 일어나며, 이는 카본 형성의 주원인이 된다. 전체 반응은 주반응인 스팀/메탄의 개질반응에 의해 흡열반응으로 불리어진다.

$$\text{개질반응: } CH_4 + H_2O \leftrightarrow CO + 3H_2 \quad (6\text{-}1)$$

$$\Delta H^{\circ}_{25℃} = +49.3 \text{ mmkcal/mol (흡열반응)}$$

표 6.2 ● 튜브 촉매충진 및 반응

	촉매 성분	반 응
튜브 상부	NiO 23%, MgO 14%, SiO_2 15%, K_2O 7%, SO_3 <0.1%, Na_2O <0.5%, 담체 (균형)	스팀/메탄 개질반응 - 흡열반응 (주반응)
튜브 중간	NiO 20%, K_2O 1.8%, SiO_2 0.15%, SO_3 0.05%, 담체 (CaO/Al_2O_3)	물/가스 전환반응 - 발열반응
튜브 하부	NiO 16%, SiO_2 0.5%, SO_3 <0.05%, ZrO_2 미량, 담체 (균형)	열분해 - 발열반응 (기타 중합반응 - 발열반응)

6.2.2 리포머 사진

퍼니스 (Furnace)인 동시에 반응기 (Reactor)인 리포머 (Reformer)는 촉매 (Catalyst)가 충진된 많은 수의 수직 튜브 (재질: 니켈 합금)와 상부에서 하부로 연소 (Burning)하는 버너들로 구성되어 있다. 540℃의 피드와 스팀이 리포머로 들어오게 되면 전체가 흡열반응이기 때문에 버너로부터 열을 공급받아 반응을 한 후, 870℃의 반응가스로 리포머를 빠져나오게 된다.

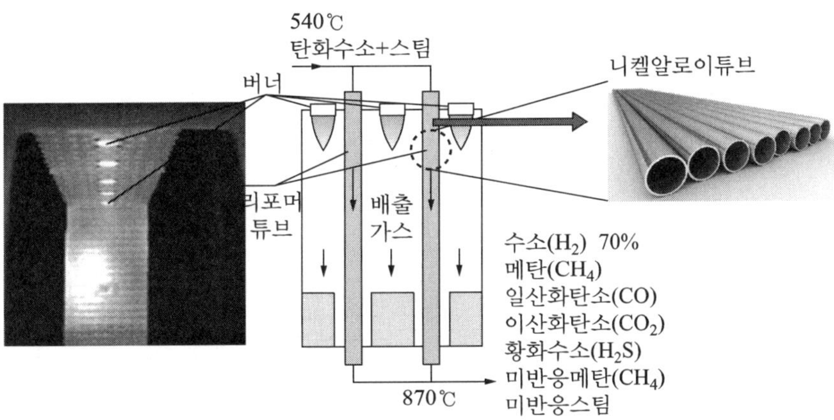

그림 6.8 리포머 사진

6.2.3 리포머 입출구 조성

피드로 납사를 사용할 경우 반응에 의한 리포머의 입출구 조성은 아래 표와 같다.

표 6.3 ● 리포머 입출구 조성

성 분	리포머 입구 (%)	리포머 출구 (%)
H_2	1.23	44.3
CH_4	-	2.34
H_2O	93.85	35.48
CO	-	10.78
CO_2	-	7.10
납사	4.92	-

6.3 고온전환부

리포머를 나온 반응가스는 고온전환 반응기에서 CO의 전환반응을 거치고, 응축 분리기에서 응축 및 1차 분리된 후 최종적으로 압력스윙 흡착기 (PSA; Pressure Swing Adsorber)에서 정제되어 고순도의 수소제품을 얻게 된다.

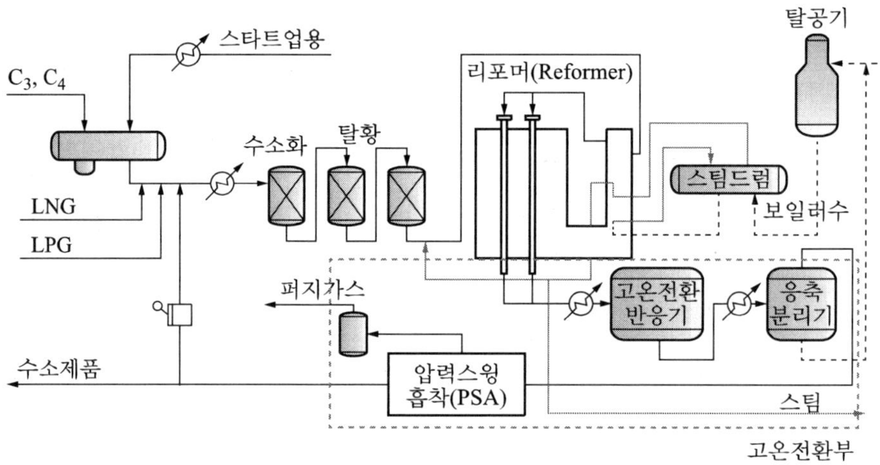

그림 6.9 고온전환부

6.3.1 고온전환반응

리포머를 나온 개질반응 가스 성분 중 CO를 CO_2로 전환시켜서 H_2 수율을 증대시키고 압력스윙 흡착기 (PSA)에서 흡착률이 낮은 CO 성분을 최소화하므로서 PSA 효율을 높이는 역할을 한다. 이 반응은 발열반응 (350℃ → 420℃)으로 온도가 낮을수록 평형이 오른쪽으로 이동하므로 촉매의 활성을 고려하여 최적의 반응온도를 찾는 것이 중요하다. 반응식은 아래와 같다.

$$\text{전환반응: } CO + H_2O \leftrightarrow CO_2 + H_2 \quad (6\text{-}2)$$

$$\Delta H^{\circ}_{25℃} = -9.8 \text{ mmkcal/mol (발열반응)}$$

반응에서 약 4.8～5.5% (건조기준)의 미반응 CO가 잔류하고 수소 수율은 65%에서 72%로 향상된다. 고온전환 반응기는 그림 6.10과 같다.

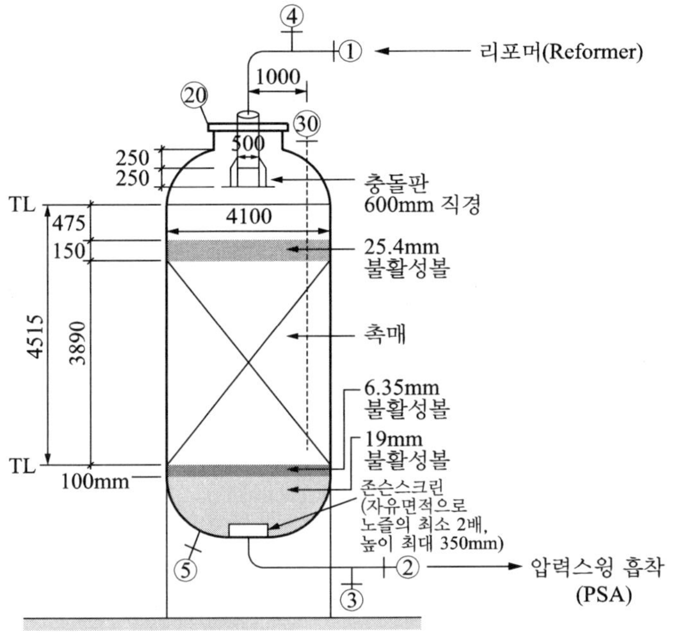

그림 6.10 고온전환 반응기 (High temperature shift reactor)

6.3.2 압력스윙 흡착기 (Pressure Swing Adsorber)

고온전환기를 나온 수소 약 72%를 포함하는 최종 반응가스는 고순도 수소제품을 만들기 위해서 압력스윙 흡착기 (PSA)로 들어가서 CO와 CO_2 함량이 5 ppmv 이하로 유지하면서 99.99%의 수소제품을 생산한다. 수소분자는 입자가 작아서 시브 (Sieve)를 통과하지만 불순물은 통과하지 못한다. 흡착기는 그림 6.11과 같으며 내부는 5층이고 각 층은 여러 가지 종류의 충진물로 채워져 있다.

1층은 실리카 (SiO_2)/알루미나 (Al_2O_3)로 충진되어 수분을 제거하고, 2층은 고밀도 알루미나로 C_3^+의 탄환수소를 분리한다. 3층/4층은 활성탄 (Activated carbon)으로 채워 $C_1 \sim C_4$ 탄화수소를 분리하고, 가장 상층부 5층은 몰레큘러 시브 (Molecular sieve)로 CO와 N_2를 제거하도록 디자인되어 있다.

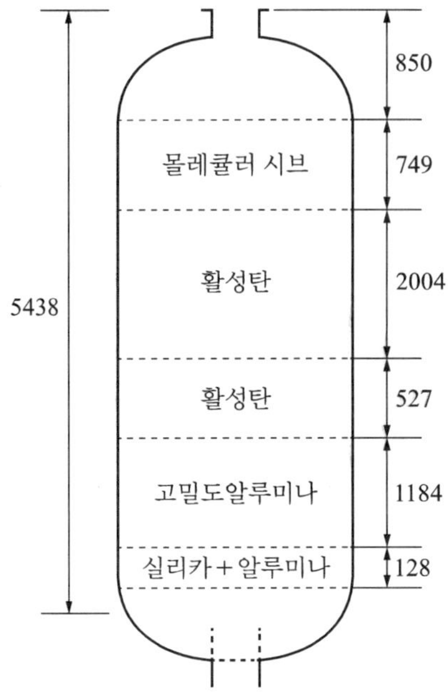

	충진물질	제거물질
5층	몰레큘러 시브	CO, N_2
4층	활성탄	$C_1 \sim C_4$
3층	활성탄	$C_1 \sim C_4$
2층	고밀도알루미나	C_3^+
1층	실리카+알루미나	H_2O

그림 6.11 압력스윙 흡착기

압력스윙 흡착기 (PSA)는 그림 6.12에서처럼 밸브스키드 (Valve skid), 흡착기 10~12기, 테일가스 (Tail gas) 혼합드럼 등으로 구성되어 있다. 오른쪽 표는 운전의 일례를 나타낸다.

피드	방향족/수소분해오프가스
조성	H_2 85.5% CH_4 4.4% C_2^+ 10.9%
압력	가압 29.8 kg_f/cm^2 감압 0.4 kg_f/cm^2
제품	99.99% H_2 $CO/CO_2 < 5$ ppm
용도	연료헤더
설비	흡착기 10기 퍼지가스드럼 1기 코어레서 (Coalescer) 1개 압축기 스키드

그림 6.12 압력스윙 흡착기 시설

압력스윙 흡착기 (PSA)는 고압에서 불순물을 흡착했다가 저압에서 방출하는 원리로 모든 흡착기는 시차를 두고 같은 단계 (일정한 피드, 제품, 오프가스 흐름 가능)를 거치는 사이클로 작동한다. 즉 흡착 (수소생산) → 압력감압 단계 → 불순물 퍼지 단계 → 압력가압 단계 → 흡착 단계 순서로 작동하며 단계별 상세 내용은 다음과 같다.

(1) **흡착** (Adsorption): 피드가스가 흡착기로 들어와서 불순물은 흡착되고 수소가스만 시브를 통과하여 고순도의 수소가 생성된다.
(2) **병류 감압** (Co–current depressurization): 흡착기가 부분적으로 감압되고 공간 (Void)에 있던 수소가 다른 흡착기의 재가압과 퍼지에 사용된다.
(3) **향류 감압** (Counter–current depressurization): 흡착기 압력은 가장 낮아지고 흡착제가 부분적으로 재생되며 불순물이 걸러진다.
(4) **퍼지** (Purge): 흡착기로부터 나온 수소로 흡착기를 퍼지하므로써 흡착제의 재생이 완료되고 남은 불순물은 이 단계에서 탈착되고 오프가스 (Off gas)로 방출된다.
(5) **재가압** (Repressurization): 흡착기 재생 후 흡착기에서 나온 수소와 피드 또는 제품의 슬립스트림 (Slip stream)을 받아 재가압 된다. 이와 같은 일련의 작동은 그림 6.13과 같다.

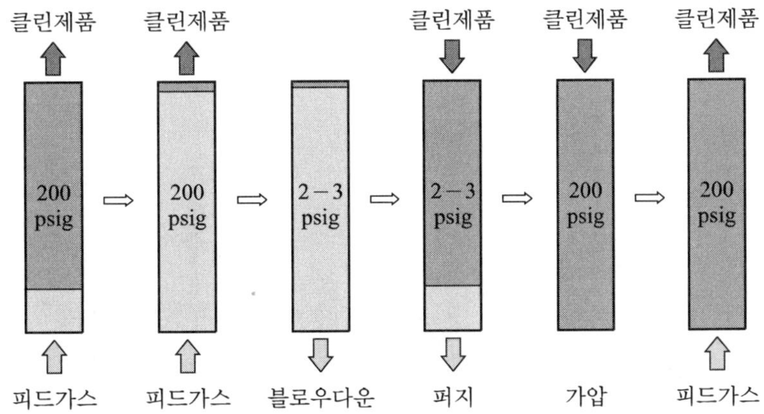

그림 6.13 압력스윙 흡착기

다음 그림 6.14는 오프가스 (Off gas)를 피드로 하는 압력스윙 흡착기로써 수소 86% 피드가 PSA를 통과해서 99.99% 고순도 제품을 만들고, 수소 43% 외 기타 불순물을 포함하는 테일가스 (Tail gas)를 내보내는 흐름도를 나타내고 있다.

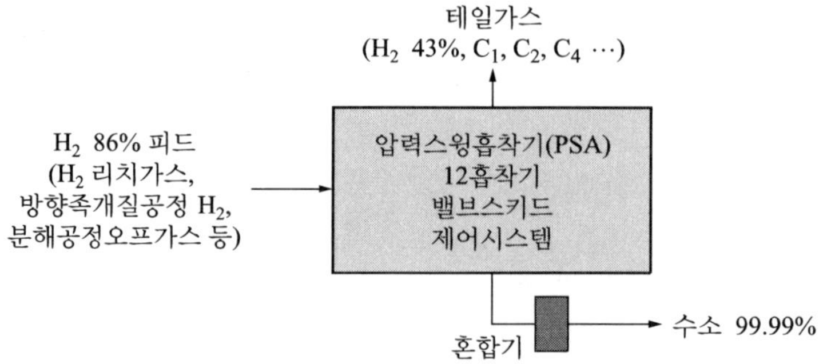

▌그림 6.14 압력스윙 흡착기 흐름도

6.4 스팀 생성부

스팀생산을 위한 스팀드럼이 설치되어 있으며 공정가스 보일러와 고온전환 유출물 보일러로 자연순환이 가능한 높이로 되어 있다. 즉 ① 리포머 배출가스로 스팀생산 ② 리포머와 고온전환 출구의 공정가스로 스팀생산 ③ 스팀수퍼히트 코일로 수퍼히트스팀 (252℃ → 386℃)이 생산된다.

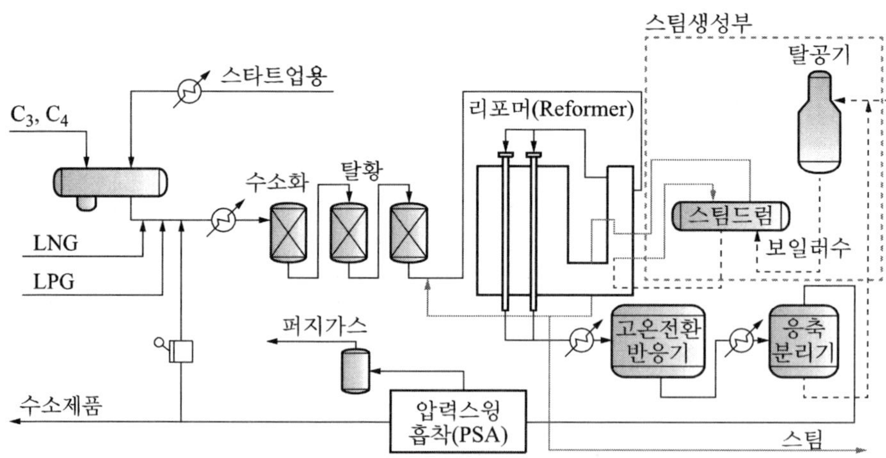

▌그림 6.15 스팀 생성부

전체 수소생산 공장의 장치는 아래와 같다.

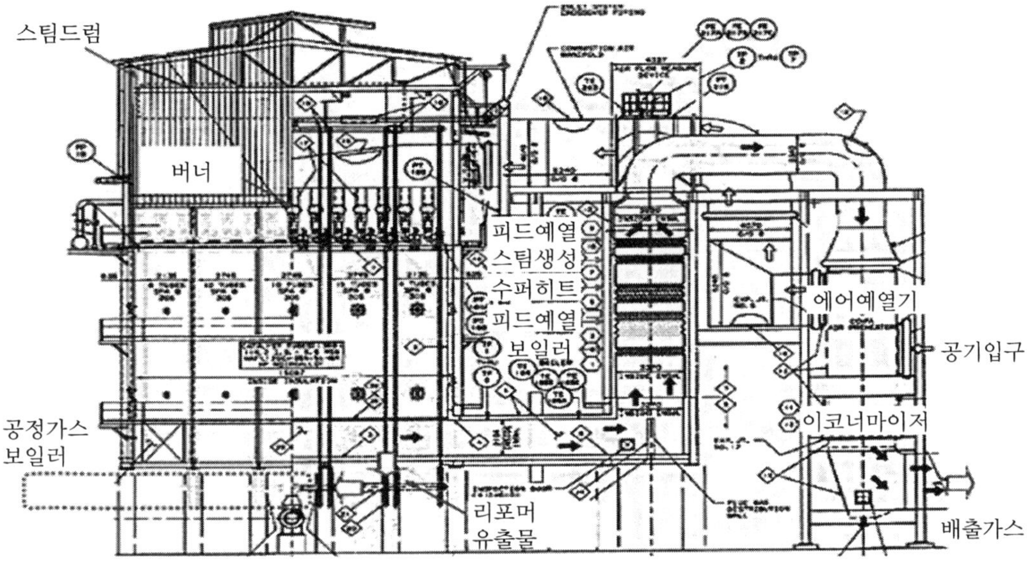

그림 6.16 스팀/메탄 개질 공장

Chapter 7

가열로 에너지 장치 효율

(사례)

가열로는 대부분 석유화학 공정의 주요 장치들 중의 하나이다. 일반적으로 에너지의 많은 부분이 가열로를 통해서 단위 공정에 제공된다. 종종 전체 단위 공정의 성공적인 운전은 직접적으로 가열로가 어떻게 작동하는가에 의해서 영향을 받는다. 단위 공정의 이익 극대화에는 처리량의 증가, 유틸리티 사용량 감소에 의한 운전비용 감소, 단위 공정 운전의 신뢰성과 유연성, 더 엄격한 대기 방출 제한의 달성, 장치 제어 최적화의 도구 확보가 있으며, 이들 모두는 가열로 운전의 적절한 분석을 시작으로 달성될 수 있다. 이와 같은 환경에서 실제 가동 상황 대비 최초 디자인 조건들에 대한 전체적인 그림을 이해하는 것은 매우 중요하다. 이것은 어떤 비효율적인 운전을 바로 잡을 수 있는 가장 실제적이고, 신뢰적이며, 편리한 해결책을 제안하고 평가하기 위해서이다. 여기서 가열로 디자인에 영향을 주는 가장 흔한 발견들을 분석할 것이다. 그리고 몇 가지 가열로 운전 경험들을 공유할 것이다. 가열로는 대부분의 정유와 석유화학 장치의 심장이다. 그러한 장치의 올바르고 효과적인 운전은 그 공장의 신뢰성과 가용성의 중추이다.

7.1 가열로 작동원리

대부분의 경우 가열로는 복사영역과 대류영역으로 이루어져 있다. 복사영역은 버너를 통해서 연료 연소에 의한 공정 유체에 전달되는 열을 받는다. 대류영역은 대기로 방출되기 전에 복사영역을 떠나는 더운 연소가스로부터 추가열을 회수하는 것이다.

7.1.1 가열로 열전달

가열로 열전달에는 전도 (Conduction)와 대류 (Convection) 그리고 복사 (Radiation)가 있다. 이들의 열전달 메커니즘은 앞에서 언급했으므로 생략한다. 다음은 가열로에서 연소에 의한 열전달과 관련한 내용이다.

(1) 열유속 (Heat flux)

단위 시간당 단위 면적을 통해 이동한 열에너지의 양을 말하고, 단위는 $J/m^2 \cdot s$, W/m^2

이다. 열수지 (Heat balance)는 여러 형태의 열에너지 흐름을 정량적으로 표시한 열유속으로 구성된다. 지표가 받는 태양의 순 복사열은 토양과 대기를 덮고 물을 기화시키는 열에너지로 전환된다. 이러한 여러 형태의 에너지 흐름을 말한다.

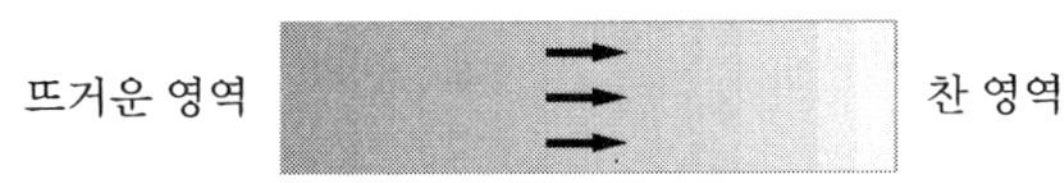

다시 말해 단위 면적당 열 흐름을 말한다.

$$\phi = \frac{Q}{A}$$

여기서, Q는 전달열이고, A는 열전달 면적이다.

(2) 질량속도 (Mass velocity)

단위 시간 단위 면적당 튜브를 통과하는 유체량을 말한다. 예를 들어, 150,000 lbs/hr 유체가 4″NPS Schedule 40 튜브의 가열로 2개 패스 (Pass)를 흐를 때 질량유속은 다음과 같다.

$$\begin{aligned} \text{질량유속} &= 150{,}000\ \text{lb/튜브당 흐름면적} \times 2\text{패스}/3600 \\ &= 246\ \text{lb/sec ft}^2 \end{aligned}$$

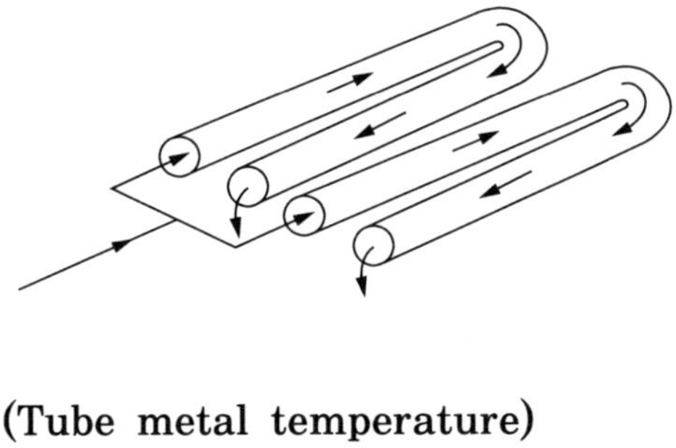

(3) 튜브 금속온도 (Tube metal temperature)

다음과 같이 튜브의 금속온도를 말한다.

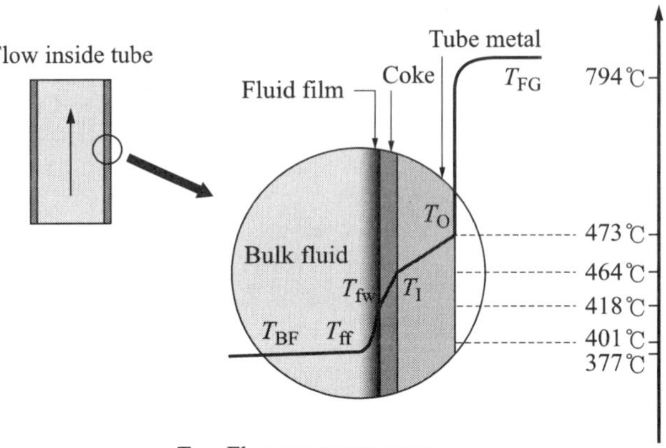

T_{FG}: Flue gas temperature
T_O: Outside wall temperature
T_I : Inside wall temperature
T_{fw}: Film temperature towards wall
T_{ff}: Film temperature towards fluid
T_{BF}: Bulk fluid temperature

그림 7.1 튜브 금속온도

$$\text{전체 튜브 금속온도} = T_{\text{bulk}} + \Delta T_{\text{film}} + \Delta T_{\text{coke}} + \Delta t_{\text{metal}}$$

(4) 필름온도 (Film temperature)

유체와 튜브 벽 내부의 경계면에서의 온도를 말한다. 필름온도는 전달과 유체흐름 변수들의 결과이고 유체의 최고온도이다. 따라서 코킹 (Coking)에 대하여 특정 유체가 허용할 수 있는 최고온도가 된다.

(5) 단면 직화식 튜브 (Single side fired tube)

튜브 한쪽 면만 화염 (Flame)을 향하고 있는 것을 말한다.

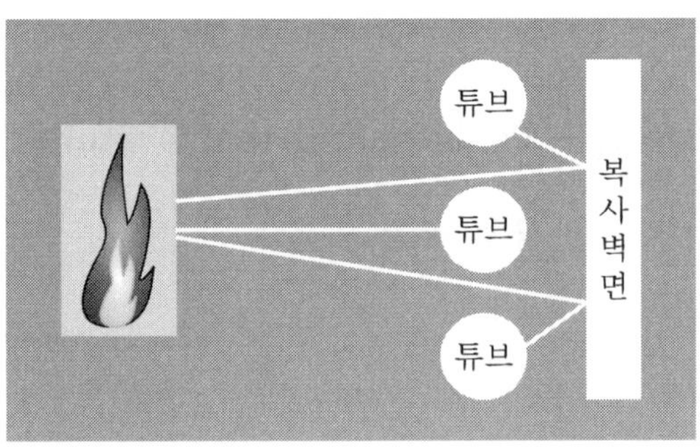

(6) 양면 직화식 튜브 (Double side fired tube)

튜브 양쪽 면이 화염 (Flame)을 향하고 있는 것을 말하며 튜브 내 유체의 균일한 온도와 튜브 벽의 손실 정도가 일정함을 얻을 수 있다.

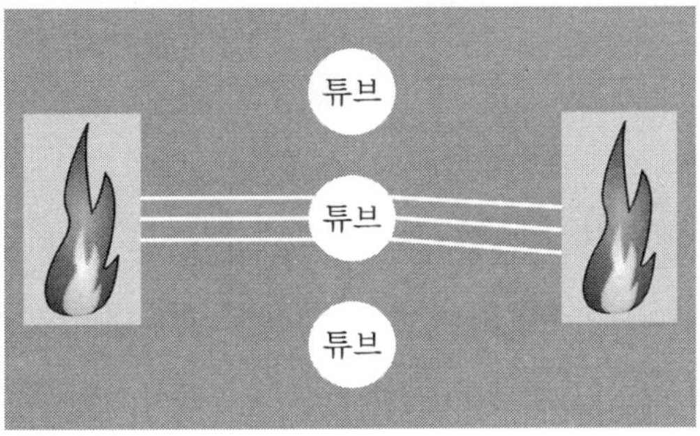

(7) 튜브 외부 축적물 (External fouling)

연소 후 재 (Ash), 그을음 (Soot), 먼지 (Dust), 미 연소탄화수소, 내화물 부스러기 (Debris) 등이 튜브 외부 표면에 축적된 상태를 말한다. 이것은 연소측에서 튜브측으로 열전달을 방해하므로 물리적 혹은 화학적으로 제거해 주어야 한다.

(8) 튜브 내부 파울링 (Internal fouling)

튜브 속을 흐르는 유체가 자체 혹은 분해되어 튜브 벽에 축적된 상태를 말하며 이것 역시 장치 운전에 많은 나쁜 영향을 미친다.

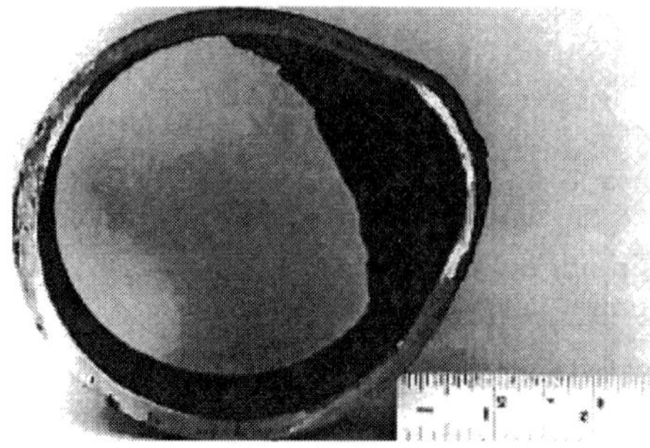

(9) 코크 (Coke)

가열로 튜브는 운전기간이 경과함에 따라 튜브 내벽에 유체가 높은 온도에서 열화되어 튜브 내벽에 쌓이게 되는데 이것을 코크 (Coke)라고 부른다. 이러한 코크가 점점 쌓이게 되면 열전달이 나빠지기 때문에 일정한 가열로 출구온도를 유지하기 위해서는 더 많은 열을 가해 주어야 한다.

7.1.2 가열로 운전 방식

연료인 오일 (Oil)과 가스 (Gas) 연소에 의해 생긴 열은 복사와 대류영역의 메커니즘에 따라 가열로 공정 코일 (Process coil)로 전달된다. 자연통풍 (Natural draft)식 가열로의 배기가스 (Flue gas) 측의 내부압력 (Internal pressure)은 다음 그림에 나타내었다.
가열로가 적절히 운전된다면 모든 내부 부품들은 음압 (Negative pressure) 하에 있게 된다. 이 음압은 특히 안전 이유로 중요하다. 왜냐하면 화염 (Flame)이나 뜨거운 배기가스 (Flue gas)가 가열로 외부로 새어 나오게 하는 가능성을 피해야 하기 때문이다. 자연통풍식으로 조업되는 가열로의 진공조건 (Vacuum condition) 하에서 그 시스템을 유지해서 전체 시스템의 압력차 (Pressure drop)를 극복하기 위한 요구 통풍 (Draft)은 적절한 크기의 연돌 (Stack)에 의해서 제공된다. 강제통풍식 (Forced draft)에서는 그 통풍이 유도통풍식 팬 (Induced draft fan)에 의해서 제공된다. 그러나 그것도 자연통풍식과 유사한 압력 형태를 따른다. 가열로 전체가 진공조건하에 있기 때문에, 3 mmH_2O의 음압 ($-3\ mmH_2O$)이 보통 아치존 (Arch zone)에 설정된다. 이것은 외부로부터 공기 침투를 최소화하기 위함이다. 그리고 아치존은 가열로의 최소 진공이 일어나는 위치가 된다. 이 압력은 가열로 출구에 놓여 있는 연돌 댐퍼 (Stack damper)에 의해 제어되거나, 유도통풍식 팬에 의해서 제어될 수 있다. 어느 것이나 무방하다.

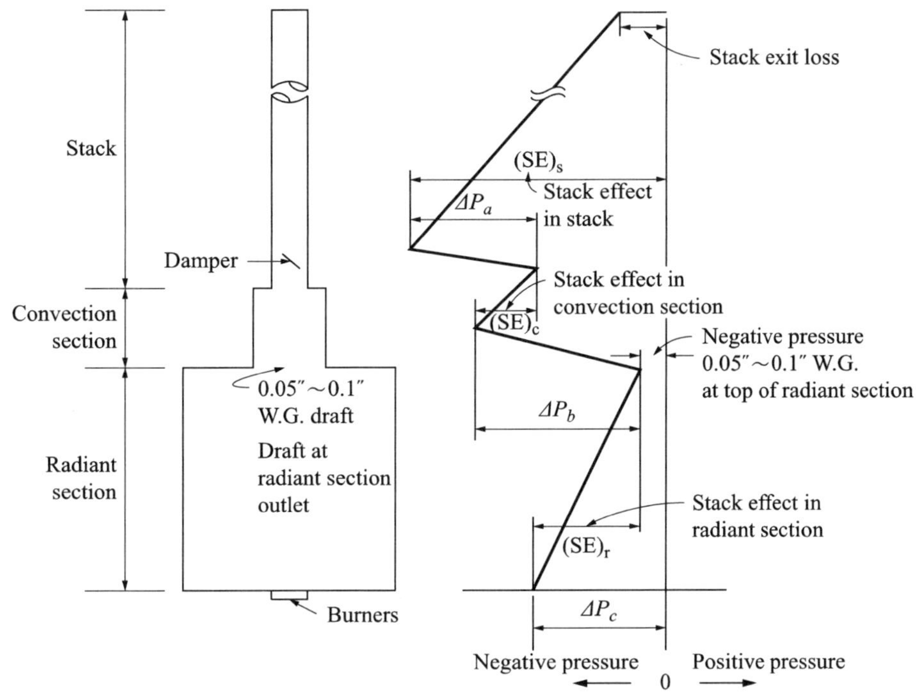

그림 7.2 자연통풍식 가열로의 내부압력 형태

복사부내에서 뜨거운 배출가스에 의한 부력 (Buoyancy)은 가열로 바닥에서 이용 가능한 통풍을 증가시킨다. 그리고 그것은 연소공기가 버너를 통해 흐름을 가지도록 유도하는데 이용되기도 한다. 이 부력은 좋은 연소를 얻기 위해 공기와 연료가 잘 혼합되도록 한다. 대류부를 통한 압력차는 연돌이나 유도통풍식 팬에 의해 균형이 이루어진다. 그것은 보통 배기가스 흐름의 초과 용량으로 크기가 정해진다. 좋은 가열로 운전을 위해서는 연돌이나 유도 팬에 위치해 있는 댐퍼 (Damper)를 조정해서 아치존에서 요구되는 통풍을 얻는 것뿐만 아니라, 디자인 값에서 과잉공기 (Excess air)를 유지하기 위해 버너 레지스터 (Burner register)를 적당히 조정하는 것도 필요하다.

연돌 댐퍼만을 사용하여 연소공기를 제어하는 것은 위험하다. 이는 버너에서 이용 가능한 압력차를 감소시키는데 동일한 연돌 댐퍼의 부분폐쇄는 가열로 케이싱을 통해 작업자에게 위험한 뜨거운 배기가스의 누출로 인하여 아치존에서 양압 (Positive pressure)의 결과를 가져올 수도 있기 때문이다.

균형통풍식 (Balanced draft) 시스템에서는 유도통풍식 팬이 폐 배기가스 (Exhausted flue gas)를 대기로 방출시키고자 요구될 때는 언제든지 가능하다. 이것도 다른 것과 마찬가지로 비슷하게 운전된다. 단지, 강제통풍식 팬이 버너, 덕트 (Duct) 그리고 공기 예열 시스템 (Air preheat system)을 통해 발생하는 압력차를 이겨내기 위해 요구되는 공기를 공급하게 된다. 아치존에서 통풍은 유도통풍식 팬의 제어 댐퍼를 적절히 조절함으로써 유지될 수 있다.

가열로 통풍 (Draft) 형태에는 다음과 같이 자연통풍식, 유도통풍식, 강제통풍식, 균형통풍식의 4가지로 구분한다.

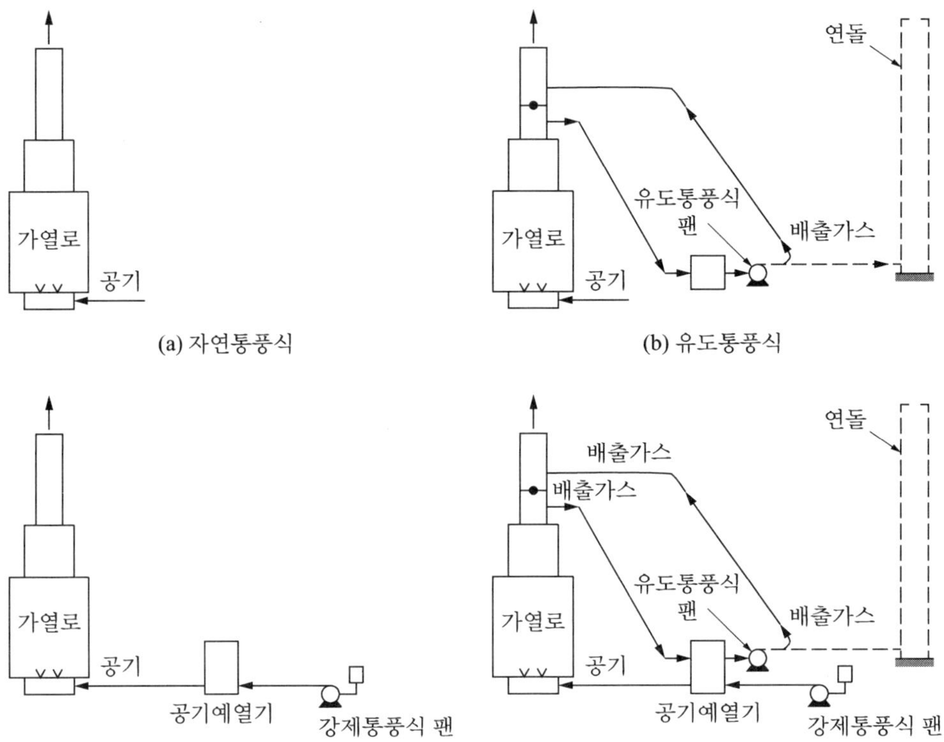

그림 7.3 여러 형태의 가열로 통풍식

7.1.3 가열로 효율

가열로 운전에서 중요한 인자는 효율이다. 그것은 다음과 같이 정의한다.

$$효율 = \frac{Q_a}{Q_f}$$

여기서, Q_a: 공정에 흡수된 열, Q_f: 연소열

Q_a와 Q_f 사이 차이는 열손실 (Heat loss)을 나타낸다. 가열로 효율이 낮아질수록 열손실은 분명히 더 높아지게 된다. 이들 손실은 미연소 성분 (Unburnt components)을 고려하지 않을 경우는 적절한 연소에 대해 정상적으로는 제로에 가깝다. 그리고 다음과 같이 나누어진다.

(1) (a)와 같은 가열로 벽을 통한 복사열손실
(2) (b)와 같은 대기로 배기가스 방출 때문에 발생하는 열손실

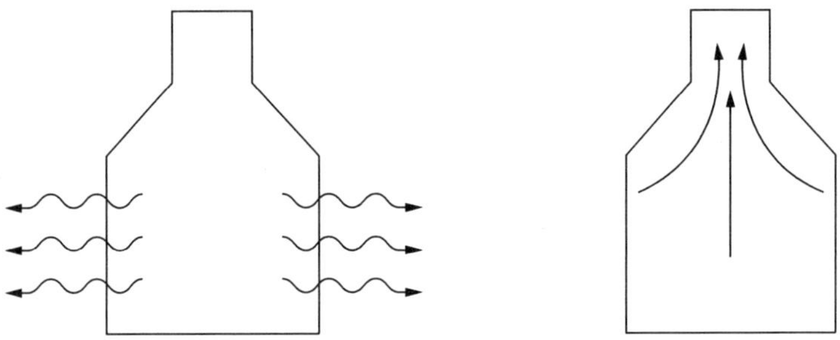

(a) (b)

그림 7.4

가열로 벽을 통한 열손실의 일반값은 연소열 (Fired heat)의 1.5~2.0%이다. 반면에 배기가스 (Flue gas) 방출에 의한 손실은 훨씬 더 많이 가열로 효율에 좌우된다. 가열로 출구에서 배기가스양 혹은 배기가스 온도를 감소시켜 가열로 효율을 높이는 것은 분명하다. 이것은 가열로 벽을 통한 열손실을 최소화하는 것보다 훨씬 더 효과적이다. 적절한 가열로 운전의 중요성을 더 잘 이해하기 위해서 과잉공기 20% 운전, 9500 kcal/kg LHV 연료오일 사용 그리고 배기가스 온도 400℃로 적절히 디자인된 가열로를 예로 들어보자. 이것에 상응하는 효율은 81.5%이다. 만약 가열로가 조심스럽게 운전되지 않고, 과잉공기가 적당히 제어되지 않는다면 (예를 들어 과잉공기 40%, 이는 구형 버너가 설치되어 있는 가열로에서는 가끔 정상값으로 간주된다) 그 가열로 효율은 81.5%에서 78.7%로 감소한다. 70,000 BPSD (Barrel Per Stream Day) 원유 증류탑의 가열로는 52 MMkcal/hr 열용량을 가진다. 연료오일 가격을 0.2 Euro/kg일 경우 연간 비용절감은 표 7.1과 같이 250,000 Euro이다.

표 7.1 ● 가열로 효율과 에너지 절감

		Excess air 20%	Excess air 40%
Unit capacity	BPSD Tonnes/annum	70,000 4,000,000 approx	
Heater duty	Gcal/h	52	52
Flue gas outlet T	℃	400	400 (*)
Radiant losses	%	1.5	1.5
Gross efficiency	%	81.5	78.7 (*)
Net efficiency	%	79.0	77.2 (*)
Heat fired	Gcal/h	65.82	67.36
Δ firing	Gcal/h	1.54	
Fuel oil saving	kg/h	162	
Annual saving (8000 hrs)	T/year	1296	
Fuel oil cost	Euros/kg	0.2	
Yearly saving	Euros	259,200	

상기 표에서 (*)는 보다 높은 배기가스 양 때문에 가열로 출구에서 보다 높은 배기가스 온도를 고려하지 않았다. 이것은 대류부 디자인에 따라 다양하지만 일반적으로 1% 효율 감소는 연돌 온도에서 20% 증가의 결과를 가져온다.

7.2 가열로 디자인 기초

가열로 디자인에 사용하는 주요 인자는 기본적으로 아래 2가지이다.

7.2.1 요구 효율

요구되는 효율을 설정한다.

7.2.2 전열면적당 시간당 흡수열 (열유속)

분명히 열유속 (Heat flux)이 높을수록 전열면적은 낮아지게 된다. 그래서 그것은 보다 경제적인 디자인이 된다. 정상적으로 열유속 디자인은 공정 유체와 유체의 최고 허용

필름온도에 의존하게 된다.
열유속은 내부 튜브벽과 접촉하고 있는 유체의 온도를 다음과 같이 증가시킨다.

$$\Delta T = \frac{O}{h_{io}}$$

여기서, ΔT: 벌크 (Bulk)와 필름 (Film)의 온도 차이

O: 열유속

h_{io}: 공정 유체의 내부 열전달 상수

필름 ΔT 외에, 튜브온도는 코일 (Coil)의 금속 (Metal)을 통해 열전달 저항으로 상승한다.

$$\Delta T = \frac{O \times t_h}{k}$$

여기서, ΔT: 전열면의 내부와 외부의 온도 차이

O: 열유속

t_h: 튜브 두께

k: 금속 열전도도

직접적으로 열유속이 높을수록 보다 높은 필름온도와 보다 높은 금속온도의 결과를 가져온다. 그들 온도는 튜브의 기계적 물성 혹은 공정 유체 안정성에 대한 한계일 수 있다. 가열로 디자인에 사용된 열유속은 복사부의 평균 배기가스 온도와 브릿지월 온도 (Bridge wall temperature)에 영향을 준다. 결국은 복사부 효율에 영향을 미치게 된다. 복사부 열유속이 높을수록 그리고 보다 경제적인 복사부 디자인일수록 그 복사부의 효율은 더 낮아진다.

높은 전체 효율 (Overall efficiency)은 대류부에서 더 많은 열의 회수를 허락한다. 높은 전체 효율은 입구 공정 유체 온도 (Inlet process fluid temperature)와 대류부를 떠나는 배기가스 사이의 보다 낮은 접근 온도 (Lower approach temperature)를 의미한다. 결국은 높은 효율은 보다 많은 전열면적을 요한다. 이 대류부의 추가 전열면적에 대한 부가비용은 정상적으로 연료 절약에 의해 잘 회수된다.

7.3 가열로 운전 인자

가열로 운전 변수와 어떤 조건상의 이들 변화에 대한 영향은 다음과 같다.

7.3.1 열부하 (Heat load)

가열로 부하 증가는 열유속과 평균 배기가스 온도를 증가시킨다. 그 결과 열효율 (Thermal efficiency)의 감소를 가져온다. 이와는 반대로 가열로 부하 감소는 반대 효과를 초래한다.

7.3.2 과잉공기 (Excess air)

과잉공기 증가는 열효율을 감소시키고 열흡수의 일부분을 복사부에서 대류부로 변경시킨다. 반대로 과잉공기 감소는 그 효율을 증가시킨다. 최소 요구량 이하로 공기를 유지하는 것은 불완전 연소를 야기할지도 모른다. 그것은 대류부 튜브와 튜브 지지대 (Tube support)의 재연소 (After firing)에 의한 기계적 손상, 전열 표면에 파울링 (Fouling)의 가능성을 지닌다.

7.3.3 가열로 파울링

외부 전열 표면의 파울링 (Fouling)은 표면의 단열과 튜브 표면 (Tube skin) 온도의 증가를 초래한다. 그 결과, 열전달과 가열로 효율 감소로 이어진다. 일정한 열 흡수를 유지하기 위해서 어떤 연소 속도 (Firing rate) 증가는 해당 열유속 증가로 이어진다. 상기 각 인자의 증가는 가열로 운전 조건의 현저한 성능 변화의 결과이다. 다음은 가열로 튜브의 파울링을 나타낸다.

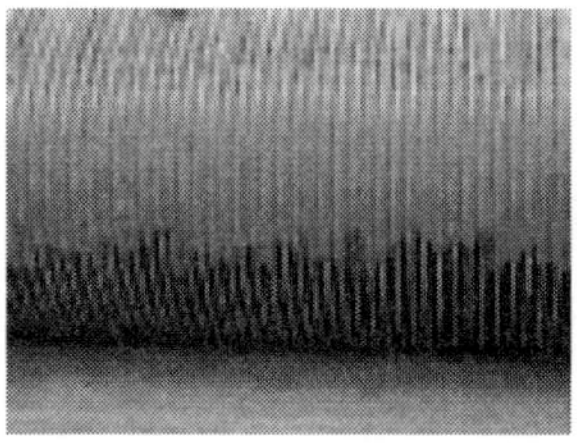 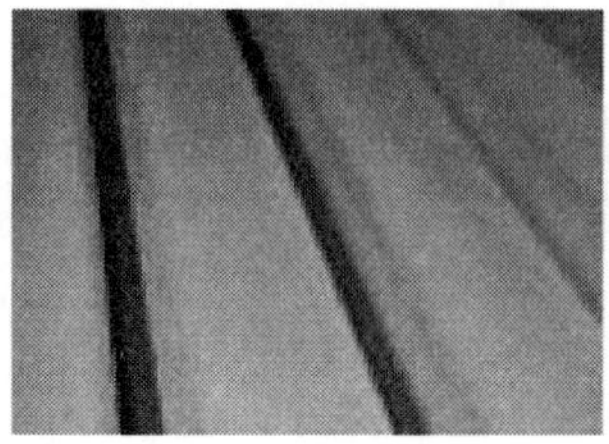 

7.4 단위 공정 이익의 최대화

위에서는 기존 가열로의 이익 극대화를 더 잘 이해하기 위해 간략히 소개하였다. 단위 공정의 이익 증가는 다음과 같은 몇 가지의 다른 경로에 의하여 성취할 수 있다.

1. 공정단위 용량 증가	2. 유틸리티 (Utility) 사용 감소
3. 가동시간 최대화	4. 운전비용 최소화
5. 가열로 성능 최적화	6. 대기오염물질 방출 감소

7.4.1 공정단위 용량 증가

대부분의 경우 수년 운전 후 가열로는 단위 공정의 용량에 대한 제한이 있게 된다. 가열로 운전의 제한은 다음과 같은 원인에 기인할 수 있다.

(1) 제한된 전열 표면적	(2) 충분하지 않는 통풍 (양압 통풍)
(3) 화염 충돌	(4) 높은 튜브온도
(5) 연소 제어의 어려움	(6) 튜브 내부에 코크 형성
(7) 제한된 연소 용량	

(1) 제한된 전열 표면적

저렴한 연료비용을 고려해서 과거의 가열로들은 투자비용을 줄이기 위하여 저효율을 가지는 형태로 디자인하였다. 이것은 통상 큰 복사부와 작은 대류부 영역을 의미한다. 원래 설치 표면적을 고려한다면 용량 증가는 열유속 (Heat flux)의 증가를 의미한다. 많은 경우에서 이것은 높은 튜브온도로 공정 유체의 필름 (Film) 온도를 높게 해서 코크 형성을 유발할 수 있어 기본적으로 금속에 부합되지 않는다. 이들 문제를 극복하기 위해서 아래와 같은 다른 선택들이 고려될 수 있다.

① **복사부에 튜브 표면적을 추가**: 대부분 과거에 가열로를 디자인한 경우는 복사부에 표면적을 추가할 수 있는 공간이 주어져 있다.
② **대류부를 변경하거나 표면적을 추가**: 대류부에서 소량의 열회수는 복사부와 대류부가 연결되어 있는 경우 기존 설치 표면적을 변경하거나 추가함으로써 상당히 증가시킬 수 있다. 그 대류부에서 회수된 추가 열은 복사부 열용량과 열유속을 감소시킨다. 이는 가열로 부하 증가에도 불구하고 복사부에서는 원래의 열용량과 열유속 값을 유지할 수 있게 한다.

(2) 충분하지 않은 통풍 (양압 통풍)

신뢰할 수 있는 가열로 운전이 되기 위해서 통풍의 중요성은 위에서 언급하였다. 높은 양압 통풍 (Positive draft)의 요구는 다음과 같은 이유 때문이다.

① 가열로의 과부하에 의한 과도한 연소 ② 잘못된 버너 운전에 의한 높은 과잉산소 (Excess O_2) ③ 가열로 케이싱을 통한 공기 유입에 의한 높은 배기가스양 ④ 전열 표면의 파울링 (Fouling)에 따른 낮은 가열로 효율 ⑤ 전열 표면 주위 공간에 파울링 혹은 플러깅 (Plugging)으로 대류부의 높은 압력 강하 (Pressure drop)

이 문제는 다음 방법에 의해 배기가스양 감소로 해결할 수 있다.

① 버너 교체나 변경에 의해 과잉산소 감소 ② 연소실 틈새로 공기 유입 최소화 ③ 가열로 효율 증가로 연료 사용 감소 ④ 대류부 표면 클리닝과 같은 주기적인 정비

(3) 화염 충돌

전열 표면에 화염 충돌 (Flame impingement)은 매우 위험하다. 튜브의 국부적인 과열 (Local overheating)은 보다 높은 공정 유체의 필름온도를 높이고, 그 결과로 코크 형성을 초래하게 된다. 이것은 튜브온도를 증가시켜 디코킹 (Decoking)을 위해 예정되지 않은 운휴 정비를 필요로 하거나 공정 처리량 (Throughput)을 제한할 수 있다. 화염에

의한 튜브 충돌은 가열로 과부하에 의한 과잉연소, 열전달 표면의 파울링, 통풍 부족, 연소에서 부적절한 열분포 (Heat distribution) 등에 기인할 수 있다. 이것은 다음에 의해 제거될 수 있다.

① 가열로 효율 증가로 연소열 감소 ② 열전달 표면 클리닝으로 열전달 향상 ③ 버너 교체로 연소질 개선 ④ 기존 버너의 변경, 수리, 조정 및 요구 통풍 제공으로 연소 개선 ⑤ 모든 버너 연소의 균일한 분포 제공 ⑥ 모든 버너에 올바른 과잉공기 공급 ⑦ 압력과 점도 같은 연료오일의 특성 개선 혹은 적당한 조건에서 미세 입자 스팀 (Atomizing steam) 제공

(4) 높은 튜브온도

열전달 표면의 높은 금속온도는 높은 열유속, 튜브 내부에 두꺼운 코크층, 화염 충돌과 혼합되어 튜브 내부의 낮은 유속 (Low velocity)과 공정 유체의 낮은 열전달 계수 (Heat transfer coefficient) 때문이다. 이는 다음과 같은 방법으로 개선할 수 있다.

① 코일크기 (Coil size) 배열이나 패스 (Pass) 수 변경 ② 흐름 증가, 주요 영역에서 코일의 기하학적 구조 변경, 스팀 분사 (Steam injection)에 의한 유속 증가와 같은 공정 조건 ③ 튜브 내부의 코크로 인한 온도 증가는 피깅 (Pigging)이나 스팀/공기 디코킹 (Steam/air decoking)으로 코크를 제거함으로서 최소화 ④ 튜브 외부의 스케일링 (Scaling) 혹은 표면 파울링 (Surface fouling) 제거

높은 열유속 특히 불균일한 연소 분포인 경우는 버너 댐퍼 (Damper)의 적절한 조정으로 해결함으로써, 가열로 효율을 개선시킬 수 있다. 이것은 화염 충돌을 최소화하는데도 효과적이다.

(5) 연소 제어의 어려움

연소 제어에서 경험한 어려움들은 다음 몇 가지 이유들에 의해서 일어날 수 있다.

① 과도한 연소 ② 올바른 버너 운전을 위해 이용 가능한 낮은 통풍 ③ 과잉공기 제어에 어려움이 있을 경우 ④ 나쁜 특성의 연료오일이나 미세 입자 스팀 ⑤ 연료가스 (Fuel gas)가 과도한 압력이거나 너무 낮은 압력일 경우 ⑥ 분사 연료팁 (Fuel tip)이 나쁜 상태일 경우 ⑦ 연료 제어 밸브 (Fuel control valve)가 적절히 작동하지 않은 경우

과도한 연소는 전열 표면이 파울링 되었거나 실제 디자인 조건 이상으로 가열로를 운전하는데서 기인할 수 있다. 이들 두 가지의 이유는 보다 높은 연소 속도 (Firing rate)의 결과이다. 나쁜 연소와 관련된 과잉연소 (Extra firing)는 연소 제어 (Firing control)의 어려움을 말해준다. 예를 들어 만약 버너 공기 조절기 (Air register)가 쉽게 조작되지 않는다면 이것은 연소 공기 요구량을 제어하는데 어려움을 초래해서 결국은 적당한 화염 형성을 이루지 못하게 한다. 그밖에 다음과 같은 경우도 있다.

① 연료오일의 점도가 너무 높을 때 ② 미세 입자 스팀의 압력이 너무 낮을 경우 ③ 연료가스의 분자량이 원래 디자인 조건과 너무 차이가 있음 ④ 연료 제어 밸브가 적절한 크기로 되어 있지 않음

연소 어려움 형태에 의존하지만 많은 선택들은 가열로 성능을 개선하는데 고려되어야 할 사항이다. 예를 들면 다음과 같다.

① 연소 속도를 감소시키고 대류부에 여분의 전열면을 설치하거나 공기 예열 시스템을 두어 가열로 효율을 높인다. ② 연료 특성에 부적절하다면 버너팁을 바꾼다. ③ 실제 가열로 운전에 적당하지 않거나 나쁜 조건이라면 버너를 교체한다.

그림 7.5(a)는 버너의 연료가스의 불꽃 (Blue)이고 그림 7.5(b)는 연료오일의 불꽃 (Yellow)이다. 버너와 관련한 화염 특성은 신뢰할 수 있는 가열로 운전에서 매우 중요한 역할을 하고 있다.

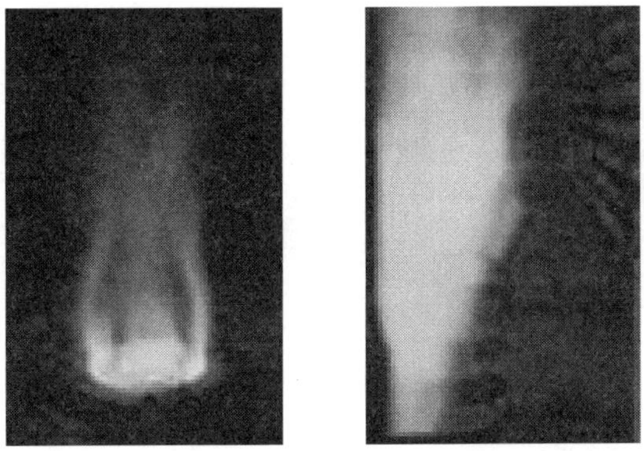

(a) 가스 (b) 오일

그림 7.5 버너 화염

> ① 연료 특성과 연소 제어 시스템을 개선한다. ② 연소 공기와 과잉산소를 자동으로 제어할 수 있는 강제통풍 (Forced draft) 연소 공기 시스템을 설치한다.

(6) 튜브 내부에 코크 형성

공정 튜브 내에 코크 형성은 가열로 (보통 복사부)의 가장 높은 온도 영역에서 과도한 국부적 공정 유체 필름온도 때문이다. 높은 필름온도는 튜브 내부의 낮은 유체 속도, 높은 열유속, 화염 충돌, 그리고 나쁜 전열 표면의 분포 때문일 수 있다. 가열로 압력 강하를 최소화하기 위하여 공정 코일 내부에 낮은 유체 속도를 가지도록 가열로를 디자인하는 것은 과거에는 흔한 일이었다. 이 잘못된 접근은 비효율적인 가열로 운전의 주요 원인이었다. 특히 이것은 감소된 용량 경우에 해당한다. 많은 경우에 있어 처리량 증가는 가열로 부하 증가에서 조차도 그 문제를 허용해 왔다. 열유속을 감소시키기 위해 추가 전열 표면의 설치뿐 아니라 가장 중요한 영역에 코일 크기를 변경하는 방법이 해결책으로 고려되어질 수 있다.

앞에서 언급한 것처럼 전열 표면에 화염 충돌을 가지지 않은 좋은 화염 형태는 코크 생성을 최소화하기 위해 필수적이다. 게다가 가열로 전열 표면에 좋은 열유속 분포는 중요한 영역에서 최고점 열유속을 감소시켜 주는 좋은 방법이다. 그래서 결과적으로 코크 형성의 가능성을 제한하게 된다. 다음은 튜브 내 생성된 코크를 나타낸다.

(7) 제한된 연소 용량

가끔은 가열로 장치의 이용 가능한 마진에도 불구하고 버너 연소 용량의 제한 때문에 가열로 부하를 증가시키는 것이 불가능하다. 연소 용량에 제한은 버너팁의 잘못된 크기, 이용 가능의 제한된 통풍 혹은 높은 연소 속도에서의 화염 형태에 의해 주어질 수 있다. 연소 용량의 제한은 연소 부하를 감소시켜 가열로 효율을 높이거나 그렇지 않으면 버너 크기나 형태를 바꿈으로서 해결될 수 있다. 종종 자연통풍 버너에서 강제통풍 버너로의 교체는 연소 제한을 해결하는 동시에 가열로 성능과 단위 공정 운전도를 개선하는 좋은 방법이다.

7.4.2 유틸리티 사용 감소

역사적으로 연료비용이 매우 낮았을 때 투자비용이 가장 큰 고려 변수가 되었다. 따라서 유틸리티 운전비용이나 가열로 디자인의 낮은 효율은 큰 변수가 되지 못하였다. 이것은 가장 오래된 가열로의 디자인이 저효율 개념에 기초했다는 사실에서 알 수 있다. 낮은 효율 디자인 외에도 시간에 따른 가열로 표면의 파울링과 불량한 버너 운전은 가열로 효율 감소에 대한 또 다른 부가적인 원인이었다. 가열로 효율의 증가는 다음과 같은 다른 방법을 통해서 얻을 수 있다.

(1) 열전달 표면 추가와 증가
(2) 공기 예열 시스템 (Air preheater) 설치
(3) 열전달 표면의 클리닝

대부분의 경우 오래된 정유공정 가열로의 낮은 효율은 제한된 노출 표면 (Bare surface)으로 디자인이 된 작은 대류부의 사용 때문이었다. 그래서 결과적으로는 출구 (배출)에서 높은 배기가스 온도를 가지게 되었다. 대류부 개선은 열회수를 증가시키는 효

과를 가지고 있다. 그 결과 복사부의 열흡수 감소를 가져와서 열유속과 연소 속도에 대한 이점은 아래에 정리하였다. 즉 원래 디자인에 대비하여 대류부와 복사부에 전열 면적을 추가했을 때를 각각 비교하고 있다.

	Unit	Original design	Additional convection surface	Additional radiant convection surface
Unit capacity	BPSD	46,000	46,000	60,000
Heater duty	Gcal/h	33	33	43
Net efficiency	%	70.0	83.0	81.0
Heat fired	Gcal/h	47.14	39.76	53.09
Peak film temperature	℃	393	387	387

대류부 교체가 가능성이 없을 때는 적당한 투자 환수에 근거하여 공기 예열 시스템 (APH; Air preheater) 설치가 가장 흥미 있는 해결책일 수가 있다. 이를 아래 표에 나타내었다.

	Unit	No APH	With APH
Unit capacity	BPSD	70,000	70,000
Heater duty	Gcal/h	52	52
Net efficiency	%	72	90
Heat fired	Gcal/h	72.22	57.78

원래 버너를 다른 버너 (즉 보다 낮은 과잉공기로 디자인되어 더 높은 효율을 가진 것)로의 교체는 가열로 효율을 개선시키는 좋은 방법일 수 있다. 또한 수트 블로우어 (Soot blower) 같이 대류부 전열 표면을 깨끗이 유지해 주는 장치 설치는 가열로 성능 지속에 부가적인 효과 방법이다.

7.4.3 가동시간 최대화

단위 공정의 수익성은 일상적인 정비 수행에 요구되는 생산 감소 시간에 크게 영향을 받는다. 만약 계획된 정비 외에 그 공정을 정비해야 할 보이지 않는 원인들이 있다면 그 결과 생산 손실은 그 공정 자체 수익성에 크게 영향을 준다. 따라서 비계획 정비는 다음과 같은 행위를 함으로서 최소화 하여야 한다.

(1) 해당 단위 공정의 적절한 운전
(2) 적당히 계획된 정비활동
(3) 계획된 정비기간 동안 가열로 장치의 주의 깊은 점검
(4) 조업 문제를 야기시키는 항목들에 대해 계획되고 프로그램화된 교체

디자인 인자를 초과함이 없이 조심스런 공정 운전은 장치 수명을 연장시키고 정상 운전 중 고장을 최소화한다. 이것 외에도 가열로 장치의 광범위한 점검과 정비를 계획된 정비기간 동안 주기적으로 수행한다면 이것 또한 고장 가능성을 최소화할 수 있다.

7.4.4 운전비용 최소화

현대의 정유공정 운전은 몇몇 개인들이 여러 단위 공정을 관리한다는 개념에 기초를 두고 있다. 고도의 자동화는 제어실 (Control room)에서 장치 운전이 가능하여 현장에서의 활동은 거의 제한적이다. 이 목표 달성을 위해 적당한 기기 개선 프로그램을 도입하는 것이 요구된다. 이것이 조업의 모든 변화들을 제어실에서 수행 가능하도록 한다. 게다가 자동 장치와 컴퓨터 프로그램은 어느 용량에서든 연소 속도를 최적화하기 위해 설치될 수 있다. 더욱이 다음은 중요하다.

(1) 가장 싸게 이용 가능한 연료를 사용함
(2) 주기적 디코킹 (Decoking)으로 내부 전열면적을 클리닝함

계획된 정비기간 동안 스팀 블로우잉 (Steam blowing)에 의한 외부 전열 표면의 클리닝도 중요하다. 특히 연료오일의 연소 경우에는 정기적으로 수트 블로우잉 (Soot blowing) 시스템을 가동하여 대류부의 파울링을 최소화하고 가열로 효율을 증가 혹은 유지시켜야 한다.

7.4.5 가열로 성능 최적화

가열로 성능 (Performance)은 엄격히 단위 공정 요구에 관련되어 있다. 그 요구는 가용 공급 원료 (Feedstock)와 최종 제품의 품질에 따라 달라진다. 가열로 운전 혹은 공

급 원료 흐름 속도 그리고 부하 열용량 (Duty charge)을 바꾸는 것은 가열로 성능을 최적화하기 위해서 중요하다.

7.4.6 대기오염물질 방출 감소

많은 정유와 석유화학 공장은 전체 오염물질 양에 의해 가동 용량에 제한을 받는다. 그 오염물질은 행정 당국에 의해 대기로 방출되는 양이 제한되는 것이다. 오염물질 감소는 가열로 효율을 높여 연소 속도를 감소시킴으로써 이루어질 수 있다. 또한 기존 버너를 최신의 저NO_x 형태로 교체함으로써 가능하다. 보통 고려되는 대기 방출물은 NO_x와 SO_2이다. SO_2가 연소 연료의 직접적인 요인인 반면에 (그래서 그 감소는 설치 버너에 관련이 있는 것이 아니고 사용 연료에 관련하고 있다.) NO_x는 설치 버너 형태에 의해 좌우될 수 있다.

가장 최신의 버너 기술은 과거 버너 디자인과 비교했을 때 NO_x를 50% 이상 감소시킬 수 있다. 가열로 효율 증가는 연돌 출구 (Stack outlet)에서 더 많은 NO_x 감소를 가져온다.

적절히 개선된 52 MMkcal/hr 용량의 가열로에서 NO_x 방출의 감소 예를 아래 표에 나타내었다.

		Normal burners	Low NO_x burners	Low NO_x burners with APH
Unit capacity	BPSD Tonnes/annum	70,000 4,000,000 approx		
Heater duty	Gcal/h	52	52	52
Net efficiency	%	77.2	79	90
Excess air	%	40	20	20
Heat fired	Gcal/h	67.36	65.36	57.72
Flue gas quantities	kg/h	142,790	119,340	104,750
Flue gas quantities	Nm^3/h (**)	92,142	90,045	79,040
Unit rate emissions (*)	Mg/Nm^3 (**)	600/250	350/75	400/90
NO_x quantity (fuel oil)	kg/h	55.3	31.5	31.6
NO_x quantity (fuel gas)	kg/h	23.0	6.8	7.9

주) (*) 100% 연료오일과 100% 연료가스 / (**) 건 기준 3% O_2

7.5 부적절한 가열로 운전

상기 7.4절에서 단위 공정 수익성 극대화에 관한 가열로 운전에 영향을 주는 모든 인자에 대하여 설명하였다. 여기서는 부적절한 운전뿐만 아니라 가열로의 결함에 대해서도 여러 문제를 줄이고 해결할 수 있는 적절한 대책을 함께 소개한다.

7.5.1 가열로 결함

가열로 결함은 원래 디자인 특성상의 약점이거나 디자인과 현재 조건 사이의 변화 때문일 수 있다.

(1) 원래 디자인

오래된 공정에 속해 있는 많은 가열로는 튜브 내부에 낮은 유속을 가지도록 디자인 되었다. 그래서 공정 흐름의 편재, 연소열의 편재, 대류부 파울링의 경우에 코크 생성의 가능성이 훨씬 더 높아지게 된다. 각 흐름 패스에서 튜브 내부의 낮은 유속은 흐름의 제어가 없다면 공정 유체의 편재 (Maldistribution)를 가져올 수 있다. 그 결과로 낮은 처리량에서 코일 속에 코크 형성 가능성이 높아진다. 오래된 자연통풍식 버너는 적당하게 손질하기가 어렵다. 올바른 과잉공기로 운전하기도 어렵다. 또한 오래된 버너로 2가지 연료 (오일, 가스)의 연소 경우 균일한 열 배분 (Heat distribution)을 얻기가 매우 어렵다. 주 연돌 댐퍼 (Stack damper)가 보통 단순한 날개꼴 (Blade type)이어서 연소실 내부 통풍 제어가 어렵다. 이는 특히 댐퍼 부위를 걸쳐 매우 낮은 연소가스 속도인 경우이다. 가끔 연돌에 의해 제공된 통풍은 비록 그것이 여유 있는 크기일지라도 연소실 내부의 요구 통풍을 제공하는 데는 충분하지 않다. 이는 버너가 너무 높은 과잉공기에서 운전되거나 가열로 케이싱을 통해 현저한 공기 유입이 있을 경우에 해당한다.

(2) 현재 가열로 조건

비록 적절히 디자인 되어 수년간 가동한 후일지라도 가열로는 통상 원래 디자인과 다른 조건에서 운전된다. 이것은 다음과 같은 많은 이유 때문이다.

① 전열 표면 파울링 ② 가열로 케이싱, 헤더 박스 (Header box), 정비 도어 (Inspection door)를 통한 공기 유입 ③ 높은 과잉공기로 버너 조절기 (Register)가 쉽게 작동되지 않음 ④ 내부 단열 조건 불량으로 가열로 케이싱을 통해 높은 열손실 ⑤ 공정 코일 내부에 불균일한 코크 분포로 인해 분리 제어가 되지 않아 생긴 다양한 패스들 중의 편재 ⑥ 측면벽에서 내화물 손상과 튜브 휨 때문에 대류 표면을 통하는 배기가스 흐름의 불균일한 분포

상기 ①~④에 해당하는 경우는 각각 다음과 같다.

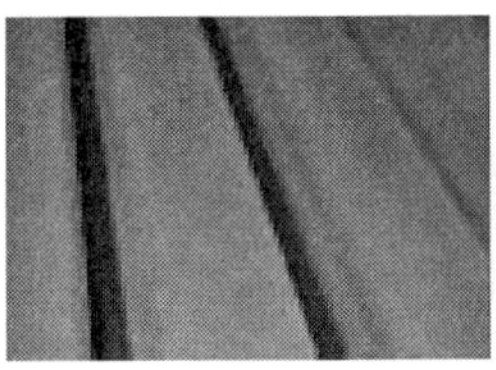
①

②

③

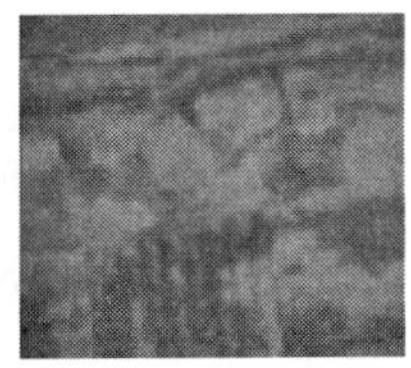
④

7.5.2 개선 가이드라인

정유공장이 단위 공정 요구에 기초를 둔 다른 형태의 해결을 요구하는 상황들이 있다. 대부분의 경우 다른 요구 사항들은 서로 혼합되어 있을지도 모른다. 예를 들면 다음과 같은 것이다.

(1) 용량 증가
(2) 유틸리티 사용량 감소
(3) 운전 신뢰성 증가
(4) 스팀생산 회수장치에 스팀 증감
(5) 대기오염 배출 감소
(6) 공정 코일 수명 연장

각각은 문제 해결에 다른 접근을 필요로 한다. 그리고 최적 해법을 찾기 전에 조심스럽게 평가되어야 한다. 다양한 경우로 접근하는 그 가이드라인은 다음과 같다.

(1) 용량 증가

열유속 증가 없이 가열로 용량 개선은 전열 표면을 증가시킴으로써 가능하다. 종종 저

효율로 디자인된 가열로는 대류부에 표면적을 추가함으로써 개선될 수 있다. 몇몇 경우에는 복사부에 표면적을 추가하기도 한다. 공정 쪽의 압력 강하 제한 경우에는 더 큰 내경을 가지는 코일 일부의 교체가 고려될 수 있다.

(2) 유틸리티 소비 감소

유틸리티 소비 개선은 가열로의 효율 증가로 연료 사용을 감소시킴으로써 얻어질 수 있다. 그 효율 증가는 온라인 클리닝 (On-line cleaning) 혹은 오프라인 클리닝 (Off-line cleaning)으로 열 전달을 높이거나 대기로 방출되는 열을 회수 (버너로 들어가는 연소 공기를 예열)하는 공기 예열 시스템을 설치함으로써 얻어질 수 있다. 다른 경우로는 코일 추가로 배기가스 흐름으로부터 추가 열을 회수하는 스팀 생성이나 핫오일 (Hot oil) 같은 다른 찬 유체 가열을 할 수 있다.

(3) 운전 신뢰도 증가

자연통풍에서 가열로 운전의 효율은 과잉공기에 크게 영향을 받는다. 만약 이 인자가 지속적이고 조심스럽게 제어되지 않는다면 그 결과 연료 낭비로 효율은 낮아진다. 연소 공기 조정이 현장에서 자주 수행되어야 하기 때문에 비록 가열로가 좋은 상태에 있을지라도 올바른 과잉공기를 가지는 지속적인 운전은 거의 불가능하다. 효율 증가를 가져오는 공기 예열 시스템의 설치는 조정실에서 운전을 최적화하는데 효과적인 방법을 제공하는 또 다른 이익을 가져다준다. 운전자가 강제통풍 팬으로 연소와 과잉공기를 손쉽게 조정하고, 유도통풍 팬으로 아치 (Arch)에서 요구하는 통풍을 쉽게 얻을 수 있게 한다.

(4) 스팀생산 회수장치에서 스팀 증감

전체 장치 효율을 개선하고 스팀을 얻기 위해 공정 코일의 하부 흐름에 폐열 회수 보일러를 설치하는 것은 과거에 매우 흔하였다. 이 배열은 효율 증가를 위해 수용 가능한 해결안이다. 그러나 가장 큰 나쁜 점은 스팀생산이 공정장치 부하에 의존한다는 것이다. 게다가 연소 보일러에 비교했을 때 스팀이 낮은 효율로 생산된다는 것이다. 공기 예열 시스템과 스팀생산이 가능한 폐열 보일러의 설치는 유틸리티 비용을 줄이고 전체 가열로 가동률과 효율을 개선하는데 아주 흔히 사용하는 해결책이다.

(5) 대기오염 배출 감소

오늘날 정유공장에서 배기가스 배출은 가장 중요시 되어 왔다. 자연통풍 버너와 낮은 효율의 특징을 가지는 오래전에 디자인된 퍼니스는 NO_x, SO_x, CO, 분진 배출에서 현재의 규제치를 만족시키지 못한다. 다른 경우에서는 새로운 장치 설치와 용량 증가는 불가능하다. 왜냐하면 그 장치로부터 전체 허용 대기오염물질량이 이미 최고치에 이르고 있기 때문이다. 가열로 효율 증가와 새로운 저NO_x 버너로의 교체는 그 배출을 극적으로 줄여준다. 이것의 대안은 공정 용량 증가에 의한 가열로의 배출량과 거의 비슷하다는 것이다.

(6) 공정 코일 수명 연장

가열로 수명은 보통 튜브 수명에 의해 결정된다. 튜브 수명은 API RP 530에 따라 디자인 용량에서 10만 시간 운전으로 설계된다. 코일이 탄성 응력 범위 내에서 일하고 있다면 파열 응력은 코일 수명을 제어하는 인자가 되지 못한다. 크리프 (Creep) 범위 내 운전에서는 온도 영향이 매우 중요하다. 그것은 튜브 금속온도 증가 25～30℃가 그 튜브 원래 수명을 20% 아래로 감소시킬 수도 있기 때문이다.
비스브레이킹 (Vis-breaking), 열분해 크래커 (Thermal cracker), 리포머 (Reformer), 상압 증류 공정, 감압 증류 공정은 튜브 크리프 (Creep) 조건이 제어하는 공정이다. 이 경우 전열 표면을 추가하고 전열 표면에 화염 충돌이 없는 연소열의 고른 분포를 얻게 되면 평균 최고 열유속의 감소를 가져와서 상당한 압력 용기 (Pressure parts)의 수명 연장과 함께 튜브 금속온도 감소의 결과를 가져온다. 튜브 수명 증가에서 얻어질 수 있는 것은 다음 표와 같다.

Unit		Vis-breaking	
Average heat flux	$Kcal/m^2h$	25,000	25,000
Average peak heat flux	$Kcal/m^2h$	47,500	47,500
Maldistribution	%	20	0
Maximum heat flux	$Kcal/m^2h$	57,000	47,500
ΔT film	℃	50	42
ΔT metal	℃	18	15
ΔT coke (3 mm)	℃	42	35
Metal temperature	℃	560	542
Tube life	Hours	40,000	100,000

똑같은 개념이 열유속 불균일 분포를 가지지 않은 가열로에 적용될 수 있다. 즉 제한 요인은 튜브 지지대 (Tube support)의 디자인에 주어진다. 이것은 효율 증가에 의한 연소 감소로서 개선될 수 있다. 혹은 주요 영역에서 배기가스 온도를 감소시키거나 열 분포를 고르게 유지함으로써 가능하다. 상기 내용 외에도 내부 라이닝 (Lining)과 외부 스틸 케이싱 (Steel casing)의 적절한 정비는 공기 침투를 제거하고 가열로 수명을 상당히 연장시킨다. 적절한 정비와 분석을 가지는 가열로에서는 50년 이상 운전이 가능하다.

7.5.3 개선 사례 보기

위에서 제시된 가이드에서 몇 가지 경우의 사례를 소개한다. 이것은 개조 (Revamp)와 개선 (Upgrading)에 의해 이루어졌다. 이 가열로들은 원래 설계사에 의해 만들어졌거나 다른 회사에서 지어진 것이다. 일찍이 제시된 많은 문제들은 특별히 연구되고 분석되어 왔다. 변경들은 고객의 가장 긴급한 문제들을 풀고 극복하기 위해서 수행되었다. 몇 가지 경우에서 그러한 중요 문제들을 풀 수 있는 분석과 활동이 가열로 운전 조건의 일반적 최적화의 결과를 가져왔다. 게다가 설계사는 아래와 같은 가열로의 특별한 부품과 성분상에서 보다 작고 많은 개조와 연구를 수행하였다. 즉 공정 조건, 새로운 피드에 기초한 재평가, 기계적 디자인, 버너 조작, 대기오염 감소, 압력 부품, 튜브 지지대, 튜브시트, 열 회수부, 클리닝 장치, 압력 프로필, 최적의 다양한 운전 양상을 가지고 있는 강제통풍 팬과 유도통풍 팬, 댐퍼, 그리고 연돌 등이다.

(1) 유럽 정유공장 (사례 1)

1980년대 후반 25년 된 낡은 상압증류 공정의 가열로가 공기 예열기 설치로 개선되었다. 이것은 연료 소비를 감소시키는 것이 주요 관심이었다. 다음은 변경 전후의 가열로 성능의 실제 예를 나타내고 있다.

	Before modifications	After modifications
Fired heater duty, Gcal/h	52	52
Fired heater efficiency, %	72	90
Fuel fired, Gcal/h	72.22	57.78
Fuel saving, Gcal/h	14.44	
Fuel saving, kg/h	1,520	
Annual (8,000 hours) fuel oil saving, Tonnes	12,160	
Fuel cost, Euro (equivalent)	0.1	
Annual saving, Euro (equivalent)	1,216,000	

전체 투자비용이 2,000,000 Euro이고, 투자 회수가 2년 이하이며, 현재의 투자시장과 연료비용을 고려 시 훨씬 더 매력적이다.

(2) 유럽 정유공장 (사례 2)

1990년대 중반 한 이탈리아 정유사는 새로운 EU 법령에 따른 운전을 위하여 연소 최적화와 대기 배출 오염 감소의 프로그램을 수행했다. 그 프로젝트 계약 하에서 설계사는 2개의 독립 공통 연돌을 통해 대기로 방출되는 정유공장 배기가스 배출을 측정하고 분석하였다. 모든 연료 균형을 고려하는 연구의 목적은 연돌 배출을 최소화하기 위해 가장 효과적인 연료오일 대비 연료가스의 비를 확인하는 것이었다. 그 정유사의 목표와 원래 가열로 용량을 고려하는 기초위에서 설계사는 저NO_x 버너를 제안하는 배출기준을 개선하였다. 그 버너는 단지 퍼니스 바닥에 여분의 변경으로 기존 가열로에 설치되도록 적절히 디자인하였다. 교체 후에 새로이 오염물질의 농도가 분석되었다. 그것은 EU 환경 규제치에 충분히 만족시킴을 확인하였다.

(3) 유럽 정유공장 (사례 3)

한 이탈리아 정유사는 감압증류 가열로의 개조를 요청하였다. 주요 목적은 운전 조건을 개선하고 원래 디자인에 의해 발생된 문제들로 영향을 받는 성능을 최적화하는 것이었다. 그 정유사는 최고 가능 수준까지 피드 처리량 증가를 요구했다. 이를 참작하면서 감압증류 공정의 결정적인 중요성을 고려하여 이 작업을 계획된 정비기간에 성공적으로 수행되었다. 수행된 활동은 철골 구조와 기초에 전혀 변경 없이 버너 교체, 대류부 교체, 연돌 교체만을 포함하고 있다. 교체 내용은 다음 사진과 같다.

(4) 남아메리카 정유공장 (사례 4)

1990년대 중반 오래된 박스 형태의 원유 가열로가 복사부 표면 증가와 대류부를 변경하는 것으로 개선되었다. 변경 전/후의 가열로 성능은 다음과 같다.

		Before modifications	After modifications
Unit load	BPSD	30,000	42,000
Fired heater duty	Gcal/h	25	35
Efficiency	%	65	82
Heat fired	Gcal/h	38.46	42.68
Heat flux	$Kcal/m^2h$	27,000	28,500
Radiant surface	m^2	780	930
ΔT film peak	℃	42	34
ΔT metal	℃	13	14

단위 용량 증가는 복사부 여분의 표면을 추가함으로써 얻어졌다. 대류부는 맨 튜브 (Bare tube)를 표면 확장튜브 (Extended surface tube)로 교체되었다. 가열로의 기계적 디자인은 변경되었고 그것에 보강은 요구 사항대로 추가되었다. 가열로 처리량의 40% 증가는 복사부 표면에서 단지 19% 증가 그리고 연소열에서 11% 증가가 얻어졌다는 것에 주목한다. 그 단위 공정은 용량 증가를 위해 증류 컬럼 (Column)과 열교환기 배열의 변경으로 개선되었다.

(5) 중동 정유공장 (사례 5)

60,000 Nm^3/hr 용량을 가지는 수소 공장이 1980년대 중반에 건립되었다. 수소 생산 증가를 위해 가열로가 개조되었다. 동시에 수명을 다해가는 촉매 튜브 (Catalyst tube)

도 교체하였다. 그 개선 프로젝트는 촉매 튜브 교체와 대류부 가열 표면 개선에 국한되었다. 원래 25/35 Cr/Ni 재질 튜브가 같은 외경을 가지나 두께가 보다 얇은 25/35 마이크로 합금 (Micro alloy) 재질로 교체하였다. 그것은 수소 생산을 20% 증가시키는 쪽으로 시작되었다. 2가지 고려 용량에서 단위 성능은 다음 표와 같다. 단, 수소 가격 0.07 US$/Nm^3, 연료 가격 14 US$/MMkcal, 수출 스팀 가격 17 US$/Ton로 각각 가정한다.

Before modifications		After modifications	
Hydrogen capacity	Nm^3/h	60,000	72,000
Fuel + feed consumption	Gcal/h	237	298
Overall stream production	t/h	120	158
Export stream	t/h	63	93

유틸리티 소비 이익은 다음과 같다.

Utility		Consumption benefits
Hydrogen capacity	Nm^3/h	72,000
Delta hydrogen	$/h	12,000×0.07 = −840
Delta fuel	$/h	51×14 = +714
Delta stream	$/h	30×17 = −510
Total	$/h	−636
Saving	$/Year	(636 $/h × 8,000 hours) = 5,088,000

유틸리티 시간당 비용과 이익은 다음과 같다.

Before modifications		After modifications
Hydrogen capacity	Nm^3/h	72,000
Delta hydrogen	Nm^3/h	12,000
Delta feed + fuel	Gcal/h	51
Delta export stream	t/h	30

프로젝트 투자가 6,000,000 US$ 영역에 있었기 때문에 20% 용량 증가로 투자 회수는 대략 1년이었다. 프로젝트 비용의 대부분이 촉매 튜브 교체 때문이었다는 것을 고려하면 그 이점은 훨씬 더 현저하다. 튜브가 거의 수명을 다했기 때문에 그 교체 비용은 정상 정비비용으로 고려되었다.

7.6 가열로 전문가의 역할

상기의 개략적인 요점을 고려하면 가열로 운전에 영향을 주는 인자의 수는 다중적이고 매우 복잡하다는 것은 확실하다. 또한 가열로 운전의 기존 구축된 이해에 기초해서 모든 경우에 적용될 수 있는 유일한 해법도 존재하지 않는다는 것도 사실이다. 많은 경우에 있어 현재 운전의 잘못된 평가로 그릇된 해법으로 몰고 갈 수 있는 파급 효과도 있다.

다른 상황들과 때로는 정반대의 요구는 개별적인 기초 위에서 적절히 평가되어야 한다. 이것은 경제적이고 기술적인 관점에서 가장 매력이 있는 해법을 찾기 위해서이다. 가열로 전문가의 역할은 정말로 최고의 중요성을 가진다. 왜냐하면 그는 현재의 성능을 가장 잘 평가해서 현장에 최적이고 최선의 해법을 추천해야 하기 때문이다. 게다가 그 해법은 전체 단위 공정의 요구도 만족시켜야 한다. 특별 부품의 공급자들은 특정 문제에 대해 그들의 적합한 해결책을 주장할 수 있다. 그러나 종종 그들은 단순히 그 부품 자체의 판매 촉진에 목적을 두고 있어 가열로의 다른 부품에 나쁜 영향을 줄 수도 있는 모든 관련 사항들을 고려하지 않는다. 디자인 분야, 가열로 공급과 설치, 그리고 열전달 장치에서 다년간 현업에서 터득한 풍부한 실제 경험을 가진 가열로 전문가는 모든 프로젝트 실행 국면에서 공정 가열로 요구에 부응하는 위치에 있어야 한다.

7.7 가열로 효율 개선 방안

가열로 열 효율은 흡수열 (Absorbed heat)을 공급열 (Input heat)로 나눈 값이다. 흡수열은 모든 공정 스트림 (탄화수소, 스팀, 보일러 공급수, 연소 공기)으로 전달된 열이다. 공급열은 연소 연료의 저발열량 (Lower heating value)으로 계산한다. 가열로가 낼 수 있는 최대 효율은 전열면적에 의해 결정된다. 효율을 계산하여 추적 (Tracking)하는 것은 에너지 절약의 좋은 실행이다.

효율계산의 보다 정확한 방법은 손실 에너지를 추정하는 것이다. 에너지의 1~2%는 퍼니스 가열 표면에서 대기로 손실이다. 이것을 복사 손실이라 부른다. 다른 대부분의 손실 에너지는 연돌로 빠져나가는 배기가스 속에 포함된다. 연돌 손실은 열돌 가스 온도/산소 (O_2)로 정확하게 추정할 수 있다.

대류부 아래 산소 (O_2)/온도는 복사부 효율을 나타낸다. 연돌에서의 산소 (O_2)/온도에 의한 계산값은 전체 퍼니스 효율을 대표한다. 복사부 산소 (O_2)와 연돌 온도의 혼합은 의미 없거나 잘못된 효율 값을 산출한다. 구체적인 가열로 효율 개선 방안은 다음과 같다.

7.7.1 퍼니스 튜닝 (Tuning)

비용 효과가 높은 효율 개선 방법은 가열로를 최적의 산소 (O_2)/통풍 (Draft)에서 운전하는 것이다. O_2/통풍은 연돌, 덕트팬, 플리넘 (Plenum) 댐퍼, 버너 공기 조절기, 팬 RPM에 의해 제어된다.

(1) O_2 최적화

일반적으로 205℃ 범위에서 연돌 O_2 1% 감소는 퍼니스 효율을 약 0.5% 증가시킨다. 높은 연돌 온도 (482℃ 범위)에서 연돌 온도 1% 감소는 효율을 약 1% 증가시킨다. 연돌로 올라가는 CO는 미연소 연료를 나타낸다. 만약 CO가 높은 수준으로 있게 되면 위험한 연료 과잉조건이 연소실 내에 존재하게 된다. 그래서 O_2는 안전하게 CO가 생성 시작점 (Breakthrough) 위쪽까지 감소시킨다. 보통 낮은 O_2 신호는 CO 생성점 위쪽 1%로 설정한다. 그러나 연료가스 연소의 경우는 CO 생성 시작점이 O_2 0.5%에서 나타난다.

(2) 통풍 최적화

퍼니스는 항상 통풍이 음압 (Negative pressure)으로 가동한다. 이것은 어떤 개방에서도 퍼니스에서 뜨거운 배기가스가 새어 나오기보다는 주위 공기가 퍼니스로 새어 들어가게 한다. 또한 퍼니스 내 통풍은 균일하지 않다.

7.7.2 자동 연소 제어 적용

자동 연소 제어 (Automatic combustion control)는 연돌에 있는 배기가스 출구 댐퍼 (유도 댐퍼팬)의 자동 제어이다. 연돌 O_2를 계속적으로 최적화한다. 이는 짧은 시간 안에 가열로의 높은 효율 향상을 가져다 줄 수 있다. 자동 연소 제어 시스템은 몇 가지 운전 변수를 모니터 한다. 그리고 댐퍼를 움직이게 한다. 그래서 퍼니스가 특정 O_2, 통풍, CO 범위 내에서 유지하게 한다.

7.7.3 버너 최적화

버너 최적화는 모든 버너에 같은 양의 연료/공기를 공급하는 것이다. 그리고 같은 형상/외관을 가진 화염을 가지게 한다. 효율 상승은 연돌 O_2의 감소이다. 버너는 연소 공기가 고갈할 때 CO가 생성하기 시작한다. 모든 버너가 같은 시간에 공기가 고갈한다면 그것이 최적이다. 만약 1개 버너가 다른 버너들보다 공기 고갈이 빠르다면 그 버너에서는 CO를 생성하고 O_2 감소는 기대할 수 없다. 이와 같은 문제를 피하기 위해서는 모든 버너에 같은 양의 연료/공기를 공급해야 한다. 동일 양의 공기를 공급하기 위해서는 연료 팁의 구멍 (Port)이 커지거나 막힘이 없는 가장 양호한 상태를 유지해야 한다.

7.7.4 공기 누출 최소화

퍼니스 안으로 누출하는 공기는 배기가스를 차게 (Quenching) 한다. 그래서 이를 보상하기 위해 추가 연료를 필요로 하게 된다.

(1) 공기 누출 찾기

공기 누출은 다음과 같은 곳에서 잘 일어난다.

① 배관 관통부 (Piping penetration) ② 대류부 헤더 박스 커버와 패널 ③ 뒤틀린 폭발 배출문 (Explosion door) ④ 퍼니스 케이싱 외부의 용접부 크랙 ⑤ 서비스 하지 않은 버너의 공기 조절기 개방 ⑥ 덕트 확장 연결부의 누출 ⑦ 퍼니스 바닥 및 덕트 상의 미발견 부식 등

대부분의 누출은 아래와 같이 파이프 관통 부위에서 잘 일어난다. 이유는 관통 부위는 가동/정지 시 튜브의 팽창/수축에 의해 보다 더 느슨해지기 때문이다.

복사부의 공기 누출은 뜨거운 내화물 표면상에 검은 부위나 선으로 나타나므로 운전 중에 육안으로 다음과 같이 찾아낼 수 있다.

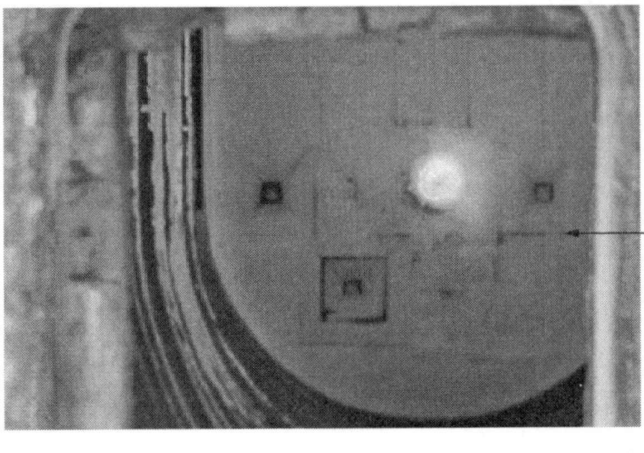

그 외 연기폭탄 누출 시험 (Smoke bomb leak testing)은 가동 정지 기간에 행한다. 연돌 댐퍼/버너 공기 조절기를 닫고 퍼니스를 휴대용 팬으로 압축한다. 그 후 공기 누출부위를 검사 확인한다.

(2) 공기 누출부위 봉합 (Sealing)

봉합이 요구되는 가열로 부품은 대류부 헤더 박스의 도어/패널, 튜브 관통부위, 폭발 누출 도어, 공기 조절기 등이 있다. 이들 부품에서 공기가 누출하지 않도록 테이핑 (Taped), 볼팅 (Bolted), 단단히 봉합 (Tight sealing) 같은 조치를 취하여 열손실을 방지해야 한다.

7.7.5 전열 표면 클리닝

다양한 오염물이 튜브 표면에 축적한다. 이들은 전열을 감소시킨다. 미국의 한 정유사는 2001년 가동 정지 시 방향족 공정의 가열로를 클리닝하였다. 그래서 연돌 배기가스 온도를 52℃ 감소시켜 약 3%의 효율을 개선하였다. 그 결과 2～3개월에 투자비용을 회수하였다. 또 다른 정유사는 개질 공정 가열로의 산화 스케일 (Oxide scale)을 모래 분사 (Sand blasting)로 제거하여 효율이 3% 증가하였다.

(1) 축적물 (Deposit)

튜브 축적물은 주로 오일 연소시의 재 (Ash)/그을음 (Soot), 내화 단열물의 먼지 (Dust)/부스러기 (Debris), 비스테인리스 튜브의 산화철 (Iron oxide) 등이다. 산화철은 딱딱해서 제거가 매우 어렵다. 한편 재/그을음/부스러기는 부드러워서 제거가 용이하다. 이들은 산화 스케일과 혼합되어 딱딱해질 수 있다. 또한 이들은 연료 속의 황성분 및 수분과 작용해서 대류부의 튜브 핀 사이에서 단단한 축적물을 만든다. 가끔 내화물 덩어리가 대류부 튜브 사이 공간을 막기도 한다.

(2) 튜브 클리닝 방법

재/그을음은 수트 블로우어 (Soot blower)로 제거한다. 대류부에 견고한 축적물은 모래 분사 (Sand blast) 혹은 CO_2 칩 분사 (Pellet blast) 방법을 사용한다. CO_2 칩 분사는 모래 분사에 비해 작업 후 부스러기가 남지 않는 이점이 있다. CO_2 칩 분사는 대류부의 튜브 적재 구조 (삼각형)를 고려하여 분사 시 한번에 3줄을 처리할 수 있다. 따라서 많은 접근을 통해 작업할수록 그 만큼 클리닝 성과는 높아질 것이다. 또한 복사부의 산화 스케일은 보통 정기 정비 시에 모래 분사로 행해지고 그 밖에 호두 껍질 (Walnut shell)에 의한 제거 방법이 있다. 이들 모두는 물리적인 제거 방법에 속한다. 반면에 물리 화학적인 제거에는 튜브 온라인 케미컬 클리닝 (Tube on-line chemical cleaning) 방법이 있다. 이것은 케미컬을 축적물과 반응시켜 그 조직을 약하게 한 후 쉽게 제거되도록 하는 방법이다.

7.7.6 전열면적 추가

전열면적 추가 (Adding heat transfer surface)는 퍼니스 효율을 현저하게 증가시킬 수 있다. 가장 경제적으로 실행 가능한 방법은 추가 공정 유체 가열 (Process heating), 스팀 생성 (Steam generation), 보일러 급수 가열 (Boiler feed water heating), 공기 예열 (Air preheat) 등이다. 연돌 배기가스의 온도가 높을수록 전열면적 추가의 경제성은 높아진다. 일반적으로 가열로의 모든 대류부는 2줄 (2 Rows)의 튜브를 추가할 수 있는 공간을 가지도록 설계 한다. 실제로 대류부에 튜브를 추가 시는 통풍 영향을 고려해야 한다. 이것은 통풍에 2가지의 부정적인 영향을 가지기 때문이다. 첫째는 대류부의 배기가스 압력 강하를 증가시킨다. 둘째는 감소된 연돌 배기가스 온도는 연돌 통풍을 감소시킨다. 이 통풍 감소는 연돌 길이 연장으로 증가시킬 수 있다.

7.7.7 단열 보온재 수리 (Repairing insulation)

퍼니스 케이싱을 통한 열손실은 연돌에 비해 미미하다. 케이싱의 뜨거운 부위는 국부적인 내화물 (Refractory)의 문제를 나타낸다. 케이싱의 열손실은 약 2%로 가정하기 때문에 효율 (Efficiency) 계산에서는 변하지 않는다. 이 가정 값은 평균 케이싱 온도를 93℃에 기초하고 있다. 케이싱 열손실은 그 평균온도에 비례한다. 그래서 단열 보온재가 심하게 손상된 경우는 효율에 영향을 주게 된다. 대부분 페인트 (Paints)는 204℃ 이상에서 산화한다. 따라서 퍼니스 케이싱의 변색은 내부 단열재의 문제를 나타낸다. 이는 정기 정비 때 수리되어야 한다. 변색 부위는 적외선 기기로 실제 온도를 체크해야 한다. 뜨거운 부위가 538℃이면 스팀 혹은 공기 분사로 식혀 주어야 한다. 이곳은 운전 중 내화물 (On-line refractory) 수리 대상에 해당한다.

7.8 가열로 운전 중 케미컬 클리닝

가열로는 연소에 의한 튜브 내 유체를 가열해 주는 장치로서 특히 정유 및 석유화학 장치 산업에서 없어서는 안 될 주요한 장치이다.

7.8.1 가열로 운전

가열로를 오래 가동하다 보면 튜브 표면에 슬래그 (Slag)/파울링 (Fouling)의 문제가 발생하여 열전달을 어렵게 하고 배기가스 (Flue gas) 온도와 튜브 금속 (Tube metal) 온도가 상승하게 된다. 심할 경우에는 피드 감소 (Feed down), 생산량 감소 (Product down), 사용 연료 증가 (Fuel increase) 뿐만 아니라 코킹 (Coking)/플러깅 (Plugging) 같은 고장 (Trip)이 발생하고 부식 (Corrosion)도 동반한다. 그러면 이와 같은 슬래깅과 파울링의 근원은 연료 속에 포함된 알칼리 금속 (Na, K), 알칼리 토금속 (Mg, Ca, Ba), 전이금속 (V, Cr, Fe, Co, Ni, Cu), 황 (S), 미연소 탄화수소 (Unburned hydrocarbon) 및 알루미늄 (Al)/실리카 (Si)/질소 (N)/인 (P) 등이 혼합한 재 (Ash)에 기초하고 있다. 다음은 가열로 내부를 나타낸다.

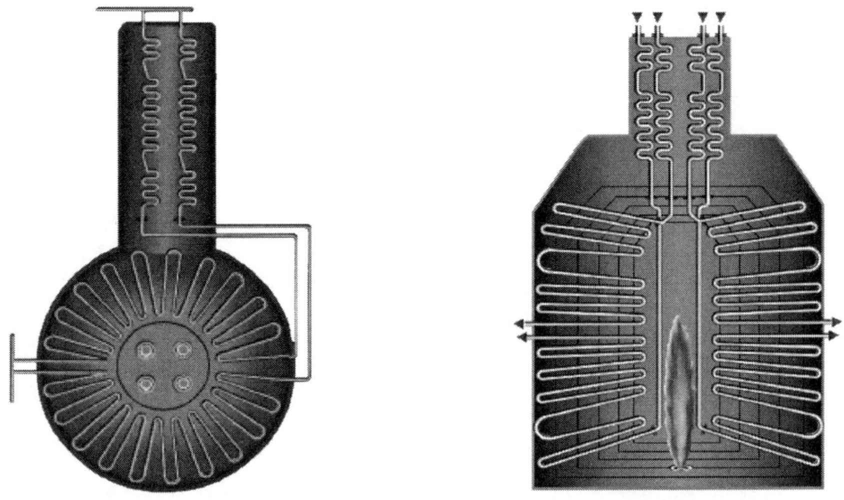

실린더형 가열로 캐빈형 가열로

그림 7.6 가열로 내부 모형도

7.8.2 가열로 운전상 문제점

슬래깅과 파울링이 심화될 경우 가열로의 튜브 유체 출구온도를 만족시키기 위하여 연료를 초과 연소시키게 됨으로써 연료 손실뿐 아니라 운전상의 튜브 누출 (Leak)과 같은 위험한 상황을 초래할 수 있다. 다음은 가열로의 비정상 운전 예를 나타낸다.

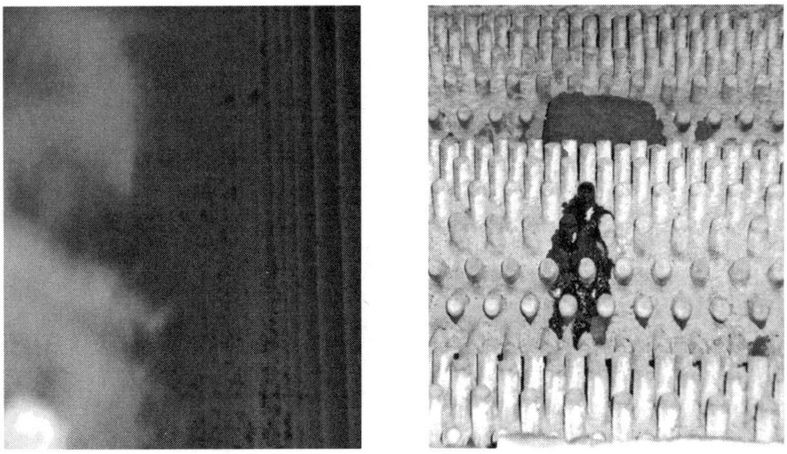

과잉연소 부식에 의한 누출

그림 7.7 가열로 비정상 운전

(1) 고온부

다음 그림과 같이 복사부와 대류부에서 튜브 파열 (Tube rupture)과 같은 장치 손실의 위험을 초래할 수 있다.

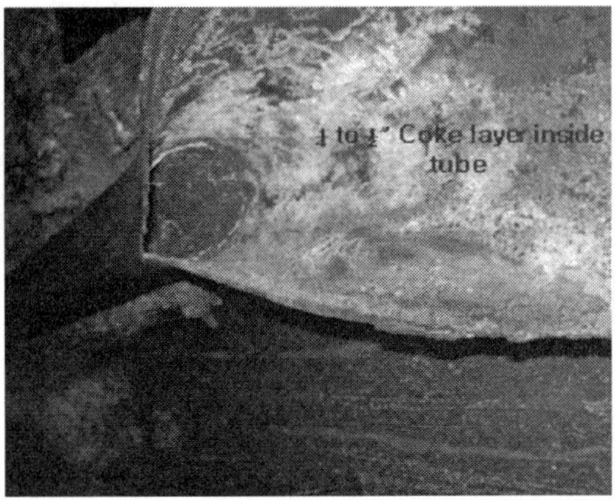

복사부 튜브 파열

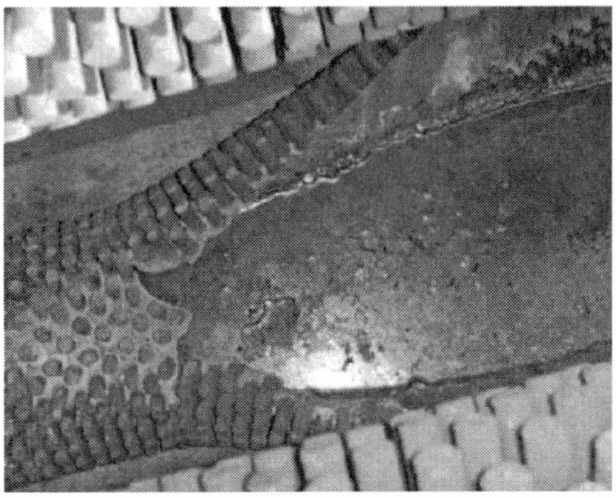

대류부 튜브 파열

그림 7.8 장치 손실

(2) 저온부

그림과 같은 공기 예열기 (Air preheater)를 포함하여 덕트 (Duct) 및 연돌 (Stack)의 저온부식에 의한 장치 수명이 짧아질 수 있다.

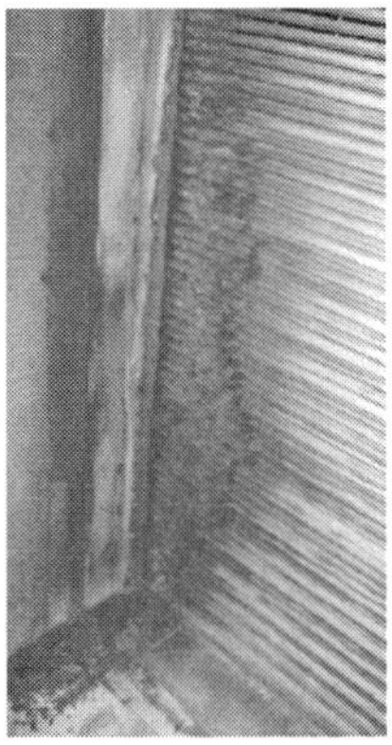

판형

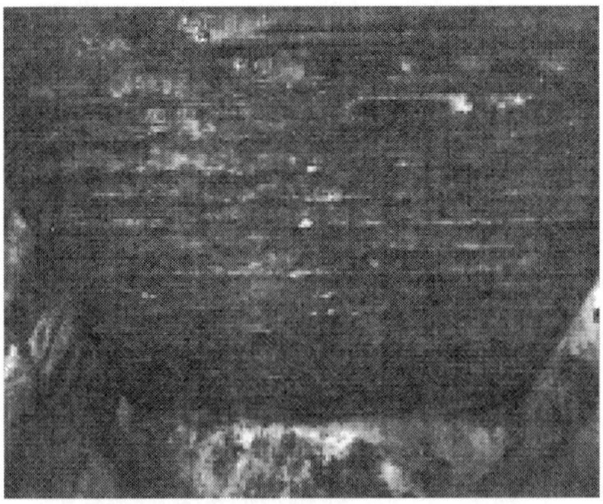

튜브형

그림 7.9 공기 예열기의 저온부식

7.8.3 가열로 슬래깅과 파울링 문제에 대한 대응책

슬래깅과 파울링에 의해 야기되는 운전상의 문제에 대한 대응책으로는 그을음 블로우잉 (Soot blowing) 같은 기계적인 조치 (Mechanical measure), 처리 피드 혹은 생산제품 감소와 같은 운전상의 조치 (Operational measure), 온라인 케미컬 클리닝, 오프라인 기계적 클리닝 방법 등이 있을 수 있다. 여기서는 비용 대비 가장 효율적인 온라인 케미컬 클리닝 기술에 대하여 소개하기로 한다.

(1) 가열로 온라인 케미컬 클리닝

운전 중에 피드감소 (Feed down) 없이 랜스 (Lance)에 의하여 케미컬을 분사하여 튜브 표면의 슬래그와 파울링을 제거하는 방법을 말한다. 가열로의 복사부와 대류부의 클리닝 작업은 각각 다음과 같다.

(a) 복사부 (b) 대류부

그림 7.10 가열로 온라인 케미컬 클리닝 서비스

(2) 가열로 온라인 케미컬 클리닝 절차

가열로 온라인 케미컬 클리닝의 수행절차는 다음과 같이 이루어진다.

① 특수 제작된 랜스로 케미컬을 도어를 통해 스프레이 (Spray) ② 분사된 케미컬은 고온의 노 내에서 증발 (Vaporized)/분해 (Decomposed) ③ 분해된 케미컬은 상승하는 (Uprising) 연소가스와 혼합 (Mixing) ④ 혼합된 케미컬은 통풍

(Draft)에 의해 분산/순환 (Dispersed/Circulated) ⑤ 순환 케미컬은 튜브 표면의 슬래깅과 접촉 (Contact) ⑥ 접촉 시 순간적으로 화학반응 (Reaction)이 일어난다.

(3) 가열로 튜브 표면 슬래그 제거반응 (Slag removal reaction)

슬래그 (Slag) 제거반응은 물리화학 (Physical chemistry)반응이다. 우선 물리적 측면에서 보면 용융 상태의 끈적끈적한 (Sticky) 슬래그에 케미컬을 분사하면 슬래그의 물성이 결정화도 (Crystallinity)가 증가하여 용융점 (Melting point)이 높아지게 된다. 따라서 고온에서 액상의 끈적끈적했던 슬래그가 끈적끈적하지 않는 (Non-sticky) 고체 (Solid) 상태로 바뀌어 약간의 충격에도 쉽게 부스러 (Brittle)진다. 부스러진 탄소 성분은 재연소가 되고 나머지 극소량의 미세입자 (10 μm 이하)는 후단의 전기집진기 (Electric precipitator)에서 제거된 후 배기가스 (Flue gas)는 최종 연돌 (Stack)을 통해 대기로 방출된다.

여기서 용융점 (Melting point) 상승은 사용 케미컬이 액상의 끈적끈적한 슬래그 도메인 (Domain) 상 (Phase)에서 핵 (Nucleus)의 역할을 하기 때문이다. 다시 말해 결정 배향 (Crystal orientation) 증가로 슬래그의 결정화도 (Crystallinity)가 높아졌기 때문이다. 그리고 결정 배향 증가는 분자 브라운 운동 (Molecular brown motion)을 어렵게 해서 분자 결합력 (Molecular bonding strength)을 약화시키므로 인해 약한 충격에도 쉽게 부스러진다. 즉, 이는 결정 결함에 의한 취성 증가에 기인한다.

예를 들면 슬래그의 한 성분인 산화바나듐 (V_2O_5)의 원래 용융점은 700℃이다. 이것이 분해된 케미컬의 한 성분 (예: MgO)과 반응에 의해 생성된 올소 - 바나데이트 ($3MgO \cdot V_2O_5$)의 용융점은 1,100℃로 증가하게 된다.

$$3MgO + V_2O_5 \text{ (M.P. 700℃, 액상)} \rightarrow 3MgO \cdot V_2O_5 \text{ (M.P. 1100℃, 고상)}$$

그리고 사용 케미컬은 부식성이 매우 강한 산화바나듐 (V_2O_5)을 부식성이 없는 올소 - 바나데이트 ($3MgO \cdot V_2O_5$)로 중화시킴으로써 고온부식 (High temperature corrosion)을 예방한다. 또한 산화바나듐은 SO_2를 SO_3로 전환시키는 촉매이므로 이를 중화시킴에 의해 SO_3로의 전환을 억제하는 부가적인 효과도 얻게 된다.

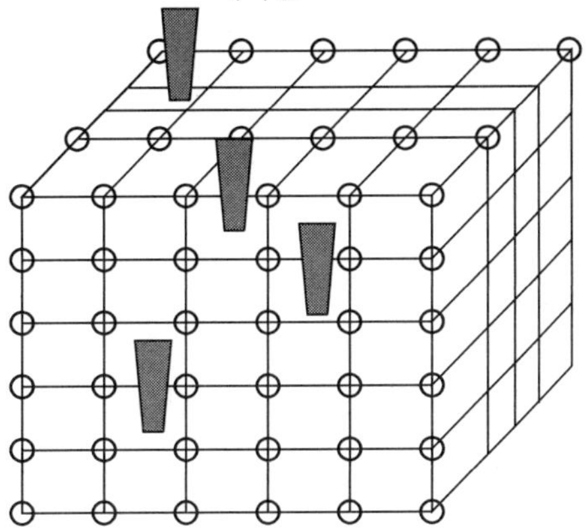

▌그림 7.11 결정 결함에 의한 취성 증가

한편 화학반응 측면에서 보면 산 (Acid)을 중화 (Neutralization)시키는 역할을 한다. 다시 말해 분해된 케미컬 성분 (MgO)은 산 성분 SO_3와 황산 H_2SO_4를 아래와 같이 중화를 시켜 산에 의한 저온부식 (Low temperature corrosion)을 예방한다.

$$MgO + SO_3 \rightarrow MgSO_4$$

$$MgO + H_2SO_4 \rightarrow MgSO_4 + H_2O$$

이와 같이 결국 대기오염물질인 SO_x (SO_2, SO_3) 및 황산 (증기상)을 제거하여 이들의 대기 배출을 줄여 주는 역할도 한다.
기타 효과는 케미컬 클리닝 후 깨끗해진 튜브 표면을 코팅 (산화피막)하여 부식 방지 및 클리닝 주기 (효과 지속 기간)를 연장할 수 있다.

(4) 가열로 온라인 케미컬 클리닝의 이익

가열로 온라인 케미컬 클리닝의 이점은 다음과 같이 여러 가지가 있다.

① 운전상의 제한요인 (Bottleneck) 해결에 의한 처리량 증대 (Throughput increase) ② 효율 향상에 따른 사용 연료비용 절감 (Fuel saving) ③ 예방정비 횟수 (Slow down time) 감소에 의한 정기 정비 주기 연장 (Turn around shut down interval extension) ④ 에너지 절약에 따른 전체 대기오염 배출량 감소 (Air pollution emission reduction) ⑤ 고온 및 저온부식 예방에 따른 튜브 수명 연장 (Tube life extension)

(5) 가열로 온라인 케미컬 클리닝 효과 (사례)

주어진 조건에서 클리닝 전후 가열로 브릿지월 (Bridge wall temperature)의 배기가스 온도가 약 100℃ 감소로 효율이 약 5% 증가하였다.

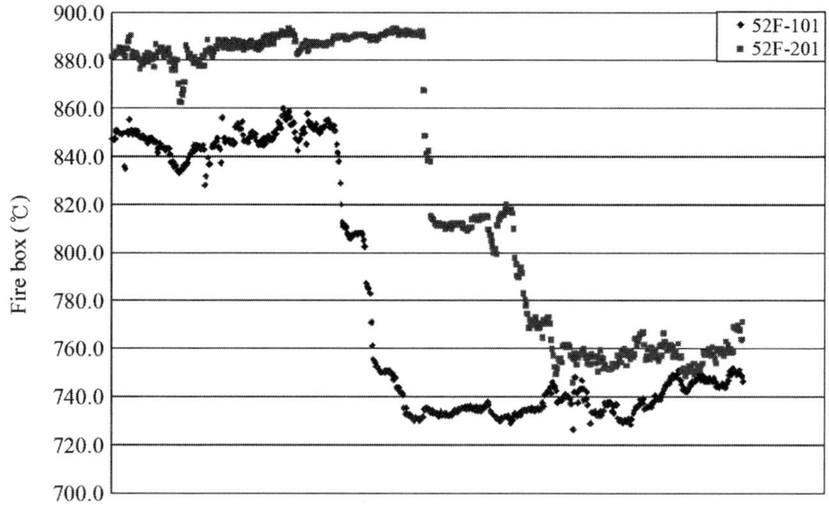

(a) 브릿지월 온도

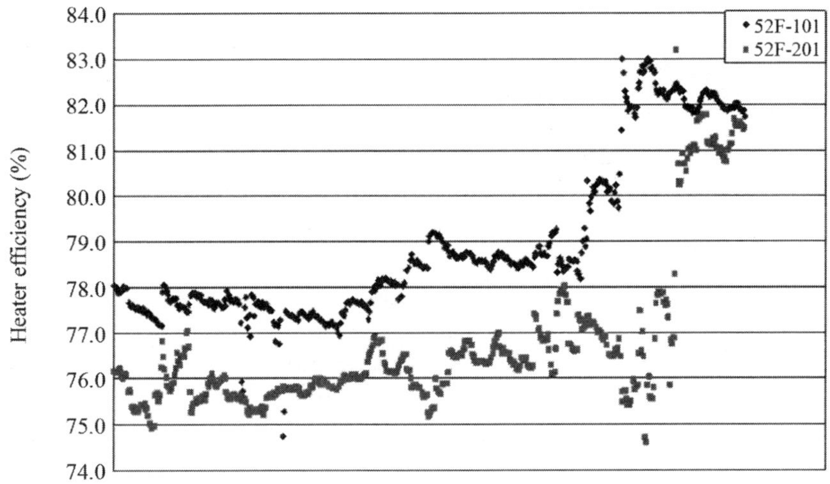

(b) 효율

그림 7.12 가열로 온라인 클리닝 전후의 온도와 효율

주어진 클리닝 조건에서 주기적으로 가열로 온라인 클리닝을 실시한 결과, 정기 정비에 대비하여 전체 평균 효율이 약 3% 증가하였고 대류부의 배기가스 평균온도는 약 30℃ 낮아졌다.

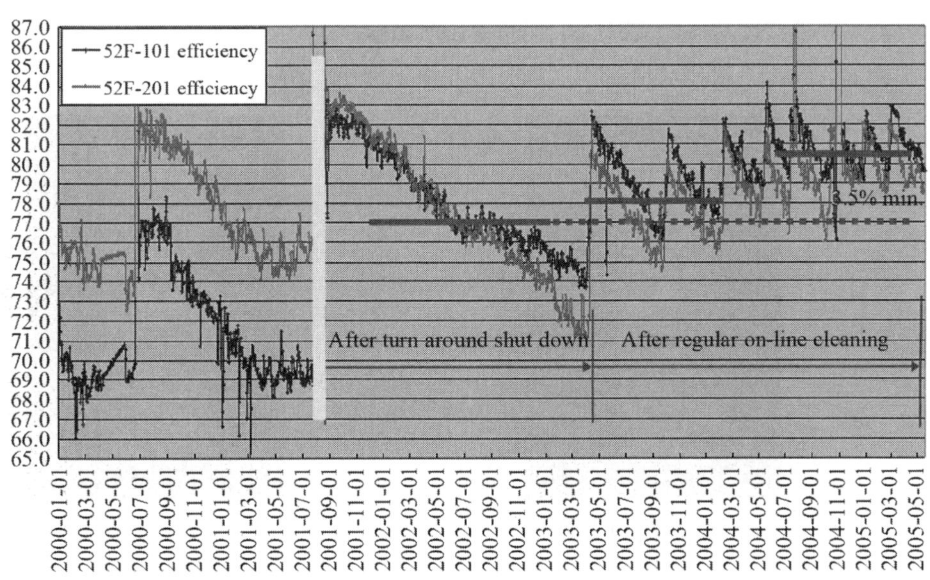

그림 7.13 정기 정비 대비 주기적 온라인 클리닝의 평균 효율 비교

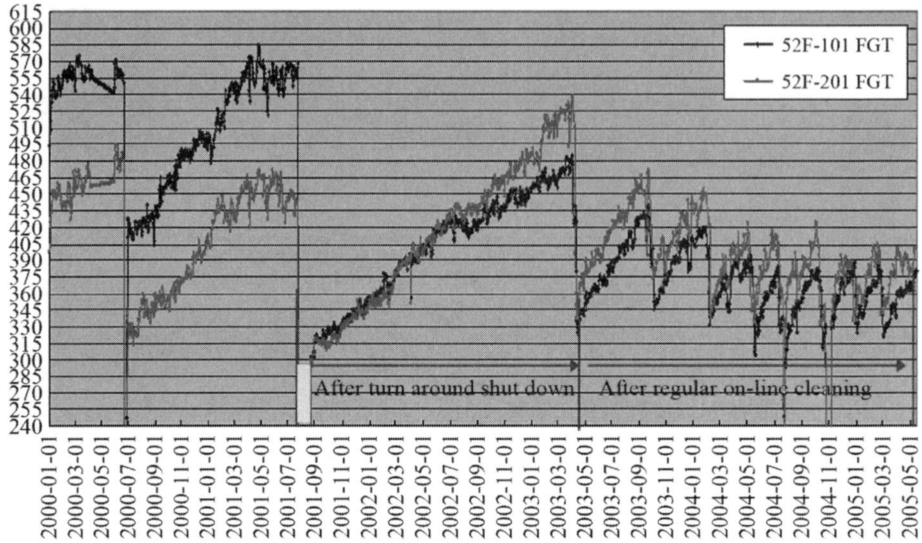

그림 7.14 정기 정비 대비 주기적 클리닝의 대류부 배기가스 온도 비교

가열로 온라인 클리닝 전후 열화상 카메라 (Infrared scanning)로 튜브 표면온도를 측정한 결과, 아래 그림과 같이 클리닝 전 최고 온도가 약 1000℃였던 것이 클리닝 후 최고 온도는 약 820℃이다. 이들의 차이 180℃는 결국 연소 영역 (Fired side)에서 공정 영역 (Coil side)으로 더 많은 열전달의 결과로 해석할 수 있다. 이것은 열전달을 방해했던 슬래그 (Slag)와 파울링 (Fouling) 물질이 제거되었기 때문이다.

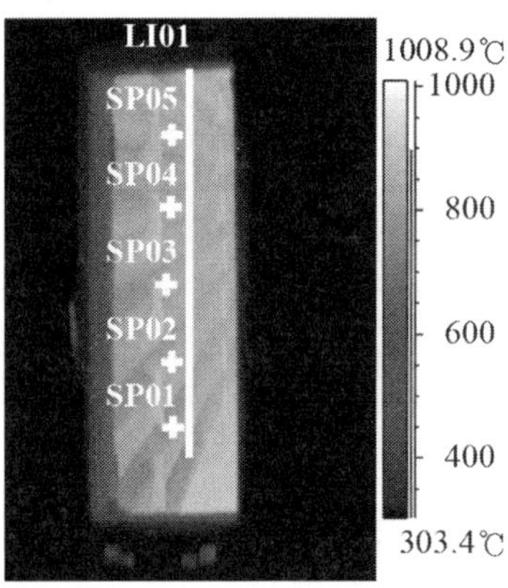

(a) 클리닝 전

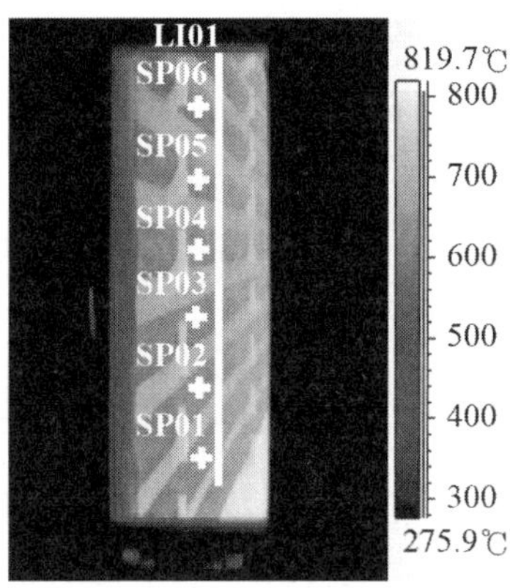

(b) 클리닝 후

그림 7.15 가열로 온라인 클리닝 전후의 열화상온도

아래는 상압증류탑 전단에 위치하여 원유를 가열하는 가열로의 온라인 클리닝 전후 사진을 나타내고 있다. 전체 위쪽은 클리닝 전을 나타내고 아래쪽은 클리닝 후를 나타내고 있다. 그 중 가장 오른쪽은 복사부 튜브로서 위쪽은 회백색의 슬래그가 튜브 전체를 감싸고 있으며 (두께 2~3 mm) 아래쪽은 이들이 제거된 깨끗한 튜브를 보여주고 있다. 나머지 튜브의 위쪽은 대류부의 파울링 (스케일)을 나타내고 있는데 왼쪽은 황성분이 많이 포함된 누런색을 띠는 반면 오른쪽은 그을음 (Soot)이 쌓인 검은색을 띠고 있으며 아래쪽은 클리닝 후의 튜브 표면을 각각 나타낸다.

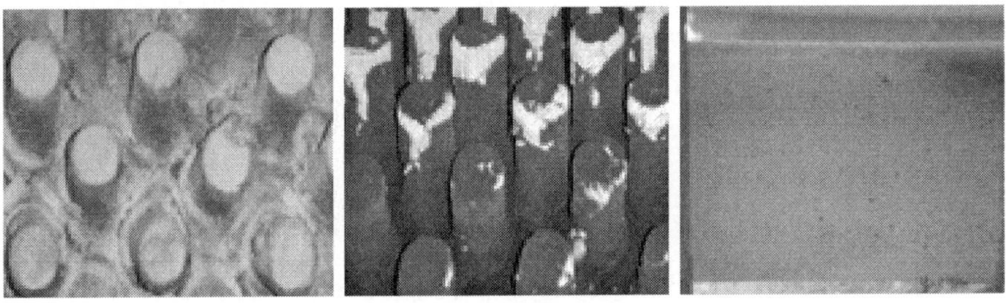

(a) 클리닝 전

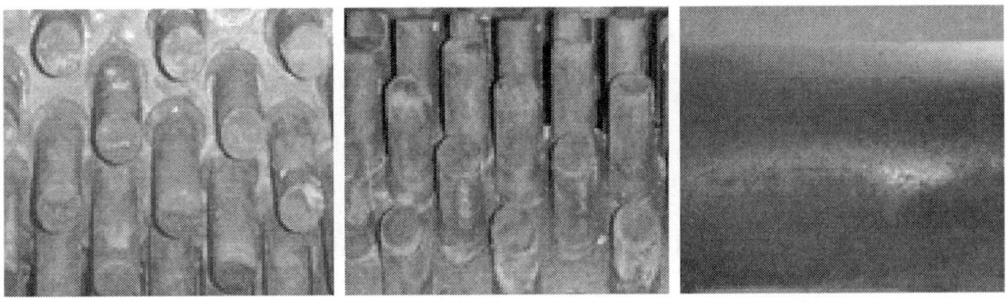

(b) 클리닝 후

그림 7.16 가열로 온라인 클리닝 전후의 튜브 표면상태

가열로 튜브 표면의 파울링 속도에 따라 일정한 주기로 온라인 케미컬 클리닝을 실시했을 경우의 에너지 절약을 아래에 도식화하였다. 그림에서 연한 회색 영역은 온라인 케미컬 클리닝으로 얻을 수 있는 절약 부분을 나타내고 진한 회색 영역은 정기적인 오프라인 정비에 의한 영역을 각각 나타내고 있다.

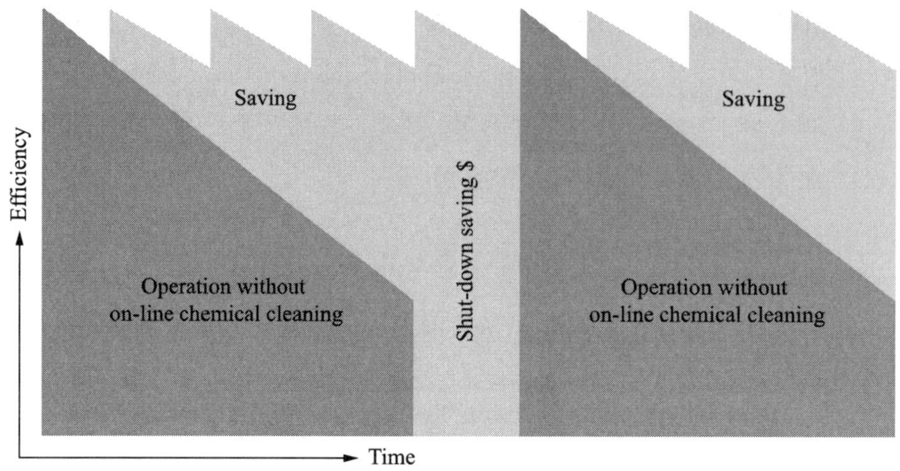

그림 7.17 온라인 케미컬 클리닝에 의한 에너지 절약 (연한 회색 영역)

원유 상압정유 공정의 가열로 온라인 케미컬 클리닝에 대한 이익을 분석해보면 다음과 같다. 즉 연간 최소 3억 7천만 원에서 최대 54억 8천만 원의 이익을 얻을 수 있는 것으로 분석된다.

〈이익 분석 결과〉

① 클리닝 가열로

원유처리능력 일일 10만 배럴 (Barrel) / 사용연료 일일 1만 배럴

② 계산 가정 (Assumption)

정제마진 5 $/배럴, 연료가격 50 $/배럴

평균 효율개선 2% / 처리량 증가 3% / 예비정비시간 절약 5일

③ 이익 분석 (Benefits analysis)

최소 연료절약 이익

20배럴/일 × 50 $/배럴 × 365일 = $365,000

중간 예비정비시간 절약 이익

10만 배럴/일 × 5일 × 5 $/배럴 = $2,500,000

최대 처리량 증대 이익

3천 배럴/일 × 5 $/배럴 × 365일 = $5,475,000

④ 연간 전체 이익 예상

$365,000～$5,475,000

7.9 가열로 튜브 코크 문제

가열로를 장기간 운전하다 보면 복사부 튜브와 대류부 튜브 내부에 코크 (Coke)가 생성된다. 생성된 코크가 열전달을 방해하여 사용 연료가 증가할 뿐 아니라 튜브 표면온도가 상승하고 이것이 심화될 경우 튜브 파열로 발전할 수 있다. 그러므로 주기적으로 튜브 내부에 생성된 코크를 제거해 주어야 한다.

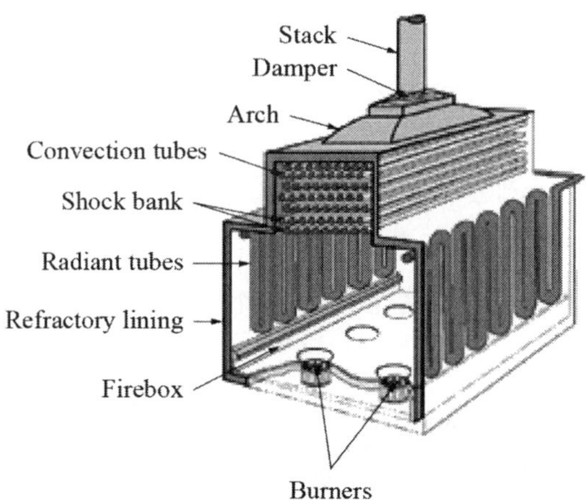

그림 7.18 가열로 튜브 코일 배치도

7.9.1 가열로 튜브 가열 양식

튜브 가열 방법에는 양면 가열 (Double firing)과 단면 가열 (Single firing)이 있다. 다음 그림에서 보듯이 튜브를 기준으로 양쪽에서 가열 시 튜브 산화부식에 의한 두께 손실은 전체 원주에서 균일한 반면에 한쪽 방향 가열은 가열 방향 쪽이 그렇지 않은 쪽보다 두께가 빨리 얇아짐을 볼 수 있다.

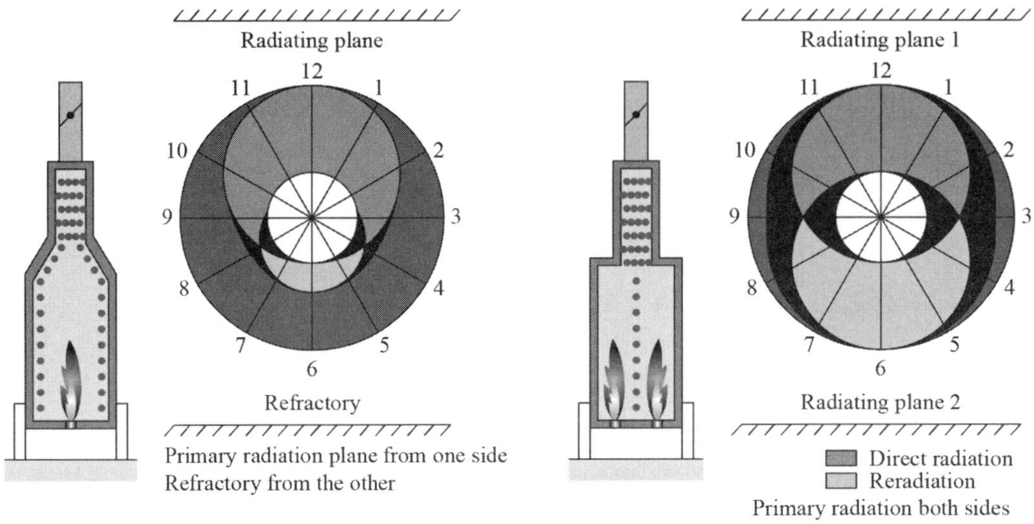

(a) 한쪽 가열 (b) 양쪽 가열

그림 7.19 튜브 가열 양식

7.9.2 코크 생성 튜브의 열전달

튜브 내부에 스케일/코크가 생성되었을 경우 튜브 표면온도는 튜브벽 두께 온도차이 (ΔT_{wall}), 스케일/코크 두께 온도차이 ($\Delta T_{scale/coke}$), 필름 두께 온도차이 (ΔT_{film}) 그리고 내부 유체 평균온도 (T_{bulk})의 합이 된다.

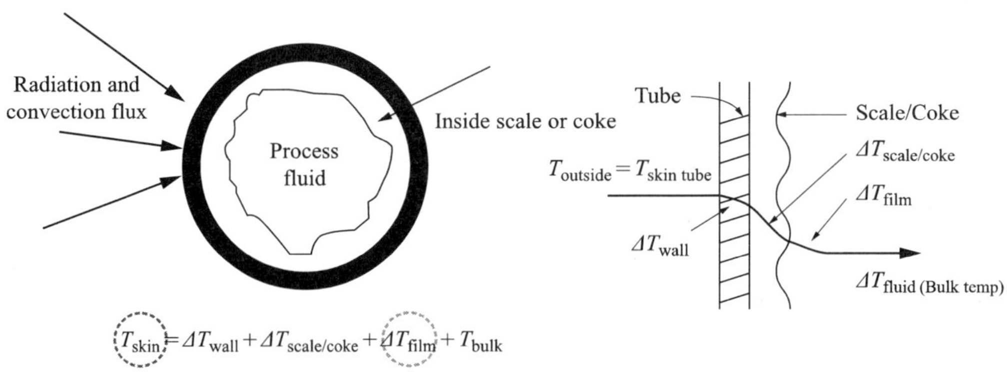

그림 7.20 튜브 표면온도

7.9.3 전형적인 튜브 선택 가이드

정유 공정별 전형적인 사용 튜브 선택 가이드는 표 7.2와 같다. 즉 각 공정의 내부 스케일 특성을 기초로 금속 재질을 선택 후 두께 부식 허용치를 결정한다.

표 7.2 ● 공정별 사용 재료 선택 가이드

Process	Internal scale	Typical metallurgy	Typical corrosion allowance	Typical failure causes
Crude	Coke	9Cr	1/8″ (3.175 mm)	1, 3
Vacuum	Coke	9Cr	1/8″ (3.175 mm)	1, 3
Coker	Coke	9Cr	1/8″ (3.175 mm)	1, 3
Naphtha hydrotreating	Inorganic	1.25Cr to 9Cr, 347SS	1/8″ (3.175 mm) to 3/16″ (4.7625 mm), 1/16″ (1.5875 mm)	1, 2
Kerosine/diesel hydrotreating	Inorganic	347SS	1/16″ (1.5875 mm)	1, 2
Hydrocrackers	Inorganic	347SS	1/16″ (1.5875 mm)	1, 2, 3, 4
Catalytic reformers	Clean	2.25Cr to 9Cr	1/16″ (1.5875 mm)	1, 4
Reboilers	Clean	C.S.	1/8″ (3.175 mm)	1

주) Typical failure causes: 1. Overheating caused by low flow or flame impingement
2. Hydrogen sulfide (H_2S) attack
3. Sulfur attack
4. Long term creep deformation

7.9.4 튜브 내부 코크 생성

아래 가열로는 중앙의 화염을 중심으로 양 측면에 수평으로 배열된 한쪽 면 가열의 연소실 내부를 나타낸다. 이 경우 화염방향으로 보다 강한 열전달로 인해 코크가 생성되고 고온 산화부식이 촉진되어 두께가 얇아진 경우이다.

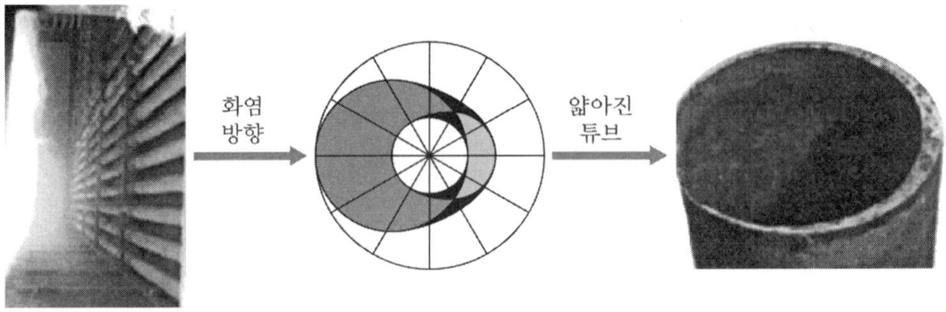

▌그림 7.21 한쪽 방향의 가열 경우

7.9.5 튜브 파열 과정

가열로 튜브 파열 (Rupture)은 아래와 같은 일련의 과정을 거치면서 일어난다.

(1) 화염이 튜브를 치는 현상 발생 (Tube impingement)

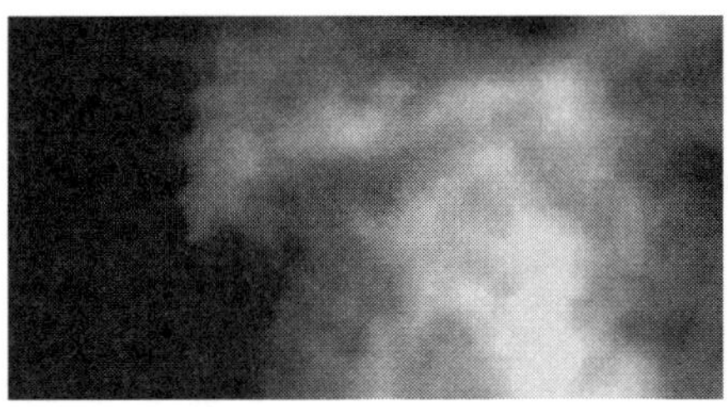

(2) 튜브에 과열점 (Hot spot)이 나타남

(3) 튜브 내부에 코크 (Coke)가 생성

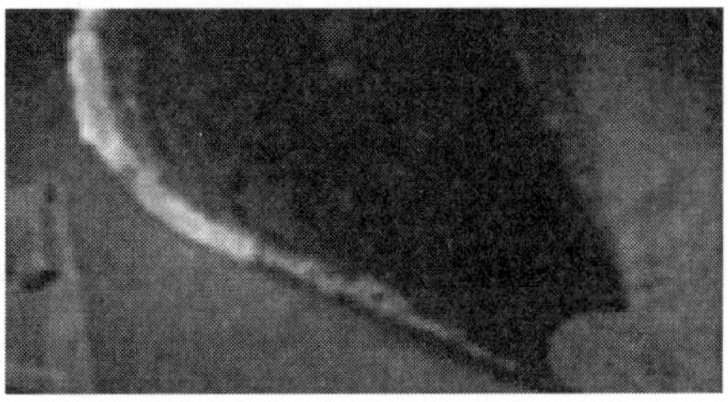

(4) 튜브가 부풀러 올라 (Bulging) 얇아짐

(5) 튜브 상에 금 (Crack)이 생김

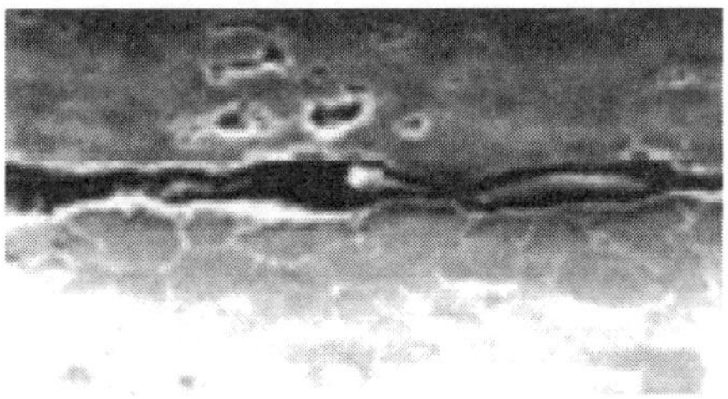

(6) 튜브가 파열 (Rupture)됨

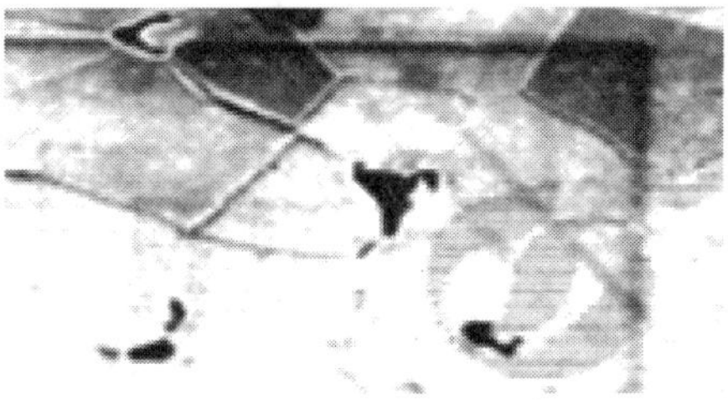

(7) 복사부 튜브 파열이 일어남 (사례)

(8) 대류부 파열이 일어남 (사례)

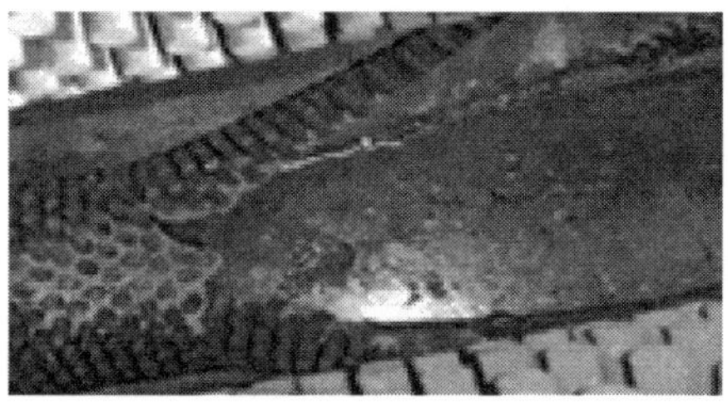

(9) 대류부 누출이 일어남 (사례)

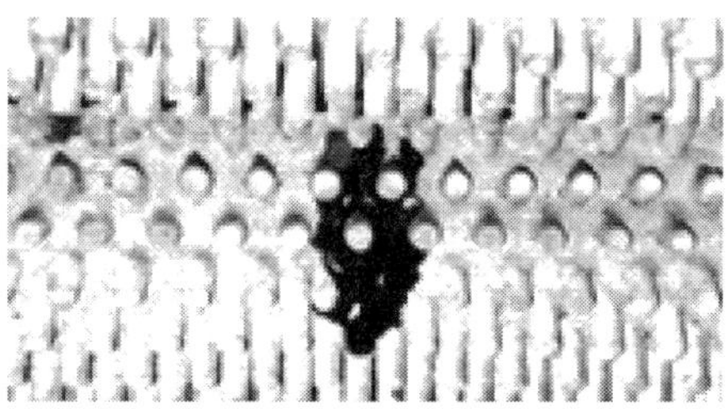

7.9.6 튜브 코크와 운전변수

가열로 튜브를 오래 사용하다 보면 그림 7.22와 같이 튜브 내부에 코크층이 생성되어 점차 성장하게 된다. 이 생성 및 성장 코크는 열전달을 방해하여 운전상의 많은 문제를 야기시킬 수 있다. 예를 들면 코크 두께가 4 mm 성장할 경우 튜브 표면온도가 50～60℃ 상승하게 된다. 그림 7.23, 7.24, 7.25는 중질유 분해 공정인 비스브레이커 공정의 피드 예열 가열로의 주요 운전변수를 나타내고 있다. 즉 튜브 내부에서 코크가 성장함에 따라 열전달이 어렵게 되어 튜브 표면온도, 브릿지월 온도, 파울링인자가 증가한다. 여기서 파울링인자 (1/U, 코크층 성장인자)는 다음과 같이 정의한다.

$$\frac{1}{U} = \frac{(\text{튜브 표면온도} - \text{코일 출구온도})}{\text{질량유속}} \times \text{크로스오버 온도}$$

그림 7.22 튜브 내부 코크층

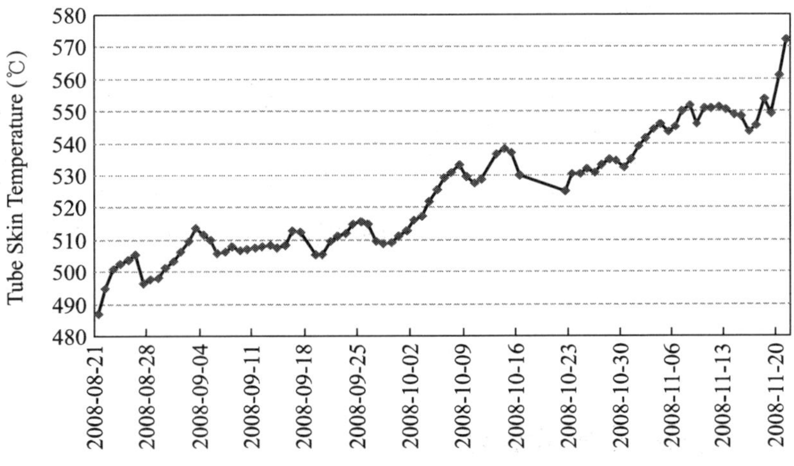

그림 7.23 튜브 표면온도 상승

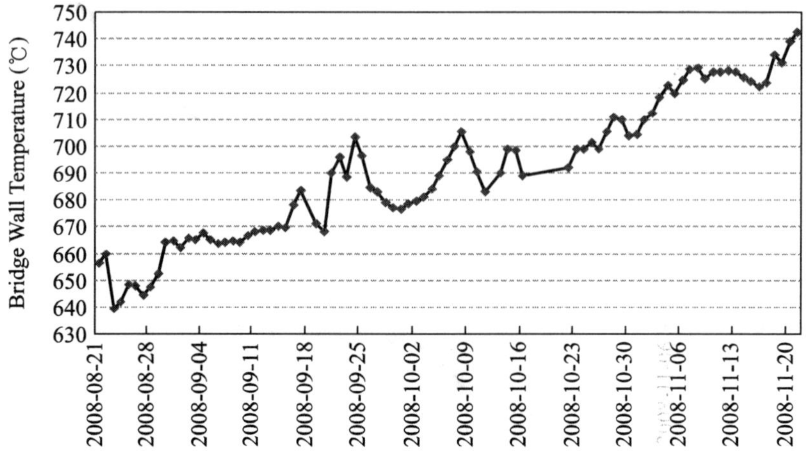

그림 7.24 브릿지월 (Bridge wall) 온도 상승

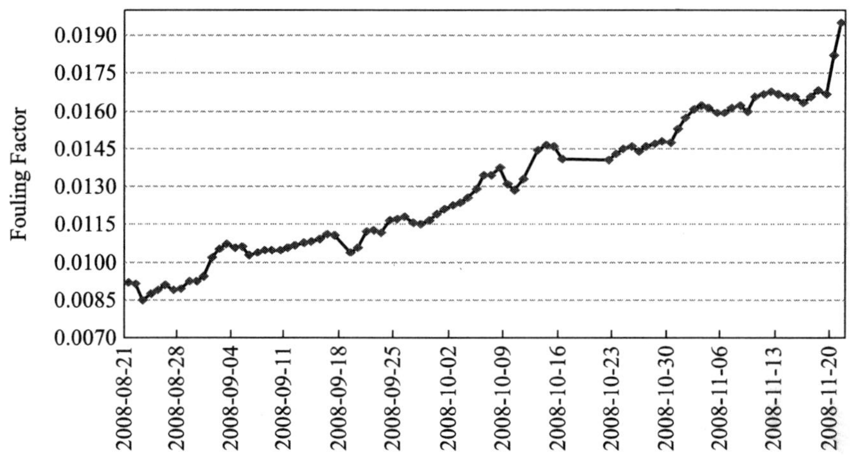

그림 7.25 파울링인자 (Fouling factor) 증가

7.10 가열로 튜브 디코킹

일반적으로 가열로 튜브는 운전 기간이 경과함에 따라 튜브 내벽에 중질유분이 높은 온도에서 탄화되어 튜브 내벽에 쌓이게 되는데 이것을 코크 (Coke)라고 부른다. 이러한 코크가 점점 쌓이게 되면 열전달 (Heat transfer)이 나빠지기 때문에 가열로의 일정

한 출구온도를 유지하기 위해서는 더 많은 열을 가해 주어야 한다. 결국 더 많은 열을 가한다는 것은 보다 많은 연료를 소모해야 할 뿐 아니라 튜브 재질상 사용한계온도를 초과할 경우는 튜브 파열 (Rupture)의 위험이 따르게 된다. 그러므로 코크가 너무 많이 형성되어 있으면 주기적으로 반드시 이를 제거해 주어야 한다. 이와 같이 코크를 제거하는 과정을 디코킹 (Decoking)이라고 한다.

7.10.1 가열로 튜브 내부의 디코킹 판단 기준

일반적으로 디코킹을 해야 하는 시기의 판단 기준은 다음과 같다.

(1) 튜브 벽 (외벽 표면)에 설치된 열전대 (Thermo couple)의 표면온도 (Skin temperature)가 허용범위를 넘을 경우

조정실에 설치된 표면온도 스캐너는 연속적으로 이를 지시하며 허용온도보다 약간 낮은 온도에서 경보가 울리도록 설정되어 있다.

(2) 튜브 표면에 과열점 (Hot spot)이 생긴 경우

과열점은 튜브의 다른 부분에 비해 광택이 나며 때로는 검게 젖어 있는 것 같은 형상을 하고 있어 유심히 관찰하면 육안으로 쉽게 구별할 수 있다.

(3) 튜브 표면에 부풀어 오름 (Bulging)이 생긴 경우

부풀어 오름 현상은 튜브 내부의 코크 생성이 심화된 상태에서 과열이 계속되면 튜브의 일부가 밖으로 불룩하게 튀어 나오는 것 (Bulging)으로 이 현상을 감지하지 못하고 그대로 지나치면 튜브 두께가 점점 얇아지고 재질이 열화되어 튜브가 파열하게 된다.

(4) 코크 생성이 심한 튜브 패스는 동일한 패스 유량을 유지 시 가열로 출구온도가 다른 패스에 비하여 특별히 낮은 경우

이유는 코크층 (Coke layer)이 열전달을 차단하기 때문이다.

7.10.2 가열로 튜브 내부의 디코킹 방법

디코킹 (Decoking) 작업에는 기계적 디코킹 (Mechanical decoking)과 열적 디코킹 (Thermal decoking)이 있다. 전자는 탄성체 피그 (Elastic pig)에 의한 작업 과정이고, 후자는 스팀으로 코크를 떼어 내는 과정인 스폴링 (Spalling)과 튜브를 가열하여 공기로 코크를 태우는 연소 (Burning) 과정으로 되어 있다. 우선 기계적인 탄성체 피그 디코킹 기술에 대하여 언급하기로 한다. 이것의 장점은 아래와 같다.

① 스팀/공기 디코킹이 하지 못하는 코크를 제거 ② 얇은 층의 딱딱한 코크까지도 완전히 제거 ③ 스팀/공기 디코킹과 비교 시 짧은 작업 기간 ④ 스팀/공기 디코킹보다 더 긴 디코킹 효과 지속 ⑤ 비용이 더 비싸더라도 높은 효율성 ⑥ 보다 높은 이익 보장

7.10.3 기계적 피그 디코킹 개요

아래는 피그 디코킹 (Pig decoking) 작업 공정 흐름도이다. 구성 장비로는 피그 (Pig), 발사장치 (Launcher), 수취장치 (Receiver), 수취장치트랩 (Receiver trap), 폐수저장탱크 (Waste water tank), 소화전 (Hydrant) 등이 요구된다. 피깅 대상은 가열로의 대류부와 복사부의 튜브이다. 다음은 디코킹의 개요도와 시스템 및 장비를 각각 나타낸다.

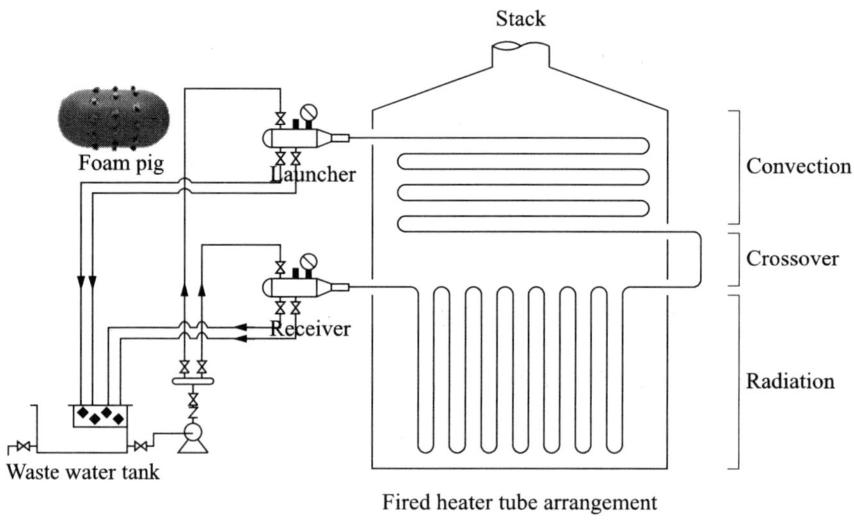

그림 7.26 가열로 튜브 피그 디코킹 개요도

Tank & manifold kit

Launcher (pig in)

Pump & tank

Installing tank & pump

Receiver (pig out)

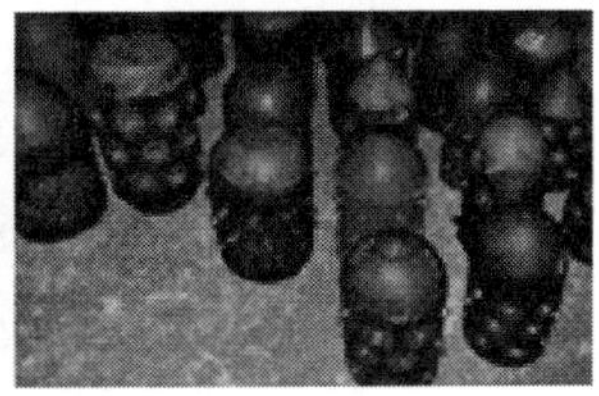
Used pigs

그림 7.27 피그 디코킹 시스템 및 장비

7.10.4 피그 디코킹 장점

가열로 튜브 내부에 생성되어 있는 과열점 부위의 스케일 및 유화 철 성분의 스케일을 제거하는 것을 목적으로 한다. 플라스틱 피그 공법에 의한 디코킹은 다음과 같다.

가열로의 장기간 사용에 따른 정비상의 가장 중요한 포인트는 첫째로 스팀/공기 디코킹에 의해서는 절대 제거되지 않은 과열점 부위의 성장으로 인한 열전도율의 차로 발생하는 폭발 사고를 막는데 있다. 둘째로 미소한 두께의 견고한 스케일이라도 연간 이로 인한 에너지 손실은 막대하게 크므로 가능한 한 스케일을 완전히 제거하는데 있다. 셋째로 공사기간의 단축 등에 의한 경제성을 고려해야 할 것이다. 이러한 관점에서 볼 때 플라스틱의 탄성 피그 (Pig) 공법은 위의 문제들은 모두 해결할 수 있다는 점에서 큰 효과가 있다. 또한 주기적으로 탄성 피그 클리닝의 실시로 튜브의 수명을 상당히 연장시킬 수 있다.

이와 같은 탄성 피그 공법의 비용이 1회 시공을 기준으로 볼 때 스팀/공기 디코킹보다 2～3배 높을지 모르나 전체적으로 뛰어난 경제성은 분명할 것이다. 작업 시에는 가열로 튜브의 입구와 출구에 각각 피그 발사 장치 (Launcher)와 수거 트랩 (Receiving trap)을 설치할 수 있도록 플랜지 설치 및 적당한 공간이 마련되어야 한다. 탄성 피그를 가열로 튜브 내로 밀어 넣기 위하여 약 8～10 kg_f/cm^2 압력의 소방수 (Hydrant)를 사용한다. 디코킹 시에 발생하는 유출수는 배수구 (Sewer)로 보내져 처리하게 된다.

7.10.5 피그 디코킹 작업 절차

일반적으로 가열로 튜브 피그 디코킹 작업은 다음과 같이 7단계로 이루어진다.

[1단계] 물을 분출 (Water blow)시켜 전체 튜브 관을 통과

[2단계] 그림 7.28 (a)와 같은 중밀도 발포 피그 (Medium density foam pig)를 사용하여 연한 스케일 (낮은 경도)을 제거

[3단계] 그림 7.28 (b)와 같은 고밀도 발포 피그 (High density foam pig)를 사용하여 딱딱한 스케일 (높은 경도)을 제거

[4단계] 그림 7.28 (c)와 같은 고밀도 발포 피그 상에 금속핀 (Metal stud)을 박아 매우 강한 스케일을 반복적인 통과로 제거

[5단계] 그림 7.28 (d)와 같은 저밀도 발포 피그 (Low density foam pig)를 사용하여 미세하거나 작은 스케일 완전히 닦아 내어 제거

[6단계] 튜브 내부에 남아 있는 스케일을 물로 씻어 냄

[7단계] 초 저밀도 스펀지 피그 (Low density sponge pig)를 사용하여 튜브 내 물을 흡수하여 탈수 (Dewatering)

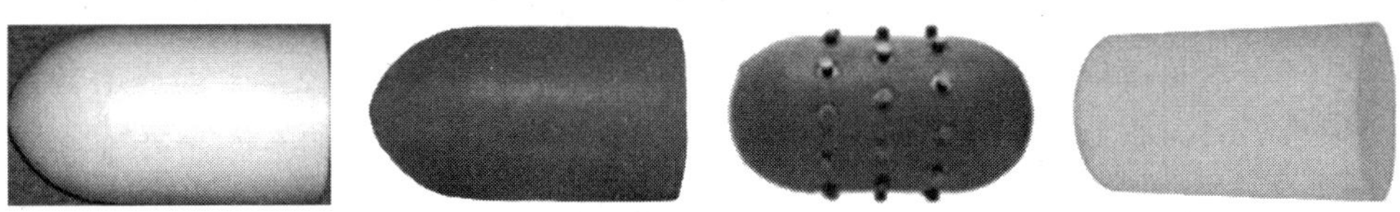

(a) 중밀도 피그 (b) 고밀도 피그 (c) 고밀도 핀 피그 (d) 저밀도 스펀지 피그

그림 7.28 발포 피그

7.10.6 피그 디코킹 전후 사진

다음은 피그 디코킹 작업 전후의 튜브 내부를 나타내고 있다.

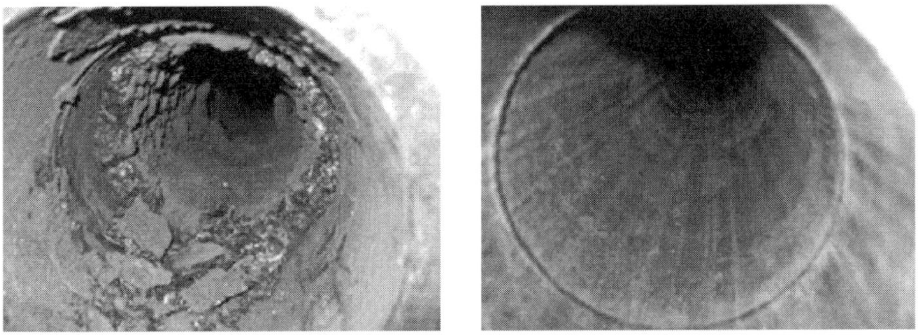

(a) 전 (b) 후

그림 7.29 피그 디코킹 전후

그림 7.30 제거 코크와 사용 피그

7.10.7 피그 디코킹에 의한 제거 코크량 (사례)

국내 납사분해 공정의 가열로에 대하여 피그 디코킹 작업을 실시하였다. 그림 7.31은 작업에서 수집된 코크량을 나타낸다. 그리고 각 튜브 통로 (Pass)별로 제거된 코크량 및 각 통로별 디코킹 전/후 압력손실 (ΔP)을 아래 표 7.3과 7.4에 각각 나타내었다.

3.5″ 통로 1　　3.5″ 통로 2　　6″ 통로 1　　6″ 통로 2

그림 7.31 제거된 코크량

표 7.3 ● 각 통로별 제거된 코크량 (단위: kg)

가열로	Pass 1	Pass 2	Pass 3	Pass 4	Pass 5	Pass 6	Total
C-BA102	89	72	86	84	54	58	443
C-BA103	37	22	31	21	22	27	160

표 7.4 ● 각 통로별 디코킹 전/후 압력손실 (단위: kg_f/cm^2)

가열로	Pass 1	Pass 2	Pass 3	Pass 4	Pass 5	Pass 6	Average
C-BA102	5.3/2.8	5.3/3.8	4.8/3.7	4.8/4.3	4.8/3.8	4.8/3.8	5.0/3.7
C-BA103	4.8/3.8	4.8/3.8	4.9/3.8	4.8/3.7	4.0/3.6	4.2/3.7	4.6/3.7

7.10.8 피그 디코킹 전후 파울링인자 비교

4개 튜브 통로 모두 디코킹 전후 파울링인자에 큰 변화가 있음을 알 수 있다. 모두 디코킹 전에 비하여 디코킹 후의 파울링인자가 크게 감소하였다. 특히 파울링 경향이 컸던 통로 4가 크게 감소하였다. 이것은 상대적으로 통로 4의 코킹이 심했고 제거된 코크양이 많았음을 말해주고 있다.

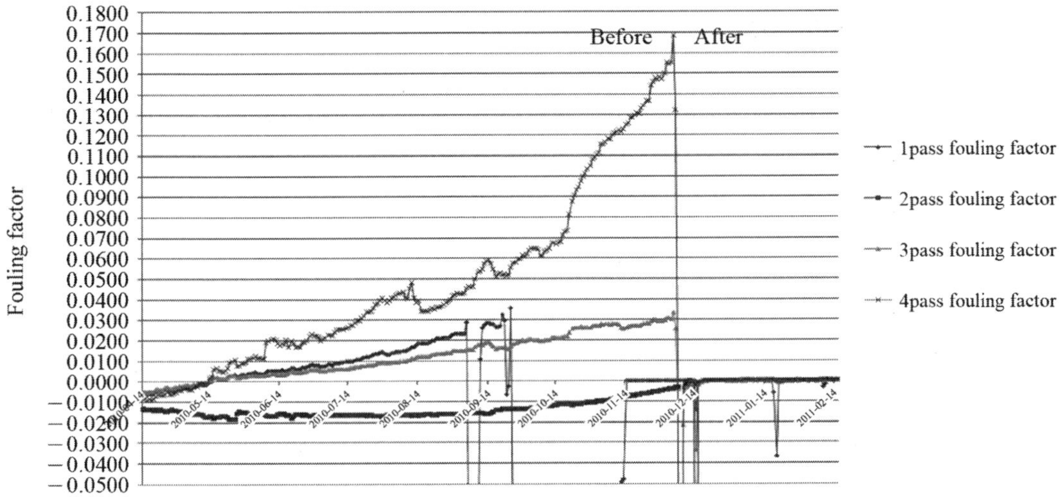

그림 7.32 피그 디코킹 전후 파울링인자

7.10.9 피그 디코킹 전후 포인트별 튜브 스킨 온도 비교

그리고 각 통로에 설치된 튜브 스킨 포인트의 온도 역시 디코킹 전후 파울링인자와 같은 경향을 나타내고 있다.

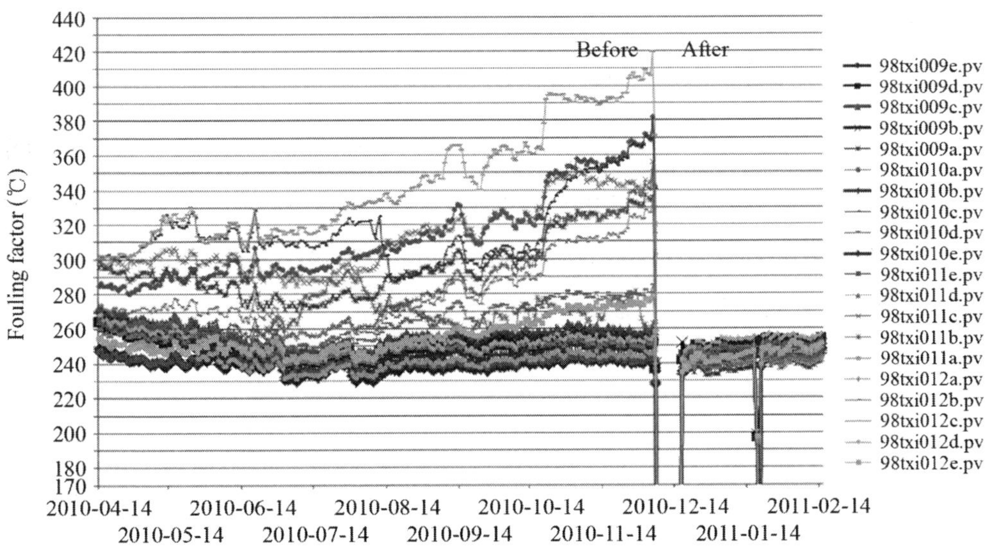

그림 7.33 피그 디코킹 전후 튜브 스킨 온도

7.10.10 피그 디코킹 전후 열유속 비교

피그 디코킹 전에 비하여 디코킹 후의 평균 열유속 (Heat flux)이 높아졌음을 나타내고 있다.

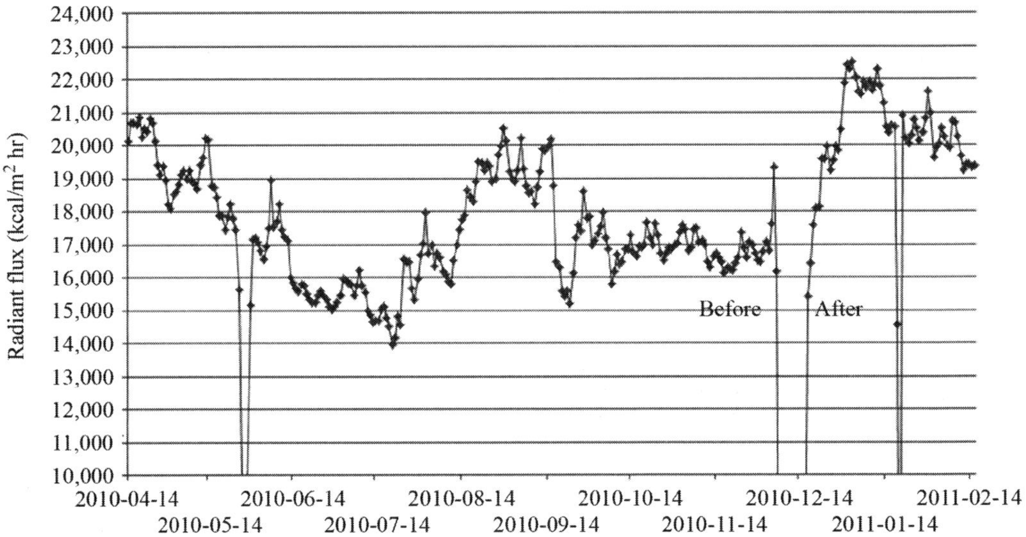

그림 7.34 피그 디코킹 전후 열유속

7.10.11 피그 디코킹 전후 연료 사용량

코크로 인해 공정 운전 제약 요소였던 피드 처리량이 해결되었고 높아진 열유속으로 최대 피드 처리가 가능하였다. 그림에서 사용 연료량이 디코킹 전에 비하여 디코킹 후가 높아진 것은 피드 처리가 최대였기 때문이다. 이는 단위 연료당 처리 피드량으로 비교 시 디코킹 후가 높음을 의미한다.

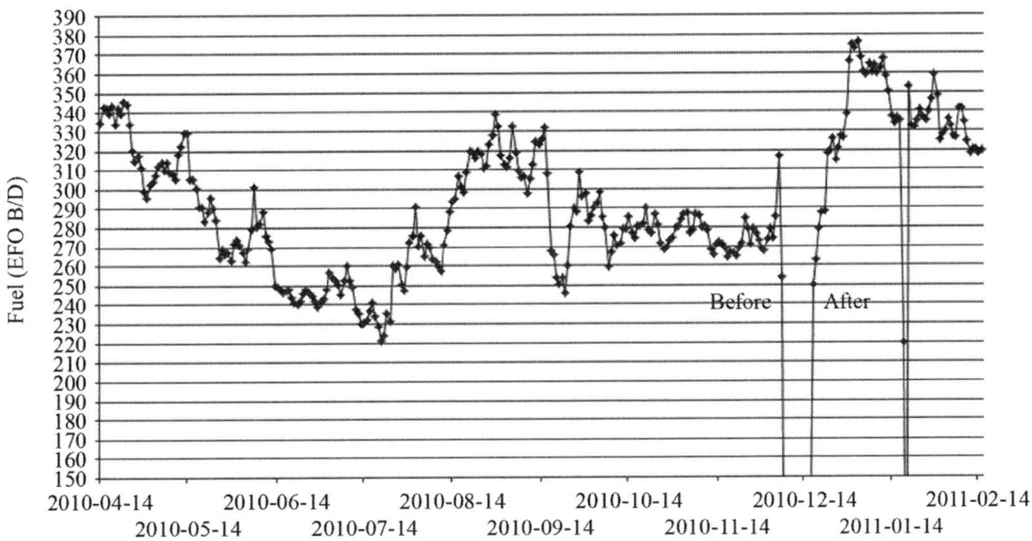

■ 그림 7.35 피그 디코킹 전후 연료 사용량

7.10.12 피그 디코킹 전후 통로별 튜브 스킨 온도 경향

4개 튜브 통로의 피그 디코킹 전후의 스킨 포인트 온도를 비교하였다. 각 통로별 및 동일 통로상의 스킨 포인트 위치에 따라 서로 다른 경향을 나타내고 있다. 이들 각각이 서로 유사한 경향을 나타낼수록 고른 열전달이 이루어지고 가열로의 운전은 안정되어 있음을 의미한다.

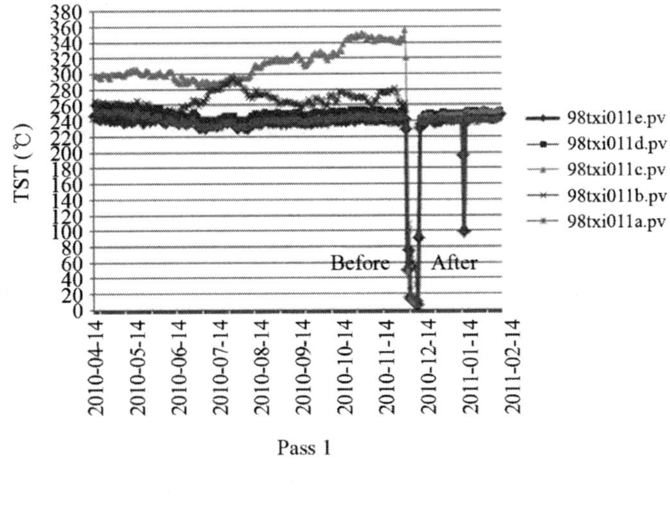

Pass 1

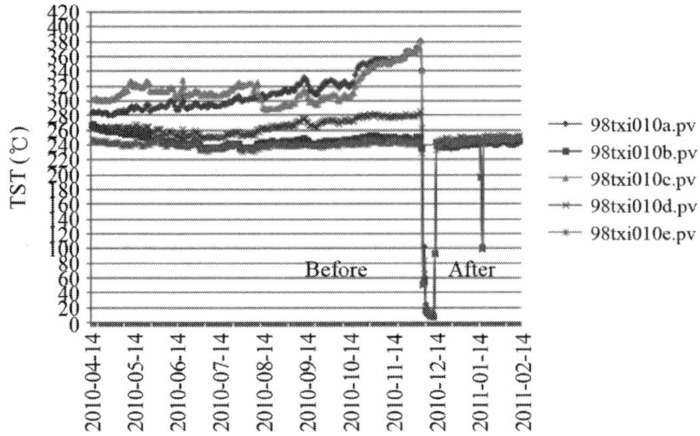

Pass 2

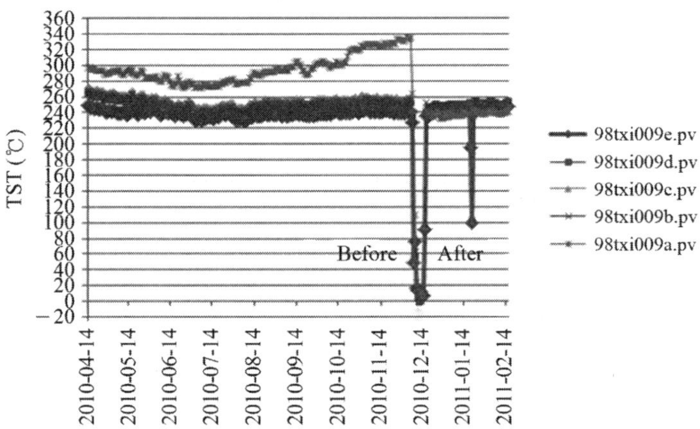

Pass 3

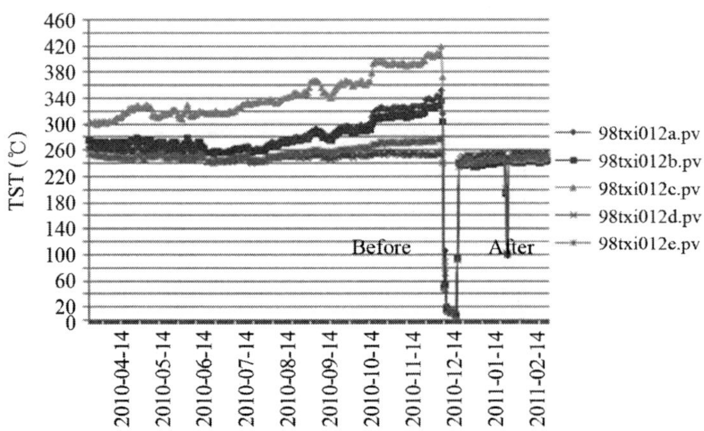

Pass 4

■ 그림 7.36 각 통로별 피그 디코킹 전후 튜브 스킨 온도

7.10.13 피그 디코킹 전후 통로별 압력손실 비교

피그 디코킹 전에 비하여 피그 디코킹 후의 각 튜브 통로의 압력손실 (ΔP)이 크게 감소했음을 보여주고 있다. 이것은 튜브내의 코크를 제거함으로써 흐름의 압력손실이 그만큼 줄어들었음을 의미한다.

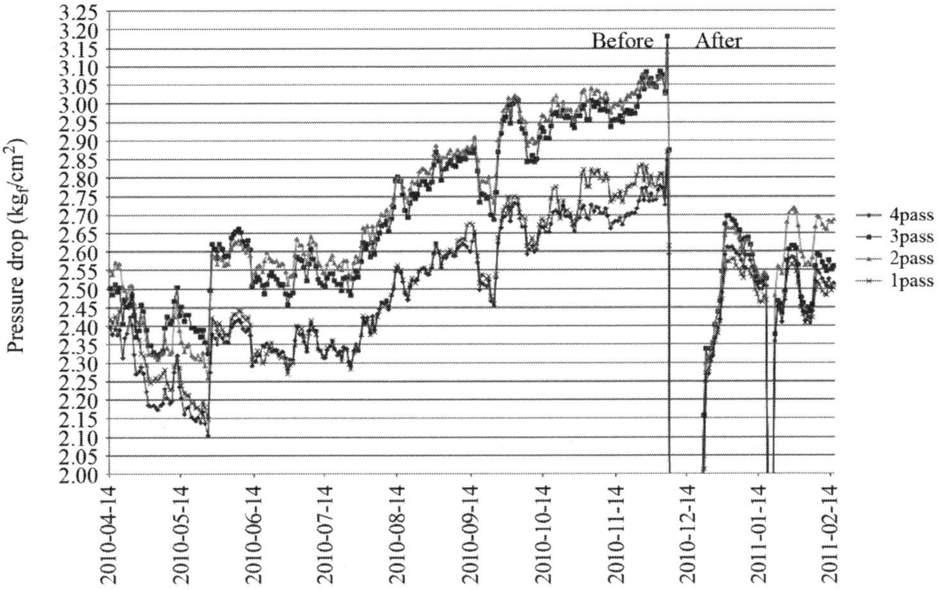

그림 7.37 피그 디코킹 전후 압력손실

7.10.14 피그 디코킹 전후 총괄열전달계수 비교

피그 디코킹 전에 비하여 피그 디코킹 후의 총괄열전달계수 (U값)가 크게 상승했음을 나타내고 있다.

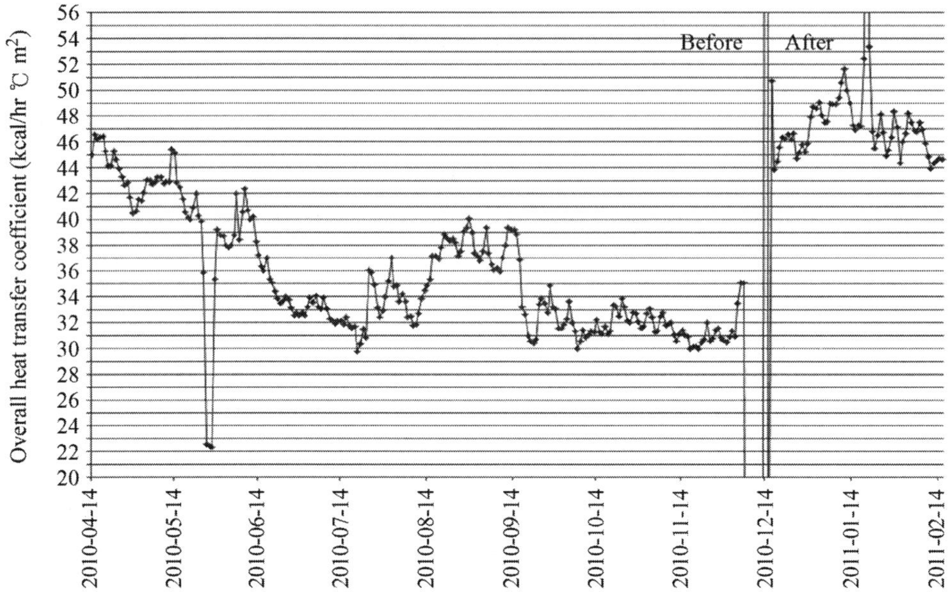

그림 7.38 피그 디코킹 전후 총괄열전달계수

7.10.15 열적 스팀/공기 디코킹 개요

스팀/공기 디코킹 (Steam/air decoking)은 튜브가 가열된 상태에서 스팀과 공기를 혼합하고 산소 (O_2) 농도를 조절하여 튜브 내벽에 붙어 있는 코크를 태워 없애는 방법이다. 여기서 스팀의 역할은 공기를 희석하고 열을 전달하며 튜브 내부를 씻어내 준다. 디코킹 운전 중 디코킹 유출 가스는 고온이므로 디코킹 드럼으로 들어가기 전에 차가운 물로 냉각시켜서 디코킹 드럼에서 입자가 큰 코크를 걸러낸다. 디코킹 드럼에서 나오는 가스 및 가스에 딸려 나오는 작은 코크 입자는 가열로의 연소실로 되돌려 보내서 태우거나 대기 중으로 방출시킨다.

튜브 내부에 붙은 코크의 발화 온도는 염 (Salt)이 주성분이냐 혹은 다공성이냐에 따라 다르지만 일반적으로 500～550℃에서 타기 시작한다.

코크의 발화 온도를 유지하기 위한 가열로의 부하는 대략 가열로 디자인의 25%이므로 버너의 불꽃을 작게 유지해도 충분하다. 코크 연소의 반응은 발열반응이므로 연소 중 튜브 내부의 온도가 자동적으로 상승된다.

튜브 내부에 스팀을 넣게 되면 다음과 같은 화학반응이 일어난다.

$$3H_2O + 2C \rightarrow CO_2 + CO + 3H_2$$

$$CO + H_2 + (H_2O) \rightarrow CO_2 + 2H_2O$$

또한 공기 중 산소 (O_2)는 가열된 코크와 다음의 화학반응을 일으킨다.

$$4C + 3O_2 \rightarrow 2CO_2 + 2CO$$

(1) 스폴링 과정 (예상 소요시간: 약 20 hrs)

폐수증기 응축수의 색깔이 어두운 회색에서 우유빛으로 변하게 되면 스폴링 작업은 충분한 것으로 간주해도 된다. 튜브 표면온도가 재질 허용온도를 넘지 않도록 주의한다.

(2) 코크 연소 과정 (예상 소요시간: 약 15 hrs)

연소가 끝나면 이 가스 분석치가 CO_2 함량으로 약 1%가 되며 공기 주입량을 더 증가시키더라도 CO_2가 증가하지 않으면 연소가 끝난 것으로 간주한다.

7.10.16 스팀/공기 디코킹 절차

위에서 언급한 것처럼 스팀과 공기를 혼합하여 산소 농도를 조절하고 튜브 내부의 코크를 태워 없앤다. 이때 사용 스팀은 공기를 희석하고 열을 전달하며 튜브 내부를 깨끗하게 세정하는 역할을 한다. 디코킹 유출물 가스는 냉각되어 디코킹 드럼 (Decoking drum)으로 들어가서 사이즈가 큰 코크는 걸어지게 된다. 걸러진 가스는 연소실 (Fire box)로 들어가 재연소된다. 코크의 연소온도는 대략 500~550℃이다. 스팀/공기 디코킹은 크게 2가지 과정으로 구분한다.

(1) 스팀으로 코크를 떼어 내는 과정 (Spalling)

$$3H_2O + 2C \rightarrow CO_2 + CO + 3H_2$$

$$CO + H_2 \xrightarrow{H_2O} CO_2 + 2H_2O$$

(2) 튜브 가열 하에서 공기로 코크를 태우는 연소과정 (Burning)

$$4C + 3O_2 \rightarrow 2CO_2 + 2CO$$

연소온도를 유지하기 위하여 연소 용량 (Firing duty)은 버너에서 작은 화염으로 보통 디자인의 25%로 한다. 그리고 코크 연소 (Coke burning)는 발열반응 (Exothermic reaction)이기 때문에 자동적으로 튜브 내부온도는 상승하게 된다. 튜브 내부온도는 스팀과 공기의 혼합비율로서 조정한다. 스팀과 공기의 무게비에 따른 온도 상승은 코크 연소온도 500℃ 기준으로 아래 표와 같다. 표에서 보는 바와 같이 스팀 혼합비가 클수록 온도증가 폭과 코크 연소온도는 낮아진다.

표 7.5 ● 스팀/공기 혼합비에 따른 온도변화

스팀/공기 무게비	온도증가 폭 (℃)	코크 연소온도 (℃)
1 : 1	480	980
3 : 1	340	840
5 : 1	220	720
10 : 1	120	620

따라서 작업 시 스팀을 조정하여 사용재질의 허용온도를 초과하지 않도록 주의해야 한다. 예를 들어 튜브 재질이 9Cr-1Mo (P9)일 경우 허용 산화온도 (Allowable oxidation temperature)가 705℃이므로 적절한 스팀/공기 비는 10 : 1 이하로 해야 한다. 연돌로 열손실을 막기 위해 스팀/공기 비율을 5 : 1까지 낮출 수 있으나 이때 튜브 스킨 온도를 주시해야 한다. 참고로 오늘날 스팀/공기 디코킹 방법은 거의 사용되지 않고 대부분 피그 디코킹 방법을 사용하고 있다.

7.10.17 아스팔트 공정 가열로의 스팀/공기 디코킹 (사례)

튜브 재질이 P5 (5Cr-0.5Co)인 아스팔트 공정 가열로에서 스팀/공기 디코킹 서비스를 실시한 결과, 효율이 70.4%에서 77.5%로 7.1% 개선되었다. 작업 방법은 P5 재질의 허용 산화온도가 702℃이므로 튜브 스킨온도를 주시하면서 스팀/공기 비를 5 : 1 (720℃)까지 낮추어 705℃를 크게 넘지 않게 하였고 스폴링 (Spalling)은 13시간 그리고 연소 (Burning)는 40시간 각각 실시하였다.

표 7.6 ● 아스팔트 공정 가열로 스팀/공기 디코킹 서비스

	Spalling (13 hours)	Burning (40 hours)
Fire box temperature	600℃	580℃
Coil outlet temperature	550℃	-
Tube skin temperature	540～570℃	No over 570℃
Steam injection	Increase by 4 ton/hr	Decrease by 1.5 ton/hr
Air injection	-	60 Nm^3/hr at start, gradually increase to 200 Nm^3/hr
Condensate color	Thick gray or black color, precipitating lots of coke particle, gradually to clean color, finishing work at clean gray color	Thick brown color with red
CO_2 in tail gas	-	From over 6 mol% to less than 1 mol%, decreasing gradually

스팀/공기 디코킹 서비스 후 가동말기 (End of run)의 튜브 표면온도 (593℃)에 도달하는데 1.5년이었다. 따라서 1.5년마다 한번 주기로 디코킹 서비스가 필요하였다.

7.11 연소로 폐열 회수와 대기 배출물 저감

폐열 회수에 의한 에너지 (연료) 절감은 곧 대기오염 배출량을 줄이는 것과 같다. 아래 그림과 같이 폐열 회수장치를 가지지 않는 고전적인 자연통풍식 (Natural draft)의 연소로에서 여러 가지 폐열을 회수하는 방법을 정리하였다. 단, 여기서 연소공기 온도 T_{air}, 연돌 배출가스온도 T_{stack}, 연소로 코일 입구온도 T_{in}, 연소로 코일 출구온도 T_{out}, 연돌 산소농도 O_2이다.

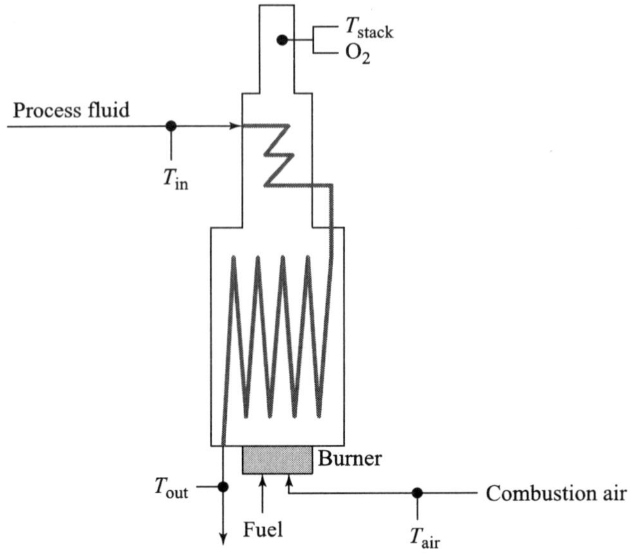

그림 7.39 공기 예열기를 가지지 않은 자연통풍식

7.11.1 공정 유체에 의한 연소공기 예열 경우

다음은 외부 공정 유체로부터 폐열을 이용하여 연소공기를 예열하는 경우를 나타내고 있다.

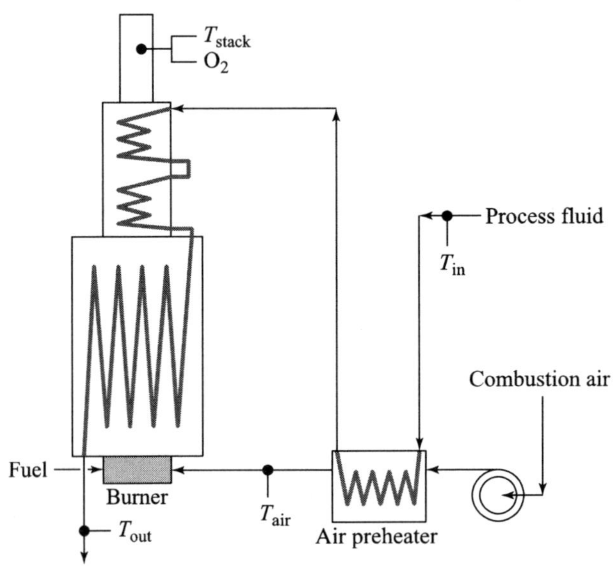

그림 7.40 공정 유체에 의한 공기 예열

7.11.2 연돌 배출가스에 의한 연소공기 예열 경우

연돌 배출가스로부터 폐열을 이용하여 연소공기를 예열하는 경우를 나타내고 있다. 다음 그림 (a)는 연소공기 예열 코일 (Air preheating coil)이 대류부 상단에 배열되어 연돌로 배출되는 가스에서 폐열을 회수하고 있다. 그림 (b)는 공기 예열기 (Air preheater)가 버너 (Burner) 전단에 설치되어 강제통풍식 팬 (Forced draft fan)으로 연소공기를 흡입시키고 유도통풍식 팬 (Induced draft fan)으로는 대류부 (Convection section)를 나와 연돌 (Stack)로 빠지는 배출가스 (Flue gas)를 유도하여 서로 열교환 (Heat exchange)을 시킴으로써 폐열 (Waste heat)을 회수하고 있다.

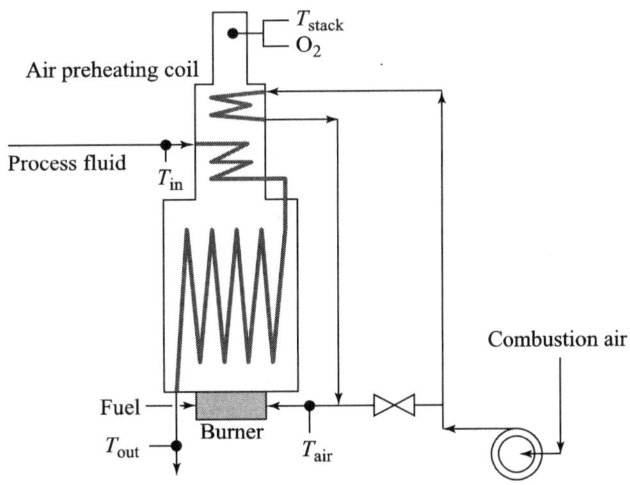

(a) 대류부 출구 공기 예열 코일

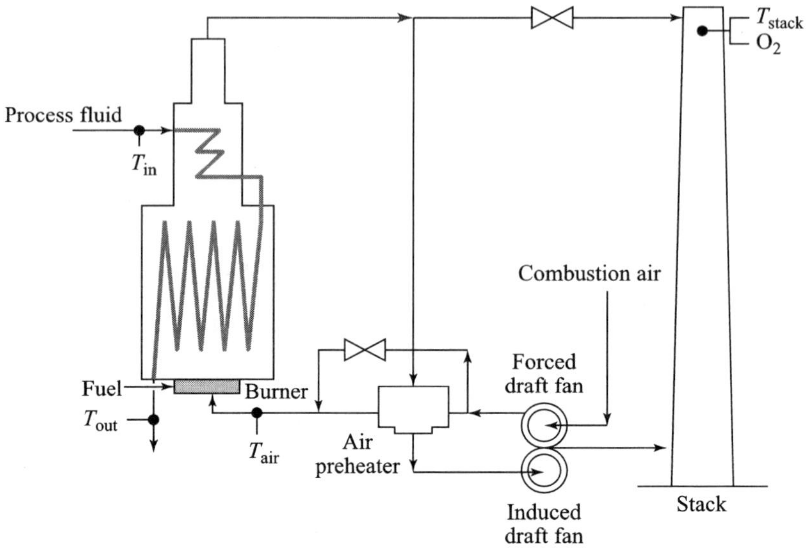

(b) 버너 전단 공기 예열기

그림 7.41 연돌 배출가스에 의한 연소공기 예열

7.11.3 이송유체에 의한 연소공기 예열 경우

배출가스 대신에 열 이송유체 (Heat transfer fluid) 혹은 스팀 (Steam)과 물 (Water)을 사용하여 연소공기를 예열하는 경우이다. 이들 유체는 공기 예열기에서 공기와 열교환으로 열을 빼앗긴 후 다시 연소로 복사부 상단으로 들어가 가열되는 순환 과정 시스템으로 되어 있다.

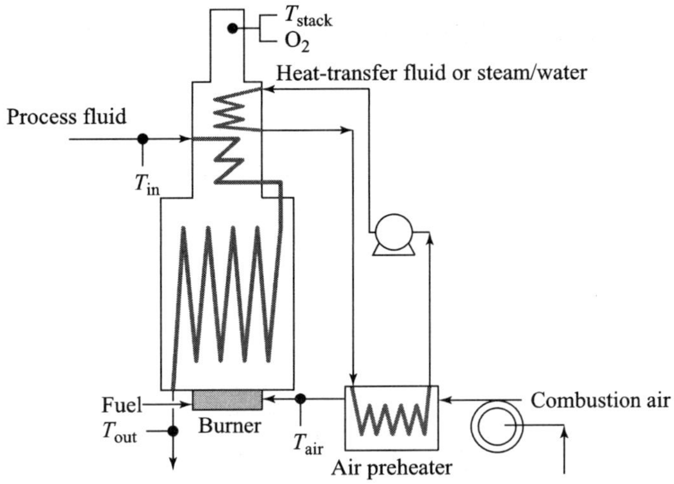

▌그림 7.42 이송유체에 의한 연소공기 예열

7.11.4 스팀 혹은 다른 폐열에 의한 연소공기 예열 경우

스팀이나 다른 폐열 소스를 이용하여 연소공기를 예열하는 경우를 말한다. 아래는 잉여 스팀을 이용하여 연소공기를 예열하는 것을 나타내고 있다.

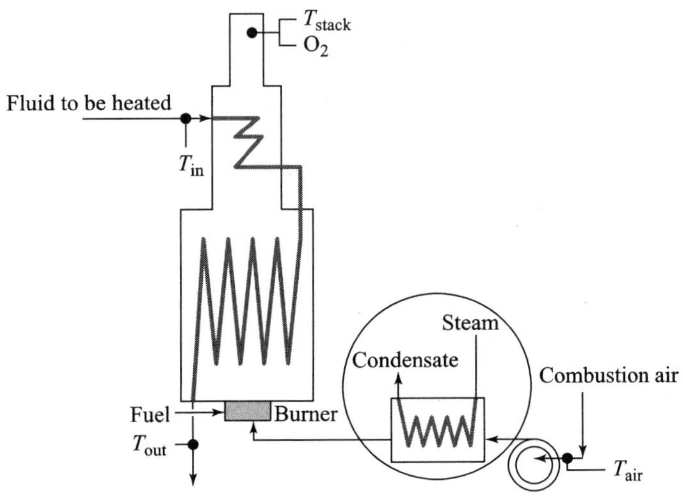

▌그림 7.43 스팀 혹은 다른 폐열에 의한 연소공기 예열

7.11.5 2개 공정흐름의 대류부 열용량으로 유체 예열 경우

서로 다른 2개 공정 흐름의 대류부 열용량을 이용하여 공정 유체를 예열하는 경우이다. 다음과 같이 2개의 연소로에서 연소로 1에서는 유체 1을 처리하고 연소로 2에서는 유체 2를 각각 처리하고 있다. 하지만 유체 2는 연소로 1의 대류부에서 배출가스 열을 이용하여 예열된 후 연소로 2의 대류부로 들어가는 흐름도를 나타내고 있다.

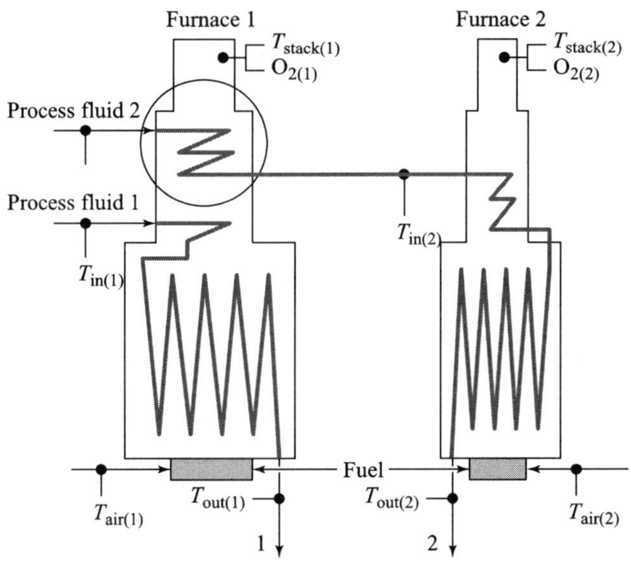

그림 7.44 대류부 열용량을 공정유체 예열에 사용

7.11.6 대류부 열용량으로 스팀 및 과열스팀 생산

대류부 가스 열용량으로 스팀을 생산하거나 생산된 스팀을 과열스팀으로 전환시키는데 이용함으로써 연돌로 빠져 나가는 열을 최소화한다. 이를 위하여 대류부 상단에 추가 튜브를 설치해야 한다.

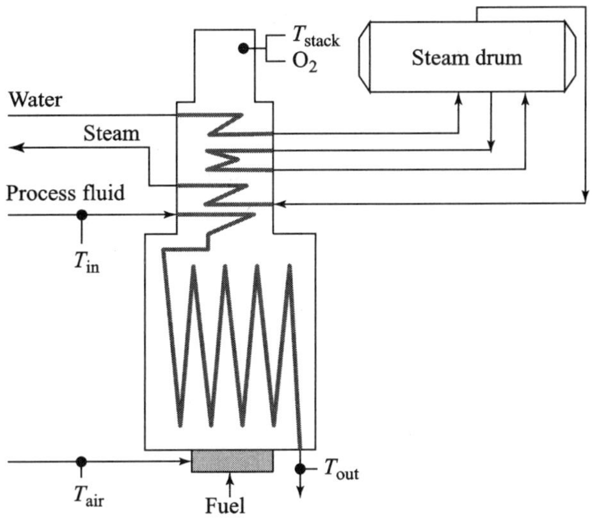

그림 7.45 대류부 열용량으로 스팀 및 과열스팀 생산

7.11.7 공용 덕트를 통해 대류부 폐열을 회수하는 경우

여러 개의 연소로에서 나오는 배출가스를 공용 덕트를 통해 모아서 스팀을 생산함으로써 폐열을 회수한다.

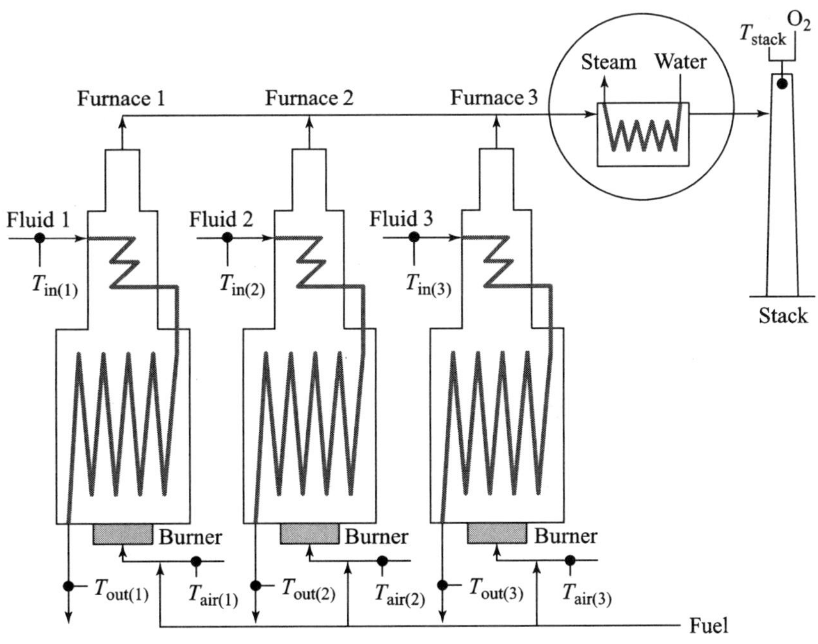

그림 7.46 대류부 폐열을 공용 덕트를 통해 회수

7.11.8 수소생산 개질 공정 경우

수소생산 공정에서 개질반응 후 배출되는 폐열을 이용하여 스팀을 생산한다.

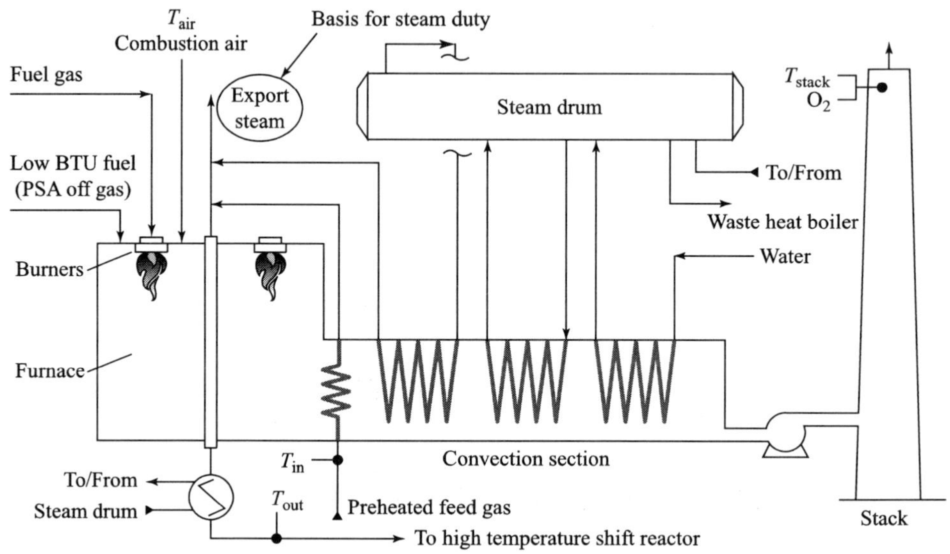

▌그림 7.47 수소생산 개질 공정

7.11.9 CO 보일러

중질유 분해공정의 다운 스트림인 CO 보일러의 폐열을 이용하여 스팀을 생산한다.

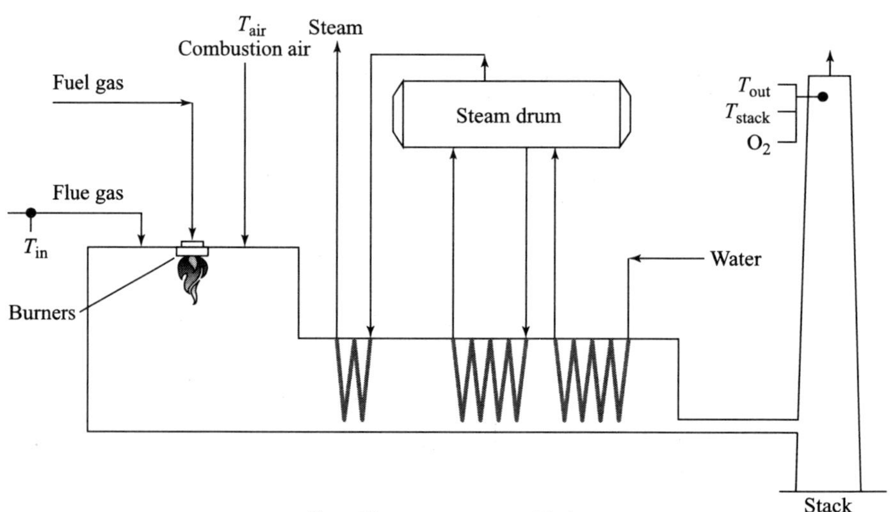

▌그림 7.48 CO 보일러

7.11.10 가스터빈의 배출가스를 이용하여 스팀을 생산

열병합 발전기 (Cogenerator)에서 가스터빈 (Gas turbine)의 배출가스 (Exhaust gas)를 이용하여 스팀을 생산한다.

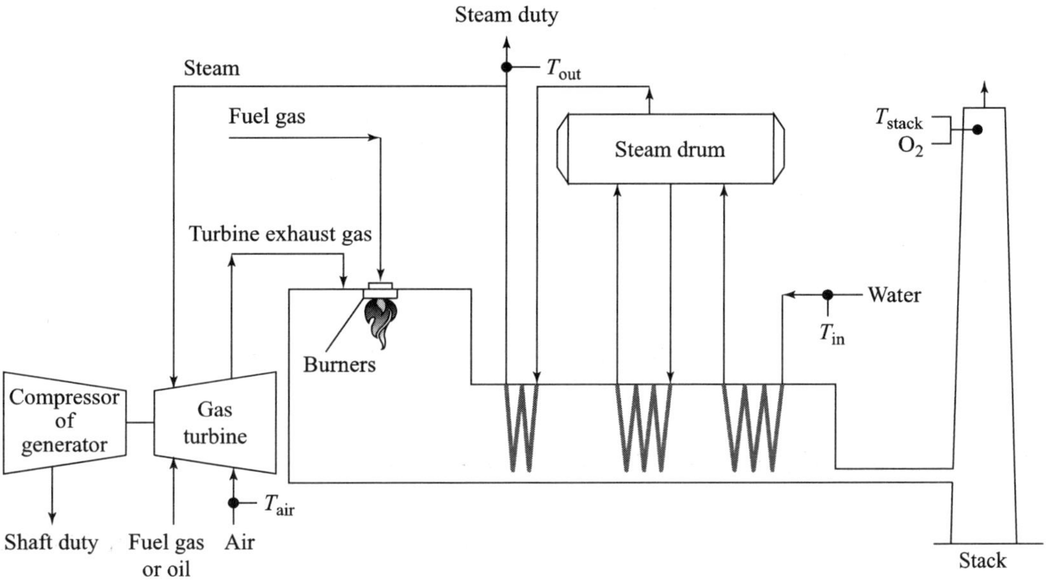

그림 7.49 가스터빈의 배출가스를 이용 스팀 생산

7.11.11 가스터빈의 배출가스를 이용하여 공정 유체를 예열

열병합 발전기 (Cogenerator)에서 가스터빈 (Gas turbine)의 배출가스 (Exhaust gas)를 이용하여 공정 유체 (Process fluid)를 예열한다.

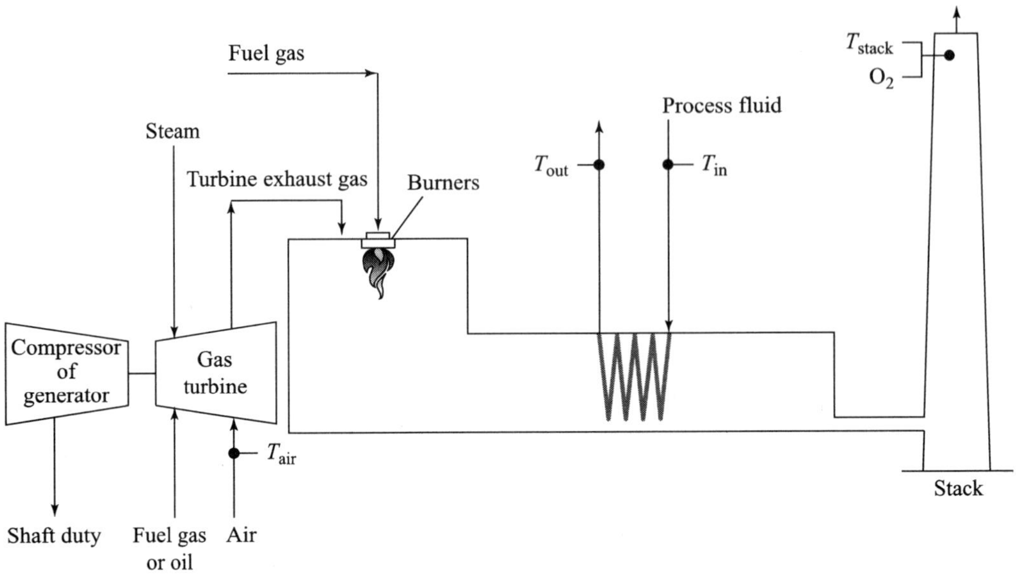

■ 그림 7.50 가스터빈의 배출가스를 이용 공정 유체 예열

7.11.12 수소첨가 탈황공정의 피드 예열 연소로 경우

수소첨가 탈황공정의 피드인 제품오일 (Oil)은 복사부에서 가열되고 수소 (H_2)는 대류부에서 각각 예열된 후 함께 반응기로 들어간다.

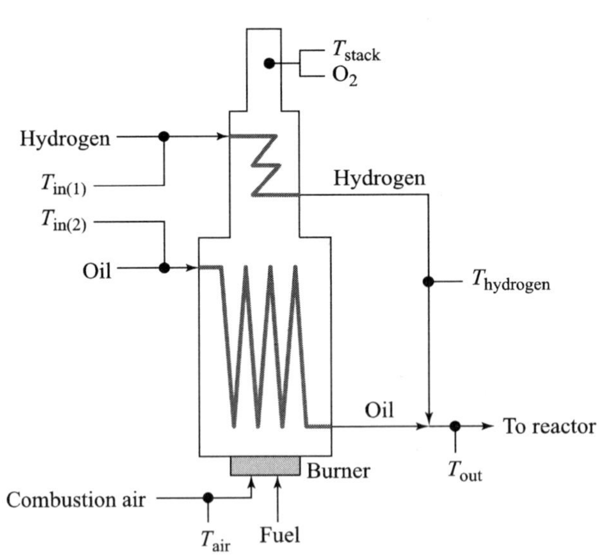

■ 그림 7.51 수소첨가 탈황공정 피드 예열

Chapter 8

열교환기 에너지 장치 디자인

(사례)

에너지 장치 중 열교환기의 디자인과 제작에 관하여 상세히 살펴보기로 하자.

8.1 시뮬레이터 사용식

아래와 같은 두 유체의 흐름에서 열전달이 일어난다. 열전달에는 복사 (Radiation), 대류 (Convection), 전도 (Conduction)가 있다. 이들 각각의 식은 아래에 나타내었다. 그리고 이들 식들은 열교환 장치를 설계 시 사용하는 시뮬레이션용 프로그램에 적용된다.

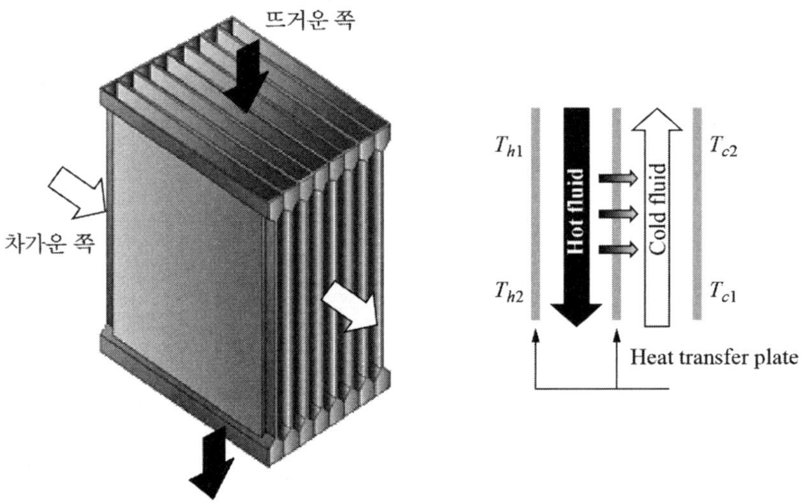

그림 8.1 유체 열교환 개요도

(1) 전도 (Conduction, Fourier's law)

$$\frac{dq}{dt} = k \times \frac{dT}{dx}$$

여기서, t: 시간, k: 열전도도, T: 온도, x: 두께

$$Q_{\text{cond}} = U \times A \times \Delta T$$

여기서, U: 열전도 (k/t), A: 열전달 면적, ΔT: 온도 차이

(2) 복사 (Radiation, Stefan-Boltzmann law)

$$Q_{\mathrm{rad}} = f \times \epsilon \times \sigma \times (T_{\mathrm{hot}}^4 - T_{\mathrm{cold}}^4)$$

여기서, f: 기하학적 인자, ϵ: 방사열, σ: 스테판 볼쯔만 상수

(3) 대류 (Convection)

$$Q_{\mathrm{conv}} = h \times A \times \Delta T$$

여기서, h: 열전달 계수

$$\left(h_i = 0.021 \times \left(\frac{k}{D_i}\right) \times \mathrm{Re}^{0.8} \times \mathrm{Pr}^{0.4} \times \left(\frac{T_b}{T_w}\right)^{0.3} : \text{증기 흐름, 난류} \right)$$

여기서, h_i: 내부 열전달계수, D_i: 내부 직경, Re: 레이놀즈 수,

Pr: 프란틀 수, T_b: 벌크 온도, T_w: 벽 온도

(4) 두 유체의 열전달

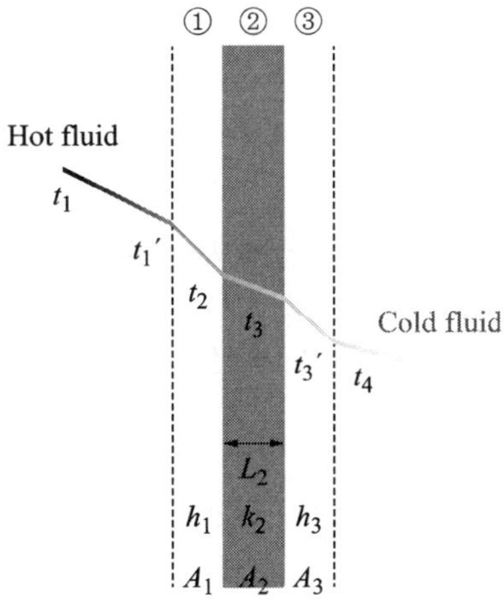

① 대류 (Convection)

$$q = h_1 A_1 \Delta t = h_1 A_1 (t_1 - t_2) = \frac{(t_1 - t_2)}{\left[\frac{1}{(h_1 A_1)}\right]}$$

② **전도 (Conduction)**

$$q = \frac{k_2 A_2 \Delta t}{L_2} = \frac{\Delta t}{\left[\dfrac{L_2}{(k_2 A_2)}\right]} = \frac{(t_2 - t_3)}{\left[\dfrac{L_2}{(k_2 A_2)}\right]}$$

③ **대류 (Convection)**

$$q = h_3 A_3 \Delta t = h_3 A_3 (t_3 - t_4) = \frac{(t_3 - t_4)}{\left[\dfrac{1}{(h_3 A_3)}\right]}$$

(5) 열전달의 무차원수 (Dimensionless number)

관련 열 물리적 특성에는 확산속도의 전달 특성으로 열전도도 k, 운동학적인 점도 μ, 계의 관련 평형상태 열역학적 특성으로 밀도 ρ와 비열 C_p가 있다.

① **레이놀즈수 (Reynolds number, 관성력/점성력)**

$$\mathrm{Re} = \frac{\rho v L}{\mu} \quad \left(= \frac{GD}{\mu}\right)$$

Re < 2000 (Laminar flow), 2000 ≤ Transient flow < 5000, 5000 ≤ Re (Turbulent flow)

② **누셀트수 (Nusselt number, 복사/전도)**

$$\mathrm{Nu} = \frac{hl}{k} \quad \left(= \frac{hD}{k}\right)$$

③ **프란틀수 (Prandtl number, 운동량 확산성/열 확산성)**

$$\mathrm{Pr} = \frac{C_p \mu}{k}$$

④ **그라쇼프수 (Grashof number, 부력/점성력)**

$$\mathrm{Gr} = \frac{g \rho^2 \beta (T_w - T_b) L^3}{\mu^2}$$

8.2 튜브/쉘형 열교환기

아래는 플로팅 헤드 (Floating head) 튜브/쉘형 열교환기의 주요 명칭을 나타내고 있으며, 그림 8.2 (a)는 2패스 (Pass)이고 (b)는 1패스 (Pass) 구조의 형태이다.

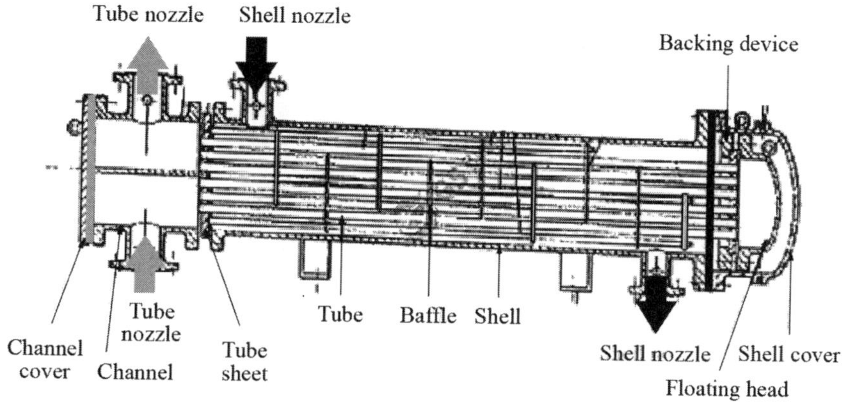

(a) 2패스 튜브/쉘형 열교환기

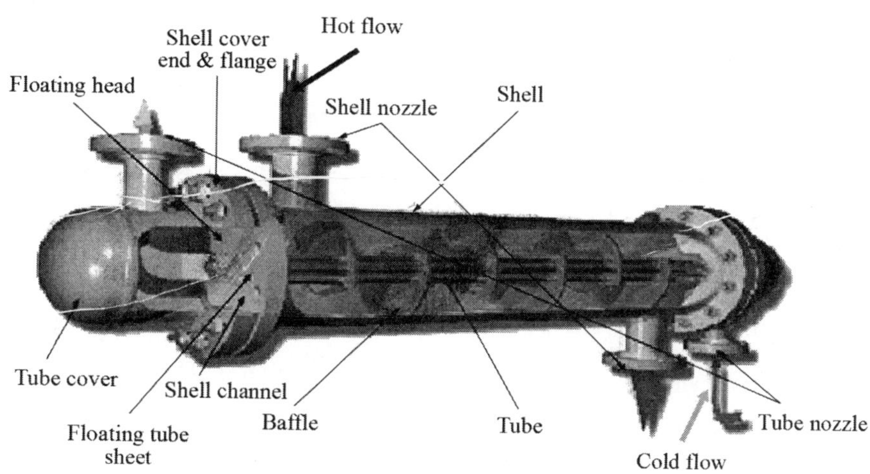

(b) 1패스 튜브/쉘형 열교환기

그림 8.2 튜브/쉘 열교환기 개요도

8.2.1 보정 평균온도 차이 (CMTD; Corrected log Mean Temp Difference)

아래 그림은 튜브/쉘 열교환기에서 두 가지 유체의 흐름 즉 뜨거운 유체 (Hot fluid)와 차가운 유체 (Cold fluid)의 향류흐름 (Count flow)을 나타낸다. 이들 두 유체 사이에 열전달의 형태를 살펴보기로 하자. 여기서 뜨거운 유체 입구온도 T_{h1}, 뜨거운 유체 출구온도 T_{h2}, 차가운 유체 입구온도 T_{c1}, 차가운 유체 출구온도 T_{c2}라고 한다.

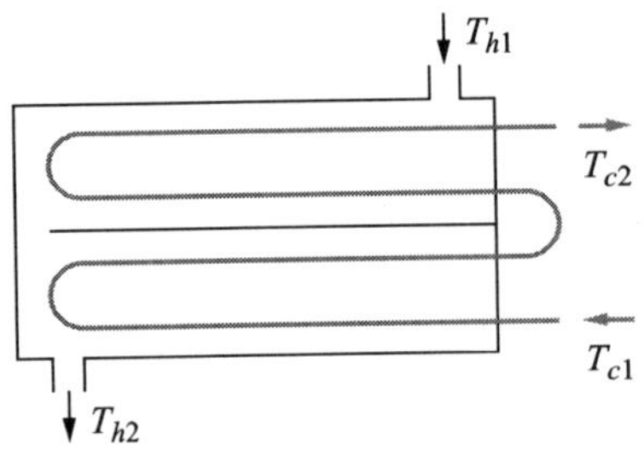

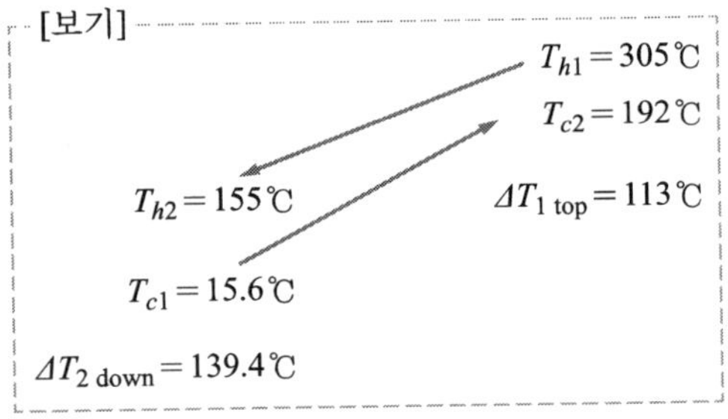

보정 평균온도 차이 (CMTD)는 로그 평균온도 차이 (LMTD; Log mean temperature difference)를 보정한 것이다. LMTD을 보정하기 위해서는 우선 P, R, X ($= P'$, $R \neq 1$) 인자를 이들의 식에서 구한다. 그러고 나서 F 인자를 구하면 이 값을 LMTD에 곱하여 (LMTD × F) CMTD값을 얻게 된다. 이 CMTD값이 클수록 더 향류 (Counter flow) 쪽의 흐름 경향을 나타내고 반대로 CMTD값이 작을수록 상호 병류 (Co-current flow) 흐름을 보이게 된다. 만약 그 값이 1이면 완전한 향류 (True counter flow)를 의미하고 패스수 (Pass No.) 증가는 F 인자 값의 증가와 같다. 즉 패스수가 많을수록 뜨거운 유체 출구온도 (T_{h2})와 차가운 유체 출구온도 (T_{c2})가 서로 교차 (Cross)함을 나타낸다. 이것은 $T_{h2} < T_{c2}$이다. 참고로 열교환기 디자인 핸드북 (Perrys chemical engineers' handbook)은 0.8보다 작은 F 인자는 비효율적인 열교환기 디자인이라 한다. 따라서 열교환기 디자인에서 F 인자는 최소한 0.75는 되어야 한다.

$$\text{LMTD} = \frac{(T_{h1} - T_{c2}) - (T_{h2} - T_{c1})}{\ln\left(\dfrac{T_{h1} - T_{c2}}{T_{h2} - T_{c1}}\right)} \tag{8-1}$$

$$P = \frac{T_{c2} - T_{c1}}{T_{h2} - T_{c1}}, \qquad R = \frac{T_{h1} - T_{h2}}{T_{c2} - T_{c1}} \tag{8-2}$$

240

$$X = \frac{1-\left(\dfrac{RP-1}{P-1}\right)^{\frac{1}{N}}}{R-\left(\dfrac{RP-1}{P-1}\right)^{\frac{1}{N}}} \tag{8-3}$$

$$F = \frac{\left(\dfrac{\sqrt{R^2+1}}{R-1}\right)\ln\left(\dfrac{1-X}{1-RX}\right)}{\ln\left(\dfrac{\dfrac{2}{X}-1-R+\sqrt{R^2+1}}{\dfrac{2}{X}-1-R-\sqrt{R^2+1}}\right)}, \qquad N\text{: 패스수} \tag{8-4}$$

그리고 만약 R 인자 값이 1 ($R=1$)일 경우는 X ($=P'$)와 F 인자는 다음과 같다.

$$X = \frac{P}{[N-P(N-1)]}$$

$$F = \frac{\dfrac{(R^2+1)^{1/2}(P')}{\ln[10(1-P')]}}{\log\dfrac{(2/P')-2+(2)^{1/2}}{(2/P')-2-(2)^{1/2}}}$$

8.2.2 총열전달계수 (U) 값

$$Q = U \times A \times \mathrm{CMTD} \quad \rightarrow \quad U = \frac{Q}{(A \times \mathrm{CMTD})}$$

그리고

$$U = \frac{1}{\left[\left(\dfrac{1}{h_o}\right)+\left(\dfrac{A_o}{A_i}\right)\left(\dfrac{1}{h_i}\right)+r_w+r_{fo}+\left(\dfrac{A_o}{A_i}\right)r_{fi}\right]}$$

여기서, h_o: 쉘측 필름계수, A_o: 튜브 외부 면적, A_i: 튜브 내부 면적, h_i: 튜브측 필름계수, r_w: 튜브벽 필름저항, r_{fo}: 튜브 외부 파울링 저항, r_{fi}: 튜브 내부 파울링 저항이다.

8.3 열교환기 종류

일반적으로 열교환기는 형태에 따라 튜브/쉘 (Tube/shell) 열교환기와 판 (Plate) 및 스파이럴 (Spiral) 열교환기로 구분한다. 또한 상호 열교환하는 유체에 따라 공기 (Hot gas-cold air) 가열기, 가스 (Hot gas-cold air) 냉각기, 이코너마이저 (Economizer, hot gas-cold water), 가스 (Hot gas-cold gas) 가열기, 스팀 (Hot steam-cold air) 가열기 및 액체 - 액체 (예: 원유 - 제품) 열교환기 등으로 나눌 수 있다.

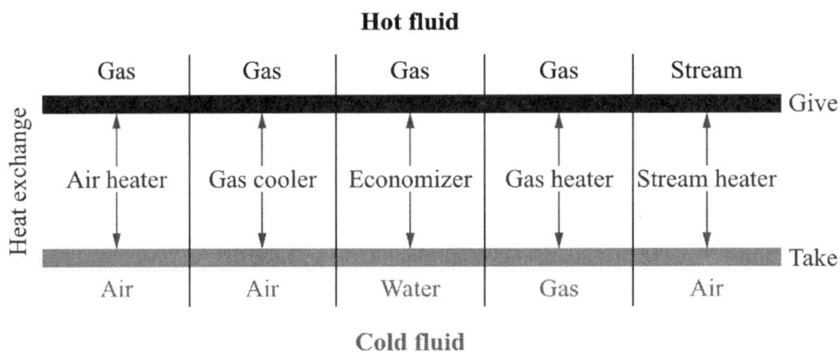

그림 8.3 상호 열전달 유체 (Heat transfer fluids)

8.3.1 튜브/쉘 열교환기 (Tube/shell heat exchanger)

보통 튜브/쉘 형태의 열교환기는 정유 및 석유화학 장치 산업 공정에서 액체와 액체 예를 들면 원유/석유제품 혹은 공정 냉각수와 순환수 등의 열교환에 많이 사용되고 있다.

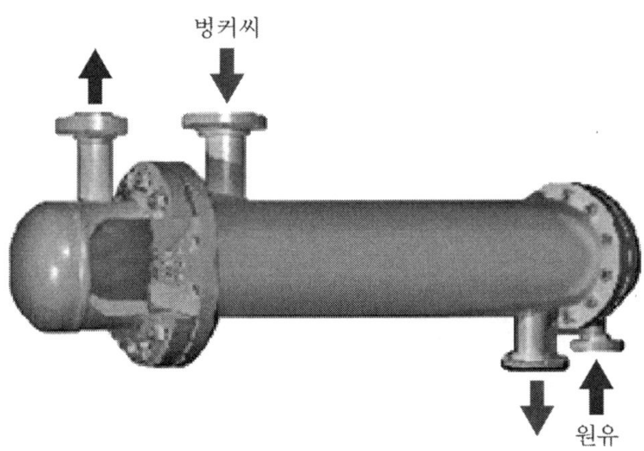

그림 8.4 정유공정 튜브/쉘형 열교환기

8.3.2 판형/스파이럴형 열교환기 (Plate/spiral heat exchanger)

일반적으로 판형 및 스파이럴형 열교환기는 기체와 기체 예를 들면 연소 가열로의 공기 예열기 (Air preheater)와 같이 연소공기와 배출가스의 열교환에 활용하고 있다. 다음은 판형 열교환기를 나타낸다.

그림 8.5 판형 열교환기

8.3.3 공기 예열기 (Air preheater)

공기 예열기는 복열 (Recuperative)형태, 재생 (Regenerative)형태, 열 파이프 (Heat pipe)가 있다. 이들의 시장 점유율은 복열형태가 약 70% 그리고 재생형태 및 기타가 30%를 각각 차지하고 있다. 이들 예열기 모두는 배출가스의 폐열로 연소공기를 예열하는데 사용하기 위한 열회수 장치로서 전열 단면을 통해서 직접 연소공기와 배출가스가 열교환 하는 방식이다. 다음은 복열형태의 공기 예열기를 나타낸다.

(1) 복열형태 공기 예열기

주물철 (Deka cast iron, By-cast, 벨기에)과 판형 (Plate type)이 있고 시장 점유율은 주물철이 약 80%, 판형이 20% 각각 차지하고 있다. 이들은 주로 연소 가열로나 보일러 등에 폐열 회수 목적으로 많이 적용되고 있다. 이 형태의 공기 예열기의 일반적인 유체 흐름도는 다음과 같다.

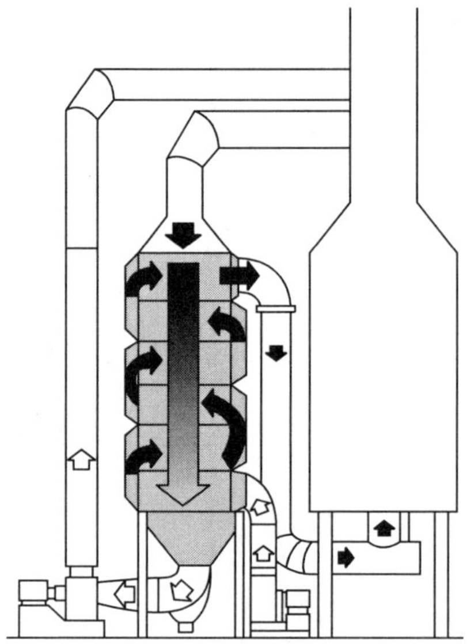

그림 8.6 복열형태 공기 예열기

다음 그림은 주물철, 판형, 골 (Corrugate)판형 공기 예열기를 나타낸다.

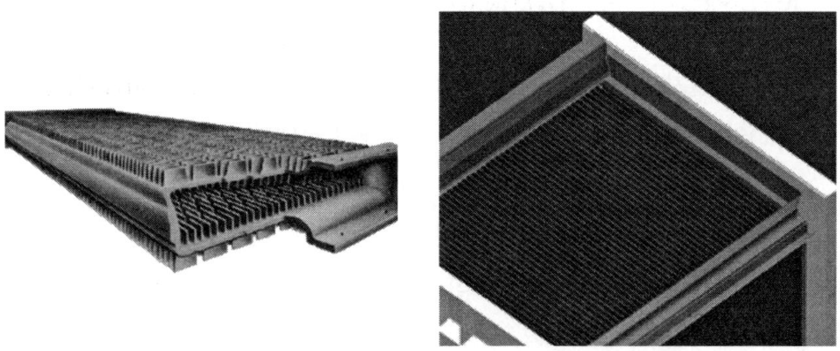

주물 판형

그림 8.7 공기 예열기

그림 8.8 골 (Corrugate)판형 공기 예열기

(2) 재생형태 열교환기

배출가스와 연소공기 흐름 사이에 열매체가 있어 간접적으로 열교환하는 양식을 말한다.

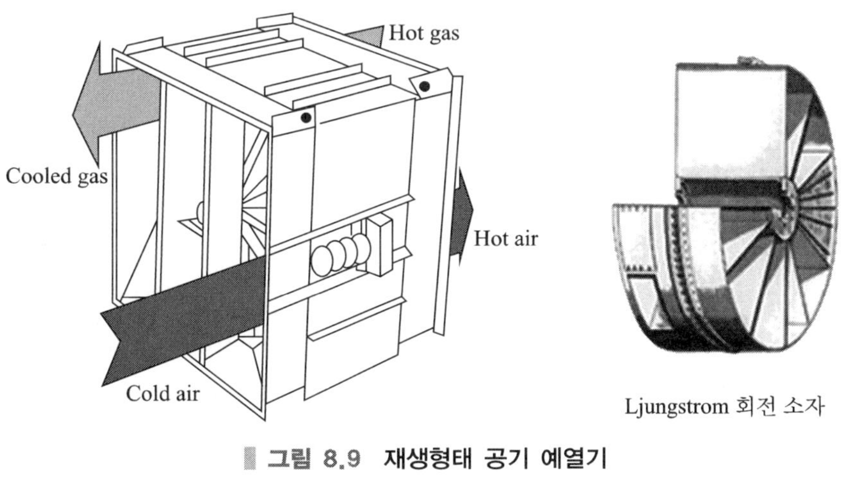

그림 8.9 재생형태 공기 예열기

(3) 열 파이프 (Heat pipe)

파이프 안에 무기화학 물질로 채워 진공 통 (Vessel) 속에서 열적으로 초전도성을 가지게 한다. 이 초전도성으로 케이싱에서 열을 흡수하여 파이프에 의해 열을 제거하는 방식이다. 이는 은 (Silver)의 수만 배에 해당하는 효과적인 열전도성을 나타낸다. 이때 파이프 (튜브)는 전혀 산 이슬점 (Acid dew point)에 도달하지 않는다.

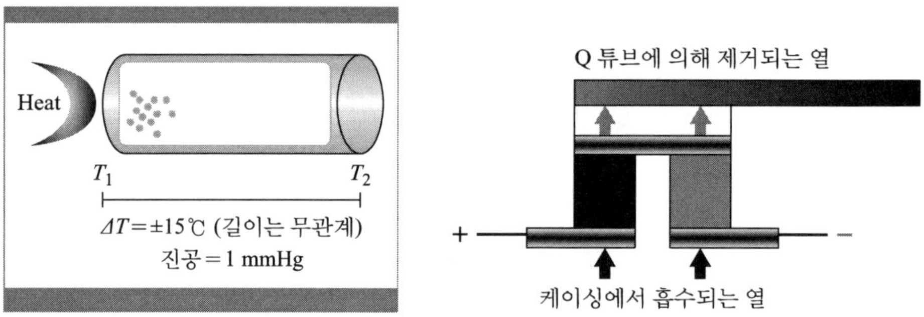

그림 8.10 열 파이프 (Heat pipe)

8.3.4 여러 형태의 판형 공기 예열기

판형 공기 예열기에는 평판형 (Plat plate type), 골판형 (Corrugated plate type), 오목판형 (Dimple plate type)과 같은 형태가 있으며 각각 장단점을 가지고 있다. 이들 공기 예열기 제작사에는 GEA Ecoflex GmbH (독일), Rizzi Energy Spa (이탈리아), MECS; Monsanto Enviro-Chem Systems, Inc (미국), Euro-Apex B.V. (네덜란드), Shinhan Apex (한국), Kamal (인도), es Tech E&C Ltd (한국) 등이 있다.
이들 판형 열교환기 제작사의 제품 특징은 다음과 같다.

(1) Euro APEX

판을 절곡한 누출의 단점을 가진 OCAP®에서 시작하여 바 (Bar)형태의 두 번 용접 APEX® 그리고 마지막으로 CORPEX®로 발전하였다. 게다가 선팽창을 고려한 벨로즈 (Bellows) 설치의 ㈜신한 아펙스 제품인 OPEX®가 있다.

(2) GEA

보일러 제조사 밥쿡 (Babcook)을 인수 합병하고 열교환기 백화점이라 불릴 정도로 다양한 제품을 취급하고 있다. 특히 0.8 mm 두께의 SS304 (신한 아펙스 : 1 mm 두께) 재질을 압축성형 (Dimple)으로 제작하고 제작품의 C치수는 500 (콜드) + 500 (핫) = 1000 mm이다. 각 콜드/핫흐름의 다중 통합 덕트로 매우 복잡하고 이는 또 하나의 열교환기 형태를 가진다. 그리고 향류흐름 (Counter flow)이라고 하지만 데드존 (Dead zone)이 존재하여 플러깅과 파울링이 심하고 양 끝단의 최소 금속온도가 아주 낮아 부식 문제를 유발시킬 수 있다. 게다가 압축 성형으로 인해 성형판의 양 끝단이 얇고 중앙이 두꺼운 단점이 있을 수 있다.

(3) MECS

눌림 형태 (Corrugated)의 압축 성형으로 작게 움푹 들어간 부위에 흐름 소용돌이 (Vortex) 현상으로 먼지가 축적되어 열전달이 불량해진다. 움푹 들어감의 압축성형 목적은 선팽창 문제를 방지하기 위함이다. 참고로 통상 선팽창계수는 카본스틸 (Carbon steel)이 1.3 mm/100℃ 100 m이고 스테인리스 스틸 (Stainless steel)은 1.6 mm/100℃ 100 m이다.

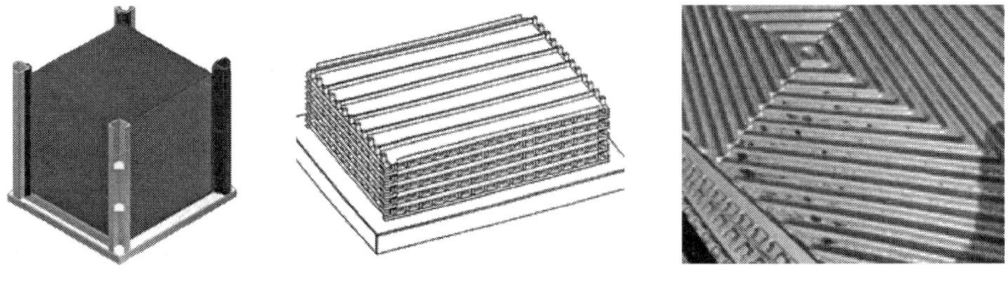

평판형 골판형 오목형

그림 8.11 여러 형태의 판형 공기 예열기

8.4 열교환의 유체흐름 방식

두 유체흐름의 배열을 여러 가지 형태로 바꾸어 열교환을 할 수 있다. 예를 들면 아래와 같이 직교류 (Cross-flow, 십자형흐름), 향류 (Counter flow, 역류), 병류 (Parallel flow), 상호 향류 (Co-counter flow), 직교/향류 복합 흐름 (Cross counter multi flow), 상호 병류/직교류 복합 흐름 등이 있다. 이들 흐름의 각 개요도는 다음과 같다.

(1) 흐름 블록 입체도

다음은 다양한 흐름형태의 열교환 블록 입체도를 나타낸다.

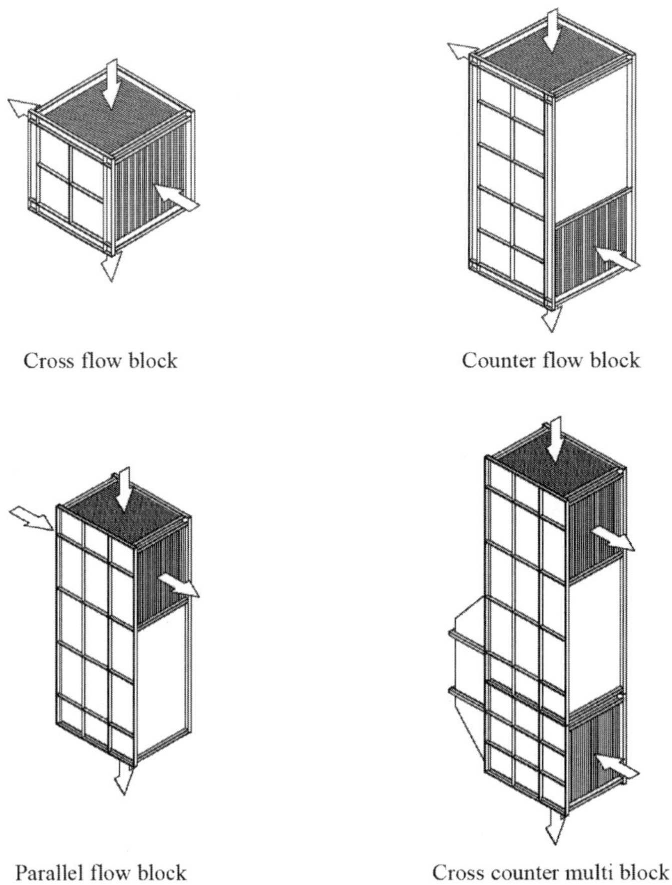

그림 8.12 다양한 형태의 열교환 블록 입체도

(2) 흐름 블록 단면도

다음은 다양한 흐름형태의 열교환 블록 단면도를 나타낸다.

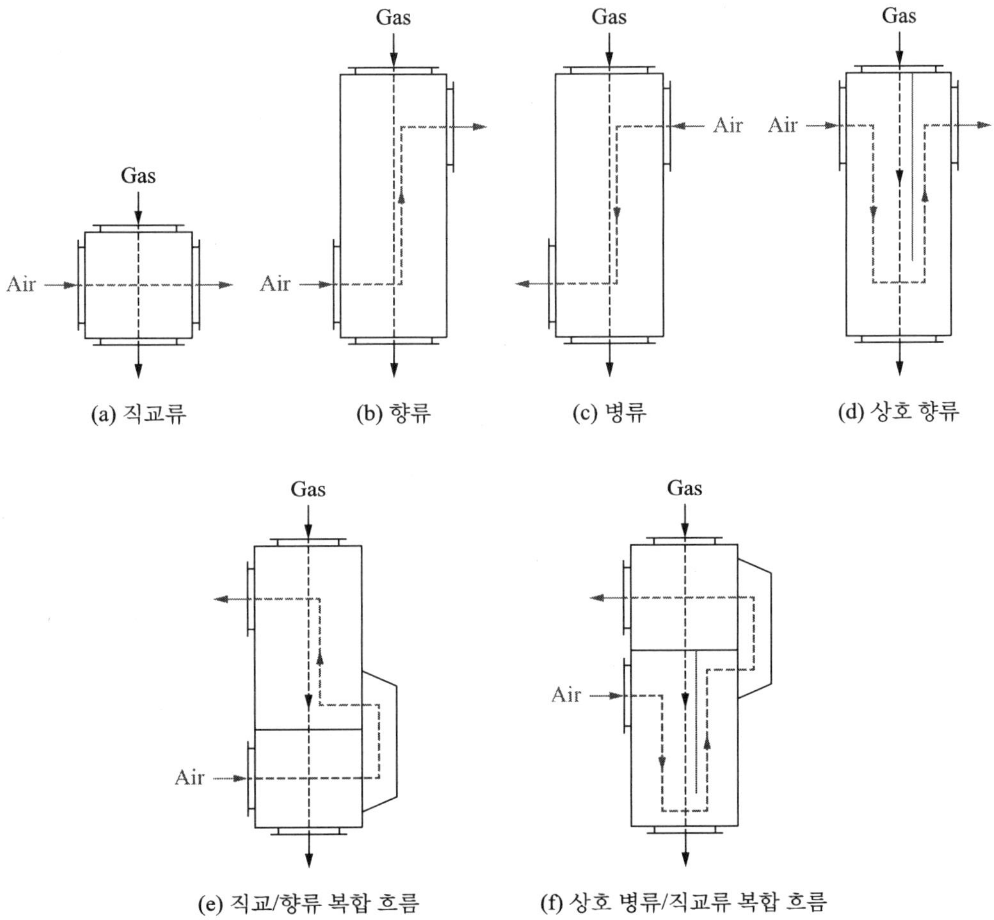

그림 8.13 다양한 형태의 열교환 블록 단면도

8.5 열교환기 제작 방법

열교환기 제작 방법은 평판을 제작하여 직교류흐름의 판 쌓기와 향류흐름의 판 쌓기로 이루어진다. 직교류흐름의 판 쌓기는 아래 그림과 같이 뜨거운 쪽과 차가운 쪽 판의 가장자리 굽히기, 두 쪽 판의 단추 간격자 붙이기, 두 쪽 판을 교대로 쌓아 붙이기 작업이 된다.

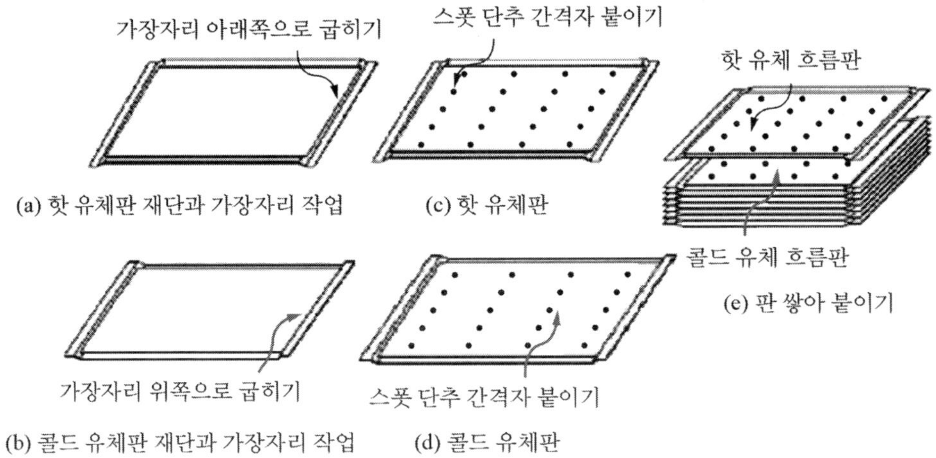

그림 8.14 직교류흐름판 제작 및 쌓아 붙이기

또한 향류흐름의 판 쌓기도 마찬가지로 다음 그림과 같이 뜨거운 쪽과 차가운 쪽 판의 가장자리 굽히기, 뜨거운 쪽 판의 단추 간격자 붙이기 및 차가운 쪽 판의 바 (Bar) 간격자 붙이기, 양쪽 판을 교대로 쌓아 붙이기 작업이 된다.

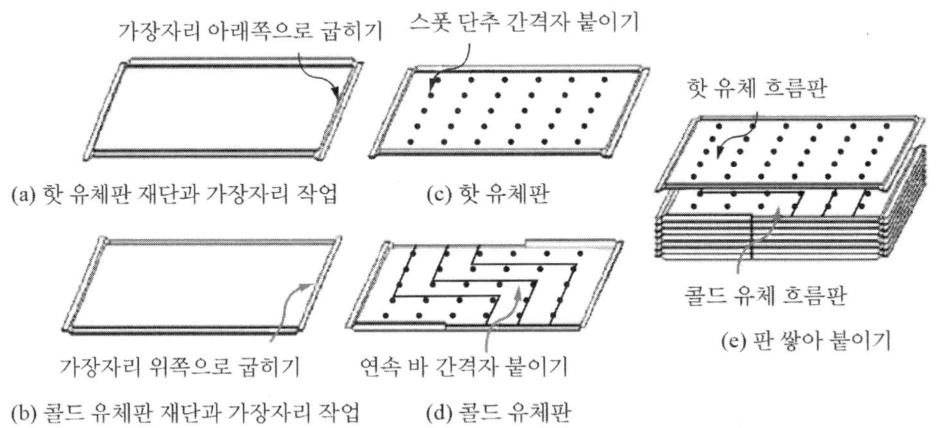

그림 8.15 향류흐름판 제작 및 쌓아 붙이기

8.6 열교환기 제작 과정

평판형 열교환기는 다음과 같은 과정을 거쳐서 만들어진다. 즉, 원하는 크기로 평판 제단, 로보트로 간격자 붙이기, 판제작 완료, 제작된 판 쌓기, 용접실로 이동, 판과 판 사이를 용접, 밀폐 압력 시험, 조립, 도색 및 출하의 단계를 가진다.

(a) 평판 재단

(b) 단추 간격자 붙이기

(c) 판 제작 완료

(d) 판 쌓기

(e) 용접실로 이동

(f) 판과 판 용접

(g) 밀폐 압력 시험

(h) 조립

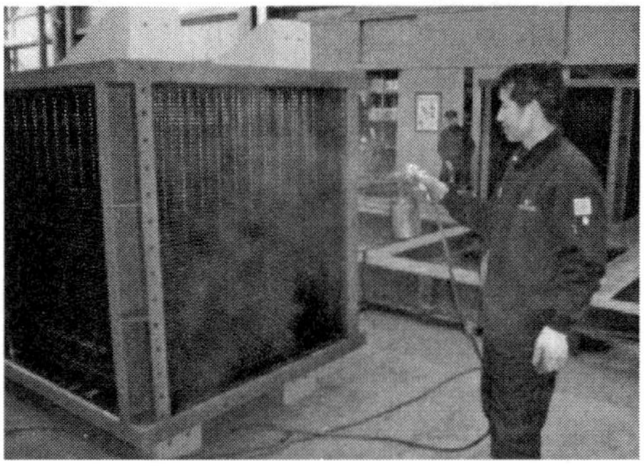

(i) 도색

▌그림 8.16 평판형 열교환기 제작 순서

8.7 열교환기 디자인 고려 사항

평판형 열교환기를 디자인할 경우 다음과 같은 사항을 검토하여야 한다.

8.7.1 주요 체크 포인트

주요 체크할 사항은 다음과 같다.

(1) 높이 방향 향류흐름에서 시작한다. (향류 → 직교류)

(2) 전체 온도 균형을 고려한다. (더운 가스 온도를 블록 순으로 내려감)

(3) 열전달 면적을 정한다.

(4) 압력손실 ΔP을 결정한다.

(5) 판 간격 크기 (Gap size)를 조정하여 유속, 압력 강하, 흡수열 (더운 가스 출구온도), 최소 금속온도를 확인한다.

(6) 산 이슬점 (ADP; acid dew point)을 체크한다.

(7) 최소 금속온도 (Min T_m)가 산 이슬점 (ADP)보다 커야 한다. 즉 ADP 고정에서 Min T_m을 조정해야 한다.

(8) Min T_m < ADP 경우는 부식방지장치를 해야 한다. [예: 유리코팅 튜브 (Glass coated tube) 설치]

(9) 각 블록의 유속이 6 m/sec 이고 압력강하 ΔP가 15 mmH_2O인지 체크한다.

(10) 디자인 시 1차로 최소 금속온도를 검토하고 2차로 파울링을 고려한다.

(11) 복합적으로 여러 가지 변수를 조정해서 최소 금속온도를 조정한다.

(12) 품질과 가격측면에서 어느 쪽에 중점을 둘 것인지 결정하고 고객 요구와 마진 그리고 경쟁력을 고려한다.

8.7.2 핫사이드/콜드사이드 간격 조정

핫사이드와 콜드사이드의 압력강하 ΔP 허용범위 내에서 흡수열을 높이기 위해 가스 출구온도를 낮추는 동시에 최소 금속온도가 산 이슬점보다 높게 하여 (Min T_m > ADP) 부식을 방지한다.

$Q = U \times A \times \Delta T$에서 핫사이드 간격 감소는 핫사이드 유속과 압력강하를 증가시켜 최소 금속온도가 상승하게 된다. 그리고 U값은 감소하여 흡수 열교환량이 줄어든다 (핫사이드 출구온도 높은 수준). 반대로 $Q = U \times A \times \Delta T$에서 콜드사이드 간격 감소는 콜드사이드 유속과 압력강하를 증가시켜 최소 금속온도가 감소하게 된다. 그리고 U값은 증가하여 흡수 열교환량이 상승한다 (핫사이드 출구온도 낮은 수준). 따라서 핫사이드와 콜드사이드의 간격 최적화가 요구된다.

8.7.3 강철판 롤 (Roll)과 블록 (Block)

강철판 롤과 블록 치수는 다음과 같다.

(1) 1 m × 1 m (1000 × 1000), 4자 × 4자 (1219 × 1219), 5자 × 5자 (1524 × 1524)

(2) "C" 1219롤, "C" 1524롤 ("H"가 더 김)

(3) "C" (Cold 흐름 길이)×"H" (Hot 흐름 높이)×"W" (폭)

8.7.4 시뮬레이션 연구

디자인은 시뮬레이션 프로그램을 돌려 수행한다. 즉, 시뮬레이션에 의해 다음과 같은 내용을 확인 결정한다.

(1) 입력 데이터: 더운 가스 온도 / 찬 공기 온도

(2) 입력 데이터: 공기흐름속도 / 가스흐름속도 (턴다운, 스타트업, 셧다운)

(3) 열전달식: $q = C_p \times M \times \Delta t$ vs. $Q = U \times A \times \Delta T$

(4) 흐름형태: 직교류 (Cross flow), 병류 (Parallel/co-current flow), 향류 (Counter flow), 다중흐름 (Multi flow) **[참고]** 병류는 잘 맞지 않음

(5) 유리코팅 튜브 블록 적용: 흡수열, 최소 금속온도, 핫가스 출구온도

(6) 에어커버 유무와 크기 및 적용 블록: 흡수열, 최소 금속온도, 유속, 적용 사이드

8.7.5 온도 균형 (Temperature balance)

다음과 같은 온도 균형을 고려한다.

(1) 공기 / 가스 C_p 동일 혹은 유사할 경우

→ $q = C_p \times M \times \Delta t$

예: 공기 15℃ → 200℃ (Δ185℃) / 가스 300℃ → 115℃ (Δ185℃)

(2) 공기 $C_p = 0.242$ / 배출가스 $C_p = 0.28,\ 0.27,\ 0.26,\ 0.25$ 경우

→ $q = C_p \times M \times \Delta t$

예: 공기 15℃ → 200℃ (Δ185℃) / 가스 300℃ → 105℃ (Δ195℃)

[참고] 배출가스는 가스연소 C_p가 오일연소 C_p보다 크다.

8.7.6 응축잠열 (Condensation heat)

Euro APEX는 응축잠열 계산에서 금속온도 베이스가 아닌 가스온도를 베이스로 하고 있다. 두 가지 유체 (예: 공기/가스)가 금속을 사이에 두고 있을 때 열전달이 일어나는

데 응축잠열 계산은 배출가스 평균온도를 기준으로 한다. 그 이유는 실제 현장 운전에서는 덕트의 공기 입출구/가스 입출구에 각각 열전대 (Thermo couple)를 설치하여 온도 모니터링을 실시하고 저온부 블록의 가스 배출온도를 기준으로 자동제어를 하고 있기 때문이다.

따라서 열교환기 제작 업체는 통상 공기 배출판 상에 열전대 (Thermo couple) 1～2개를 반영하여 저온부 말단부의 최소 금속 표면온도를 관리하도록 설계하고 있다. 따라서 설치한 열전대의 최소 금속온도 (Min T_m)를 DCS에 수용하여 저온 산 부식 방지에 활용해야 한다.

일반적으로 배출가스온도는 최소 금속온도 (Min T_m)보다 높아야 하고 최소 금속온도는 산 이슬점 (ADP)보다 Δ10℃ 정도 높아야 한다. 그리고 배출가스온도는 산 이슬점보다 Δ42℃ 높은 것이 바람직하다.

8.8 시뮬레이션 시험 및 결과

콜드사이드/핫사이드의 일정한 간격의 합에서 상위 블록에서 핫사이드쪽 간격을 감소시킬 경우 (콜드사이드쪽 간격은 증가함) 핫유체의 유속/압력손실/최소 금속온도는 증가하고 열교환량/U값이 감소하며 핫유체 출구온도는 높아진다.

반대로 상위 블록에서 콜드사이드쪽 간격을 감소시킬 경우 (핫사이드쪽 간격은 증가함) 콜드유체의 유속/압력손실은 증가하고 최소 금속온도는 감소한다. 그리고 열교환량/U값이 증가하고 콜드유체 출구온도는 높아진다.

	유속	압력강하	최소 금속온도	흡수열량	콜드유체 출구온도	핫유체 출구온도	U값
핫사이드 간격 감소	↗	↗	↗	↘	↘	↗	↘
콜드사이드 간격 감소	↗	↗	↘	↗	↗	↘	↗

8.8.1 유체 흐름판 간격과 흐름 형태

핫사이드 간격 감소에 따른 각 흐름별 흡수열량과 최소 금속온도 경향을 분석하여 비교하였다.

핫사이드 간격 (mm)	흡수열량 (mmkcal/hr)			최소 금속온도 (℃)		
	병류	직교류	향류	병류	직교류	향류
24	0.8453	0.7998	0.9288	98.9	82.5	61.4
20.8	0.8370	0.7601	0.9171	109.7	106.1	78.8
17.6	0.8293	0.7259	0.9070	120.5	127.8	95.7
16	0.8261	0.7099	0.9027	126.1	137.9	104
14.4	0.8229	0.6954	0.8983	131.6	147.7	112.1
11.2	0.8173	0.6682	0.8909	142.6	165.9	128
8	0.8125	0.6441	0.8843	153.8	182.6	143.4

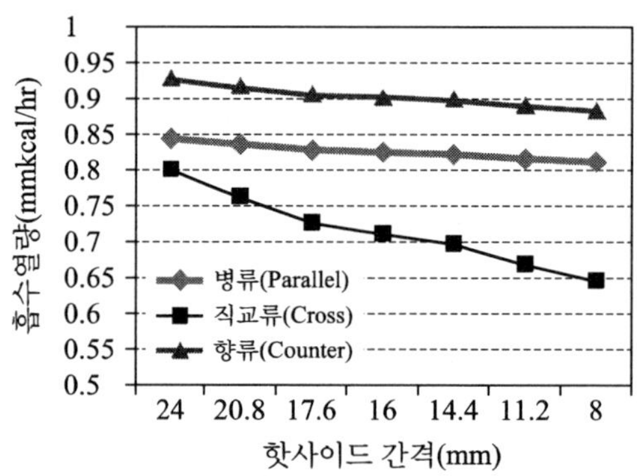

(a) 핫사이드 간격 감소 vs 흡수열량

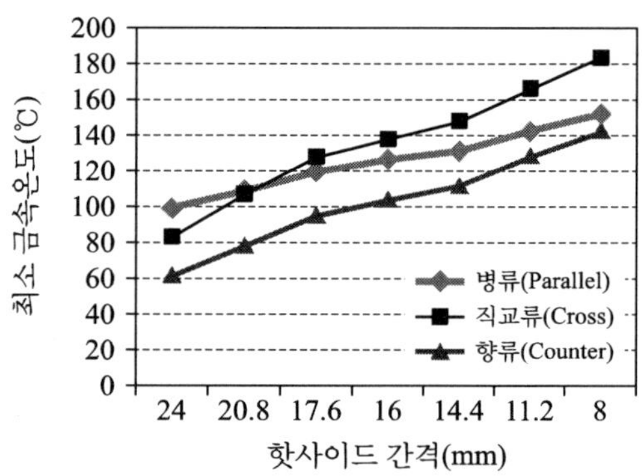

(b) 핫사이드 간격 감소 vs 최소 금속온도

반대로 콜드사이드 간격 감소에 따른 각 흐름별 흡수열량과 최소 금속온도 경향을 분석하여 비교하였다.

콜드사이드 간격 (mm)	흡수열량 (mmkcal/hr)			최소 금속온도 (℃)		
	병류	직교류	향류	병류	직교류	향류
24	0.8125	0.6441	0.8843	153.8	182.6	143.4
20.8	0.8173	0.6682	0.8909	142.6	165.9	128
17.6	0.8229	0.6954	0.8983	131.6	147.7	112.1
16	0.8261	0.7099	0.9027	126.1	137.9	104
14.4	0.8293	0.7259	0.907	120.5	127.8	95.7
11.2	0.837	0.7601	0.9171	109.7	106.1	78.8
8	0.8453	0.7998	0.9288	98.9	82.5	61.4

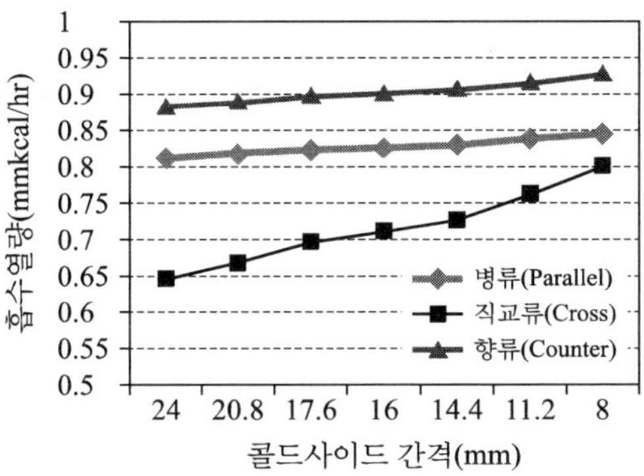

(a) 콜드사이드 간격 감소 vs 흡수열량

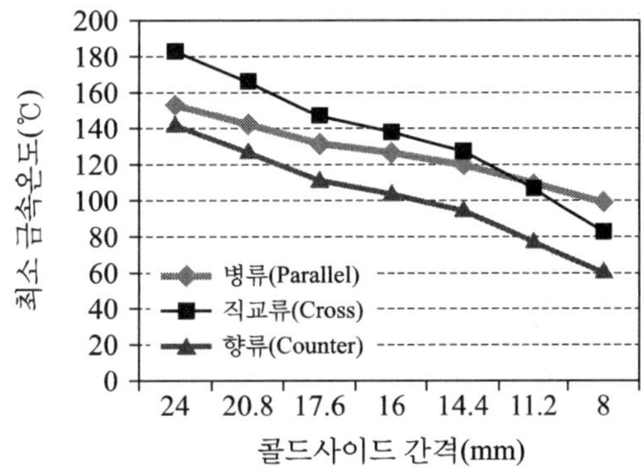

(b) 콜드사이드 간격 감소 vs 최소 금속온도

8.8.2 핫사이드 간격 크기와 직교흐름의 물성 관계

직교흐름에서 핫사이드 간격 증가에 따른 주요 물성의 경향을 분석하였다.

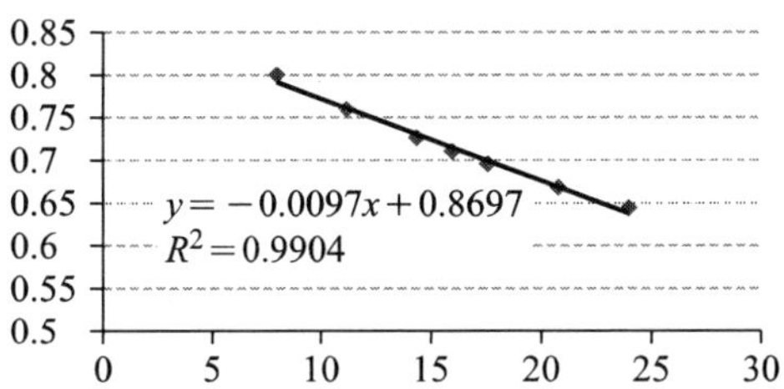

(a) 핫사이드 간격 (mm) vs 열흡수량 (mmkcal/hr)

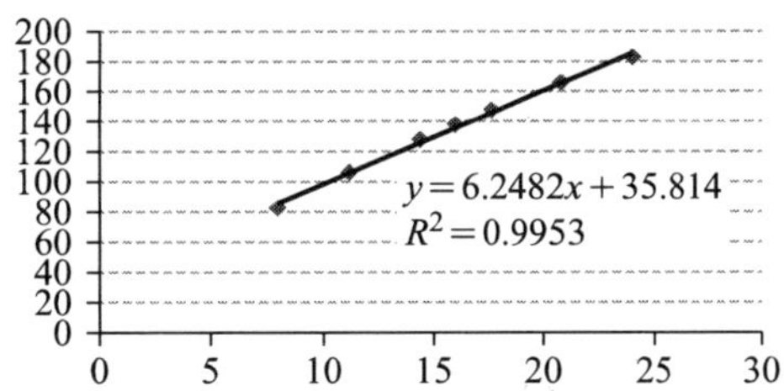

(b) 핫사이드 간격 (mm) vs 최소 금속온도 (℃)

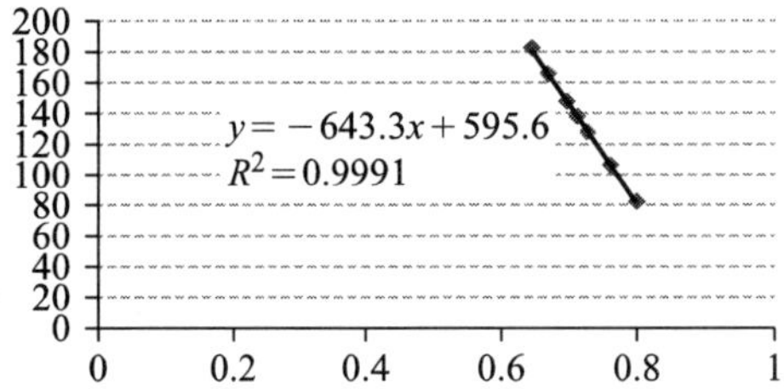

(c) 열흡수량 (mmkcal/hr) vs 최소 금속온도 (℃)

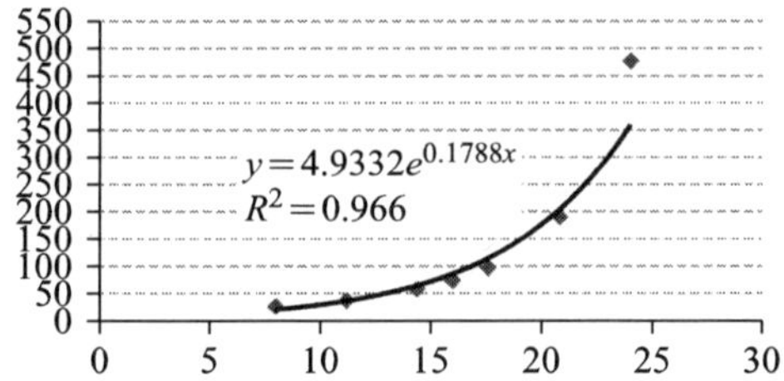

(d) 핫사이드 간격 (mm) vs 압력강하 (mmH_2O)

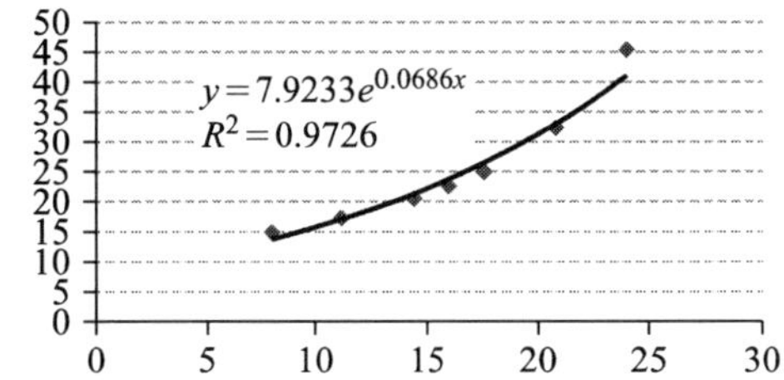

(e) 핫사이드 간격 (mm) vs 유속 (m/sec)

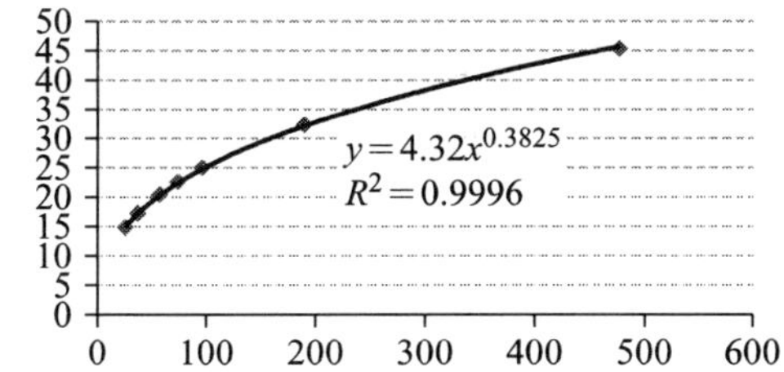

(f) 핫사이드 압력강하 (mmH_2O) vs 유속 (m/sec)

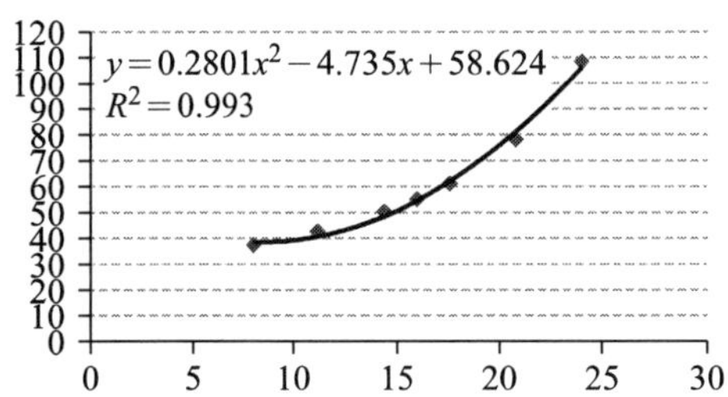

(g) 핫사이드 간격 (mm) vs 열전달계수 (kcal/m^2 hr ℃)

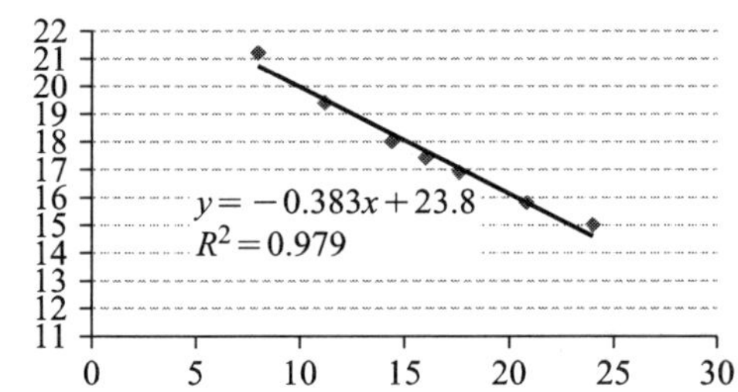

(h) 핫사이드 간격 (mm) vs U 값 (kcal/m^2 hr ℃)

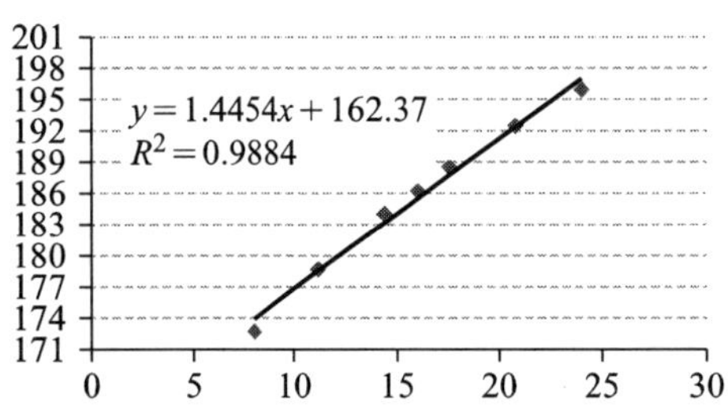

(i) 핫사이드 간격 (mm) vs CMTD (℃)

8.8.3 핫사이드 간격 크기와 향류흐름 물성 관계

향류흐름에서 핫사이드 간격 증가에 따른 주요 물성의 경향을 분석하였다.

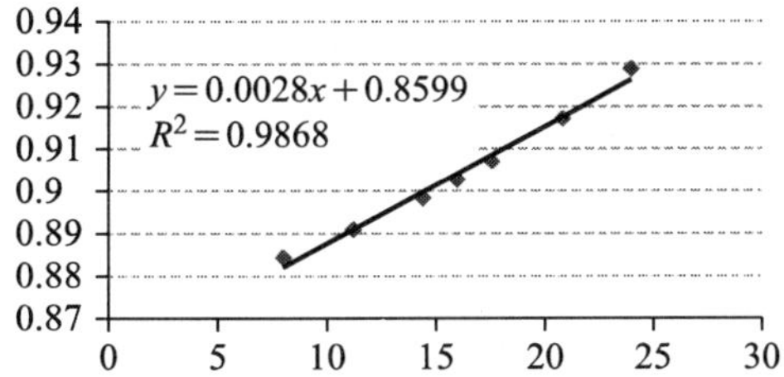

(a) 핫사이드 간격 (mm) vs 열흡수량 (mmkcal/hr)

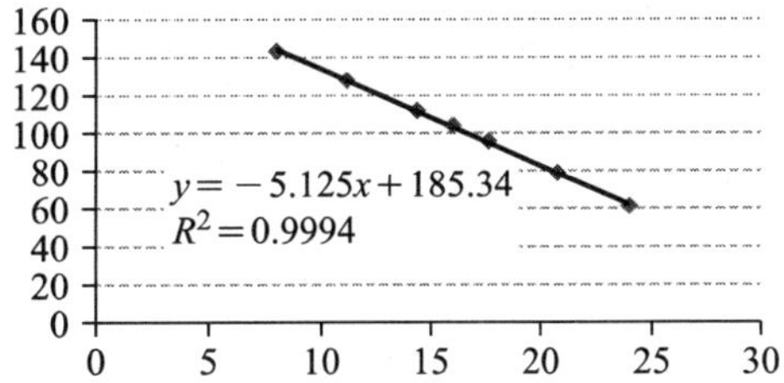

(b) 핫사이드 간격 (mm) vs 최소 금속온도 (℃)

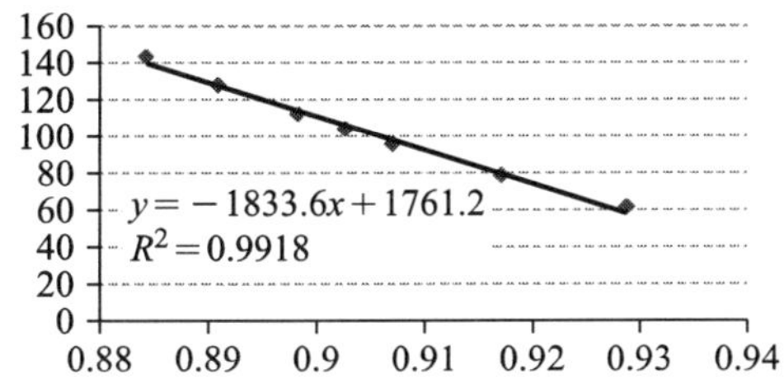

(c) 열흡수량 (mmkcal/hr) vs 최소 금속온도 (℃)

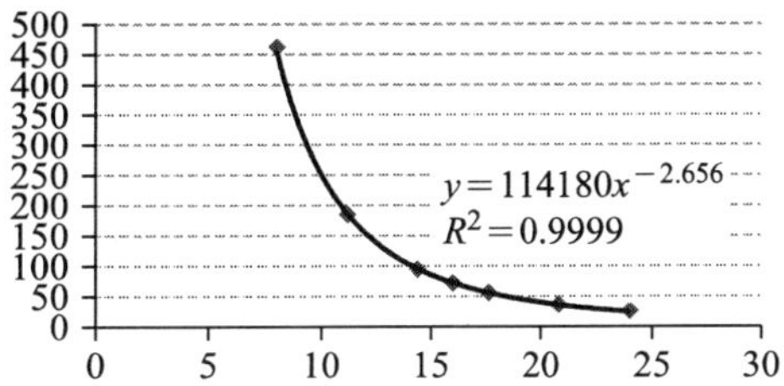

(d) 핫사이드 간격 (mm) vs 압력강하 (mmH_2O)

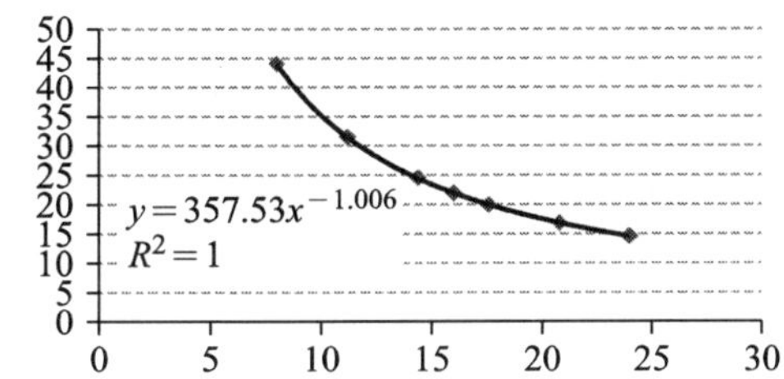

(e) 핫사이드 간격 (mm) vs 유속 (m/sec)

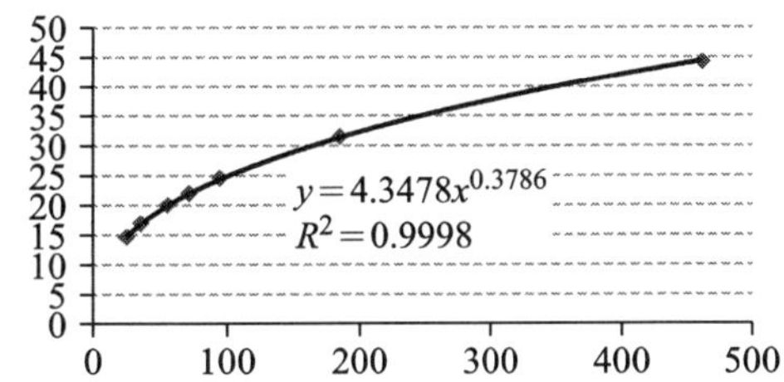

(f) 핫사이드 압력강하 (mmH_2O) vs 유속 (m/sec)

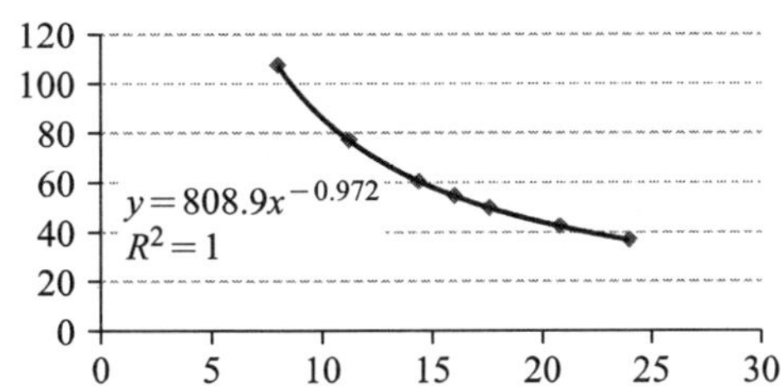

(g) 핫사이드 간격 (mm) vs 열전달계수 (kcal/m^2 hr ℃)

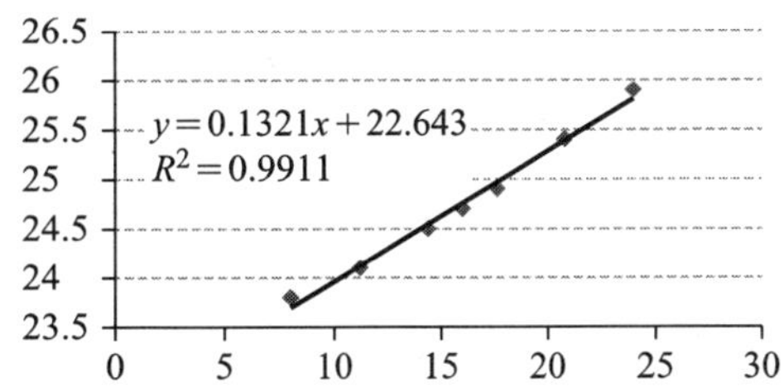

(h) 핫사이드 간격 (mm) vs U 값 (kcal/m^2 hr ℃)

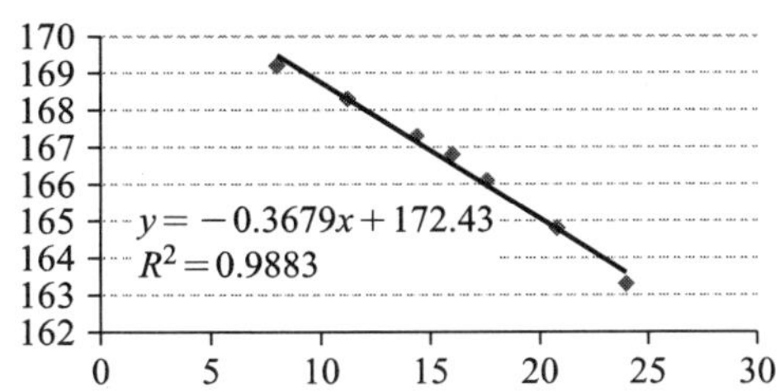

(i) 핫사이드 간격 (mm) vs CMTD (℃)

8.8.4 향류흐름에서 처리량과 성능 관계 (직교흐름과 동일 경향)

향류흐름에서 처리량 증가에 따라 주요 물성의 경향을 분석하였다.

처리량 (공기/가스 정상처리 각 30,000 kg/hr)	열흡수량	최소 금속온도	*U*값	CMTD
	mmkcal/hr	℃	kcal/m^2 hr ℃	℃
60	0.5948	95.4	17.5	155.1
80	0.7529	100.3	21.2	161.7
100	0.9027	104	24.7	166.8
120	1.0454	106.9	27.9	170.9

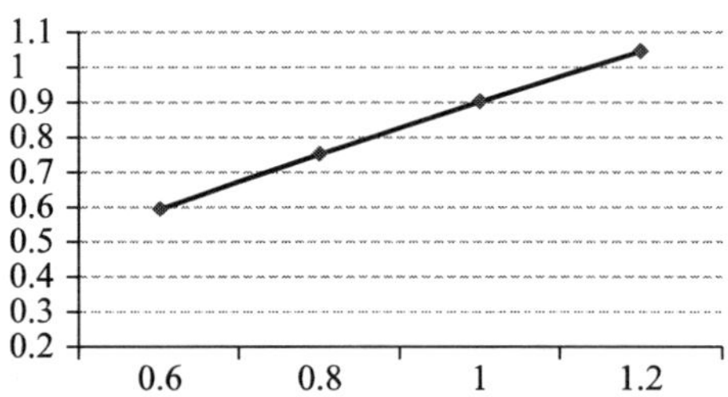

(a) 처리량 (%) vs 열흡수량 (mmkcal/hr)

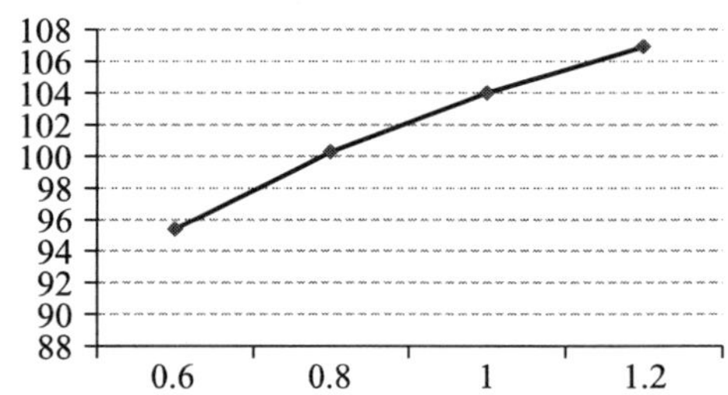

(b) 처리량 (%) vs 최소 금속온도 (℃)

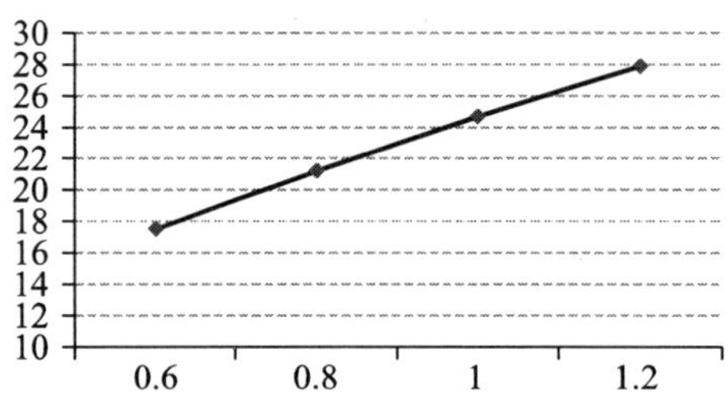

(c) 처리량 (%) vs U 값 (kcal/m^2 hr ℃)

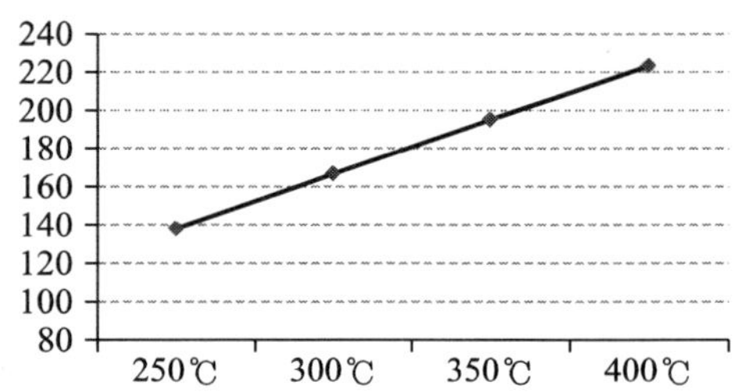

(d) 처리량 (%) vs CMTD (℃)

8.8.5 향류흐름에서 공기 입구온도와 성능 관계 (직교흐름과 동일 경향)

향류흐름에서 콜드 입구온도 증가에 따라 주요 물성의 경향을 분석하였다.

공기 입구온도 (15℃, 정상처리량)	열흡수량	최소 금속온도	*U*값	CMTD
	mmkcal/hr	℃	kcal/m² hr ℃	℃
−15.6℃	0.9944	83.7	24.4	185.7
1℃	0.9456	94.5	24.5	175.6
15.6℃	0.9027	104	24.7	166.8
30℃	0.8596	113.4	24.8	158

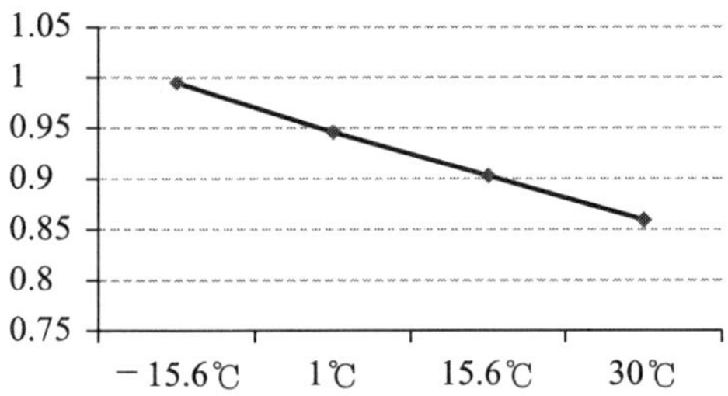

(a) 공기 입구온도 (℃) vs 열흡수량 (mmkcal/hr)

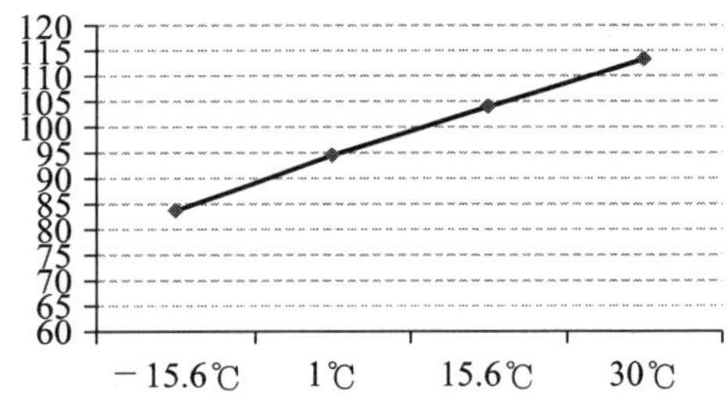

(b) 공기 입구온도 (℃) vs 최소 금속온도 (℃)

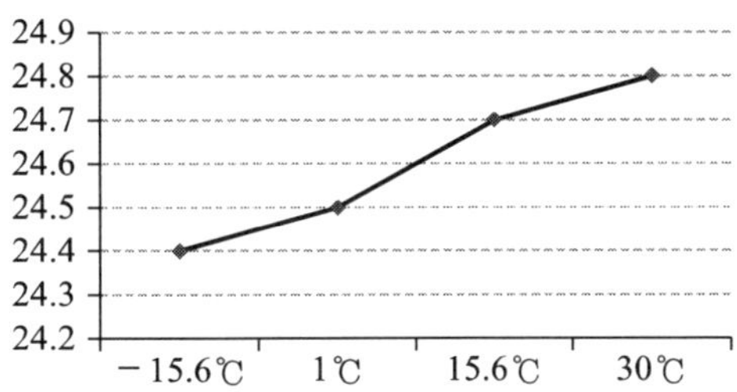

(c) 공기 입구온도 (℃) vs U 값 (kcal/m² hr ℃)

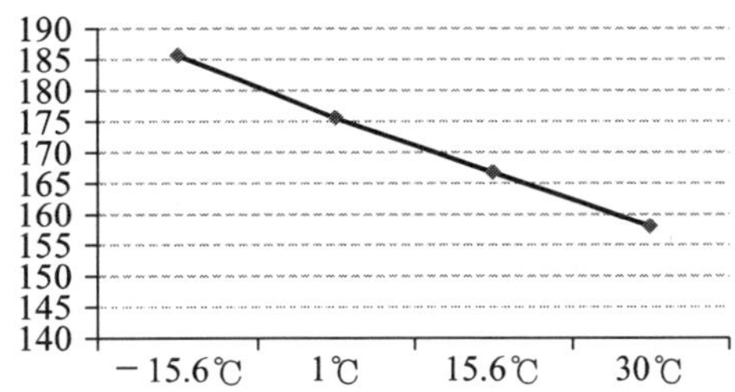

(d) 공기 입구온도 (℃) vs CMTD (℃)

8.8.6 향류흐름에서 배출가스 입구온도와 성능 (직교흐름과 동일 경향)

향류흐름에서 배출가스 입구온도 증가에 따라 주요 물성의 경향을 분석하였다.

가스 입구온도 (300℃, 정상처리량)	열흡수량	최소 금속온도	*U*값	CMTD
	mmkcal/hr	℃	kcal/m² hr ℃	℃
250℃	0.735	87.9	24.3	138
300℃	0.9027	104	24.7	166.8
350℃	1.0735	120.3	25	195.2
400℃	1.2479	136.8	25.5	223.3

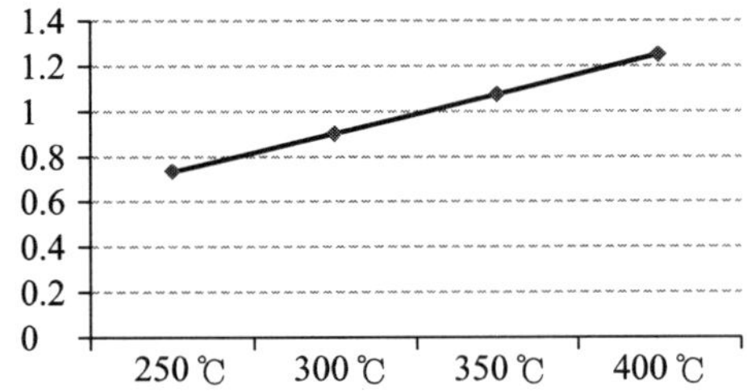

(a) 배출가스 입구온도 (℃) vs 열흡수량 (mmkcal/hr)

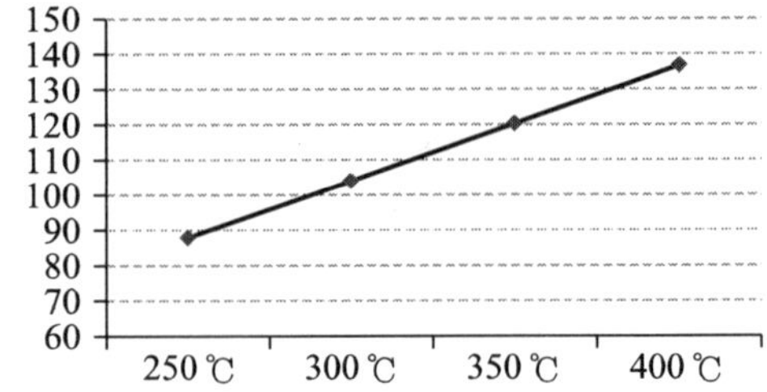

(b) 배출가스 입구온도 (℃) vs 최소 금속온도 (℃)

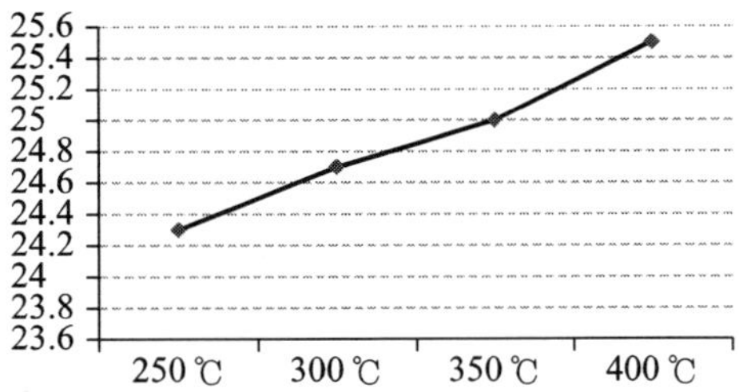

(c) 배출가스 입구온도 (℃) vs U 값 (kcal/m^2 hr ℃)

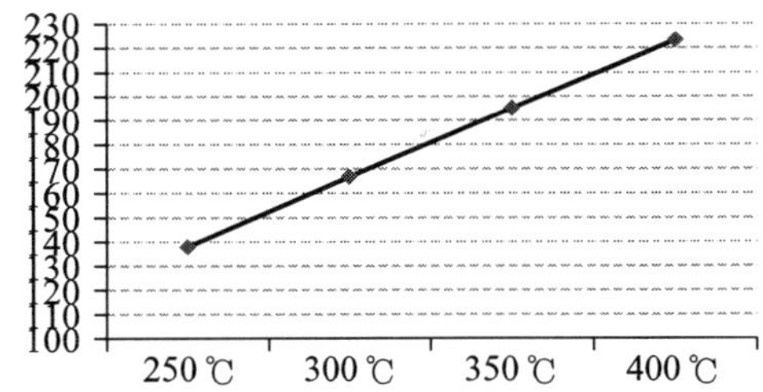

(d) 배출가스 입구온도 (℃) vs CMTD (℃)

8.9 디자인 기초 보기

일반적으로 판형 열교환기를 디자인함에 있어서 기술적인 규격 사항은 다음과 같다.

항 목	규 격
열 흡수량	무제한
최대 설계온도	900℃
최대 설계압력	10.330 mmH$_2$O
전형적인 압력강하	0～1.033 mmH$_2$O

아래 주어진 조건으로 판형 열교환기를 디자인 해보기로 하자.

(1) 디자인 조건

① 배출가스: 유속 187000 kg/hr, 압력강하 100 mmH$_2$O

② 공기: 유속 174000 kg/hr, 압력강하 80 mmH$_2$O

③ SO_x: 0.1%

(2) 시뮬레이션 결과

① 2패스 (Pass): 8블록 (Block) 직교류

② 1차 패스: 코르텐 (Corten) 재질에 유리코팅판

③ 2차 패스: 코르텐 재질 판

④ 열교환량 (흡수열량): 8.5 mmkcal/hr

⑤ 전열면적: 2,616 m^2

⑥ 최소 금속온도: 178℃

⑦ 배출가스 압력강하: 96 mmH_2O

⑧ 공기 압력강하: 68 mmH_2O

⑨ 산 이슬점: 147℃

(3) 디자인 결과

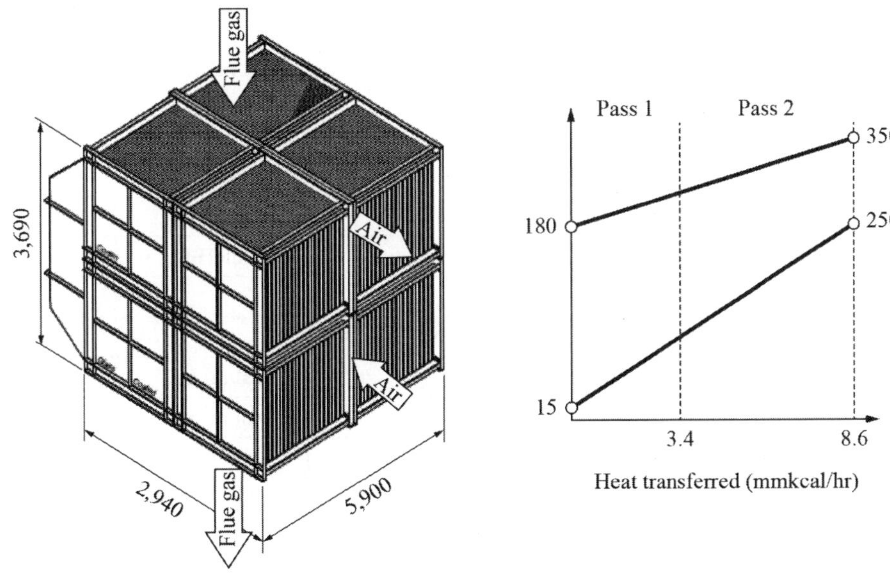

그림 8.17 디자인 기초 사례

[참고] 단위 환산: 9.8 Pa (약 10 Pa) = 1 mmH_2O, 1 kW = 860 kcal/hr, 1 $W/m^2 \cdot K$ = 0.86 $kcal/m^2 \cdot hr \cdot ℃$

8.10 열교환기 디자인 (사례 1)

국내 G 정유사의 정유공정의 가열로 공기 예열기에 대한 디자인은 다음과 같다.

(1) 디자인 조건

① 배출가스: 유속 324288 kg/hr, 압력강하 158 mmH_2O, 입구온도 305℃

② 공기: 유속 300096 kg/hr, 압력강하 152 mmH_2O, 입구온도 15.6℃, SO_x: 0.05%

(2) 시뮬레이션 결과

주요 항목	단위	계산값
*** 흡수열량 (전달열량, 교환열량)	mmkcal/hr	10.7
열효율 (2차+3차 패스)	%	50.4
공기 입구온도	℃	15.6
공기 출구온도	℃	192.8
배출가스 입구온도	℃	304.9
배출가스 출구온도	℃	208.4
F 인자 (2차/3차 패스)	-	0.9780/0.9727
공기 평균유속 (2차/3차 패스)	m/sec	9.8/16.4
배출가스 평균유속 (2차/3차 패스)	m/sec	17.7/13.7
공기 ΔP	mmH_2O	147
배출가스 ΔP	mmH_2O	140
공기 Reynolds 수 (2차/3차 패스)	-	21549/18406
배출가스 Reynolds 수 (2차/3차 패스)	-	19316/16856
공기 열전달계수 (2차/3차 패스)	kcal/m^2 hr ℃	33.2/49.8
배출가스 열전달계수 (2차/3차 패스)	kcal/m^2 hr ℃	46.3/35.0
전체 열전달계수 (U값, 2차/3차 패스)	kcal/m^2 hr ℃	19.4/20.6
파울링 (Fouling) 인자 (=1/U)	m^2 hr ℃/kcal	0.0444/0.0485
최소 금속온도 (2차/3차 패스)	℃	150.5/180.2
* 공기 비열 (C_p, 정압열용량)	kcal/kg · ℃	0.245
* 배출가스 비열 (C_p, 정압열용량)	kcal/kg · ℃	0.269
* LMTD	℃	125.7
* CMTD	℃	120.7
** 산 이슬점 (ADP)	℃	135

** 최소 핫가스 출구온도 (Min T_g)	℃	145

주) * 기본 데이터로 계산한 값 (유량, 흡수열, 온도, F 인자)
** 별도 계산 (실제 혹은 표준 배출가스 조성 이용)
*** $Q = U \cdot A \cdot \Delta T$ 식 사용

(3) 디자인 결과

① 패스/흐름/블록수: 3패스 3직교류 10블록 (1차 패스 2, 2차 패스 4, 3차 패스 4)

② 패스 전열면형태: 1차 패스 유리코팅 블록 / 2 & 3차 판형 블록 적용

③ 치수: 2,912 (C) × 9,376 (H) × 8,106 (W)

④ 전열면적: 4,560.5 m^2

⑤ 무게: 85,000 kg

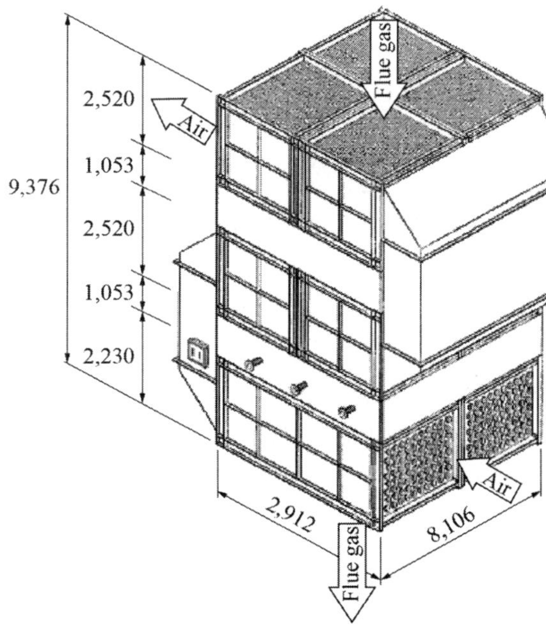

그림 8.18 상업적 공기 예열기 사례 1

[참고] 열교환기 디자인 시 누출은 1% 이하로 한다.

8.11 열교환기 디자인 (사례 2)

싱가포르 SRU 정유사의 정유공정의 가열로 공기 예열기에 대한 디자인은 다음과 같다.

(1) 사용자 제공자료 및 요구사항

① 기존: Deka cast-iron

② 기존 제품사이즈: 2,261 mm (C) × 3,920 mm (H) × 4,522 mm (W)

③ 선택 1: 공기 113,145 kg/h & 배출가스 149,826 kg/hr

④ 선택 2: 공기 113,145 kg/h & 배출가스 104,878 kg/hr

⑤ 압력강하: 공기사이드 125 mmH_2O & 배출가스사이드 135 mmH_2O

⑥ 배출가스 입구온도: 350℃

⑦ 산 이슬점: 110℃

⑧ 최소 금속온도: 130℃

⑨ 배출가스 출구온도: 150℃ (요구사항)

(2) 1차 디자인 결과

운전측면 디자인

① 4패스 7블록: 제1/제2/제3패스 직교류 (Cross flow), 4패스 향류 (Counter flow)

② 배출가스 출구온도: 150℃

③ 압력강하: 공기사이드 136 mmH_2O & 배출가스사이드 150 mmH_2O

④ 산 이슬점: 110℃

⑤ 최소 금속온도: 132℃

⑥ 전열면적: 6946.5 m^2

⑦ 열흡수량: 8.126 mmkcal/hr

기계적 측면 디자인

① 제품사이즈: 2,938 mm (C) × 12,810 mm (H) × 4,522 mm (W)

② 재질: 제2/제3/제4패스 카본스틸 판 & 제1패스 유리코팅 튜브

③ 핫사이드 간격자: 제2/제3/제4패스 스폿 단추형

④ 콜드사이드 간격자: 제2/제3패스 스폿 단추형 & 제4패스 스폿 단추/연속 바형

⑤ 재질: 제1패스 유리코팅 튜브 & 제2/제3/제4패스 카본스틸

⑥ 재질두께: 2.4 mm 유리코팅 튜브 & 1.6 mm 판

⑦ 블록케이싱/리턴덕트: 재질 카본스틸, 두께 6 mm

⑧ 무게: 130,000 kg

기계적 배치도

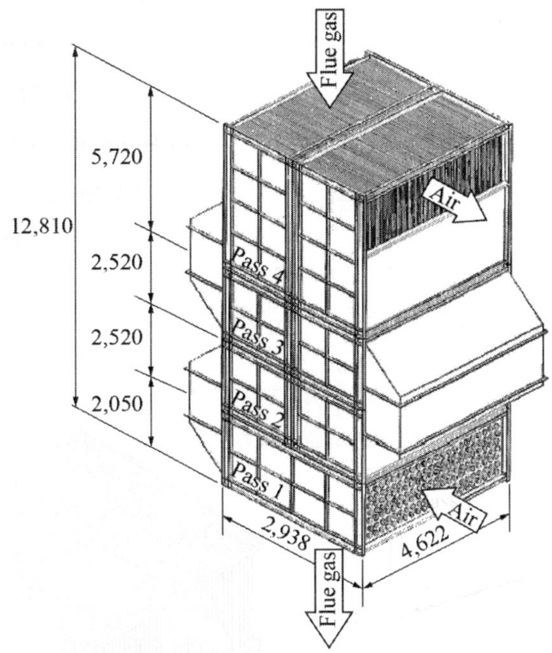

그림 8.19 상업적 공기 예열기 사례 2-1

상세 시뮬레이션 데이터

주요 항목	단위	계산값
*** 흡수열량 (전달열량, 교환열량)	mmkcal/hr	8.13
열효율	%	90.9
공기 입구온도	℃	30
공기 출구온도	℃	321
배출가스 입구온도	℃	350
배출가스 출구온도	℃	150

F 인자 (2차/3차/4차 패스)	-	0.9346/0.9265/1.0000
공기 평균유속 (2차/3차/4차 패스)	m/sec	7.0/8.6/11.7
배출가스 평균유속 (2차/3차/4차 패스)	m/sec	14.8/15.7/13.5
공기 ΔP	mmH_2O	136
배출가스 ΔP	mmH_2O	150
공기 Reynolds 수 (2차/3차/4차 패스)	-	9263/8037/6791
배출가스 Reynolds 수 (2차/3차/4차 패스)	-	10710/9639/9320
공기 열전달계수 (2차/3차/4차 패스)	$kcal/m^2$ hr ℃	29.0/31.5/37.6
배출가스 열전달계수 (2차/3차/4차 패스)	$kcal/m^2$ hr ℃	46.8/47.3/37.1
전체 열전달계수 (U값, 2차/3차/4차 패스)	$kcal/m^2$ hr ℃	17.9/18.9/18.6
파울링 (Fouling) 인자 (=1/U)	m^2 hr ℃/kcal	0.0559/0.0529/0.0538
최소 금속온도 (2차/3차/4차 패스), (ADP+10)	℃	132/198/243
* 공기 비열 (C_p, 정압열용량)	kcal/kg · ℃	0.247
* 배출가스 비열 (C_p, 정압열용량)	kcal/kg · ℃	0.274
* LMTD	℃	64.1
* CMTD	℃	60.8
** 산 이슬점 (ADP)	℃	110
** 최소 핫가스 출구온도 (Min T_g), (ADP+45)	℃	155

주) * 기본 데이터로 계산한 값 (유량, 흡수열, 온도, F 인자)
** 별도 계산 (실제 혹은 표준 배출가스 조성 이용)
*** $Q=U \cdot A \cdot \Delta T$ 식 사용

(3) 2차 디자인 결과

운전측면 디자인

① 4패스 7블록: 제1/제2/제3패스 직교류 (Cross flow), 제4패스 향류 (Counter flow)

② 배출가스 출구온도: 160℃

③ 압력강하: 공기사이드 156 mmH_2O & 배출가스사이드 70 mmH_2O

④ 산 이슬점: 139℃

⑤ 최소 금속온도: 159℃

⑥ 전열면적: 2643.6 m^2

⑦ 열흡수량: 3.019 mmkcal/hr

기계적 측면 디자인

① 제품사이즈: 3,243 mm (C) × 8,230 mm (H) × 1,860 mm (W)

② 재질: 제2/제3/제4패스 카본스틸 판 & 제1패스 유리코팅 튜브

③ 핫사이드 간격자: 제2/제3/제4패스 스폿 단추형

④ 콜드사이드 간격자: 제2/제3패스 스폿 단추형 & 제4패스 스폿 단추/연속 바형

⑤ 에어커버: 제2패스 (610 mm × 610 mm)

⑥ 재질: 제1패스 유리코팅 튜브 & 제2/제3/제4패스 카본스틸

⑦ 재질두께: 2.4 mm 유리코팅 튜브 & 1.6 mm 판

⑧ 블록케이싱/리턴덕트: 재질 카본스틸, 두께 6 mm

⑨ 무게: 50,000 kg

기계적 배치도

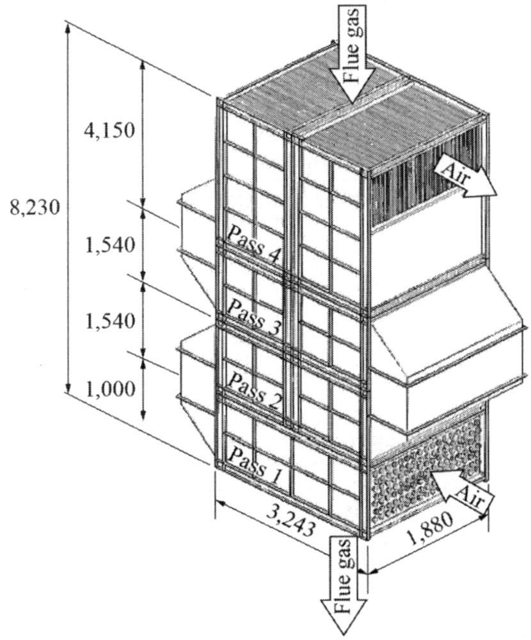

그림 8.20 상업적 공기 예열기 사례 2-2

상세 시뮬레이션 데이터

주요 항목	단위	계산값
*** 흡수열량 (전달열량, 교환열량)	mmkcal/hr	3.02
열효율	%	88
공기 입구온도	℃	30
공기 출구온도	℃	468
배출가스 입구온도	℃	528
배출가스 출구온도	℃	160
F 인자 (2차/3차/4차 패스)	-	0.9270/0.9165/1.0000
공기 평균유속 (2차/3차/4차 패스)	m/sec	6.2/10.4/9.9
배출가스 평균유속 (2차/3차/4차 패스)	m/sec	13.0/8.6/7.0
공기 ΔP	mmH_2O	153
배출가스 ΔP	mmH_2O	70
공기 Reynolds 수 (2차/3차/4차 패스)	-	9201/6918/2182
배출가스 Reynolds 수 (2차/3차/4차 패스)	-	4147/3204/2341
공기 열전달계수 (2차/3차/4차 패스)	$kcal/m^2$ hr ℃	24.5/34.2/27.8
배출가스 열전달계수 (2차/3차/4차 패스)	$kcal/m^2$ hr ℃	45.2/27.2/18.1
전체 열전달계수 (U값, 2차/3차/4차 패스)	$kcal/m^2$ hr ℃	15.9/15.2/10.9
파울링 (Fouling) 인자 (=1/U)	m^2 hr ℃/kcal	0.0629/0.0658/0.0917
최소 금속온도 (2차/3차/4차 패스), (ADP+10)	℃	148/217/288
* 공기 비열 (C_p, 정압열용량)	kcal/kg · ℃	0.250
* 배출가스 비열 (C_p, 정압열용량)	kcal/kg · ℃	0.283
* LMTD	℃	90.4
* CMTD	℃	85
** 산 이슬점 (ADP)	℃	139
** 최소 핫가스 출구온도 (Min T_g), (ADP+45)	℃	184

주) * 기본 데이터로 계산한 값 (유량, 흡수열, 온도, F 인자)
** 별도 계산 (실제 혹은 표준 배출가스 조성 이용)
*** $Q=U \cdot A \cdot \Delta T$ 식 사용

(4) 3차 디자인 결과

운전측면 디자인

① 공기 2패스 2블록: 제1패스 직교류 (Cross flow) & 제2패스 향류 (Counter flow)

② 배출가스 출구온도: 160℃

③ 압력강하: 공기사이드 156 mmH_2O & 배출가스사이드 70 mmH_2O

④ 산 이슬점: 139℃

⑤ 최소 금속온도: 159℃

⑥ 전열면적: 1153.3 m^2

⑦ 열흡수량: 2.708 mmkcal/hr

기계적 측면 디자인

① 제품사이즈: 1,774 mm (C) × 7,664 mm (H) × 1,860 mm (W)

② 재질: 제1/제2패스 카본스틸 판

③ 핫사이드 간격자: 제1/제2패스 스풋 단추형

④ 콜드사이드 간격자: 제1패스 스풋 단추형 & 제2패스 스풋 단추/연속 바형

⑤ 에어커버: 제1패스 (610 mm×610 mm)

⑥ 재질: 제1/제2패스 카본스틸 판

⑦ 재질두께: 제1패스 2.0 mm & 제2패스 1.6 mm

⑧ 블록케이싱/리턴덕트: 재질 카본스틸, 두께 6 mm

⑨ 무게: 24,000 kg

기계적 배치도

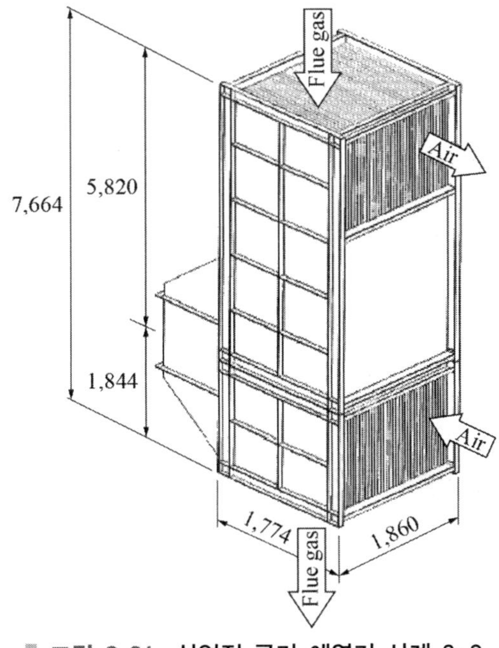

그림 8.21 상업적 공기 예열기 사례 2-3

상세 시뮬레이션 데이터

주요 항목	단위	계산값
*** 흡수열량 (전달열량, 교환열량)	mmkcal/hr	2.71
열효율	%	79.5
공기 입구온도	℃	30
공기 출구온도	℃	425.7
배출가스 입구온도	℃	527.8
배출가스 출구온도	℃	199
F 인자 (1차/2차 패스)	-	0.9572/1.0000 (향류)
공기 평균유속 (1차/2차 패스)	m/sec	5.3/15.8
배출가스 평균유속 (1차/2차 패스)	m/sec	16.0/10.7
공기 ΔP	mmH_2O	130
배출가스 ΔP	mmH_2O	62
공기 Reynolds 수 (1차/2차 패스)	-	8314/6768
배출가스 Reynolds 수 (1차/2차 패스)	-	7807/6887
공기 열전달계수 (1차/2차 패스)	kcal/m^2 hr ℃	24.9/50.2
배출가스 열전달계수 (1차/2차 패스)	kcal/m^2 hr ℃	53.1/28.6
전체 열전달계수 (U값, 1차/2차 패스)	kcal/m^2 hr ℃	16.9/18.1
파울링 (Fouling) 인자 (=1/U)	m^2 hr ℃/kcal	0.0592/0.0552
최소 금속온도 (1차/2차 패스), (ADP+10)	℃	150 (저온블록)/169.9
* 공기 비열 (C_p, 정압열용량)	kcal/kg · ℃	0.249
* 배출가스 비열 (C_p, 정압열용량)	kcal/kg · ℃	0.284
* LMTD	℃	133.2
* CMTD	℃	130.3
** 산 이슬점 (ADP)	℃	139
** 최소 핫가스 출구온도 (Min T_g), (ADP+45)	℃	184

주) * 기본 데이터로 계산한 값 (유량, 흡수열, 온도, F 인자)
** 별도 계산 (실제 혹은 표준 배출가스 조성 이용)
*** $Q=U \cdot A \cdot \Delta T$ 식 사용

8.12 저온부식 제어 방안

저온부 부식의 나쁜 영향은 배출가스흐름으로 공기 누출이 증가하여 버너로 연소공기 흐름이 감소하고 압력손실의 변화와 열회수가 감소하게 된다. 그리고 비싼 장비의 손

상으로 수명이 짧아지고 교체 및 보수 유지비가 발생한다. 따라서 열교환기의 저온부식을 최소화 하여야 한다. 저온부 금속부식은 최소 금속온도가 산 이슬점보다 낮을 경우에 일어나므로 이를 피하기 위해서는 어떤 방법을 사용하더라도 최소 금속온도가 산 이슬점보다 높아야 한다. 저온부 부식방지대책으로 저온부에 유리코팅 튜브 설치, 유속 제어, 유체흐름 변경, 저온부 끝에 에어커버 (Air cover) 설치 등이 있다. 이들은 모두 디자인 시 고려해야 할 사항으로 ① 부식 저항성이 있는 유리코팅 튜브 사용 ② 더운 유체흐름 간격을 아래쪽으로 갈수록 좁게 하여 유속을 빠르게 함 ③ 향류흐름을 동일 병류흐름으로 변경 ④ 저온부 끝부분 (즉 에어 입구)에 에어커버 설치 ⑤ 고온부 혹은 저온부 입구 덮개 (Ferrules) 설치 ⑥ 공기 우회 (By-pass) 등과 같은 경우를 예로 들 수 있다. 그림은 에어커버를 나타내고 있다.

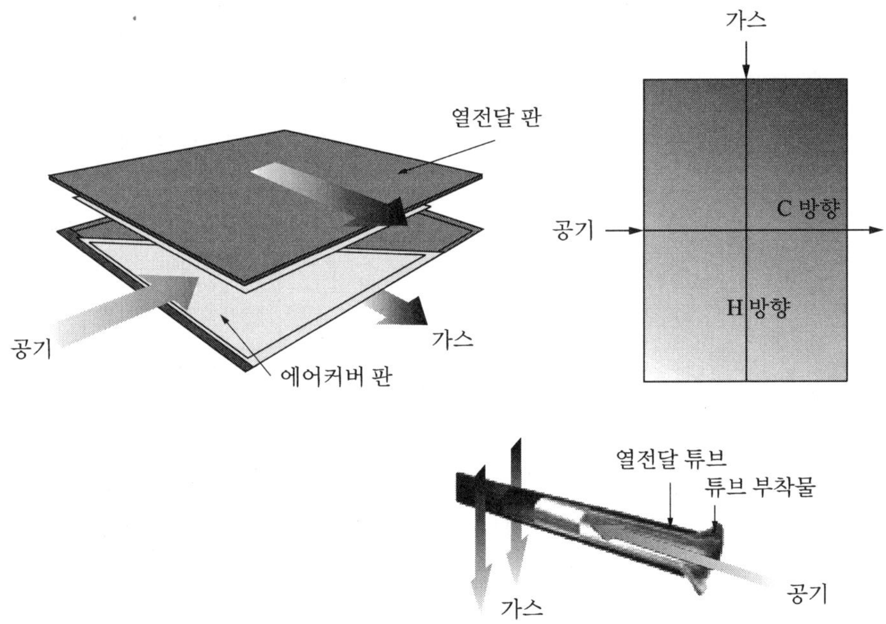

그림 8.22 판형 열교환기의 에어커버

8.12.1 에어커버 설치

저온부 블록에서는 직교류흐름과 공기 유입구에 4 mm 두께 판의 에어커버를 설치하여 저온부식을 방지하고 다른 위쪽 고온부 블록은 긴 향류흐름으로 하여 열전달의 효율을 높인다. 그림에서 보는 바와 같이 실제로 시뮬레이션 결과를 보면 에어커버가 있는 쪽의 금속 표면온도가 높아짐을 나타내고 있다. 에어패스 (에어사이드)의 에어입구에 에어커버 설치는 배출가스패스 (가스사이드)의 배출가스 출구온도를 30～40℃ 떨어지는 것을 막는 (즉 30～40℃ 올리는) 효과가 있다.

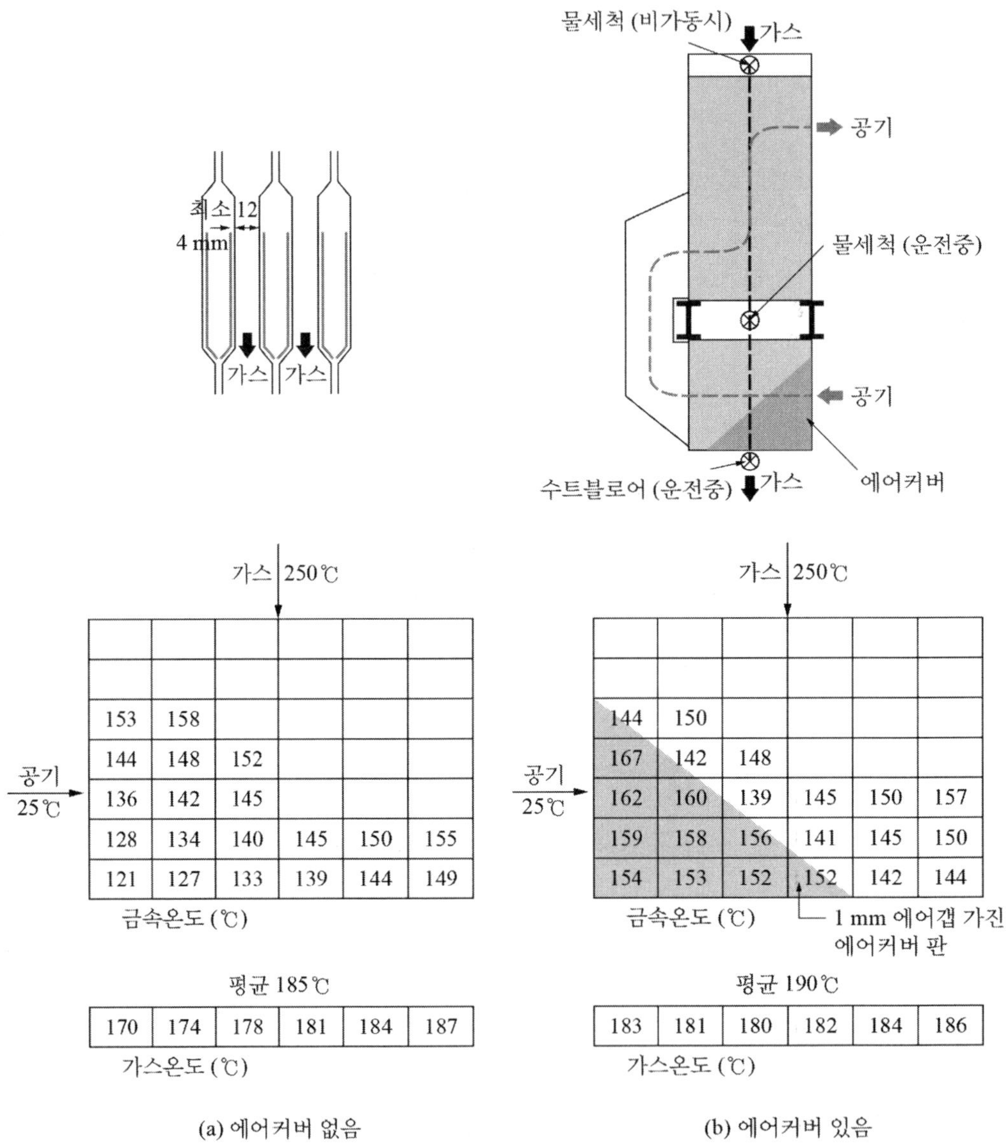

그림 8.23 직교류/향류 복합 블록의 저온부식 방지

8.12.2 덮개 설치

물 이슬점과 산 이슬점 사이 온도에 있는 콜드유체 입구에 덮개 (Ferrules)를 사용한다.

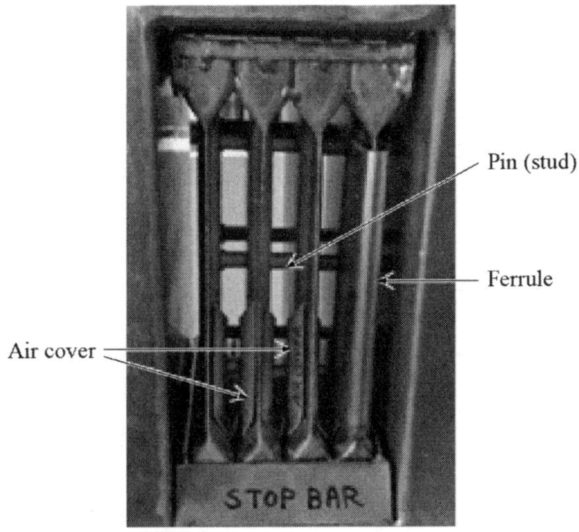

■ 그림 8.24 부식 방지 모형도

8.12.3 다양한 흐름 형태 변경 조합

고유황 연료오일의 경우 병류와 동일 향류 (Co-counter flow)가 추천된다. 그림은 저온부 블록과 고온부 블록을 거의 같은 크기로 하고 저온부 블록에서는 동일 흐름 (Co-current flow)으로 하여 배출가스온도 유지를 통한 저온부식 예방 효과를 얻고 고온부 블록은 향류로 하여 열교환량의 증대를 통한 효율 향상을 동시에 얻을 수 있다. 또한 에어커버를 공기 입구에 설치하여 저온부식 방지에 중점을 두고 있다. 이것은 특히 저온부식에 취약한 오일 연소의 경우에 활용된다.

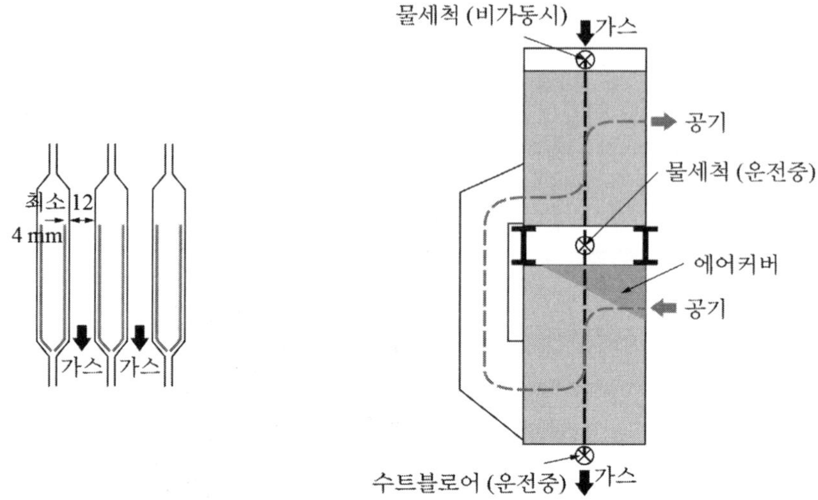

그림 8.25 동일 흐름/향류 복합 블록의 저온부식 방지

8.12.4 저온부 유리코팅 튜브 블록 설치

그림은 저온부 블록은 사이즈를 작게 하되 내부식성이 강한 유리코팅 파이프를 사용하고 직교흐름으로 저온부식 방지를 최대화 하였고 위쪽 큰 사이즈의 고온부 블록은 향류흐름으로 설계하여 효율을 극대화 한 경우이다.

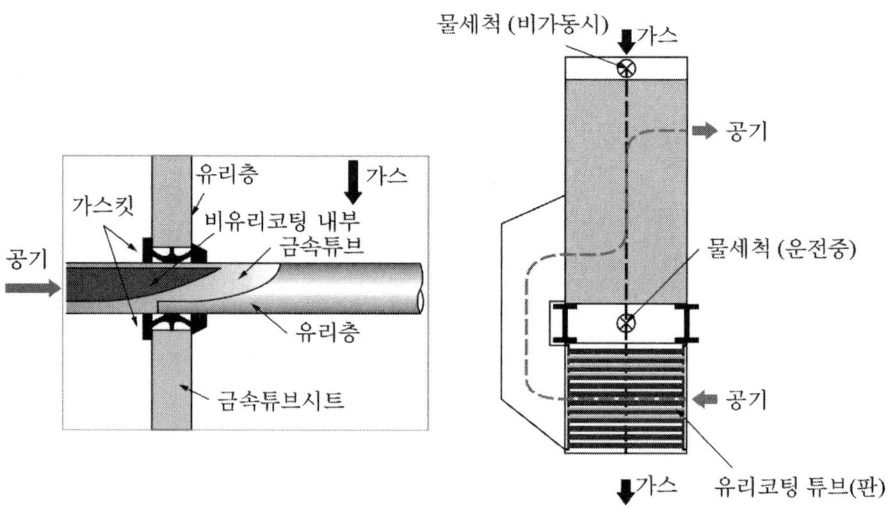

그림 8.26 유리코팅 파이프 직교류/향류 복합 블록의 저온부식 방지

그림 8.27 저온부 블록 유리코팅 튜브

8.12.5 공기 우회 (Air by-pass)

공기 예열기에서 공기의 일부를 그림과 같이 우회시킴으로써 배출가스 출구온도를 산이슬점 (ADP; Acid dew point) 혹은 최소 금속온도 (Min T_m; Minimum metal temperature) 이상으로 유지하여 장치 저온부 부식을 예방한다.

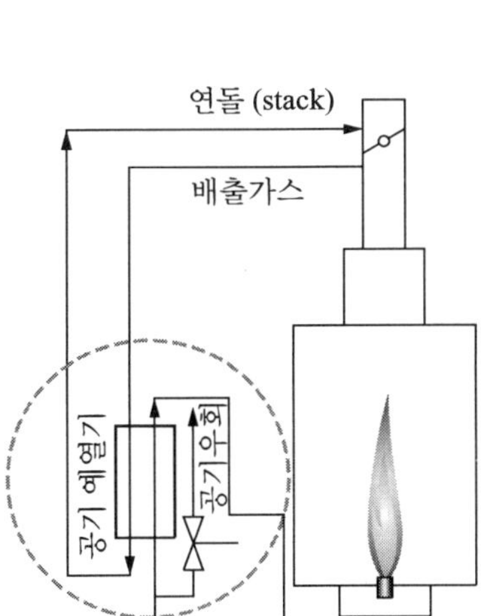

그림 8.28 공기 우회에 의한 부식 방지

8.12.6 배출가스 흐름 간격 (유속, 압력강하) 조절

배출가스가 위에서 아래로 수직으로 흐르고 공기가 하부에서 상부로 흐름을 가질 때 블록 디자인에 따라 공기는 배출가스와 직교류 (Cross flow), 병류 (Co-current), 향류 (Counter flow)의 다양한 형태를 취할 수 있다. 여기서 배출가스의 흐름 통로 간격 (Flow path gap, Space)을 아래쪽으로 갈수록 좁게 하여 유속을 빠르게 할 경우 (압력강하 증가) 저온부 에어사이드의 열전달계수가 감소하여 최소 금속온도는 높아져 저온부식을 방지하게 된다.

[참고] 공기 흐름 사이드에서 보면 큰 공기의 간극판은 가장 저온부에서 금속온도를 높이는데 효과적이다.

8.12.7 스팀에 의한 공기 예열 (Air preheating)

여러 가지 열원 예를 들면 업 스트림 (Up stream), 스팀 (Steam), 응축수 (Condensate) 등에 의해 찬 공기를 예열하여 가열로에 공급함으로써 열교환기 배출가스 온도 (공기 예열기 저온부 최소 금속온도)를 산 이슬점보다 높게 하여 저온부식을 방지할 수

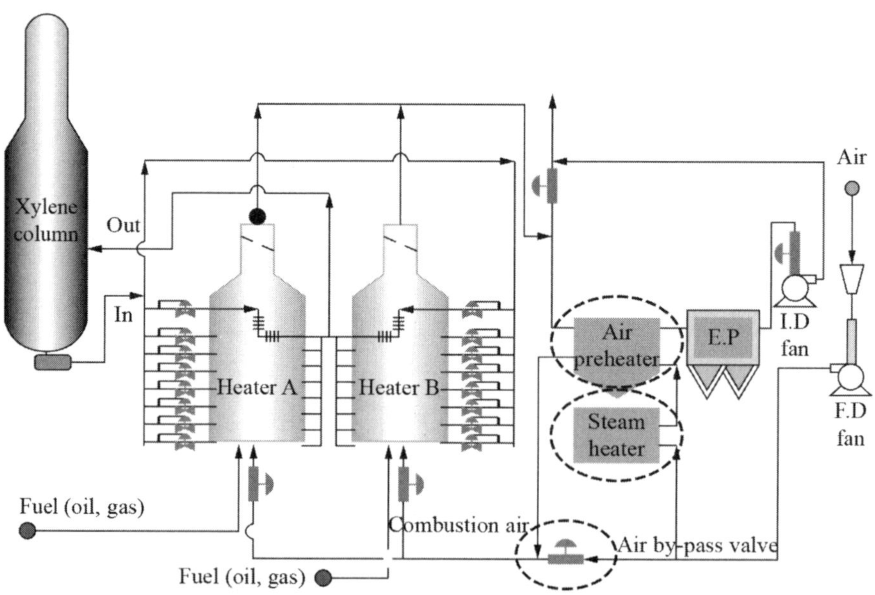

그림 8.29 가열로 공기 예열기 사용 (사례)

있다. 그림은 방향족 공정으로 공기 예열기의 저온부식 방지를 위해 에어 우회 방법과 공기 예열을 위한 스팀 예열 장치를 갖추고 있다. 보통 공기 예열기의 배출가스 온도는 산 이슬점보다 10~23.9℃ 높게 하고 저온부 최소 금속온도는 산 이슬점보다 ~3.9℃ 이상 높도록 디자인 한다.

8.12.8 운전에 의한 저온부 부식 제어

공기 예열기 운전에서 여러 가지 저온부식을 유발할 수 있는 요인들이 있다. 예를 들면 가열로 연소 속도 (Firing rate), 동절기의 낮은 대기 온도 조건 (Winter operating condition), 가열로 연소 조건의 변화 (파울링, 과잉공기, 흡수열량 등), 가열로 연료 조성의 변화 (배출가스 이슬점 증가) 등의 경우는 이들의 조정을 통해 저온부 부식을 제어하여야 한다. 그림과 같이 공기 예열기의 콜드사이드에 표면 열전대 (Skin thermo couple)를 설치하여 운전 중에 부식 조건의 효과적인 모니터링을 통하여 꾸준한 관리가 요구된다.

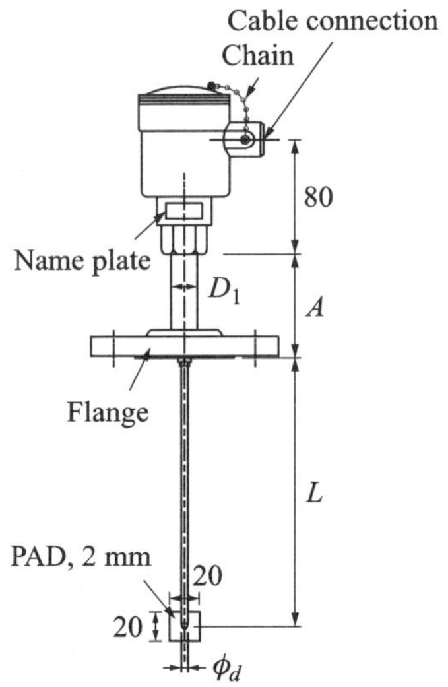

그림 8.30 공기 예열기 열전대 사용 (사례)

8.12.9 정기적인 클리닝

공기 예열기의 파울링은 금속온도를 감소시키고 (열전달 방해) 습한 부식물질을 생성시킴으로써 부식속도를 촉진시키다. 따라서 파울링을 제거하는 클리닝 작업이 필수적이다. 그림은 물 분사 (Water spray)에 의한 클리닝을 나타낸다.

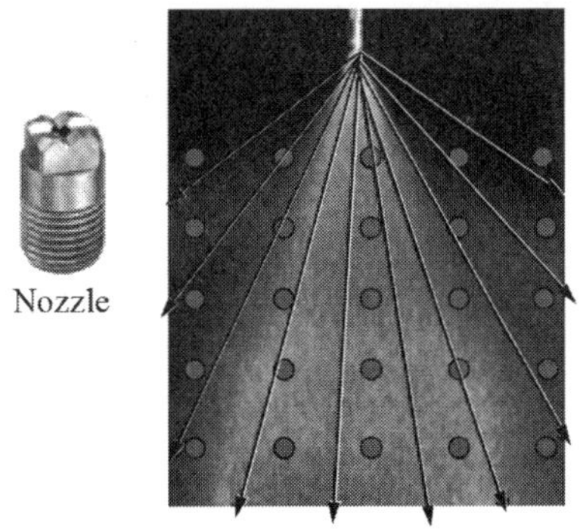

그림 8.31 물 분사 클리닝 (사례)

8.13 산 이슬점과 부식

판형 열교환기의 재료 선택은 온도와 부식 조건에 따라 제품 등급을 달리한다.

8.13.1 재료 선택 가이드

재료 선택은 재료의 온도 저항성을 고려하여 300℃까지 유리코팅 튜브 (Glass coating tube), 425℃까지 카본스틸 (Carbon steel), 520℃까지 코르텐 (Corten, STEN), 800℃까지 SS304 (SUS304), 900℃까지 SS310 (SUS310)을 각각 적용한다.
그리고 부식 저항에서는 클린 유체에 카본스틸, 황 함유 배출가스 경우에는 산 이슬점 이하는 유리코팅 튜브 그리고 산 이슬점 이상은 코르텐 혹은 카본스틸, 순수 혼합물의 응축에 카본스틸, 오염 혼합물의 응축에는 SS304를 각각 선택하는 것이 바람직하다.

일반적으로 판형 열교환기의 부품과 두께 그리고 재질 선택은 다음과 같이 한다.

부품	두께 (mm)	제조 재질
판 (Plate)	1.0, 1.2, 1.5, 2.0, 3.0, 4.0	카본스틸, 코르텐 SS304, SS316, SS309, SS310 고품질 알로이
케이싱	3～8	카본스틸, SS304, SS316
플랜지	6～12	상동

8.13.2 연소 조건별 산 이슬점과 부식속도

다음 표는 일반적으로 배출가스 중의 수분과 과잉산소 함량, 연료 종류, 황 함량에 따라 깨끗한 조건과 오염 조건에서의 산 이슬점 및 부식속도를 보여주고 있다.

H_2O	O_2	Excess	Fuel	Sulfur	Sulfur	SO_x (SO_2)	New (clean)		Old (dirty)		Corrosion
vol%	vol%	O_2 (%)	–	(ppmwt)	(wt%)	(ppmv)	SO_3 (ppmv)	ADP (℃)	SO_3 (ppmv)	ADP (℃)	rate (mm/yr)
			Pipeline gass quality	0.1	0.00001	0.006	0.0003	61	0.0005	66	-
				1	0.0001	0.06	0.003	77	0.005	82	-
				10	0.001	0.6	0.026	94	0.053	99	-
				20	0.002	1.1	0.048	98	0.096	103	0.03
				50	0.005	2.2	0.095	103	0.19	108	0.05
17	1.7	1.9		100	0.01	4.5	0.19	108	0.39	114	0.10
				200	0.02	9.0	0.39	113	0.77	119	0.20
			Sour gases ($low H_2$)	500	0.05	23	0.96	121	2.0	126	0.61
				1000	0.1	45	1.9	126	3.9	131	0.79
				2000	0.2	90	3.7	130	7.7	136	0.89
11.2	2.6	2.7	Oil #1	5000	0.5	250	12	134	26	139	1.40
9.8			Oil #2	10000	1.0	520	27	138	59	144	2.11
	3.3	3.5		20000	2	1000	48	143	110	149	2.90
9			Oil #4,5,6	50000	5	2600	100	147	260	154	4.50
8.5	4.0	4.2		100000	10	5400	170	148	520	160	5.99

예를 들어 2 wt% 황 (SO_x로 0.1%)을 함유한 벙커씨 (#6 Oil)를 연료로 사용할 경우 깨끗한 조건에서의 산 이슬점은 143℃, 오염 조건에서 산 이슬점은 149℃, 부식률은 2.90 mm/yr를 가리키고 있다.

8.13.3 사용 금속 종류별 부식속도 (Corrosion rate)

산 이슬점 이하에서의 금속의 부식속도 거동은 서로 상이하다. 아래 그래프에서는 3～4 wt% 황 함유 연료의 175℃ 배출가스 (이슬점은 143℃) 조건하에서 온도 상승에 따라 주철 (Cast iron)/탄소강 (Carbon steel)의 부식률은 증가했다가 감소하고, 코르텐 (Corten)은 증가하며, SS316 (SUS316)은 감소하고 있다. 따라서 주어진 조건에서 부식에 따른 유지 보수비 및 수명을 고려하여 경제적인 재질 선택이 요구된다.

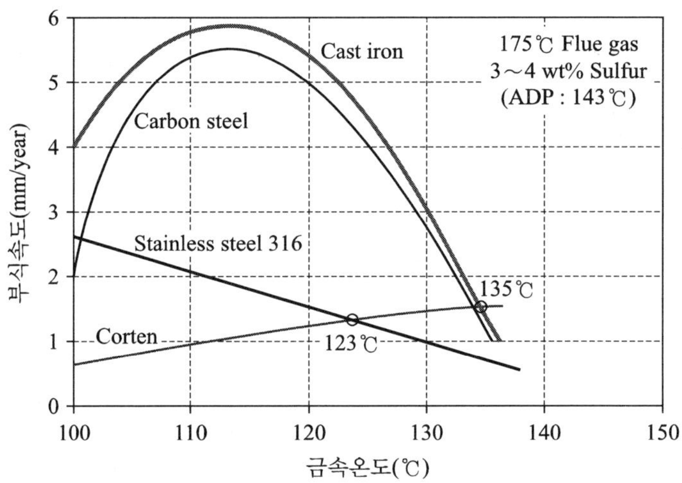

그림 8.32 주어진 조건에서 금속온도와 부식속도

8.13.4 열교환기 저온부 부식 (Cold end corrosion)

그림에서처럼 금속온도를 감소시킴에 따라 배출가스는 건조 상태에서 산 이슬점에 다다르고 다시 물 이슬점에 도달하게 된다. 각 영역별로 보면 건조 영역에서는 금속온도가 산 이슬점보다 높아 부식이 일어나지 않는다. 그러나 물 이슬점과 산 이슬점 구간의 영역 A는 황산 응축 (Sulfuric acid condensation)으로 부식이 일어나고 금속온도 감소에 따라 부식률이 증가했다가 감소한다. 마지막으로 물 이슬점 이하의 영역 B는 물과 산의 희석 용액으로 복잡한 화학반응이 일어나 금속온도 감소에 따라 부식속도가 급격히 증가한다. 참고로 연료 연소에서 SO_2/SO_3 생성과 황산 응축 그리고 부식 반응식은 각각 다음과 같다.

$S + O_2 \rightarrow SO_2$ (연료 연소)

$SO_2 + 1/2\,O_2 \rightarrow SO_3$ (SO_2 산화반응)

$SO_2 + H_2O \rightarrow H_2SO_3$ (아황산 응축)
& $SO_3 + H_2O \rightarrow H_2SO_4$ (황산 응축)

$H_2SO_4 + Fe \rightarrow FeSO_4 + H_2$ (저온 산 부식)

$2FeSO_4 + 1/2\,O_2 + H_2SO_4 \rightarrow Fe_2(SO_4)_3$ (저온부식)

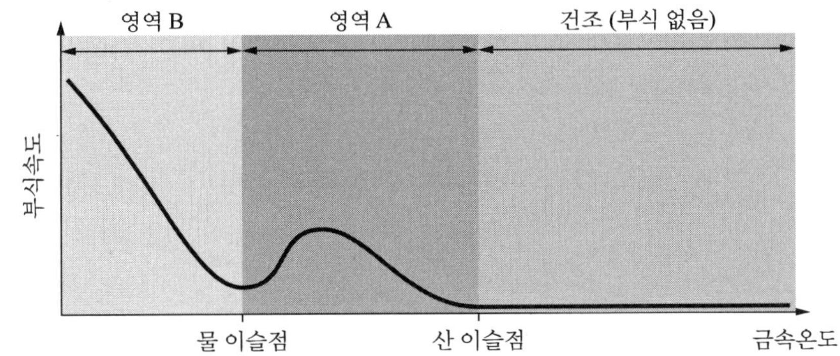

▌그림 8.33 열교환기 저온부식 경향

8.13.5 황산에 대한 금속 재질 선택

아래 3가지 영역에 대한 재질 선택에서 건조 영역 I은 카본스틸을 포함한 어느 재질의 선택도 부식에 안전하고, 황산 생성의 낮은 부식 영역 II에서는 카본스틸이나 코르텐(Corten)을 사용할 수 있으나 코르텐이 우선시 된다. 황산에 의한 최대 금속부식 포인트를 포함하는 영역 III는 부식 저항에 강한 재질 (예를 들면 유리코팅 튜브 혹은 판)을 선택한다. 즉 배출가스 중 SO_x 함량이 10 ppm 이상일 때 산 이슬점 온도가 134℃ 정도가 되므로 저온부에는 이와 같은 부식 저항성이 강한 재질이 요구된다. 그리고 영역 III 이하의 물 응축 (Water condensation) 생성과 같은 열교환기 디자인은 피해야 한다.

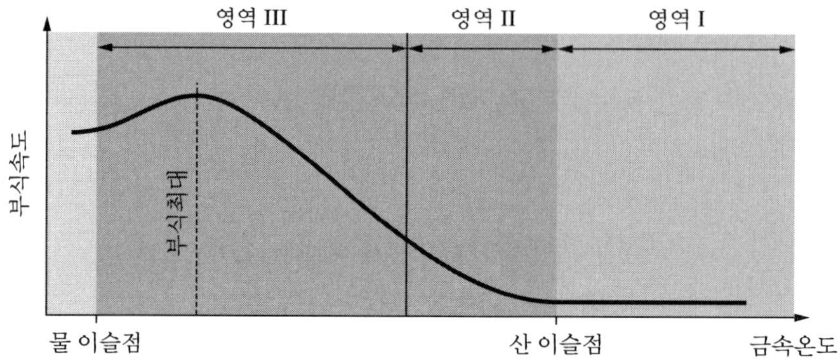

▌그림 8.34 산 부식에 대한 금속 선택

8.13.6 연료 황 함량과 최소 금속온도

아래 그래프는 연료 중의 황 함량에 따라 가열로의 배출가스에 노출된 대류부 코일, 팬, 덕트의 최소 금속온도 커브를 나타내고 있다.

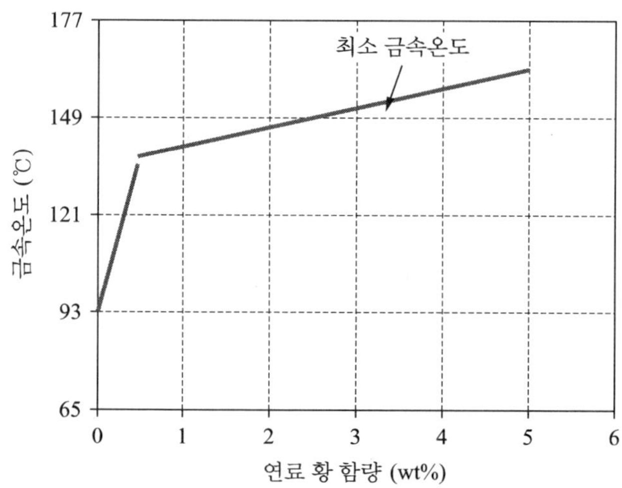

▌그림 8.35 황 함량과 최소 금속온도 관계

8.13.7 배출가스 황 함량과 산 이슬점

아래는 배출가스 중의 황 함량에 대한 산 이슬점의 온도 관계를 나타내며 황 함량이 증가할수록 산 이슬점의 온도는 증가한다.

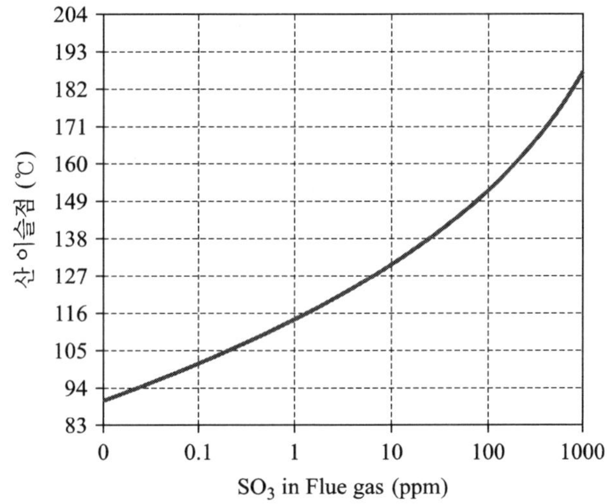

그림 8.36 배출가스 황 함량과 산 이슬점 관계

Chapter 9

화석연료 대체에너지

(신재생에너지)

대표적인 화석연료로 석유를 대체할 수 있는 에너지로 신재생에너지 (New & renewable energy) 혹은 석유대체에너지 (Petroleum alternative energy)가 연구 개발되고 있다. 신에너지 (New energy)는 새로운 물리력이나 새로운 물질을 기반으로 하는 수소에너지, 연료전지, 석탄액화가스화의 분야이다. 그리고 재생에너지 (Renewable energy)는 재생 가능한 에너지로 태양광 (태양전지), 태양열, 수력, 풍력, 해양, 지열, 바이오매스 (Biomass), 폐기물에너지 등의 분야가 있다. 한편 미래에너지 (Future energy)는 재사용이 가능하고 지구를 오염시키지 않은 청정연료 (Clean fuel)여야 하고 그 자원의 보존량이 무한해야 한다. 그러한 연료들이 바로 대체에너지 (Alternative energy)로 기존의 석유를 대체할 수 있는 신재생에너지가 된다. 이와 같은 대체에너지는 건설 단가와 에너지 단가가 아직 높기 때문에 전면적인 상용화를 위해서는 보다 많은 연구개발이 요구된다. 아래에 이들 청정에너지에 대하여 살펴보기로 하자.

9.1 태양광에너지 (태양전지)

일반적으로 태양에너지 이용 기술은 두 가지로 나눈다. 즉 태양열 (Solar heat)과 태양광 (Light of sun) 기술 이용 방식이다. 이들 중 태양광 발전은 태양광을 직접 전기에너지로 변환시키는 기술이다. 태양광 발전 (Photovoltaic power generation) 시스템은 태양전지 (Solar cell, Photovoltaic cell)로 구성된 모듈 (Module)과 축전지 및 전력 변환 장치로 구성된다. 즉 태양광 발전을 위해서는 핵심 구성품인 어레이 (Array)와 함께 태양전지로부터 생성되는 직류 전기를 교류로 변환시키는 인버터 (Inverter), 비 또는 눈이 며칠간 계속되는 경우를 대비한 축전지 등의 주변장치가 필요하다. 다음은 태양광 발전 시스템을 나타낸다.

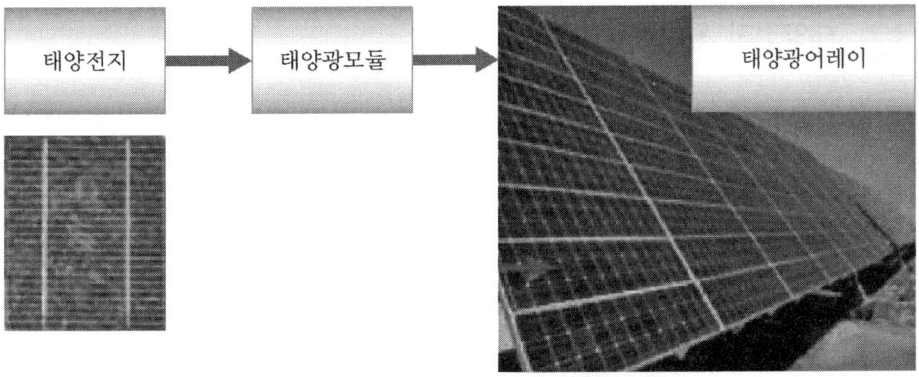

그림 9.1 태양광 발전 시스템

9.1.1 태양전지 구성

태양광의 복사에너지를 태양전지인 반도체에 직접 조사해서 전기가 발생하도록 하는 방법이 태양광 발전 또는 태양전지이다. 일반적으로 전기의 도체인 금속은 전기를 잘 통하며 금속의 결정격자로부터 전자를 움직이게 하는데 에너지가 투입되지 않아도 된다. 왜냐하면 금속에 존재하며 금속원자의 결합을 일으키는 전자는 자유로이 움직이는 자유전자이기 때문이다. 이에 반해서 절연체로부터는 전자를 떼어내어 움직이게 하기 위해서는 4 eV 이상의 에너지가 필요하다. 태양광선은 한 개의 광자가 갖는 에너지가 약 2 eV이므로 절연체로부터는 전자를 움직이게 할 수는 없다. 그러나 금속과 절연체의 중간인 반도체는 그림과 같이 광의 조사에 의하여 전자를 움직이게 할 수가 있다.

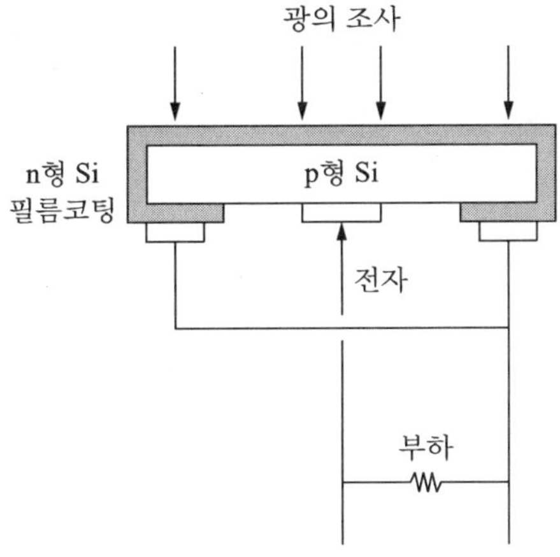

그림 9.2 태양전지의 구성

9.1.2 태양전지 원리

태양전지는 태양광을 직접 전기로 변환시키는 태양광 발전의 핵심 소자다. 예로서 그림과 같이 반도체의 pn 접합으로 만든 태양광 전지에 큰 에너지를 가진 태양광이 입사되면 전자 - 정공 쌍이 생성되는데 이들 전자 - 정공이 pn 접합부에 형성된 전기장에 의해 전자는 n층으로 정공은 p층으로 모이게 됨에 따라 pn간에 광 기전력 (Voltage)이 발생하게 된다. 이때 양단의 전극에 부하를 연결하면 전류가 흐르게 된다. 즉 반도체 위에 태양광을 조사했을 경우 전자가 이동하여 전압을 발생시킨다.

반도체 위에 전압을 생기게 하기 위하여 실리콘 결정 중에 불순물로서 5가인 비소를 혼입한 n형 반도체와 실리콘 단결정의 절편을 3가인 붕소로 처리한 p형 반도체를 만들어 두 종의 반도체를 접합 (pn 접합)한다. 이렇게 만들면 n형 반도체는 전자 하나가 남고 p형 반도체는 전자 하나가 모자라는 형태의 것을 만들 수가 있다. 여기에 태양광을 조사하면 n격자로부터 비약하는 전자가 p영역 쪽으로 이동할 수가 있으며 n형과 p형 사이에 전압이 발생하고 기전력이 생겨 에너지 면에서는 p > n의 상태가 된다. 격자로부터 전자를 밀어내게 되면 전자가 떨어져 나온 곳에는 (+)의 전하홀 (Hole)이 생기는데 이를 정공이라고 하며 이 두 극 사이에 기전력이 생기는 것이다.

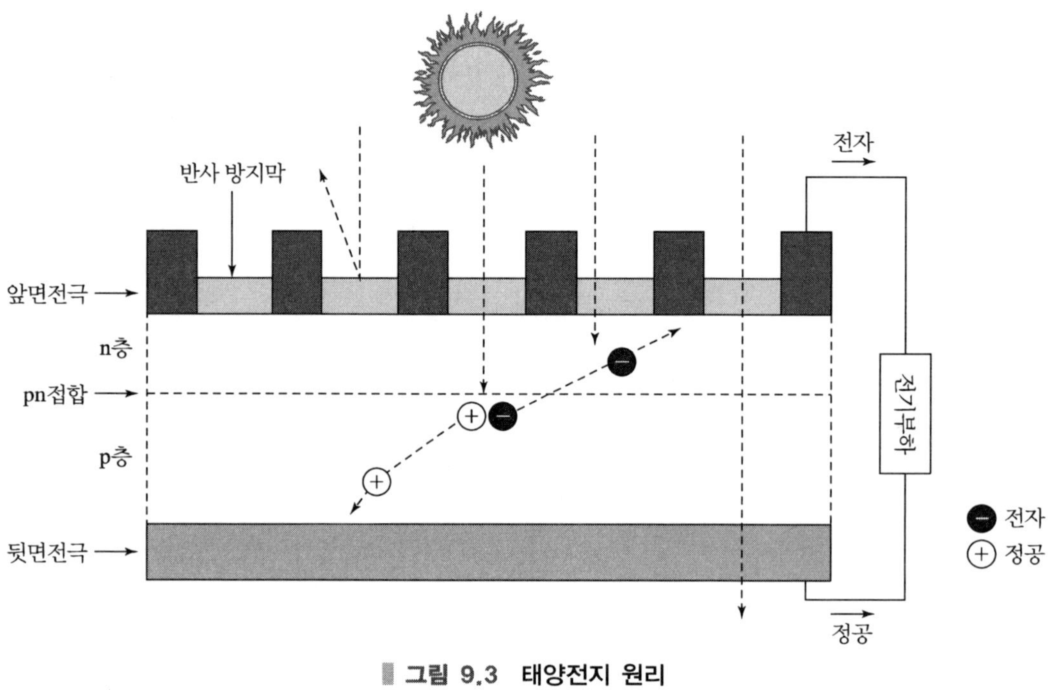

그림 9.3 태양전지 원리

9.1.3 태양전지 종류

크게 두 가지로 나눈다. 우선 결정질 실리콘계 태양전지 (기판형)는 시스템화 연구를 통해 상품화 단계에 도달한 기술이다. 여기서 한발 더 나간 다결정질 실리콘 박막형 태양전지는 기초 연구 단계로 요소 기술은 확보했으나 상품화를 위한 제조설비의 투자비 과다로 사업화가 아직 덜 되었다. 다른 하나는 화합물계 태양전지다. 결정 화합물계 III～VI족 (CdTe, $CuInSe_2$ 등) 태양전지는 효율이 높은 것이 장점이나 저가화 대 면적화가 문제로 이러한 부분을 해결하기 위한 기초 요소 연구가 수행 중이다. 태양전지는 다음과 같이 분류할 수 있다.

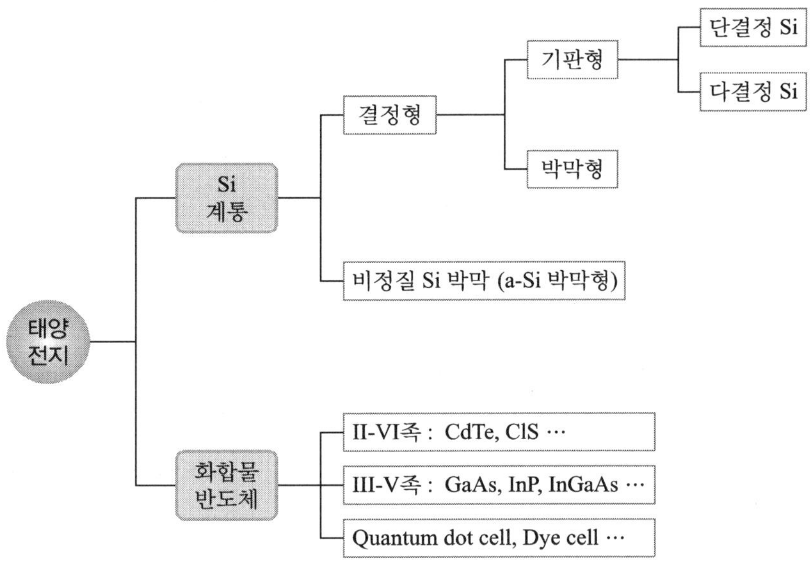

현재 일반적으로 사용하는 실리콘 태양전지는 태양광으로부터 전기로의 변환효율이 15% 정도가 되는 것으로 설비는 고가이나 발전 시 높은 열을 방출하지도 않고 가스와 소음의 발생이 없음은 물론 환경에도 악영향을 미치지 않는 에너지 발생기이다. 또한 구조가 간단하기 때문에 필요한 양만큼 필요한 곳에서 발전할 수 있다. 때문에 유용한 에너지원임에는 틀림없다. 실리콘 태양전지의 경우는 실리콘 단결정으로부터 두께 0.5 mm 정도의 박판을 만든다. 이 과정에서는 실리콘의 손실이 60% 정도가 된다. 이것을 줄이는 것이 기술발전이고 가격저감의 핵심이다. 지금은 화합물 반도체 등 효율이 크게 향상되고 있다.

또한 광으로부터 변환 효율도 새로운 재료와 구조의 개발로 크게 향상되고 있다. 예를 들면 연구 중인 양자점 태양전지 (Quantum dot cell)는 최대 효율이 41.6%이고 페로브스카이트형 (Perovskite, 요오드화납)은 효율이 20% 이상이다. 그 밖에 막을 플라스틱 또는 유리기판에 입힌 것이 새로이 등장하여 가격을 대폭 낮추어 보급이 크게 확산될 것으로 보인다. 또한 인공위성을 이용하여 우주공간에서 태양광 발전을 행하고 얻은 전기를 마이크로파 전력빔에 의하여 전송하는 방법도 미국에서 연구하고 있다.

[참고 1] 양자점 태양전지

양자점 태양전지 (Quantum dot cell)는 2～10 nm 정도의 반도체 결정으로서 Cd를 아연이 감싸고 있는 입자를 크기에 따라 양전극 사이에 층으로 넣고 광을 조사하면 입자의 크기에 따라 흡수되는 파장의 크기가 달라지며 따라서 넓은 범위의 파장의 빛을 흡수할 수가 있고 전압도 달라진다. Cd의 중금속 대신에 무독성의 다른 금속들이 개발되어 있고 아직은 연구 단계이지만 파장의 범위가 넓어 태양광 흡수율도 41% 정도까지 되는 것이 있다.

[참고 2] 염료감응형 태양전지

염료감응형 태양전지 (Dye-sensitized solar cell, Dye cell)는 염료감응 태양전지라고도 한다. 나노 입자 반도체 TiO_2 전극에 화학적으로 염료분자가 흡착되어 있고 여기에 태양빛이 흡수되면 염료 분자는 전자를 발생하며 이 전자가 기전력을 만든다.

9.1.4 우리나라 태양전지 보급 현황

우리나라는 국가에서 여러 가지 지원정책에 의하여 태양광 발전소가 최근 특히 2013년에 1,555 MW이던 것이 2014년에 2,481 MW (지난 10년간 누적용량)로 1년 사이에 급격히 증가하고 있다. 태양광 발전사들이 급격히 늘어나면서 농촌지역에도 많이 도입되고 있어 생산된 전력은 한전에 역으로 공급하여 농촌 소득으로 이어지고 앞으로 스마트 그리드 (Smart grid)와 연결하여 많은 부분 전력을 감당할 것으로 보인다.

다음 표는 우리나라 태양전지의 설치 현황을 나타내고 있다. 주로 호남지역에 많이 설치되고 있고 제일 큰 규모의 발전소는 전남 신안에 24 MW (연간 발전량 35,000 MWh, 모듈수 130,656장)와 역시 전남 고흥 폐석장에 25 MW (모듈수 104,979장)를 설치해서 발전하고 있다.

표 9.1 ● 우리나라 태양광 설치 현황 (2014년)

지역	용량 (MW)	지역	용량 (MW)	지역	용량 (MW)
강원	119.2	대전	23.1	전남	618.0
경기	157.2	부산	68.2	전북	459.2
경남	224.8	서울	44.5	제주	77.2
경북	265.0	세종	4.0	충남	188.0
광주	51.0	울산	14.8	충북	99.3
대구	32.2	인천	35.4	총계	2,481.3

9.2 태양열에너지

태양에너지를 열로 직접 이용하도록 만든 기기가 태양 온수기이다. 일본의 경우는 태양 온수기가 약 1000만 대 이상이 설치되어 있고 우리나라에서도 급탕용으로 목욕탕, 주택 그리고 골프장을 포함한 스포츠센터 같은 곳에 이미 설치된 곳이 많이 있다. 원리는 매우 간단하다. 햇빛이 잘 들어오는 지붕에 흡수율이 좋은 집열판을 설치하고 온수조와 연결하여 더워진 물이 온수탱크에 저장되도록 한 것이다. 탱크 속의 따뜻한 물은 필요할 때 이용하는 것이다. 여름에는 60~70℃, 겨울에도 30~40℃ 정도의 온수를 얻을 수 있다. 기존 보일러와 연결해서 쓰면 보일러의 급수를 태양열로 예열할 수가 있으므로 이렇게 되면 연료를 절약할 수가 있다. 태양 온수기는 집열기, 저장조, 순환 시스템이 조합되어 있지만 온수 저장방법에 따라 일체형 온수기, 자연순환식 (중력순환식) 온수기, 강제순환식 온수기와 같이 세 가지 종류로 분류한다.

9.2.1 일체형 온수기

원리가 가장 간단한 방법으로 집열기와 저장조가 하나로 되어 있어서 값이 싼 시스템이고, 저장능력이 적어 온수는 해가 떨어지면 나오지 않는다. 다음은 일체형 태양 온수기 개요도를 나타낸다.

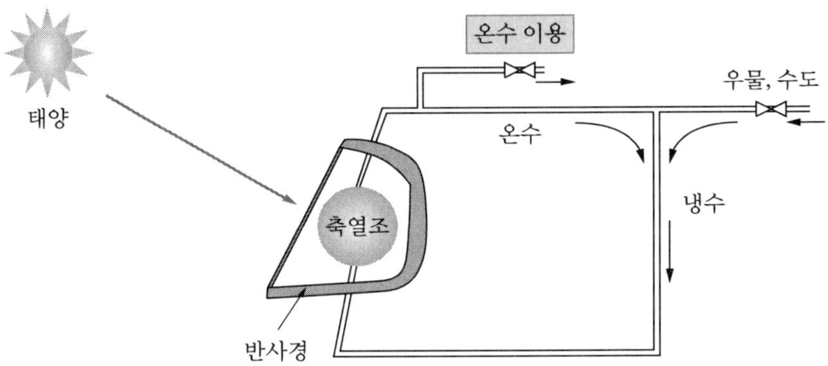

그림 9.4 일체형 태양 온수기

9.2.2 자연순환식 (중력순환식) 온수기

자연순환식 온수기는 집열기에서 따뜻해진 온수는 팽창하면서 밀도가 낮아지기 때문에 가벼워서 위로 올라가는데 만일 저장조를 흡열판 상부에 설치하면 여기에 온수가 잡혀서 저장된다. 이 저장조의 아랫부분은 집열기와 연결되어 있어서 저장조 하부의 찬물이 집열기로 되돌아 들어가 태양에 의하여 가열된 후 다시 상승하여 저장조에 저장/이용된다. 이것이 반복되면서 저장조의 온도가 올라가는 형태로 된 것이다. 이 시스템은 햇빛이 없을 때에는 자연순환이 자연히 정지되고 쓸데없는 방열이 없는 이점이 있다. 그러나 집열기와 저장조의 설치위치가 잘 정해져야 한다. 다음은 중력순환식 온수기 개요도를 나타낸다.

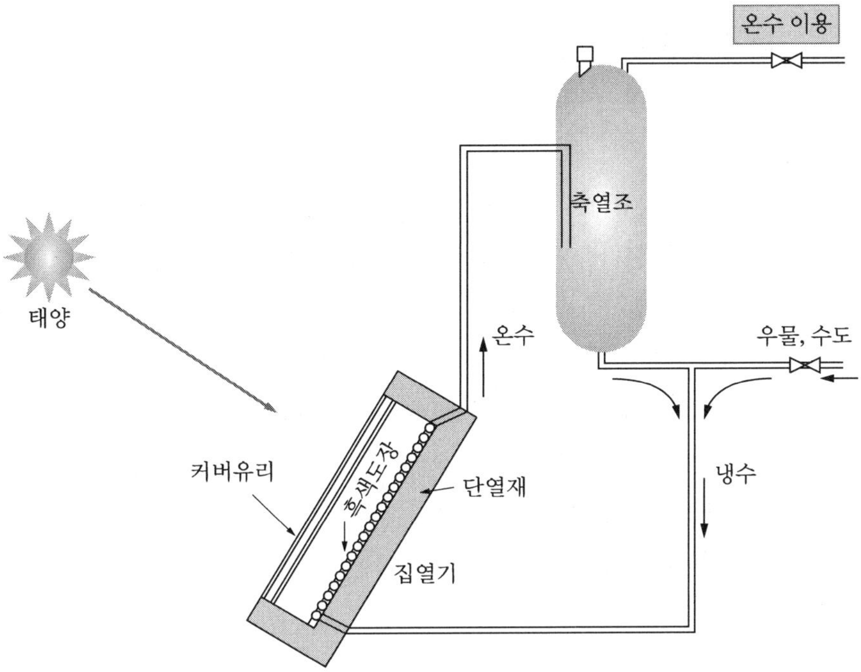

▌그림 9.5 중력순환식 온수기

9.2.3 강제순환식 온수기

자연순환식이 중력 변화에 의하여 물이 순환되는 것이라면 강제순환식은 펌프를 사용해서 집열기와 저장조 사이에서 물을 순환시키는 시스템을 말한다. 집열 효과가 크고 집열기와 저장조의 설치 위치의 제한이 없으며 온탕의 온도를 일정하게 제어할 수가 있기 때문에 대규모 설계가 가능하다. 이상 세 가지 종류의 온수기 중에서 미국, 일본, 우리나라에서 사용하고 있는 것은 중력순환 시스템이 대부분이다. 집열기는 집열판을 단열이 잘 된 틀 속에 넣고 유리를 덮어서 대류에 의하여 발산되는 열의 손실이 최소가 되도록 하였다.

9.3 태양열발전

태양열발전은 지상에 오목거울을 사용하여 태양열을 한 곳에 모아 온도를 올리고 이 열로 증기를 발생시켜 터빈을 돌려 전기를 생산한다. 현재 미국, 프랑스, 스페인, 일본 등 세계 각지에서 태양열 플랜트가 연구되고 있다. 보통 태양열발전 방식은 집광열 → 축열 → 증기 발생 → 동력 → 발전으로 구성된다. 일단 축열로 발전을 행할 경우에는 먼저 밀도가 낮은 태양광을 넓은 면적에서 모아 농축한다. 모아진 열에너지는 열 파이프 (Heat pipe)에 의하여 축열장치로 보내진다. 태양의 일사광선은 일 년 중 밤과 낮, 겨울과 여름의 일사량 차이, 비가 올 때와 구름이 낄 때 등 균일하게 에너지를 받을 수가 없으므로 축열을 행하여 균일한 열의 공급이 이루어질 수 있는 것이다. 태양열을 집광/발전하는 데는 타워집광식 발전 (집중형 발전) 방식과 곡면집광식 발전 (분산형 발전) 방식의 두 종류가 있다.

9.3.1 타워집광식 발전

이것은 태양을 평면경으로 반사시킨다. 이 평면경은 헬리오스타트, 즉 태양의 위치를 따라서 컴퓨터의 명령에 의해 해를 향하여 방향을 틀어 나간다. 헬리오스타트의 평면경은 높은 위치에 있는 타워부 꼭대기에 광이 집중되도록 설계되어 있고 여기에 집열기가 설치되어 있어 열을 흡수한다. 태양의 반사광이 집중되는 온도는 대략 500℃ 정도가 되며, 여기에 파이프로 물을 순환하면 고온의 증기가 얻어진다. 고온의 증기를 지상의 축열기에 보내서 다시 터빈 발전기로 발전을 하게 된다. 축열기 형식에는 고압수식과 염화리튬, 염화칼륨을 사용하는 용융염식이 있는데 외측은 단열재로 보호되어 있고 높은 온도를 유지한다. 일본의 타워집광식 발전방식은 최대출력 1,000 kW 규모의 플랜트 건설이 완료되어 현재 가동되고 있다. 이 경우 태양을 따라가는 평면경은 2,480대 (한 장의 크기 3 m×1.5 m), 곡면경은 124대 (한 장의 크기는 3.8 m×3.6 m)가 사용된다. 한편 타워식 집광발전에서는 열손실은 적지만 서로 그림자를 만들지 않도록 헬리오스타트를 세워야 하고 집열기와 헬리오스타트의 거리는 1,000 m 이상 떨어져야 하는 제약으로 대규모 발전소를 한 장소에 만든다는 것이 쉽지 않다. 다음은 타워형 태양열발전 시스템인 헬리오스타트의 개요도를 나타낸다.

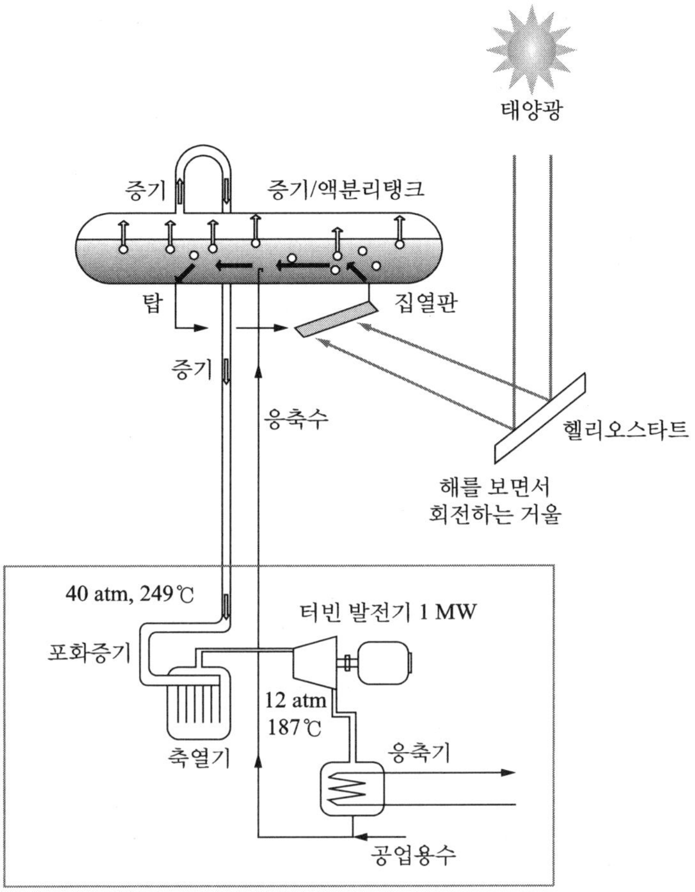

그림 9.6 타워형 태양열발전 시스템 (헬리오스타트)

9.3.2 곡면집광식 발전

이것은 집열하는 방법에 따라 세 가지로 구분할 수 있다. 그 중의 하나는 파라볼라형 거울형이다. 거울의 초점에 집열관을 놓으면 반사한 태양광이 집열관에 집중적으로 흡수되고, 이 집열관에서 생성된 고온 증기를 이용하여 발전한다. 미국의 샌디에이고 연구소와 일본의 전자기술종합연구소 등에서 연구하고 있다. 또한 반사경이 고정되어 있고 집열관이 반사광이 집중하는 점을 따라 자동적으로 이동하며 고온 증기를 얻는 방식이 있다. 미국이 이것의 개발을 추진하고 있다. 그리고 평면경과 곡면경을 같이 사용하는 형의 발전 시스템이 있다. 이것은 먼저 평면경에 태양광을 받고 반사광을 다시

한 번 곡면경에 입사시켜 집광하며 곡면경의 전방에 위치한 집열관에 빛의 초점을 모아 물을 고온의 증기로 변화시켜 발전하는 방식이다.

곡면집광방식은 소형일 경우 집광과 집열에 들어가는 규모가 작아 차지하는 공간이 작을 수 있지만 열에너지를 축열부에 운반하는 파이프 수송이 많기 때문에 전체로 보면 열의 손실이 일어나는 결함이 있다. 다음은 파라볼라형 태양열발전 시스템의 개요도를 나타낸다.

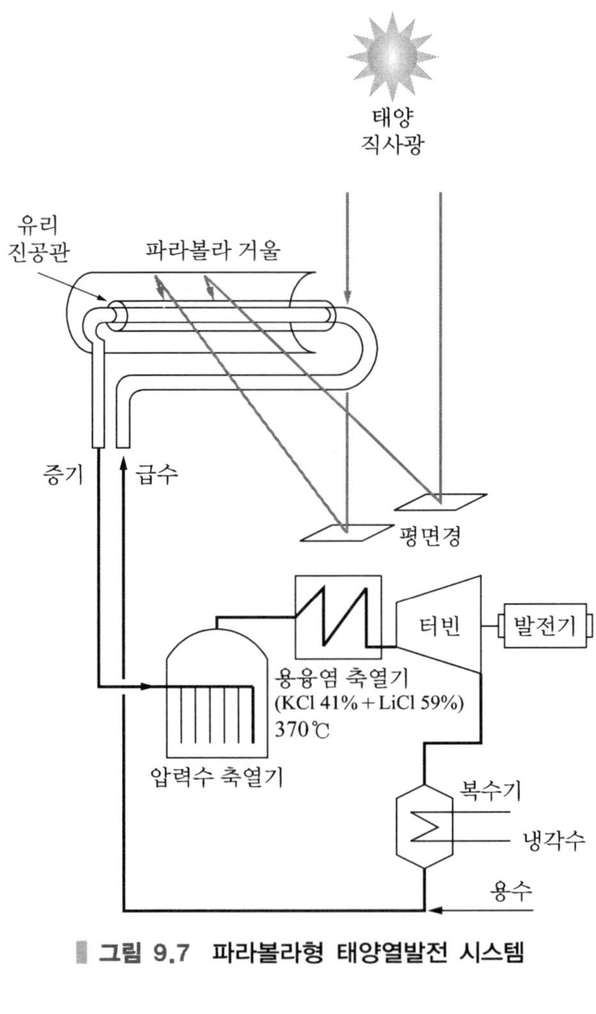

그림 9.7 파라볼라형 태양열발전 시스템

9.3.3 태양열발전의 개선점

태양열발전은 방사성 폐기물과 아황산가스, 이산화탄소, 기타 대기오염물질을 배출하지 않는 완전히 깨끗하고 무한한 에너지원이라고 생각할 수 있지만 발전비용이 현재로는 집광식 발전에서 1 kW당 건설비가 석유화력의 20배, 수력의 10배라는 고가가 소요된다. 때문에 실용화에는 발전소 건설비의 큰 비중을 차지하는 헬리오스타트를 대량 생산체제로 해서 가격을 낮추는 등 경비저감에 노력하고 있다. 또한 발전효율을 올려야 하기 때문에 축열재의 연구개발은 물론 집열온도가 낮은 경우에도 이것을 효율 좋게 그리고 유효하게 이용해서 발전하도록 해야 한다. 저비점의 유기매체가 사용되는 터빈의 사용 등 시스템 개량도 행할 필요가 있다.

9.4 수소에너지 (연료전지)

석유와 석탄의 대체 에너지원으로서의 수소를 말한다. 수소의 원료인 물은 많고 반응하더라도 연기를 뿜지 않는 등 수소는 미래의 무공해 에너지원으로 중시되는 인류 궁극의 연료로 지목되고 있다. 현재 세계의 수소 소비량은 많지만 물을 원료로 해서 값싸게 대량 생산할 단계에 이르지 못하고 있다. 수소 제조에는 석탄 및 석유의 전환, 열화학법, 광화학법, 바이오매스로부터 수소의 제조가 있으며 현재 연구되고 있는 주된 제법으로 원자력발전의 전력으로 물을 전기분해하는 방법과 열화학사이클법이다.
현재 수소가 쓰이고 있는 곳은 로켓연료로 사용되고 있고 자동차 연료 그리고 제트엔진에도 실용화가 시작되고 있다. 최근에는 실용화 단계에 들어선 연료전지용 연료로 쓰이고 있다. 수소를 사용한 후 생성되는 생성물은 물이 되기 때문에 환경에 아무런 영향을 주지 않아서 청정에너지로 장차 그 사용이 우리 실생활 속으로 파고 들어올 가능성이 커지고 있다. 수소는 액체가 되면 체적이 작아서 저장하기에 매우 좋고 수송할 경우에도 수송 손실이 발생하지 않아 장래 유망한 에너지원이라고 할 수 있다. 또한 자동차에도 현재 사용되고 있는 엔진에 조금만 개량을 가하면 수소를 연료로 사용할 수 있다. 이 경우 가솔린차에 비하여 SO_x (황산화물)와 HC (탄화수소)의 배출이 전혀 없다. 광화학 스모그의 원인이 되는 NO_x (산화질소)의 배출은 1/10로 줄어들기 때문에 청정에너지임이 틀림없다. 다음은 21세기에 기대되는 수소에너지 계통도를 나타내고 있다.

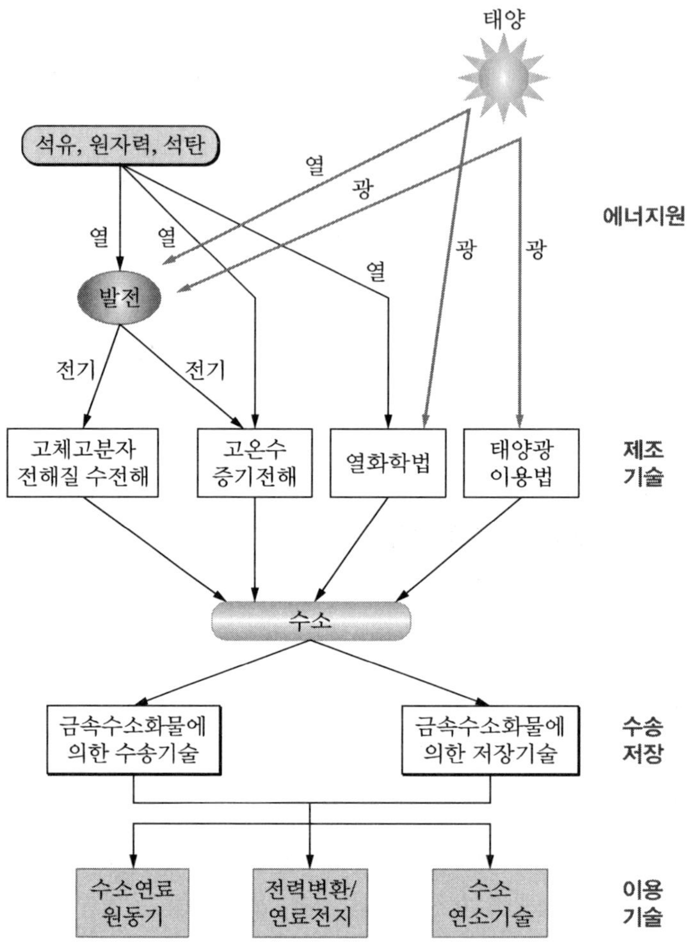

▮ 그림 9.8 수소에너지 계통도

9.4.1 연료전지 (Fuel cell)

화학전지는 화학 변화가 일어날 때의 에너지 변화를 전기에너지로 바꾸는 장치이다. 일반적으로 화학전지는 전극을 구성하는 물질과 전해질을 용기 속에 넣어 화학반응을 시키고 있다. 그러나 연료전지는 외부에서 수소와 산소를 계속 공급해서 전기에너지를 만든다. 이는 마치 연료와 공기의 혼합물을 엔진 속에 공급하여 연소시키는 것과 유사하다. 이와 같이 연료의 연소와 유사한 화학전지를 연료전지라고 한다. 연료전지에 공급된 수소는 연소시키는 것이 아니고, 수용액에서 전자를 교환하는 산화와 환원 반응이 진행되며, 그 과정에서 수소와 산소가 물로 바뀐다. 이때의 에너지 (즉 화학에너지)

가 전기에너지로 전환된다.

따라서 연료전지는 연료를 직접 사용하여 전기를 얻을 수 있는 발전시설을 말한다. 현재 연료전지의 연료로서 거의 실용화 단계에 와 있는 것이 바로 수소이다. 그러므로 비수요기에 수소를 생산 저장해 두었다가 수요기에 연료전지를 가동한다면 전기의 저장과 응용의 역할까지 할 수 있게 된다.

9.4.2 연료전지 종류

연료전지는 그 종류가 많을 뿐만 아니라 연료로 기체, 액체, 고체 어느 것을 사용하느냐에 따라 그 방식도 여러 가지가 있다. 반응을 일으키는 온도도 상온의 것에서부터 500℃ 이상으로 그 종류가 매우 다양하다. 그러므로 연료전지는 전해질, 연료, 산화제, 작동온도 등에 의해 분류할 수 있다. 그 중에서도 일반적으로 전해질의 종류에 따라 분류한다. 이것은 전해질에 따라 작동온도와 연료가 결정되기 때문이다. 다음 표에 이들에 대한 연료전지의 종류와 특징을 나타내었다.

표 9.2 ● 연료전지의 종류와 특징 비교

구분	저온형				고온형	
	알칼리 수용액형	산 수용액형	고분자 전해질막	직접 메탄(에탄)올	용융 탄산염	고체 전해질
전해질	KOH	H_3PO_4	이온교환막	이온교환막	$LiCO_3$ K_2CO_3	안정화 지르코늄(박막) $ZrO_2+Y_2O_3$
이온전도종	OH^-	H^+	H^+	H^+	CO_3^-	O^-
작동온도	50～150℃	190～220℃	50～100℃	60～130℃	600～700℃	～1,000℃
전극촉매	니켈/은	백금	백금	백금	불필요	불필요
연료	순수소	수소	수소	CH_3OH, C_2H_5OH	H_2, CO	H_2, CO
연료용 원료	물	LNG, 나프타, 메탄올, 경유	메탄올, 석탄가스	메탄올, 에탄올	석탄, 메탄올, LPG, 등유	석유, LNG, 석탄, 등유
효율 (화석연료 기준)	60%	40～45%	＜40%	40%	45～50%	50～60%
문제점	수명, 비용	백금 사용, 수명	고온운전 불가능, 낮은 효율	고온운전 불가능	고온부식, CO_2의 분리순환	전해질 안정화, 전해질 박막화, 신뢰성

현재 수소-산소 연료전지 외에 메탄올/에탄올을 연료로 하는 것도 연구되었고 프로페인/휘발유를 사용하는 경우에는 고온형 연료전지로 가능해지고 있으며 기술적으로 아직 곤란한 점은 있으나 큰 용량의 연료전지가 계속 발전하고 있다. 여기서는 아직은 석유와 가스 등에서 생산된 수소를 연료로 공급해서 공기 중의 산소와 반응시킴으로써 전기와 열을 생산하고 있는 가장 기본적인 수소-산소 연료전지에 대하여 살펴보기로 한다.

9.4.3 LNG 개질에 의한 수소 제조

수소 연료전지에 사용되는 수소는 아직 이에 필요한 수소 공급망이 깔려 있지 않아 쉽게 얻을 수는 없다. 그러나 도시 공급망을 형성하고 있는 천연액화가스 (LNG)는 쉽게 얻을 수가 있어서 현재 이를 연료전지 설치장소에서 개질 (Reforming)해서 수소를 얻고 바로 사용하는 것이 일반화되어 있다. 물론 일반 여러 형태의 탄화수소 (예: 납사)로부터도 정유 혹은 방향족 개질 공정에서 개질반응을 통해 수소 제조가 가능할 뿐 아니라 잉여 전력이나 풍차발전 등에서 나오는 전기로도 물을 전해하여 수소를 얻을 수 있다. 하지만 천연액화가스가 접근성이 가장 용이하다. 이 LNG를 원료로 수소를 대량 생산하는 개질 공정에 대해서는 6장에서 이미 상세히 언급하였으므로 참고하기 바란다.

9.4.4 연료전지 원리

연료전지 원리는 물의 전기분해의 역반응이다. 전기분해는 물에 황산을 넣어 전도성을 준 다음 직류전기를 통하면 양극에서는 산소 그리고 음극에서는 수소가 발생한다. 반대로 전도성을 갖는 용액에 음극에는 수소 그리고 양극에는 산소를 각각 보내면 음극에서는 수소가 수소이온이 되며 전자를 음극에 밀어 넣고 양극에서는 전자를 끌어당기는 산소가 전자를 받아 수소이온과 결합하여 물을 만들면서 음극-양극 사이에 기전력(전압)이 생긴다. 이런 현상으로 구성하여 외부로 전류를 흐르게 만든 것이 연료전지이다.

다시 말해 수소 연료가 셀 (Cell)의 음극 (Cathode)에 공급되어, 전극의 빈 구멍 부분에 침입, 여기서 촉매 물질의 작용에 의해 전해질 (산 혹은 알칼리)과 반응하여 전극에 전자를 내놓고 이 전자가 외부 회로를 통해서 양극 (Anode)으로 되돌아온다. 이 반응의 부산물은 물 (H_2O)과 열 (Heat)이다. 전극에는 두 극 모두 탄소 혹은 금속을 사용하고 있는데, 전극의 표면적을 증대시키기 위해 다공질로 되어 있고 전극 사이에 전해질과 막이 들어 있다.

연료인 수소의 제조는 앞서 언급한 LNG의 개질에서 얻은 것이 주로 사용되나 이외에 메탄올 (메틸알코올) 및 석탄 등을 개질해서 얻을 수도 있으며 앞으로는 원자로에서 그리고 각종 합성가스 (Syngas)의 수성가스반응으로 만든 것들이 사용될 것이다.

수소가 음극으로 들어가고 공기가 양극으로 공급되면 다공질의 촉매에 의하여 수소 분자는 양성자 (H^+)가 되면서 전자 e^-를 방출한다. 전해질이 산성인 경우에는 양성자 (H^+)가 전해질층을 통해서 이동하여 양극에 도달한다. 한편 외부 회로의 부하를 통해서는 양극에 도달한 전자와 유입된 산소가 이 양성자와 반응해서 물이 된다. 이동하는 이온의 종류는 전해질의 종류에 따라서 결정된다 [알칼리성인 경우에는 수산이온 (OH^-)이 양극으로부터 음극으로 이동]. 산성 전해질 연료전지에서는 방전 시 다음 반응이 일어난다.

$$H_2 \rightarrow 2H^+ + 2e^- \text{ (수소 전극, 음극)}$$

$$\frac{1}{2}O_2 + 2H^+ + 2e^- \rightarrow H_2O \text{ (산소 전극, 양극)}$$

$$H_2 + \frac{1}{2}O_2 \rightarrow H_2O \text{ (전체 반응)}$$

다음은 전해질로 인산 (H_3PO_4)을 사용한 경우의 산 수소 연료전지의 원리를 나타낸다.

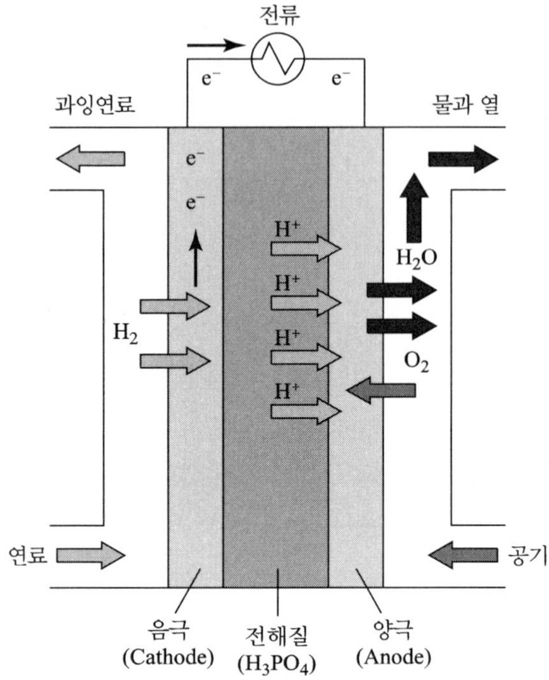

그림 9.9 산 수소 연료전지의 원리

다음은 전해질로 알칼리를 사용하는 알칼리 수소 연료전지의 원리를 나타낸다. 그림과 같이 전해액은 수산화칼륨 (KOH) 용액이다. 수소 가스는 1~10기압으로 보내지고, 수소가 스며드는 쪽이 (−)극, 산소 쪽이 (+)극이다. 수소는 (−)극에서 산화되고 산소는 (+)극에서 환원된다. 전체 반응식은 다음과 같다.

$$H_2 + 2OH^- \rightarrow 2H_2O + 2e^- \text{ (수소 전극, 음극)}$$

$$H_2O + \frac{1}{2}O_2 + 2e^- \rightarrow 2OH^- \text{ (산소 전극, 양극)}$$

$$H_2 + \frac{1}{2}O_2 \rightarrow H_2O \text{ (전체 반응)}$$

즉 알칼리 수소 연료전지에서는 수소측 전극 (음극)에서는 먼저 다음과 같은 반응이 일어난다. 즉 수소가 백금 전극에서 흡착되고 해리하여 자유전자를 전극에 주고 H^+ 이온이 되어 산소 전극에서 온 전해질 중 OH^- 이온과 결합하여 물이 형성된다. 수소로부터 떨어져 나온 전자는 산소측 (양극)의 전극으로 이동하며 이때 전류가 흐른다.

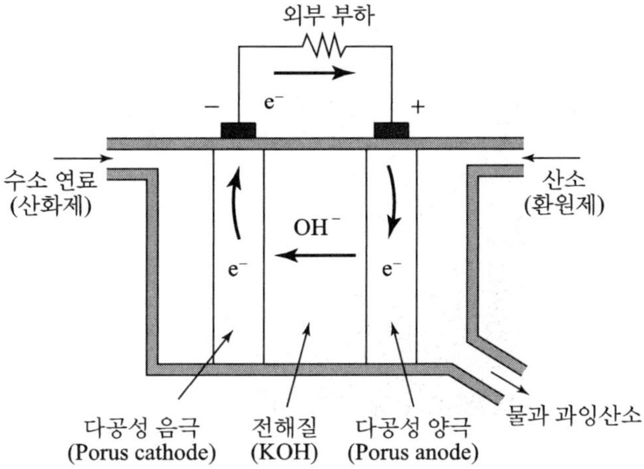

그림 9.10 알칼리 수소 연료전지의 원리

$$H_2 + 2OH^- \rightarrow 2H_2O + 2e^-$$

한편 산소측 전극 (양극)에서는 다음과 같은 반응이 일어난다. 즉 산소가 전극에 흡착되어 해리하면서 수소 전극에서 나온 전자를 탈취하여 OH^- 이온을 형성하고 이 OH^- 이온이 다공질막을 통과 이동하여 수소 전극에서 생성된 H^+ 이온과 물을 형성한다. 이때 수소 전극에서 전자를 방출하려는 힘과 산소 전극에서 전자를 탈취하려는 힘이 기전력, 즉 전압을 형성한다. 산소 - 수소 연료전지의 기전력은 최대 1.23 V로 낮은 전압이 나온다.

$$H_2O + \frac{1}{2}O_2 + 2e^- \rightarrow 2OH^-$$

이러한 기술의 응용은 1957년에 영국에서 모델 실험을 행함으로써 시작되었다. 그 후 미국 우주선의 전원으로 실용화되어 각광을 받게 되었다. 이론적으로는 열효율이 아주 높아 열기관의 화력발전 (30%)에 비하여 80% (열사용 포함)라는 높은 효율을 얻을 수가 있다. 그러나 연료로 값비싼 수소를 사용하는 것이 문제였으나 수소의 가격도 내려가고 전극의 수명도 늘어나 실용화되어 있다. 다음은 수소 연료전지 자동차를 보여주고 있다.

▌그림 9.11 수소 연료전지 자동차

9.4.5 연료전지의 특징

연료전지를 발전수단으로 이용하는 데는 기존 발전법에 비하여 다음과 같은 여러 가지 장점을 가지고 있기 때문이다.

(1) 효율 양호

열역학적 관점에서 보면 연료전지는 엔진과 같은 열기관이 아니므로 효율이 소위 카르노 사이클 (Carnot cycle)의 제약을 받지 않고 변환효율은 원리적으로는 100%에 달한다. 보통 화력발전소의 최대효율이 40% 정도인데 비하면 발전된 기술이다. 그러나 표 9.2에서 보면 알칼리 수용액형이 60%이고 산 수용액형은 40～45%로 효율이 100보다 훨씬 적다. 이것은 화석연료의 개질장치와 직류/교류 변환장치에서 열손실이 발생하기 때문이다. 단순히 발전뿐만 아니라 내부저항에서 부생되는 열을 급탕과 냉난방에 공급할 수가 있어서 소위 열병합발전이 가능하고 이렇게 되면 종합 열효율은 80% 정도가 된다.

(2) 환경보전에 좋음

연료전지에서 방출되는 물질은 앞서 말한 바와 같이 전지 본체로부터의 물과 공기 그리고 연료개질장치에서 나오는 것으로 구분할 수가 있다. 일본의 에너지절감 기술개발 프로젝트 (Moonlight project)에 의하면 1 MW급 인산 수소 연료전지에서 NO_x를 100

ppm 이하 그리고 SO_x를 0.1 ppm 이하로 하고 있다. 연료전지는 재래식 터빈 구동발전기 같은 기계적인 움직임이 없기 때문에 소음이 거의 없다고 할 수 있다. 단지 부대시설의 모터 등이 돌아가기 때문에 발전소의 경계 지역에서 55 dB 정도로 보고 있다. 따라서 연료전지는 환경오염의 발생 때문에 생기는 입지 선정에는 문제가 없다. 또한 필요에 따라 분산설치를 할 수가 있어 송배전선과 송배전설비가 필요 없다. 그러므로 장거리에 전선을 통해서 송전 시 발생하는 전력손실은 막을 수가 있다.

(3) 시설의 크기를 모듈형으로 구성 가능

연료전지는 전해액과 이온이 통과하는 막을 사이에 둔 음극/양극을 적층으로 구성하고 있다. 여기서 적층은 전극의 면적을 크게 하여 전류량을 증가 (전류량은 전극 면적에 비례)시키기 위함이다. 따라서 수요처의 발전용량에 따라서 전극 모듈을 재고로 두었다가 주문에 의하여 현지에서 조립하여 설치할 수가 있어서 건설이 용이하다.

(4) 효율이 설비 규모의 영향을 받지 않음

보통 터빈식 발전기는 소형보다는 대형에서 효율이 커진다. 그러나 연료전지는 규모에 따른 효율의 영향이 거의 없다는 것이다. 즉 연료전지 100～100,000 kW 규모의 현지 설치에서도 고효율을 유지할 수 있다.

(5) 전기의 수요 변동 (수요기/비수요기)에도 효율이 일정

종래의 터빈식에서는 최대용량 (설계용량)에서 최대의 효율이 생기고 부분부하 운전에서는 효율이 일반적으로 떨어진다. 예를 들면 가스터빈의 복합발전에서 50%의 부분부하가 되면 효율은 많이 떨어진다. 그러나 연료전지의 경우는 25～100% 부하의 변동 범위에서 거의 일정한 효율을 나타낸다.

(6) 연료의 다양화가 가능

수소가 직접 연료이지만 수소를 제조하기 위한 원료는 매우 다양하다. 즉 나프타 (Naphtha), 액화천연가스 (LNG), 메탄올 (CH_3OH)의 개질 (Reforming)과 심지어는 석탄의 수소첨가 반응에 의하여 수소농도가 큰 합성가스 (Syngas)를 만들 수가 있고 용융탄산염과 고체 전해질 연료전지가 실용화되면 석탄으로부터 만든 H_2/일산화탄소의 혼합가스인 수성가스와 함께 저급탄화수소도 외부 개질 없이 직접 사용할 수가 있다. 연료의 다변화 즉, 석유 일변도에서 에너지원의 다변화를 할 수 있다. 현재 수만 kW의 분산 설치형 전원, 수십만 kW의 화력발전소의 대체용이 개발되고 있다. 업무용 또는 현지형에서는 수십~수백 kW의 자가발전 또는 낙도용 발전을 고려하고 있다.

9.4.6 수소차와 전기차의 차이점

이들의 가장 큰 차이는 사용하는 전지의 구조에 있다. 전기차에는 전기를 공급해 충전하는 2차 전지가 쓰이지만, 수소차에는 수소와 산소가 결합할 때 발생하는 화학에너지를 전기에너지로 바꾸는 연료전지가 쓰인다. 기존의 가솔린엔진차가 휘발유를 태울 때 연소에너지가 방출되며 발생하는 열을 이용하는 것과 같은 원리이다. 하지만 수소차는 수소와 산소가 결합할 때 발생하는 화학에너지를 열이 아니라 전기에너지로 변환해 사용하며 그 핵심 장치가 연료전지이다.

연료전지는 두 개의 전극과 그 사이에 수소 이온을 전달하는 전해막으로 구성된다. 한 전극에는 수소를 다른 전극에는 산소를 각각 공급한다. 수소측 전극에서는 수소 분자가 수소 이온과 전자로 분리되고 수소 이온은 전해질 속으로 이동해 산소측 전극으로 전달한다. 산소측 전극에서는 수소 이온과 산소가 결합하면서 물이 생긴다. 이런 과정을 거치면서 두 전극 사이에 약 0.7볼트 (V)의 전압이 발생한다. 수소의 화학에너지가 전기에너지로 변환된 것이다. 이를 여러 개의 직렬로 연결하면 원하는 전압을 만들 수 있게 된다. 이것이 수소차 동력원이 생성되는 과정이다.

국내 수소 연료전지차 생산업체인 H사에 따르면 충전시간이 2~3분 정도 (전기차 1시간)이고 1회 충전 시 500~700 km (전기차의 2배) 주행이 가능하다. 연료전지의 성능은 수소 분자를 이온상태로 분해하고 분해된 수소 이온을 산소와 결합하는 과정을 얼마나 효율적으로 진행하느냐에 달려 있다. 현재까지 이 반응을 촉진하는 촉매제로 백금 (1대당 약 70 g 필요)이 가장 합리적인 물질로 알려져 있다. 관련 업체들이 고가의 백금을 대체할 효율적이고 저렴한 촉매 물질을 개발하려고 경쟁을 하고 있다. 수소차는 탱크에 수소만 있으면 언제든 연료전지를 작동할 수 있다.

9.5 수력에너지

태양에너지가 가장 많이 이용되는 형태는 간접적인 방법으로 수력발전이다. 바닷물은 태양에 의하여 증발하고 하늘에 올라가 응축되어 비나 눈으로 떨어져 강을 따라 흐르게 된다. 이것이 수력의 동력원이 되는 것은 물론이고 농업용수, 음료수로 이용되는 수자원을 형성한다. 우리나라의 강우량은 최고 1,267억 m^3로 비교적 많은 양이지만 우기에 집중적으로 오기 때문에 이 물이 전부 이용되기란 힘들고 겨우 23% 정도가 이용된다. 그 내용을 보면 생활용수에 17%, 공업용수에 9%, 농업에 54% 그리고 하천유지에 20% 정도가 이용된다.

9.5.1 수력발전 원리

보통 수력발전을 위해서는 강을 막아 댐을 짓는다. 댐의 상류에 물을 가두었다가 수문을 열고 이를 댐의 하류로 떨어뜨려서 터빈을 돌린다. 이 과정에서 물의 위치에너지가 터빈의 운동에너지로 전환된다. 터빈 내부의 로터 코일이 터빈을 따라서 회전하면서 전자기 유도현상이 일어나 전류가 발생한다. 이 과정을 통해서 터빈의 운동에너지가 전기에너지로 변환된다. 다음은 수력발전의 댐 계통도를 나타낸다.

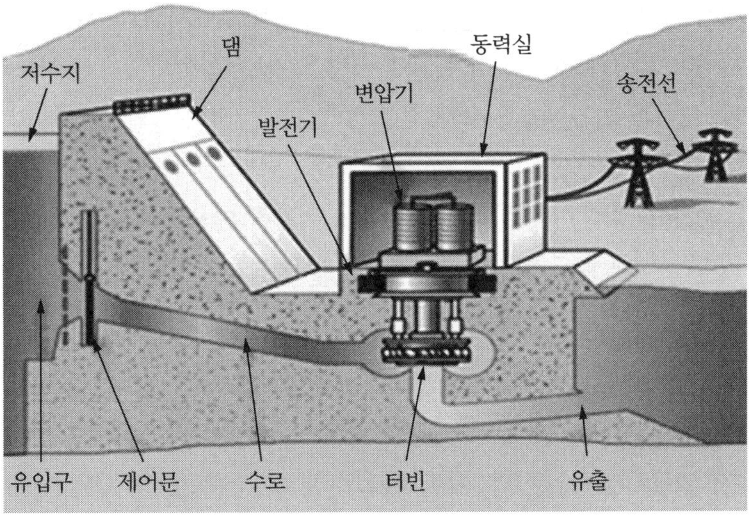

그림 9.12 수력발전 댐 계통도

그리고 수력발전의 주요 장치인 발전기의 구조는 다음에 나타내었다.

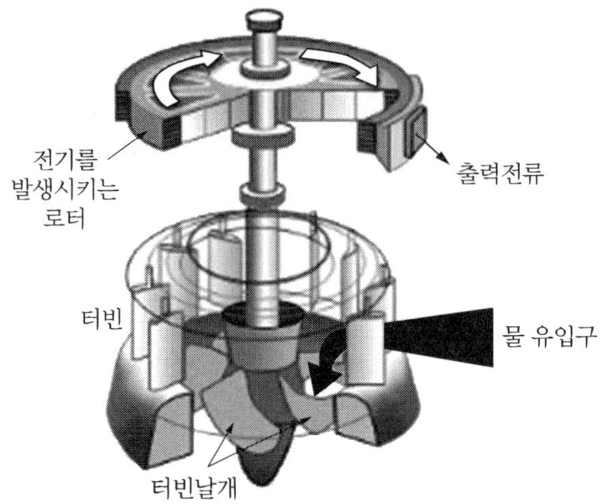

그림 9.13 수력발전용 발전기 구조

9.5.2 수력발전 종류

수력발전의 경우에 발전용량을 늘리려면 물이 더 큰 위치에너지를 가지도록 해야 한다. 즉, 낙차가 클수록 유리하다. 자연낙차와 자연유량을 이용하는 방식을 수로식 발전이라고 하는데 그 발전량은 지형 및 계절과 강우량의 영향을 많이 받는다. 따라서 안정적인 발전량을 유지하고 낙차도 크게 하기 위해서 댐식 발전을 사용한다. 댐을 건설하더라도 댐의 상류에 비가 오랜 기간 오지 않으면 발전기가 지속적으로 작동할 수 없다. 따라서 여름철에 강수가 집중되어 다른 계절에는 발전에 필요한 물이 부족한 우리나라는 양수식 발전을 이용하기도 한다. 이는 전력 소비가 적은 야간에 남는 전력을 이용하여 댐의 하류로 흘려보낸 물을 펌프를 이용하여 다시 댐의 상류로 끌어올려 두었다가 낮에 다시 발전에 사용하는 방식이다. 수력발전은 물의 이용방법으로 보면 다음과 같이 크게 4종류로 분류할 수 있다.

(1) **유입식**: 물을 유입하는 방식

(2) **조정지식**: 수위 및 수송량을 조정하는 저수지

(3) **저수지식**: 물을 저장하는 저수지

(4) **양수식**: 물을 다시 끌어 올리는 방식

또한 양수식은 저수지 상부에서 유입되는 물이 있는 경우와 전혀 유입수가 없는 순양수의 경우로 분류한다. 상부에 유입수가 있는 경우가 더 유리하다.

그림 9.14 수력발전용 댐 전경

9.5.3 양수발전

양수발전은 물을 에너지 자원으로 생각하고 발전소 상하에 두 개의 저수지를 만들고 상부에 있는 물로 전기 수요가 클 때 흘려서 발전을 한다. 비수요기 때 밑 저수지로부터 잉여 전력으로 모터펌프를 돌려서 상부 저수지로 물을 끌어 올려서 비수요 시의 잉여 전력을 위치에너지로 바꿔서 저장해 주는 방식이다. 이러한 수력발전은 화력발전의 보조적인 역할을 하여 전력의 수요/비수요의 피크 전력을 제어해 줄 수 있다. 다음은 양수발전의 흐름도를 나타낸다.

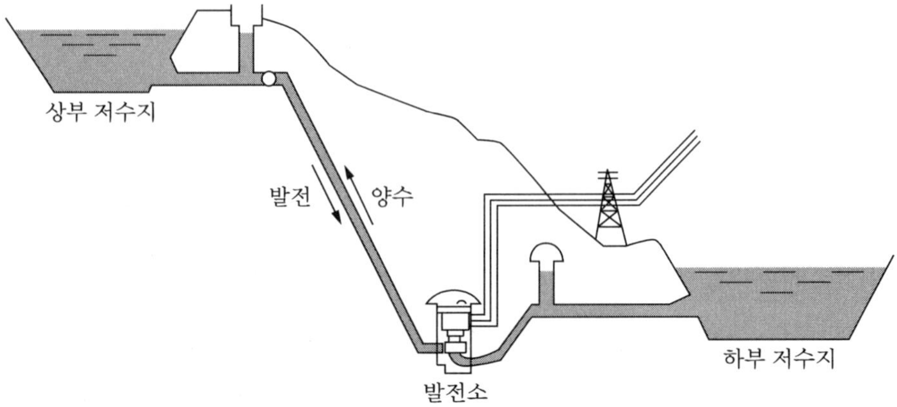

그림 9.15 양수발전 흐름도

끌어 올린 물은 높은 언덕에 자연 호수가 있으면 가장 적합하지만 이런 호수가 없을 때에는 인공적으로 호수를 만들어야 한다. 올려진 물로 발전을 행할 경우는 철판을 내장한 지하 터널로 내려 보내서 터빈을 돌리게 된다. 현재 우리나라는 전체 7개의 양수 발전소를 보유 및 가동 중에 있다.

표 9.3 ● 우리나라 양수발전소 개요

양수발전소명	시설용량 (MW)	연간 전력생산량 (MWh)	발전유효낙차 (m)	총 저수량 (m^3)	댐 길이 (m)	준공연도
청평	400 (2기)	240,000	452	2,677,000	290	1980
삼량진	600 (2기)	360,000	345	6,464,000	269	1985
무주	600 (2기)	385,000	589	5,300,000	287	1995
산청	700 (2기)	470,000	421	6,400,000	360	2001
양양	1,000 (4기)	687,000	783	4,930,000	247	2006
청송	600 (2기)	-	340	7,120,000	400	2006
예천	800 (2기)	-	63	6,800,000	360	2011

9.5.4 우리나라의 수력발전 현황

우리나라에는 청평, 무주, 삼랑진 발전소에서 양수식 발전을 하고 있다. 그 밖에 큰 낙차를 얻는 방법으로 유역변경식 발전이 있다. 이는 기존의 하천의 흐름을 낙차가 큰 방향으로 변경하여 발전소를 세우는 방법이다. 우리나라에는 강릉 수력발전소가 이 방식을 채택하고 있다. 원자력발전시설 1기가 100만 kW인 것을 감안하면 양양, 삼랑진, 산청, 청송 및 무주의 양수발전소는 60만 kW 이상의 대단히 큰 용량을 가지고 있다. 그러나 보통 소양강의 20만 kW, 그리고 충주의 41만 kW 정도가 우리나라에서는 큰 수력발전소라고 할 수가 있고 나머지는 수천 kW의 소수력이 대부분이다. 다음 표는 우리나라의 수력발전시설 현황을 나타낸다.

표 9.4 ● 우리나라 수력발전시설 (2013년)

발전소명	시설용량 (kW)	발전소명	시설용량 (kW)	발전소명	시설용량 (kW)
화천	108,000	산청(양수)	700,000	정읍(소수)	2,000
강릉	82,000	양양(양수)	1,000,000	방우리(소수)	2,120
춘천	59,940	청송(양수)	600,000	소천(소수)	2,400
의암	48,000	안동	90,000	광천(소수)	450
청평	140,100	대청	90,000	영월(소수)	2,800
섬진강(칠보)	28,800	충주	412,000	금강(소수)	1,350
보성강	4,500	합천	100,000	봉화(소수)	2,000
괴산	2,600	임하	50,000	단양(소수)	2,100
남강	14,000	주암	22,500	산내(소수)	820
팔당	120,000	소양강	200,000	덕송(소수)	2,000
청평(양수)	400,000	포천(소수)	1,485	봉정(소수)	1,920
삼랑진(양수)	600,000	임기(소수)	1,200	대하(소수)	2,000
무주(양수)	600,000	연천(소수)	6,000	반변(소수)	1,060
수력 합계	5,334,297				

주) 1. 수력 합계는 기타를 포함한 총 수력 2. 괄호 속 소수는 소수력을 의미함

앞에서 언급한 것처럼 양수발전은 발전소 상하에 두 개의 저수지를 만들고 상부에 있는 물로 전기 수요가 클 때 (Peak time) 흘려서 발전을 한다. 비수요기 (Off time) 때 하부 저수지로부터 잉여 전력으로 모터펌프를 돌려서 상부 저수지로 물을 끌어 올려서 비수요 시의 잉여 전력을 위치에너지로 바꿔서 저장해주는 방법이다.

9.6 풍력에너지

바람의 발생은 태양에 기인한다. 이 바람을 이용하여 우리에게 필요한 에너지를 얻었을 때 이를 풍력에너지라고 말한다. 바람은 돛대나 풍차를 사용해서 범선을 움직이고 제분, 우물물 퍼내기 그리고 소규모 발전에 이용했다. 이러한 이용이 지금은 에너지 자원의 다양화와 재생 가능한 자연에너지의 이용이라는 관점에서 재평가하고 있다. 풍력도 빛을 이용하는 태양에너지와 같이 에너지 밀도가 낮다. 풍향과 풍속이 항상 일정하지 않다는 약점도 있다. 바람이 풍차에 와 닿으면 그 힘으로 발전기를 돌려서 발전한다.

그림 9.16 풍력발전시설 광경

9.6.1 풍력발전 원리

풍력발전이란 자연의 바람을 이용하여 풍차를 돌리고, 이것으로 발전기를 돌리는 발전 방식을 말한다. 풍력을 이용해 효율적으로 전기에너지를 얻기 위해서는 초속 5 m 이상의 바람이 지속적으로 불어야 한다. 따라서 풍력발전소는 사막이나 바다와 가까운 지역에 많이 세운다. 풍력에너지는 환경오염물질을 발생시키지 않는 깨끗한 에너지이기 때문에 세계 각국에서 그 활용에 큰 관심을 보이고 있다. 최근의 풍력발전기는 풍력에너지의 약 30%를 발전기를 돌리는 에너지로 전환시킬 수 있다. 풍력발전기는 수평 방향 바람의 운동에너지를 터빈의 회전 운동에너지로 바꾼다. 회전 운동에너지는 발전기에 의해 전기에너지로 전환된다. 풍력발전기의 출력은 터빈의 크기와 바람의 속력에 따라 정해진다. 다음은 풍력발전기의 구조를 나타낸다.

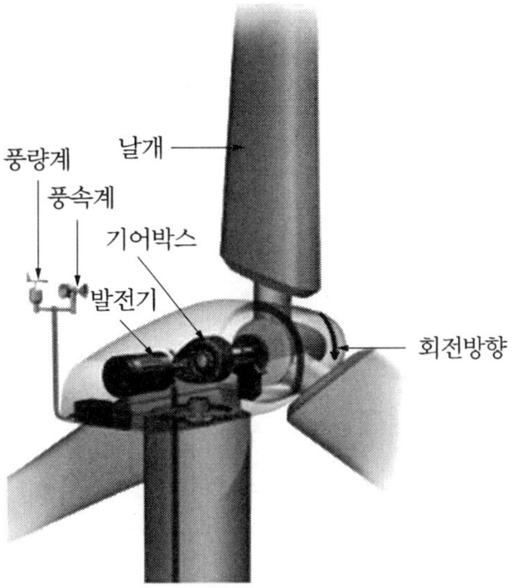

그림 9.17 풍력발전기 구조

9.6.2 풍력발전 종류

여러 가지 형태의 풍차가 있다. 이들 중에서 다리우스형은 어떠한 풍향에도 풍력 터빈이 회전하도록 설계한 것으로 풍차 터빈이 회전축과 수직으로 연결되어 있다. 따라서 지상에 설치하기가 쉽고 날개 강도에도 문제가 적다. 이 형태의 풍차 터빈의 연구 개발은 많은 나라에서 수행 중에 있고 200 kW 용량이 캐나다에서 운전되고 있다. 이와 같이 풍력에너지의 이용은 세계에서 활발히 진행되고 있지만 그의 이용에는 강풍이 항상 있는 입지가 필요해서 적절한 지역 선정에 어려움이 있고 장치의 재질에서도 염해 및 내한성이 강한 것이어야 한다. 앞으로 풍력은 전력 생산에서 높은 비율을 차지할 것으로 전망된다. 다음은 여러 가지 형태의 풍차 모형도를 보여주고 있다.

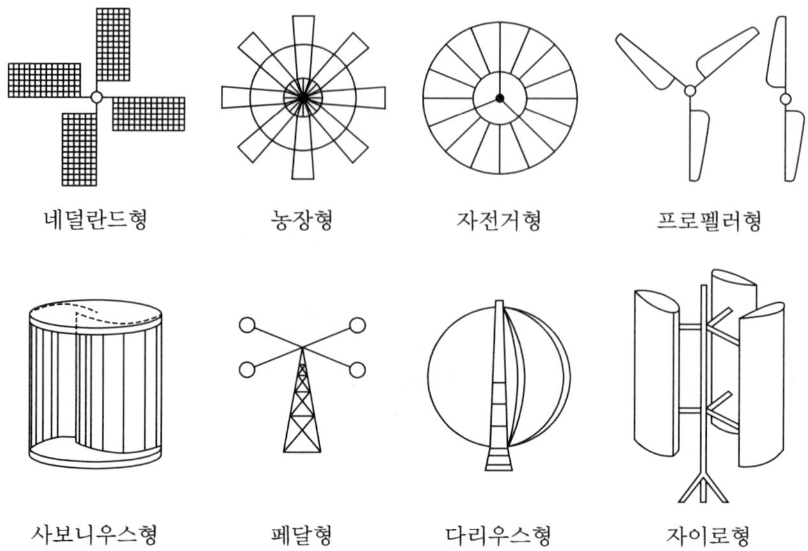

그림 9.18 여러 가지 형태의 풍차 모형도

한편 바람은 높이 올라갈수록 강하게 불기 때문에 대형 풍력발전기일수록 기둥을 높이 세워야 한다. 대형 풍력발전기는 기둥의 높이가 100 m나 되는 것도 있다. 여기서 풍력 에너지 E (kW)는 바람을 받는 면적을 A (m^2), 풍속을 v (m/s)라고 하면 다음 식으로 나타낼 수 있다.

$$E = 0.00066Av^3 \,[\mathrm{kW}]$$

일반적으로 풍속은 지표로부터 올라갈수록 커지며 표고 h인 곳에서의 풍속을 v라고 하고 지표의 표고 h_0의 풍속을 v_0라고 할 때 다음과 같은 실험식이 성립한다.

$$v = v_0\left(\frac{h}{h_0}\right)^n$$

n은 지표의 상태에 따라서 1/2～1/9의 값을 가지며, 시가지나 나무가 많은 곳에서는 1/3～1/4 정도가 된다. 풍속은 계절적으로 변동하지만 그 변화의 양상은 지방에 따라 다르다.

9.6.3 세계의 풍력발전 현황

유럽지역과 북미지역은 계속해서 풍차발전을 늘려나가고 있다. 미국은 서부 캘리포니아 해변가, 하와이 그리고 북유럽의 북해 연안에 풍차가 계속 늘고 있다. 미국에서 개발 중인 풍력터빈 (MoD-1, MoD-2)의 경우는 출력이 대규모 용량 (MW)의 풍력발전 장치이다. 출력이 2.5 MW인 MoD-2의 경우 날개의 크기만 100 m에 달하고, 풍속 5.4 m/s가 되면 회전하기 시작해서 27 m/s에서 날개의 강도상의 문제 때문에 자동적으로 회전이 정지되도록 설계되어 있다. 출력 2.5 MW를 발생하는 풍속은 12.6 m/s나 된다. 이 장치는 지상 70 m 위치에 중량 백 수십 톤 정도의 프로펠러와 발전기를 유지해야 하고 시설의 강풍에 대한 강도 문제에도 큰 주의를 해야 한다. 독일에서 기차를 타고 가다보면 사방에 구릉지가 있는 곳은 물론이거니와 들판 어디서나 풍력발전기가 돌아가는 것을 볼 수 있다. 독일은 원자력발전을 정지하고 청정에너지를 적극 개발한다는 원칙 때문에 설치가 많이 늘어나고 있다. 특히 독일은 2014년 현재 총 36,165 MW 정도의 풍력시설을 건설했으며 원자력발전을 대체해 나가고 있다.

현재까지는 독일과 미국이 풍차를 많이 설치하고 있었으나 최근에는 중국이 넓은 대지에 풍부한 풍원으로 크게 발전하여 현재는 1위를 차지하고 있다. 그 밖에 스페인도 최근 청정에너지를 적극 도입하는 정책으로 풍력은 물론 태양전지, 태양열 이용에 투자하여 많은 성과를 거두고 있다. 다음은 세계의 풍력발전시설 현황을 나타내고 있다.

표 9.5 ● 세계의 풍력발전시설 (2014년)

국가	용량 (MW)	국가	용량 (MW)	국가	용량 (MW)
호주	3,806	이탈리아	8,663	스위스	18
오스트리아	2,095	일본	2,789	영국	12,440
벨기에	1,959	멕시코	2,551	미국	65,879
캐나다	9,694	네덜란드	2,805	중국	114,763
덴마크	4,845	뉴질랜드	623	코스타리카	198
핀란드	627	노르웨이	819	이집트	610
프랑스	9,285	폴란드	3,834	인도	22,465
독일	36,165	포르투갈	4,914	모로코	787
그리스	1,980	스페인	22,987	우크라이나	498
아일랜드	2,272	스웨덴	5,425	한국	609
총계 (기타 국가 포함)					369,553

9.6.4 우리나라 풍력발전 현황

우리나라는 제주도와 대관령 등에 풍력발전기가 설치되어 있다. 우리나라의 풍력발전은 최근에 관심을 갖게 된 분야로서 제주도에는 시험용으로 설치하고 실제 전력원으로는 고려하지 않았다. 그러나 세계적인 추세와 유가 상승 등으로 대체에너지의 중요성이 대두되면서 2000년부터 정부 주도로 보급 차원에서 제주도에서 시작하여 지금은 2014년 현재 총 343기에 609 MW의 발전 용량 시설을 가지고 있다. 지금도 계속 설치하고 있다. 다음은 우리나라 풍력발전의 시설 분포도 (단위: MW, 괄호: 풍차대수)를 나타내고 있다.

그림 9.19 우리나라의 풍력발전시설 분포도

9.7 해양에너지

그 해양에너지 (Ocean energy)는 그 가능성에 따라 파력, 해면과 심층의 수온 차를 이용한 에너지, 하천과 해양 사이 하구에 염분 농도의 차를 이용한 에너지, 조수 간만의 에너지로 분류할 수 있다.

그림 9.20 조력발전시설

9.7.1 파력발전

파력을 이용해서 발전을 하는 것을 파력발전 (Wave power generation)이라 한다. 여기에는 해수의 움직임, 즉 해면의 상하운동과 전후운동을 이용하는 방법이 있다. 실용화된 것은 일본의 소형 발전장치로서 파에 의한 해면의 상하운동을 이용하는 것이다. 원리는 떠 있는 배 내부에 그림 9.21과 같이 칸을 막고 공기 터빈을 달아 놓았다. 예를 들면, 수위가 아래로 내려갈 때는 왼쪽 밸브를 통해서 외부 공기가 들어와 터빈을 돌려 발전한다. 그리고 수위가 위로 올라갈 때는 오른쪽 밸브를 열고 왼쪽 밸브를 닫아 같은 방향으로 들어온 공기로 터빈을 돌린다. 압력이 걸린 공기의 흐름으로 터빈을 돌려서 발전하는 것이다. 발전기는 항상 같은 방향으로 회전하도록 설계되어 있다. 즉 공기 터빈 방식이다. 현재 일본에서 사용되고 있는 것으로는 최대출력이 70～120 W 정도의 것 300개 정도를 설치했고 또한 2 kW 정도인 발전장치도 있다.

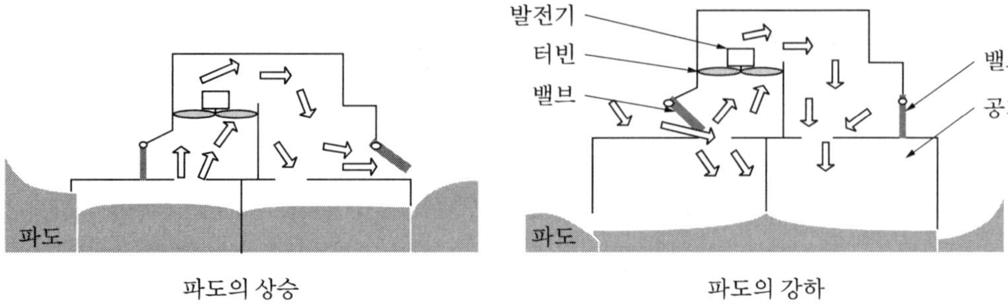

그림 9.21 파력발전

그리고 바다의 파도는 바람에 의하여 일어난다. 파력에너지 e는 파고를 h (m), 주기를 T (s), 해수의 밀도를 ρ (kg/m^3)라고 할 때 해면의 단위면적당 다음 식으로 나타낸다.

$$e = \left(\frac{\rho g}{8}\right) h^2 \, [\mathrm{W/m^2}]$$

즉 파력에너지는 파고의 제곱에 비례한다. 파력에너지는 파의 전달속도 $c = 1.56\,T$ (m/s)의 1/2의 속도로 이동하며 길이 L (m)의 해변의 전체 파력에너지 E (kW)는 다음과 같이 계산한다.

$$E = 0.96 h^2 TL \, [\mathrm{kW}]$$

이렇게 파력으로 발생하는 공기의 부피변화를 이용하는 것 외에 파도 위에 여러 개의 부자가 오르내리는 것을 이용해 부자가 꺾이는 부분에 오일펌프가 작동하여 터빈을 돌려 발전하는 방식의 거대 바다뱀 형태의 발전 시스템이 있다. 이것의 예는 2008년 포르투갈 연안에 설치되었다. 또한 파도가 치는 연안에 파도를 만나면 흔들리게 되어 있는 판이 유압펌프를 작동시켜 터빈을 작동하도록 하는 방식도 있다.

9.7.2 염분 농도차 발전

민물과 바닷물이 혼합하는 하구 부근에서 삼투압을 이용해서 발전하도록 하는 것이다. 연구에 의하면 해수와 하천수 사이의 삼투압은 24기압으로 삼투압에 의한 수두가 240 m 정도나 상승할 수 있다는 계산이 나온다. 이러한 이론적인 상승도의 반 정도만 물이 올라간다고 해도 여기에 수로를 만들어 상승된 해수를 흐르게 할 수 있다. 그리고 흐르는 물에 터빈을 걸어 주면 발전이 가능하다는 것이다. 고압펌프로 바닷물을 반투막 쪽으로 넣어주면 반투막 양쪽에 농도차가 계속 생겨 담수가 유입된다. 또 다른 방법으로는 이온교환막으로 해수와 담수를 분리시켜서 양쪽에 전극을 삽입하면 전압이 생긴다. 즉 농담전지 (Concentration cell)의 이론을 이용해서 발전하는 방법도 있다. 이러한 농도차 발전의 기술은 현재 아직 기초연구의 영역을 벗어나지 못하고 있지만 자원량으로서는 수력발전량과 거의 같은 양이 될 수 있다. 해양에너지 중에서는 가장 큰 자원량이다. 이 기술의 핵심은 이온교환막의 기술인데 최근 들어 기술이 급속도로 발전하고 있으므로 상당한 발전이 예상된다. 다음은 삼투압을 이용한 담수와 해수 사이의 농도차에 의한 발전 원리를 나타낸다.

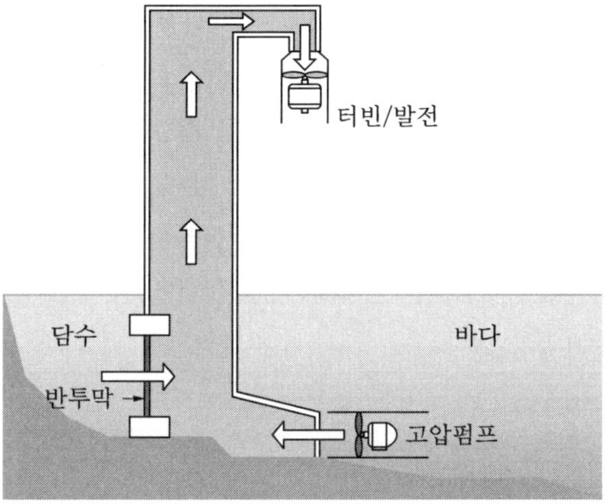

그림 9.22 담수 해수 농도차 발전

9.7.3 조수 간만 차 발전

조류발전은 밀물과 썰물로 생기는 조류를 이용하는 것이다. 즉 만 (Bay) 내에 댐을 설치하여 밀물과 썰물 사이의 낮은 낙차를 이용한다. 조류의 에너지는 방대하지만 단위 밀도가 낮은데다가 발전 장비를 설치하기 위해서는 대규모 토목공사가 필요하여 기술적인 어려움이 있다. 이 조수 간만의 차를 이용하는 발전의 원리는 다음과 같다.

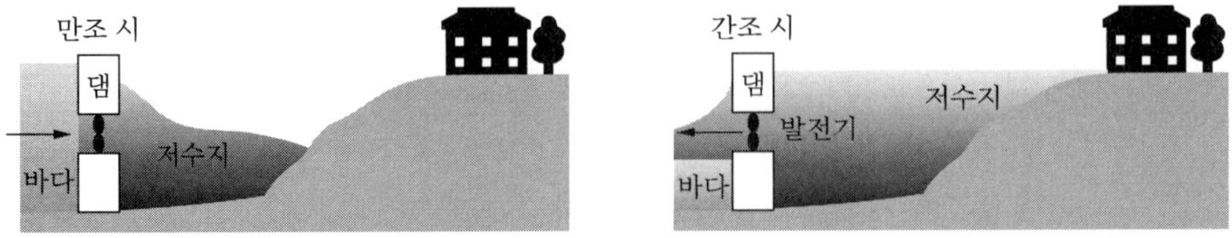

그림 9.23 조수 간만 차 발전

조력발전을 최초로 실용화한 것은 발전 용량 240 MW를 가지는 프랑스의 랑스 조력발전소이다. 이 발전소는 조수 간만의 차가 최대 13.5 m이고 하구에 둑을 만들어 만조 시에 유입수와 간조 시 유출수 양쪽을 이용해서 발전을 한다. 그렇기 때문에 조력발전은 조수 간만의 차가 커야만 하고 하구의 둑을 설치해서 저수지를 만들 장소가 있어야 한다. 하구가 있다고 해서 발전소를 건설할 수 있는 것은 아니고 상당한 면적이 있어야 한다. 우리나라 서해안은 간만의 차가 상당히 높아 유리한 조건을 가지고 있고 현재 시화호에서는 세계 최대 규모인 발전 용량 254 MW의 조력발전시설이 가동 중에 있다. 이곳 시화호 조력발전시설에서 생산되는 전력량은 연간 5억 5200만 kWh 정도 생산할 수 있다. 이는 86만 2000배럴 (Barrel)의 유류 대체 효과와 15만 2000톤의 CO_2 저감효과가 있다.

그림 9.24 서해안 시화호 조력발전소

다음은 우리나라 조력발전의 건설 진행 및 계획 현황을 나타내고 있다.

표 9.6 ● 우리나라 조력발전 현황

구분	조차 (m)	조차면적 (km^2)	시설용량 (MW)	연간 발전량 (GWh)	추진상황
옹진만	4.15	358	20 MW × 50 = 1,000 MW	886	-
해주만	5.79	1,132	20 MW × 200 = 4,000 MW	6,360	-
석모도	7.7	85	25.4 MW × 32 = 812.8 MW	1,518	추진 중
인천만	7.2	157	30 MW × 48 = 1,440 MW	2,326	조사완료 (보류)
시화호	7.8	39	25.4 MW × 10 = 254 MW	553	완공 (2011년부터 가동)
아산만	8.33	19	20 MW × 8 = 160 MW	320	검토 중
가로림	6.56	96	25 MW × 20 = 500 MW	930	설계완료 (추진 중)
천수만	5.19	380	20 MW × 30 = 600 MW	966	-
강화	8.97	84.9	25.4 MW × 32 = 812.8 MW	1,536	재검토

9.7.4 해양 온도차 발전

해양 온도차 발전은 표층과 심층의 해수의 온도차를 이용하여 암모니아 등의 작동유체로 터빈을 돌려 발전하는 방식을 말한다. 세계의 해양 온도차 에너지는 연간 10^{15} kJ (2.4×10^{14} kcal) 정도의 에너지원이 있다고 한다. 1988년도를 기준으로 세계의 석유환산 에너지 소비량이 81억 톤 정도 된다. 이를 열량으로 계산하면 0.34×10^{15} kJ (0.81×10^{14} kcal)이 되므로 석유에너지 소비량의 약 3배가 된다.

해양열에너지 전환은 해면 밑 500~600 m 정도의 수온 5℃ 정도인 해수와 상층 해면의 25℃ 정도의 수온차를 이용하는 것이다. 즉 암모니아나 R-134a ($H_2FC\text{-}CF_3$) 등 비점이 낮고 증기압이 높은 제2의 물질을 사용하여 ① 높은 온도 쪽에서 증기를 만들어 터빈/발전을 행하고 낮은 온도 쪽에서 응축하여 순환하는 방식의 밀폐형과 ② 따뜻한 바닷물을 진공에서 증발시켜 발생하는 증기로 저압의 증기터빈을 돌리는 열린 시스템 그리고 ③ 열린 시스템에서 발생된 증기를 밀폐형의 암모니아에 열을 주어 암모니아 팽창으로 터빈을 돌리는 하이브리드형의 3가지 방법이 있다. 이론적으로 가능한 총괄효율은 6~7% 정도인데 과거에는 1~3% 정도의 효율 밖에 얻을 수가 없었으나 지금은 거의 이론치에 육박하는 결과를 얻고 있다.

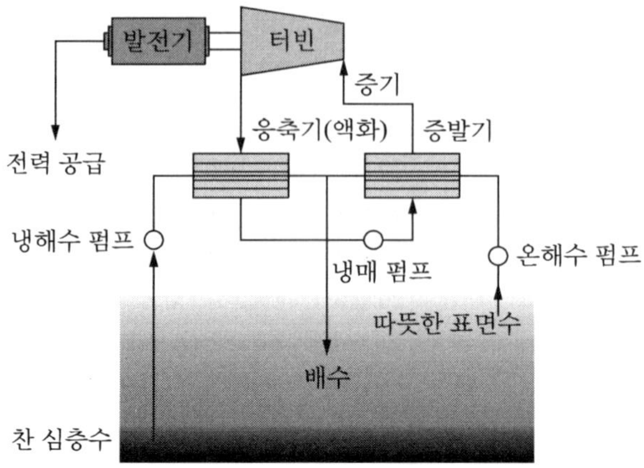

▌그림 9.25 해양 온도차 발전

이와 같은 해양 온도차 발전은 미 하와이 주 정부에 의해 소형 실험이 성공하였다. 즉 하와이 섬 서해안 3 km 지점에서 미국 록키드사 등의 협력으로 51.2 kW 발전을 하고 있다. 이것의 목적은 실제 해역에서 온도차 발전의 출력을 충분히 낼 수 있는지의 가능성을 실험한 것으로 성공을 거두었다. 소형이라고 하지만 지름 60 m, 길이 660 m의 파이프로 수온이 6℃인 해수를 해저로부터 10,000 L/min씩 끌어올려서 표면의 27℃ 따뜻한 해수와 온도차를 만들어 암모니아를 기화시켜 팽창시키고 이 압력으로 터빈을 돌려서 발전한다. 여기서 사용 작동유체는 암모니아 외에 일반 탄화수소도 가능하다. 미국에서는 장차 20,000 MW의 발전시설을 해양열에너지 전환 계획에 두고 있으나 해양 온도차 발전의 원리는 매우 간단하지만 지상에 시설을 설치할 수 없고 깊은 해양에서 수행해야 하므로 시설을 고정하는 방법과 해류 등의 영향에 견딜 수 있는 취수관, 취수방법, 재질상 등의 문제로 매우 느리게 진행되고 있다.

9.8 지열에너지

지열 (Geothermal heat)의 에너지원으로 화산, 열수와 온수가 이용된다. 지구 용융이 일어나는 중심부에서 지표 근처로 방출되는 열을 에너지원으로 이용한다. 보통 지표면 근처의 지중 온도는 10～20℃ 정도로 열펌프 (Heat pump)를 통해 에너지로 이용되고 일부 지중 온도가 80℃ 정도로 높은 지역의 열은 직접 냉방과 난방에 이용된다. 지표에서 지구 중심부로 갈수록 지중 온도는 25~30℃/km 정도로 증가한다. 주로 100℃ 이상의 고온 지대는 판의 경계에 나타나므로 대부분의 지열발전소가 위치해 있다.

그림 9.26 일본 규슈 지열발전소 전경

9.8.1 지열 이용 방식

지열은 깊은 심층을 이용하는 지열과 소위 얇은 천층을 이용하는 지열로 나눌 수 있다. 이들 지열의 이용방식으로 크게 149℃ 이하의 지열수를 이용하는 직접 이용 기술 방식과 150℃ 이상의 지열 유체를 이용하는 간접 이용 기술 방식으로 나눌 수 있다. 직접 이용 방식은 30~50℃의 지하수를 다른 형태의 에너지로 변환하지 않고 열 자체를 바로 활용하는 방법으로 화산 지대에서 자연스럽게 얻을 수 있는 지열수를 이용한다. 이 지열의 이용은 태양에너지의 영향을 받아 여름에는 온도가 올라가고 겨울에는 내려가는 대기온도의 영향을 받는 깊이에서 ~400 m (20~25℃) 정도까지 지열을 회수하는 것을 말한다. 깊이가 깊지 않거나 깊더라도 발전에 이용하기가 충분하지 않은 경우는 열을 그대로 이용하는 것이 대부분이다. 물론 온도가 높더라도 전력보다는 열이 필요한 경우가 많으며 이런 경우는 열수 지지층의 물을 직접 이용할 수도 있지만 일정한 수량의 보증이 힘들어 보통은 수직이나 수평 (80~160 cm 깊이)의 열교환기를 설치해서 지상에서 물을 보내서 가열하여 사용하고 식은 물은 다시 열교환기로 되돌려 보내서 가열한다. 이때 온도가 충분하지 않는 경우는 지열을 열원으로 하는 열펌프와 조합하여 온도를 올린다. 역으로 여름에는 더워진 물을 지각으로 돌려보내서 냉방을 할 수도 있다. 열펌프는 압축식과 흡수식 어느 것도 사용이 가능 하며 주변의 여건 즉 태양에너지나 폐열원이 있으면 이들과의 조합을 적절히 고려하는 것이 보다 효과적일 수 있다. 이런 형식의 천층의 지열 이용은 단독주택, 소형아파트, 병원, 학교, 기업뿐만 아니라 도로의 겨울철 결빙을 용해하는데도 유용하게 이용할 수 있다.

반면 간접 이용 방식은 주로 전기와 같은 다른 종류의 에너지로 변환하여 이용하는 방식으로 화산 지대에서 150℃ 이상 되는 고온의 증기로 터빈(Turbine)을 돌려 발전을 한다.

9.8.2 지열발전 방식

지열발전 방식은 지하로부터 분출되는 수증기를 사용해서 터빈을 돌리는 증기발전 방식이다. 연료를 사용해서 증기를 만드는 것이 아니기 때문에 발전 단가가 낮을 것으로 예상한다. 증기와 함께 다량의 열수가 나오지만 이 열수는 대부분 이용되지 않고 그대로 지하로 되돌아가며 일부는 주택지에서 열로 공급된다. 지열발전 방식에는 배압(Back pressure), 바이너리 (Binary), 건조증기 (Dry steam), 단일/이중/삼중 플래시(Single/double/triple flash) 형식이 있다. 이들을 간단히 설명하면 다음과 같다.

(1) **배압법**: 지하에서 올라온 압의 스팀을 수분 등을 제거한 후 그대로 터빈에 보내서 발전하는 방식으로 증기 이용 효율이 낮아 10～20%이다.

(2) **건조증기법**: 수분 등 제거가 필요 없어 바로 터빈에 보내 발전한다.

(3) **플래시법**: 끌어올린 열수를 기수 분리기에서 고압의 스팀을 얻고 이를 터빈에 보내 한번 플래시 하는 단일 플래시법, 플래시 한 물을 보다 낮은 저압에서 다시 플래시하여 터빈의 중심부에 삽입하는 이중 플래시법, 또 한 번 플래시를 더해서 낮은 압의 증기를 얻어 터빈의 낮은 부위에 삽입하는 삼중 플래시법이 있다.

(4) **바이너리 발전법**: 열수에너지를 효과적으로 이용하기 위하여 설계된 것이다. 이 방식은 중/저온수의 열로 비점이 낮은 2차 유기매체를 기화시켜 큰 압력이 걸리도록 하며 유기 랭킨 사이클 터빈을 돌려 발전하는 형식이다.

여기서는 바이너리발전 방식에 대해 소개한다. 다음은 열수 전용형인 바이너리발전의 유기매체 랭킨 사이클을 나타낸다.

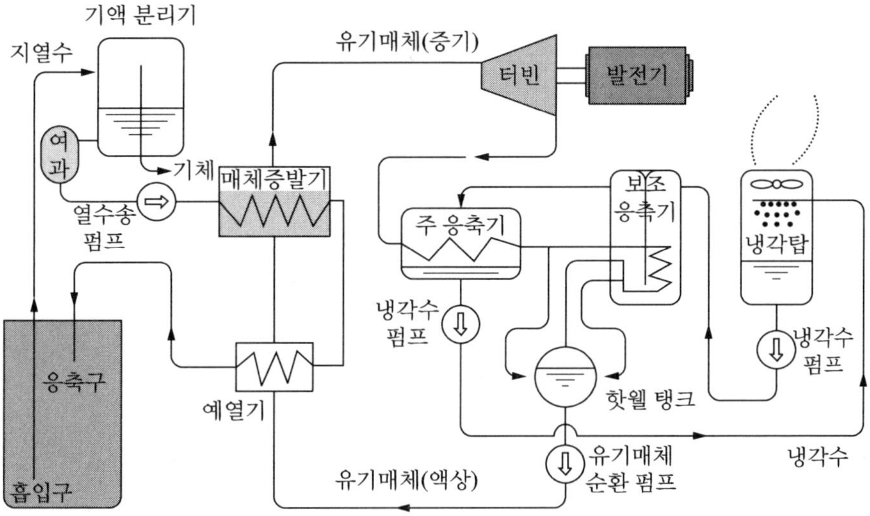

그림 9.27 바이너리발전

바이너리발전의 경우는 그의 중/저온의 열수가 장소에 따라 산성이 매우 강한 경우가 있고 황화수소 같은 가스가 포함되어 있는 곳도 있어서 이것의 사용에는 각종 사용재료에 내부식성이 큰 재료를 선택해야 한다. 또한 열수에 따라 이산화규소 (실리카) 등 여러 가지 침전물의 생성이 문제가 되고 증기발전만의 경우에도 구멍의 파이프가 폐쇄될 가능성이 커서 이것이 지열발전의 경제성에 영향을 준다. 이와 같이 지역에 따라 또한 같은 지역에서도 위치에 따라 증기와 열수의 성상이 다른 경우도 있다.

지열발전용 재료로는 지열을 빼내는 구멍에 적합한 재료를 선택할 때 경제성도 생긴다. 약알칼리성의 열수에는 재료적인 문제는 없지만 산성의 경우에는 스테인리스강과 합금강 등 내식성이 우수한 재료가 필요하다. 염산과 같은 산성을 나타내는 조건에서는 적당한 재료를 구하기가 어려우나 실제 염산 산성의 열수는 많지 않다. 제2매체를 선택할 때에도 효율이 좋은 물질을 찾지 않으면 안 된다. 효율은 물론 열에 안전성이 높으며 금속을 부식시키지 않아야 한다. 그리고 값이 저렴해야 하는 등 여러 가지 조건에 적합한 물질이어야 한다. 현재 이와 같은 조건을 만족하는 것으로는 과거 사용했던 프레온은 환경 문제로 금지되고 있으나, 염소 대신 수소가 붙어 있는 R134a 제품 정도는 고려할 수 있다. 현재는 보다 친환경적인 저급탄화수소로 아이소뷰테인, 펜탄, 프로판 등을 사용한다. 그리고 그림 9.28은 고온 암석열을 이용한 발전 방식을 나타낸다.

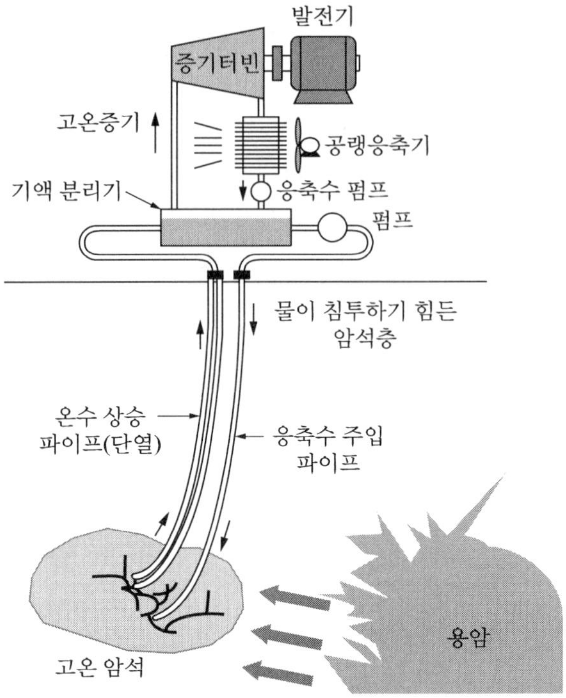

▮ **그림 9.28 고온 암석열 이용 발전**

9.8.3 지열발전 장점

지열발전은 이산화탄소나 각종 유해물질을 배출하지 않는 친환경에너지이다. 기존의 화력이나 수력 그리고 기타 재생에너지에 비해 24시간 연속으로 가동할 수 있으므로 설비의 실제 가동률이 뛰어나다. 또한 지열발전은 풍력이나 태양광발전과 달리 날씨의 영향을 받지 않으며 어떠한 연료도 필요로 하지 않고 어떠한 폐기물도 만들어내지 않는다. 장비의 유지비 외에 추가 비용이 거의 발생하지 않아 발전 구동 비용이 저렴하다. 단지 반영구적으로 사용 가능하지만 발전 설비 적용 시 지중 상황 파악이 어려울 뿐 아니라 침전이 발생할 수 있고 발전 가능한 지역이 한정적이라는 단점이 있다. 앞으로 지열에너지의 효용성과 가치에 대한 인식의 재고 및 관련 기술 개발에 대한 적극적인 투자가 필요하다.

9.8.4 지열발전 현황

이와 같이 지각 내에 축적된 열량은 막대한 것으로 이것을 이용해서 발전 등의 에너지원으로 이용하려고 하는 것은 당연한 일이다. 고온의 마그마의 일부는 지표로 분출된다. 이것이 활화산이다. 지각 내의 마그마 냉각에 의하여 분리된 물이 고온의 수증기로 상승한다거나 또한 고온의 암석에 지표로부터 빗물 등이 들어가 마그마와 접하면 이것이 고온의 열수나 증기로 되어 지표로 분출된다. 이 증기를 이용해서 발전하는 것이 오늘날의 주요 지열 이용의 현황이다. 일본은 비교적 지열발전을 많이 하고 있고 규슈에 가장 큰 100 MW 용량을 비롯해서 전국에 16기의 지열발전소에서 2010년 현재 536 MW의 용량을 보유하고 있다. 앞으로 2,800 MW 정도의 건설 목표를 가지고 그동안 침체되었던 지열발전 건설에 힘쓰고 있다. 또한 미국은 캘리포니아의 가이사스 지역만 하더라도 500 MW 규모로 발전하고 있고 2005년도에 미국은 2,544 MW로 가장 큰 시설용량을 가졌고 2015년 현재는 3,450 MW의 시설용량으로 발전하고 있다. 이탈리아의 경우는 1904년에 이미 지열발전을 하였으며 현재도 500 MW 용량의 지열발전시설로 연간 4,800 GWh의 전력을 생산하여 약 100만 가구에 공급하고 있다. 발전용량으로 보면 미국이 가장 큰 용량을 가지고 이어서 필리핀, 인도네시아, 멕시코, 뉴질랜드 순이다. 급격히 지열발전이 팽창하는 국가는 터키이다. 한국은 직간접 이용기술보다 연중 땅속의 온도가 일정한 지형을 활용해 지열펌프를 이용하여 주변 주택시설의 냉난방 시설에 에너지를 공급하고 있다. 다음은 세계 각국의 지열발전 현황을 나타낸다.

표 9.7 ● 각국의 지열발전 용량 (단위: MW)

연도 / 국명	2000	2005	2010	2015	연도 / 국명	2000	2005	2010	2015
호주	0.17	0.2	1.1	1.1	케냐	45	127	167	594
중국	29.17	28	24	27	멕시코	755	953	958	1,017
코스타리카	142.5	163	166	207	뉴질랜드	437	435	628	1,005
엘살바도르	161	151	204	204	니카라과	70	77	88	159
프랑스	4.2	15	16	16	필리핀	1,909	1,931	1,904	1,870
과테말라	33.4	33	52	52	포르투갈 (Azores)	16	16	29	29
아이슬란드	170	322	575	665	러시아	23	79	82	82
인도네시아	589.5	797	1,197	1,340	태국	0.3	0.3	0.3	0.3
이탈리아	785	790	843	916	터키	20.4	20.4	82	397
일본	547	535	536	519	미국	2,228	2,544	3,086	3,450
					총계	7,974	9,064.1	10,709.7	12,635.9

9.9 원자력에너지

원자력이란 한 원자핵이 다른 원자핵으로 변환되는 과정에서 방출되는 에너지를 말한다. 크게 핵분열과 핵융합으로 나눌 수 있다. 핵분열은 우라늄, 플루토늄과 같은 무거운 원자핵이 중성자를 흡수하고 이에 의하여 가벼운 원자핵들로 쪼개지는 것이다. 한편 핵융합은 중수소 원자핵들이 결합하여 삼중수소 또는 헬륨과 같은 무거운 핵종으로 변하는 반응이다. 이들 핵분열과 핵융합 반응 시에는 전체 질량이 감소하게 된다. 이러한 질량의 감소가 막대한 에너지를 발생하는 것은 아인슈타인의 상대성 이론 ($E=mC^2$; E 에너지, m 질량, C 광속도)이 발표됨으로써 물질과 에너지는 서로 전환이 가능하다는 데서 유래한다. 식에서 알 수 있듯이 질량 감소로 방출되는 에너지의 양이 막대하다는 것을 광의 속도에서 보면 쉽게 알 수 있다.

[참고] 초기 원자폭탄과 원자로는 이들 중 핵분열을 이용한 것이고 수소폭탄은 핵융합을 이용한 것이다.

9.9.1 핵분열 원리

1934년 미국의 페르미 (Fermi)가 각종 원소의 원자에 중성자를 조사하여 다른 원소로 변환시키는 연구에 성공하였다. 이것은 인간이 원소를 만들어냄으로써 옛날 연금술사들의 꿈을 실현시킨 것이다. 원자번호가 92인 우라늄에 중성자를 조사하면 이것이 흡수되어 더 무거운 원소가 생기는 것으로 생각했다. 후에 퀴리 (Curie) 부부가 페르미의 실험을 추종하여 더 무거운 원소가 생기는 것이 아닌 가벼운 원소가 생기는 것 즉 핵분열을 발견하였다. 그러나 당시는 이것을 확인할 수 있는 방법이 없었다. 1939년 독일의 한 (Hahn) 및 슈트라스만 (Strassmann)이 우라늄에 중성자가 조사되면 분열생성물 중에 크립톤 (Kr)과 바륨 (Ba)이 생성되는 것을 확인하였다.
이 경우에 일어나는 질량 감소로부터 원자력이 만들어질 것이라는 예측을 하였다. 결국 중성자가 조사됨으로써 우라늄 한 원자가 분열하면 2억 eV라는 대량의 에너지가 방출되는 것이 판명된 것이다. 우라늄 (U)-235의 연쇄 분열반응은 다음과 같다.

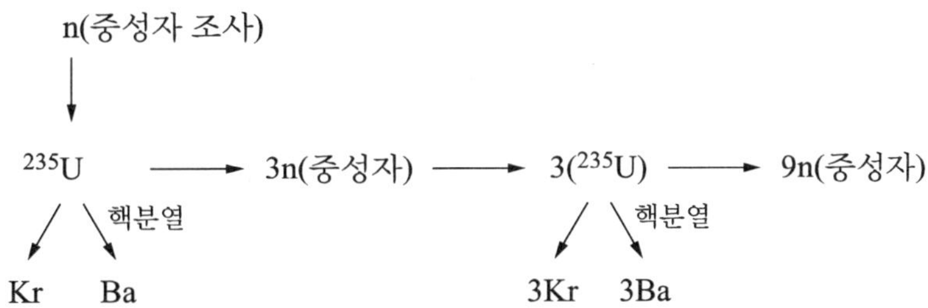

한 개의 우라늄 원자로 2억 eV의 에너지가 방출되면 1 g의 우라늄으로부터는 석탄 3,000톤 분량의 열이 얻어지고, 이것은 2,500만 kWh의 전력에 상당하는 것으로 이로부터 원자력발전의 구상이 나오게 된 것이다. 우라늄 (U)-235의 핵분열 식은 다음과 같다.

$$^{235}_{92}\mathrm{U} + ^{1}_{0}\mathrm{n} \;\rightarrow\; ^{144}_{56}\mathrm{Ba} + ^{90}_{36}\mathrm{Kr} + 2(^{1}_{0}\mathrm{n}) + 2\text{억 eV}$$

우라늄 (U)-235는 핵분열에 의하여 2～3개의 중성자를 방출하게 된다. 이것은 (2차 중성자 방출) 원자력에너지의 실제 응용으로 이어지는 획기적인 의미를 갖는다. 생성된 중성자는 다른 우라늄 (U)-235의 원자핵을 분열시켜 다시 2～3개의 중성자를 방출한다. 이와 같은 과정을 통해서 충분한 양의 우라늄 (U)-235의 원자가 있으면 반응은 계속 진행할 수가 있다. 이것을 연쇄반응이라 한다. 다음은 우라늄 핵분열의 모형도이다.

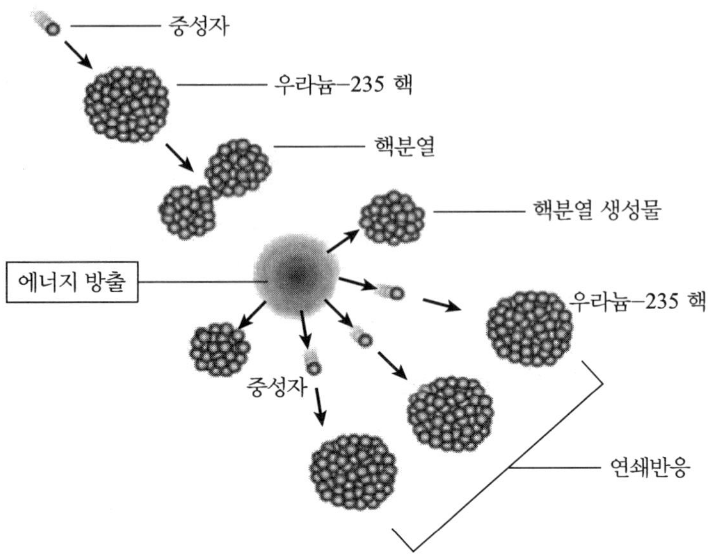

그림 9.29 우라늄 핵분열 모형도

9.9.2 원자력발전 현황

세계 원자력발전소 보유 현황을 보면 미국이 가장 많은 발전소를 보유하고 있고, 중국도 미국의 보유대수 정도로 증설하려는 움직임을 보이다가 최근 일본의 후쿠시마 원전 사고 후 주춤한 상태이다. 그러나 미국 등 여러 나라에서 증설을 서두르고 있다. 다음은 세계 각국의 원자력발전소 보유 현황을 나타낸다.

표 9.8 ● 세계 원자력발전소 현황 (2015년)

국가	보유대수	계획 중	총 출력 (MWe)	국가	보유대수	계획 중	총 출력 (MWe)
미국	99	5	98,792	러시아	34	31	25,264
프랑스	58	0	63,130	독일	8	0	10,728
일본	43	9	40,480	한국	26	4	27,277
중국	26	43	23,144	인도	21	22	53,080
루마니아	2	2	1,310	세계 합계	436	166	378,995

현재 원자력발전은 전 세계 에너지 소비의 7.2%를 차지하고 있으며 총 발전 전력량의 약 30%를 차지하고 있다. 다음은 전 세계 원자력 이용 현황을 나타내고 있다.

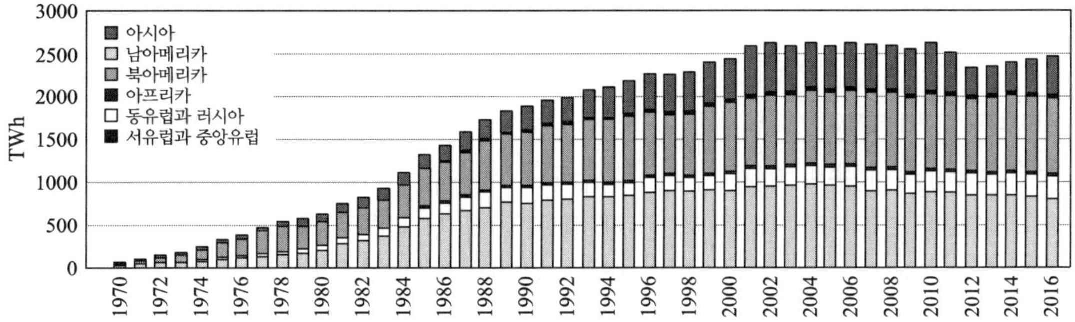

출처: 세계원자력협회 국제원자력기구 (IAEA) 원자로정보서비스 (PRIS)

그림 9.30 전 세계 원자력 이용 현황

우리나라 원자력발전은 1978년에 최초로 고리 원자력 1호기가 가동된 후 2014년에 전체 에너지 사용에서 11.7%를 차지하고 있다. 원자력은 공급의 안정성, 저렴한 발전단가, 대규모 기저 전력부하용으로 많은 장점을 가지고 있다. 모두 26기가 건설되어 가동 중에 있다. 2014년 현재 2,071만 kW로 총 발전설비의 ~34%에 이른다. 이로서 한국은 본격적인 원자력발전국이 이미 되었다. 한국의 원자로형은 경수로와 중수로 두 가지가 있다. 경수로는 가압수형의 하나이며 중수로는 캐나다의 캔두형 (CANDU)이다. 한국의 중수로는 70만 kW 용량으로 4기를 보유하고 있는데 월성 2, 3, 4호기는 90년대 후반에 가동에 들어갔다. 한국의 원자력 개발은 1957년 IAEA가 발족한 직후 IAEA에 가입함과 동시에 1959년 원자력원을 설치함으로써 시작되었다. 원자력발전은 국영기업체인 한국 전력공사가 담당하고 있으며 한전은 자회사인 한국핵연료(주)를 설립, 연료를 수입하여 경수로 및 중수로용 핵연료를 1989년부터 연간 경수로 연료 550톤-U (우라늄), 중수로 연료 400톤-U (우라늄) 규모로 생산하고 있다. 다음은 우리나라 원자력발전소 보유 현황을 나타낸다.

표 9.9 ● 우리나라 원자력발전소 현황 (2015년)

호기	위치	용량 (MW)	원자로형	공급자		착공 연도	가동 연도
				원자로	터빈발전기		
고리1,2	부산 기장군	587, 650	PWR	웨스팅하우스	GEC(영국)	70, 77	78, 83
월성1	경북 경주시	678	PHWR	AECL(캐나다)	PARSONS(영, 캐)	76.1	83.4
고리3,4	부산 기장군	950	PWR	웨스팅하우스	GEC(영국)	78.1	85, 86
한빛1,2	전남 영광군	950	PWR	웨스팅하우스	웨스팅하우스	79.3	86, 87
한울1,2	경북 울진군	950	PWR	프라마톰(프)	일스톰(프랑스)	81.1	88.9
한빛3,4	전남 영광군	900	PWR	GE(미국)	GE(미국)	89.6	95, 96
한빛5,6	전남 영광군	1,000(표준)	PWR	한중+CE	한중+CE	96.9	02
월성2,3	경북 경주시	700	PHWR	AECL(캐나다)	한중+GE	91, 93	97, 98
월성4	경북 경주시	700	PHWR	AECL(캐나다)	한중+GE	93.8	99, 10
한울3,4	경북 울진군	1,000(표준)	PWR	한중+CE	한중+GE	92.5	98, 99
한울5,6	경북 울진군	1,000(표준)	PWR	한중+한원+CE	한중+GE	99.5	04, 05
신고리1,2	부산 기장군	OPR-1,000	PWR	두산, 한기, WEC	두산+GE	06, 07	10, 12
신고리3,4	부산 기장군	APR-1,400	PWR	두산, 한기, WEC	두산+GE	08, 09	13, 14
신월성1,2	경북 경주시	OPR-1,000	PWR	두산, 한기, WEC	두산+GE	07, 08	12, 15

9.9.3 원자력발전 원리

우라늄이 연쇄반응을 일으키며 막대한 에너지를 방출하는 것을 보고 인류는 가만히 안주할 수 없었다. 그래서 이 에너지의 평화적 이용 수단인 발전에 이용하기 위해 원자로를 그동안 발전시켜 온 것이다. 원자로는 연쇄반응의 속도를 제어함으로써 지속적으로 전기를 얻어내기 위한 장치이다. 핵분열 시 나오는 열로 증기를 발생시키고 고압의 증기로 증기터빈 발전기를 돌려 전기를 생산한다. 다음은 원자로와 핵 연료봉 사진을 나타낸다.

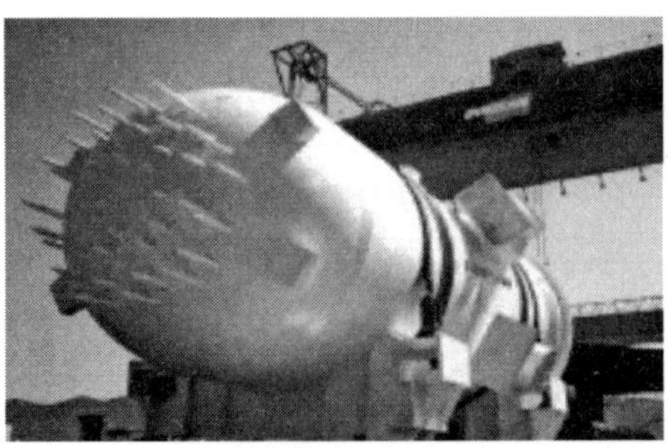

그림 9.31 원자로

그림 9.32 핵 연료봉

그리고 다음은 핵원자로의 개념을 간단히 도식하고 있다.

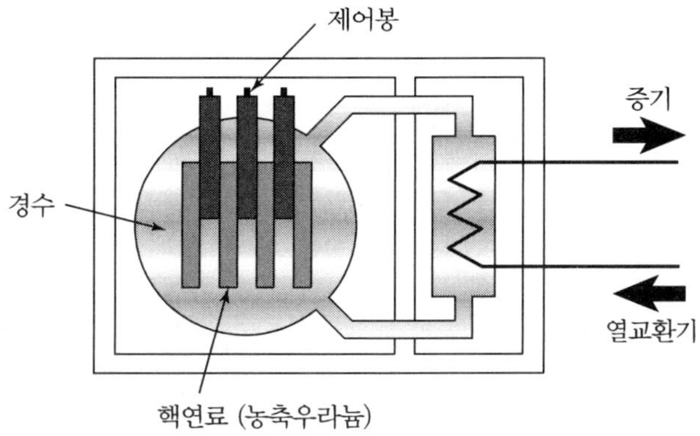

그림 9.33 원자력 개요도

보통 우라늄은 산화물의 상태인 UO_2 (이산화우라늄)의 펠릿 형태로 하여 지르코늄 등의 특수합금으로 만든 연료통속에 넣고 이 연료봉을 노속에 넣는다. 그리고 이 연료봉과 연료봉 사이에 핵분열 연쇄반응을 제어하기 위하여 카드뮴과 붕소를 포함하는 중성자 제어봉을 삽입한다. 또한 초기에 중성자에 의한 핵분열반응에 의하여 발생된 다른 중성자가 다음 미반응 우라늄 (U)-235에 흡수되기 위해서는 방출된 중성자의 속도가 빨라지지 않도록 감속시킬 필요가 있다. 감속을 위하여 물 또는 중수 등이 감속재로 사용된다. 핵분열의 제어는 제어봉을 노심으로부터 빼내었다 넣었다 하면서 수행하는데 빼내면 반응의 진행이 빨라지고 완전히 넣으면 정지하도록 설계되어 있다.

원자로에 이상이 생겨서 온도가 크게 올라가게 된다거나 중성자의 수가 많아질 경우에는 이 제어봉이 자동으로 들어가서 핵분열의 연쇄반응을 정지시킬 수 있도록 안전 설계가 되어 있다. 중성자의 감속재로서 그리고 냉각재로서의 물은 대략 150 atm (@PWR; Pressurized water reactor) 또는 70 atm (@BWR; Boiling water reactor)의 350℃ 고온이며 이 고온유체를 열교환기를 통해서 별도로 들어온 물로부터 증기를 발생시켜 이 증기로 터빈을 돌려 발전에 이용한다. 다음은 가장 널리 사용되고 있는 가압경수로 (PWR) 개요도를 나타낸다.

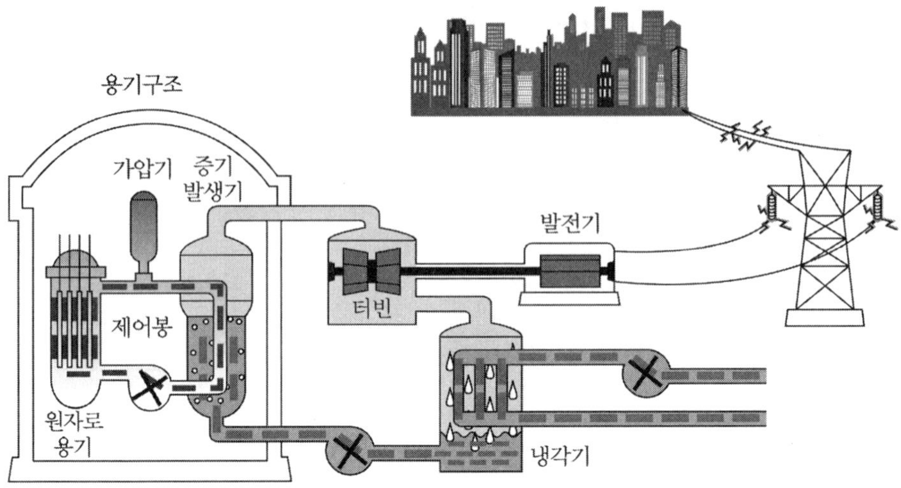

■ 그림 9.34 가압경수로 개요도

오늘날의 원자력발전에서는 원자로의 온도를 350℃ 이상 올리기가 곤란하다. 그 이유는 연료를 감싸고 있는 피복재가 이 온도 이상에서는 견딜 수가 없고 핵분열의 생성물에 의하여 연료 피복재가 변질될 염려가 있기 때문이다. 즉 온도가 너무 올라가면 방사성 물질이 피복재를 뚫고 새어나올 우려가 있는 것이다. 열에너지를 기계적인 에너지로 바꿀 때는 열역학에서 본 바와 같이 온도가 높을수록 효율이 올라간다. 그러나 원자력에서는 온도를 많이 올릴 수 없고, 증기의 재가열도 힘들어 발전효율이 20~30% 정도밖에 되지 않는다. 때문에 영국에서 개발된 가스 냉각형 원자로는 중성자의 감속재로서 흑연을 사용하고 원자로에서 발생된 열은 탄산가스에 의하여 제거하는 탄산가스 냉각재로 되어 있다. 고온인 탄산가스의 열을 열교환기를 통해서 물에 공급함으로써 증기를 발생하고 터빈을 돌린다.

[참고] 원자력발전/화력발전

발전의 원리는 물을 끓여서 증기를 만들고 이 증기로서 터빈을 돌려 발전을 한다는 점에서는 서로 다를 바 없다. 그러나 화력발전에서는 물을 끓이기 위한 에너지원으로 석탄을 이용하지만 원자력발전에서는 원자로 내에서의 핵분열반응에 의존한다는 점에서 차이가 있다. 즉 화력발전은 석탄을 미세한 분말로 만들고 이를 보일러에서 연소시키지만 원자력발전은 우라늄 원자에 중성자를 충돌시켜 핵분열이 일어나게 하는데 이때 핵이 분열하면서 막대한 열이 발생한다. 핵 연료봉에 저장된 핵연료의 분열이 일어나면서 연료봉은 뜨거워지고 이 주위로 물을 흐르게 하여 뜨거운 증기를 만들어낸다. 따라서 이들 증기가 터빈을 구동하여 발전기가 돌아가게 한다.

원자로에 사용하는 우라늄을 농축하지 않고 그대로 사용하는 중수로는 캐나다의 캔두(CANDU)형 원자로이다. 천연 우라늄을 사용하기 때문에 우라늄 (U)-235의 함량이 적어 2차 중성자를 많이 방출하기 위해서는 경수보다 감속능력이 좋은 중수를 사용해야 한다. 현재 쓰이고 있는 원자력발전의 원자로는 모두 빠른 중성자를 감속재에 의하여 속도를 떨어뜨린 중성자 (열중성자)로 핵분열 연쇄반응을 행하고 있다.

[참고] 고속중성자/열중성자

핵분열에서 방출된 중성자는 대체로 MeV의 운동에너지를 가지며 이를 고속중성자라고 한다. 그러나 고속중성자가 물질 중에서 감속되어 운동에너지가 1 KeV 이하로 느려진 중성자를 저속중성자라고 한다. 특히 매질 (예: 물 같은 감속재) 중의 분자운동과 평형에 도달한 것을 열중성자 (상온에서 0.25 eV)라고 한다. 고속중성자는 에너지준위가 높아 핵분열 시 보다 많은 중성자를 발생시켜 증식에 적합하며 열중성자는 에너지준위가 낮고 제어성이 좋아 경수로와 중수로 등에 적용된다.

9.9.4 핵연료의 제조

천연우라늄 중에는 우라늄 (U)-235가 0.7% 정도밖에 없다. 감속재에 의하여 속도가 줄어든 열중성자는 용이하게 우라늄 (U)-235를 분열시키지만 천연우라늄에는 우라늄 (U)-238이 99.3% 포함되어 있어 생성된 열중성자의 대부분이 우라늄 (U)-238에 흡수되기 때문에 우라늄 (U)-235의 핵분열 연쇄반응의 능률은 매우 좋지 않게 된다. 그래서 우라늄 (U)-235의 핵분열이 활발히 일어나게 하기 위해서 연료 중에 우라늄 (U)-235의 농도를 올리는 방법을 취하게 된다. 이와 같이 천연우라늄에 포함되어 있는 우라늄 (U)-235의 농도를 올리는 것을 우라늄 농축 (약 3%)이라고 한다.

농축 우라늄의 제조는 매우 힘든 기술로서 막대한 전기에너지가 투입되어야 한다. 농축에는 채굴된 우라늄 광석을 산화우라늄 (U_3O_8)으로 하고 이것을 우선 6플루오르화우라늄 (UF_6)의 가스로 변화시킨다. 이 가스를 막을 통해서 여러 번 (1) 확산시키면서 우라늄 (U)-235를 농축하는 가스확산법은 이제 거의 사용하지 않고 있다. 지금은 (2) 원심분리법이 개발되어 UF_6를 초고속으로 원통에서 회전시키면 우라늄 (U)-238은 원통주변에서 농도가 증가하고 우라늄 (U)-235는 안쪽으로 농축된다. 그리고 안쪽의 가스를 다음 원심기로 보내서 돌리면 이보다 더 농축하게 됨으로 이 원심분리기를 직렬로 연결하여 우라늄 (U)-235를 원하는 만큼 농축이 가능해질 때까지 한다. (3) 또한 레이저농축법이 최근 이용되기 시작했는데 이는 우라늄 (U)-235와 우라늄 (U)-238의 혼합물에 우라늄 (U)-235의 외각전자만을 유리시킬 수 있는 특수파장의 레이저 빔을 보내서 전자를 유리시켜 우라늄 (U)-235에 양전하를 띠도록 하고 음전하에서 이를 포집/분리하는 방법이다. 이는 비용이 적게 들고 시설이 간단하다. (4) 이외 실험실적으로는 질량분석기를 이용할 수도 있다.

이렇게 제조된 농축 우라늄을 열전도가 좋고 중성자를 흡수하지 않으며 온도에도 강한 지르코늄 (Zr)과 마그네슘 (Mg)의 합금으로 싸서 연료봉으로 가공한다.

9.9.5 원자로의 분류

원자로 형에는 위에서 설명한 바와 같이 경수로 (Light water reactor)와 중수로 (Heavy water reactor) 그리고 영국에서 개발한 가스냉각로 (Gas cooled reactor)가 있고 플루토늄을 생산하기 위한 고속증식로 (Fast breeder reactor)로 구분한다.

<table>
<tr><td rowspan="5">원자로</td><td rowspan="2">경수로
(LWR; Light water reactor)</td><td>가압수형로
(PWR; Pressurized water reactor)</td></tr>
<tr><td>비등수형로
(BWR; Boiling water reactor)</td></tr>
<tr><td>중수로
(PHWR; Pressurized heavy water reactor)</td><td>CANDU형로 (캐나다)</td></tr>
<tr><td>가스냉각로
(GCR; Gas cooled reactor)</td><td>-</td></tr>
<tr><td>고속증식로
(FBR; Fast breeder reactor)</td><td>-</td></tr>
</table>

(1) 경수로 (Light water reactor)

가압수형 원자로 (PWR; Pressurized water reactor)는 중성자의 감속재와 냉각재로 보통의 물, 즉 경수를 사용한다. 물은 상압에서는 100℃에서 끓으며 그 이상 온도가 올라가지 않기 때문에 압력을 높여서 끓여야만 온도를 올릴 수가 있다. 즉 고압의 증기를 얻고 이를 열교환기를 통해서 증기를 발생시켜 터빈을 돌리는 간접적인 방법이다. 이러한 형의 원자로를 압수형이라고 한다.

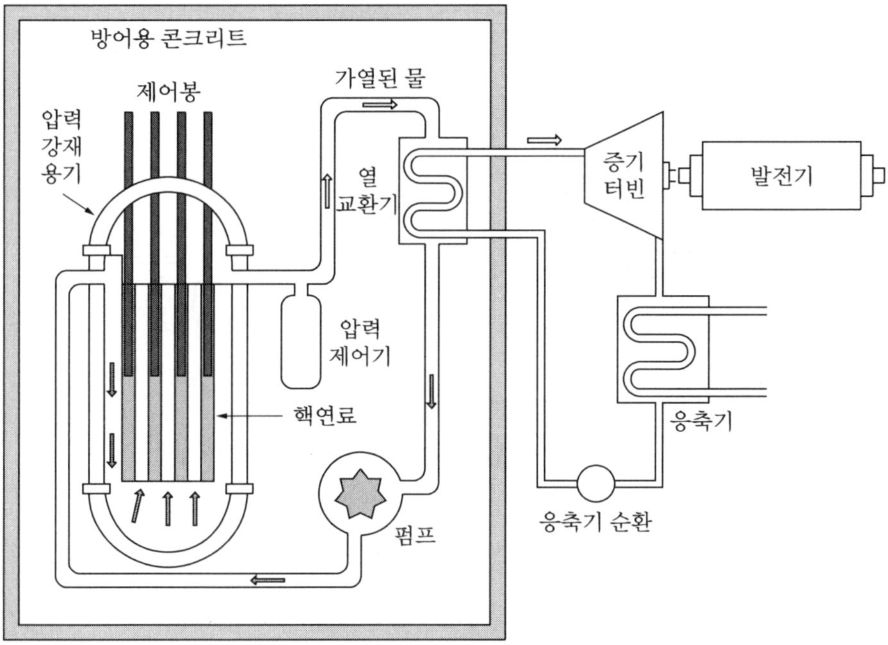

그림 9.35 가압경수로 (PWR) 개요도

이에 대하여 비등수형 원자로 (BWR; Boiling water reactor)는 물을 원자로 심에 통과시키는 동안 핵분열에서 생긴 열로 직접 물을 끓여 증기를 발생시키고 이 증기로 터빈을 돌려서 발전을 하는 형식이다. 그러나 이 경우에는 터빈을 돌리는 증기가 방사능을 띠고 있기 때문에 증기가 외부로 새어 나오지 않도록 해야 하고 응축기를 통해서 액화된 증기를 펌프로 원자로 내부로 되돌려 보낸다. 어떤 이유로든 원자로 내부의 온도가 올라갔을 때는 증기의 발생량이 많아지고 자연히 압력이 올라가면서 위험하게 된다. 이 때문에 긴급용 안전밸브가 설치되어 있고 이를 통해서 증기가 나오면 응축기로 바로 들어가 압력을 낮추는 구조로 되어 있다. 이때 많은 증기의 발생으로 원자로 내의 기포가 생겨 중성자의 감속이 원활히 일어나지 않아 자연히 핵분열반응도 일어나지 않게 된다. 즉 비등형에서는 물이 일종의 안전밸브 역할도 하게 된다.

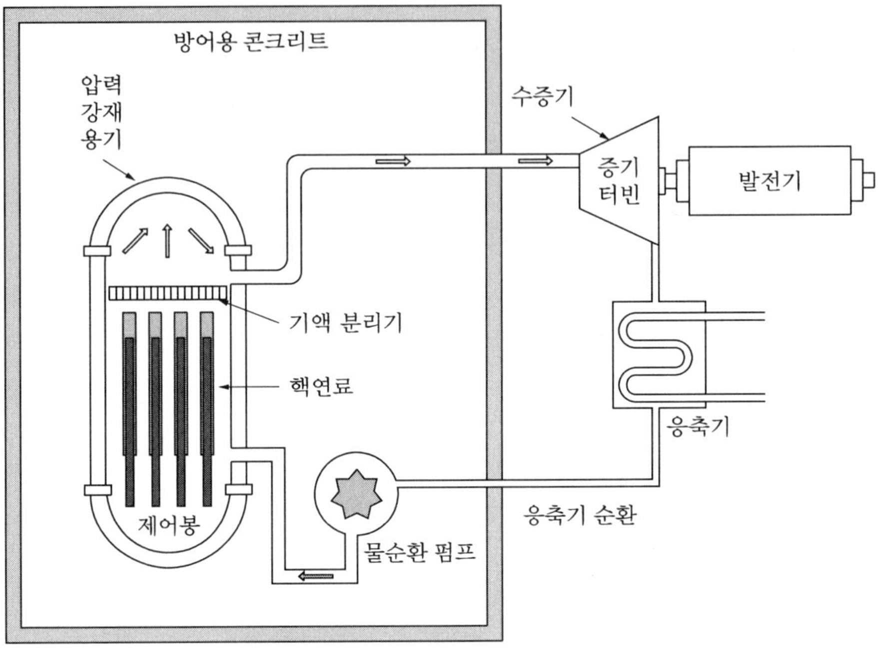

그림 9.36 비등경수로 (BWR) 개요도

(2) 중수로 (Heavy water reactor)

중수로인 캔두 (CANDU; Canadian deuterium uranium)형 원자로는 중성자 감속재와 냉각재로 중수를 쓰기 때문에 경수로보다 중성자의 감속이 잘 일어나 우라늄 (U)-235를 농축할 필요가 없고 천연 그대로 사용할 수 있는 이점이 있으나 중수의 값이 비싸다. 우리나라의 월성 1, 2, 3, 4기가 CANDU형이다.

연료봉

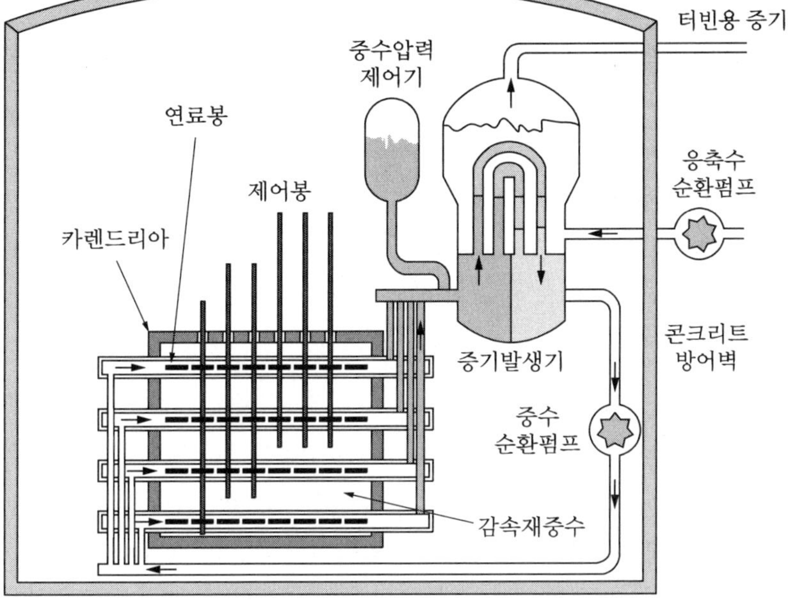

그림 9.37 중수로 (CANDU형) 개요도

[참고] 중수 (Heavy water, Deuterium oxide)

수소의 동위원소 중 수소 (Protium, ${}^{1}_{1}H$)보다 분자량이 두 배 큰 ${}^{2}_{1}H$ (Deuterium, D)와 산소로 이루어져 있는 물을 말한다. 수소 (Protium, ${}^{1}_{1}H$)와 산소로 구성되어 있는 물 (H_2O)은 경수 (Light water)라고 불린다. 중수의 분자식은 D_2O 또는 $2H_2O$라고 쓴다. 경수 (H_2O)는 분자량이 18인 반면 중수 (D_2O)는 분자량이 20이다. 그리고 중수는 중성자를 흡수하는 성질을 이용하여 몇몇 원자로에서 감속재 (Moderator)나 냉각재 (Coolant)로 사용된다. 특히 천연 우라늄을 연료로 사용하고 중수를 감속재와 냉각재로 사용한 원자로를 중수로 (Heavy water reactor)라고 한다. 캐나다의 중수로 CANDU (Canada deuterium uranium)가 대표적인 예이다.

(3) 가스냉각로 (GCR; Gas cooled reactor)

가스냉각로에는 가스흑연로, 개량형 가스로, 고온원자로, 나트륨 냉각식 고속증식로가 있다. 이들 각각에 대하여 살펴보면 다음과 같다.

① 가스흑연로

가스흑연로 (GGR; Gas graphite reactor)에서는 가스를 냉각재로 사용한다. 그 이유는 물을 이용해 올릴 수 있는 최대 포화압력에 한계가 있기 때문이다. 가스흑연로는 감속능력이 큰 흑연을 사용하기 때문에 연료로 천연우라늄을 그대로 사용한다. 흑연이 감속재가 되기 때문에 부피가 매우 크다. 냉각가스는 구형의 경우 탄산가스 (CO_2)를 사용하고 금속의 천연우라늄을 쓰며 연료성분을 마그네슘 - 알루미늄으로 싸는데 이 합금을 Magnox라고 한다. 이러한 원자로를 Magnox 원자로라 부른다. 이 원자로를 통해서도 약 527℃ 정도로 저온 밖에 얻을 수가 없어서 PWR형보다 효율이 떨어진다. 단위부피당 용량도 0.87 MW/m^3로 PWR의 1/100 정도밖에 되지 않는다. 따라서 이 형은 최근에 거의 건설이 중단된 상태에 있다.

② 개량형 가스로

개량형 가스로 (AGR; Advanced gas reactor)는 영국이 Magnox로를 개량한 원자로이다. 탄산가스를 냉각재로 하고 흑연을 감속재로 쓴 것은 같지만 동력과 냉각재의 출구온도를 올리기 위해서 Cr-Ni강 속에 농축 UO_2를 묶어 넣은 형태이다. 이렇게 함으로써 노심의 온도를 더 올릴 수는 있지만 Cr-Ni강이 Magnox보다 열중성자의 흡수가 커서 1.5～2% 정도로 ^{235}U를 농축해야 한다. 이 원자로는 영국의 Dungeness B 발전소가 1974년에 1,595 MWt 열출력에 1,200 MWe의 전력을 생산했다. 냉매의 출구온도가 647℃ 정도가 되어 발전소 효율이 41.5%나 된다.

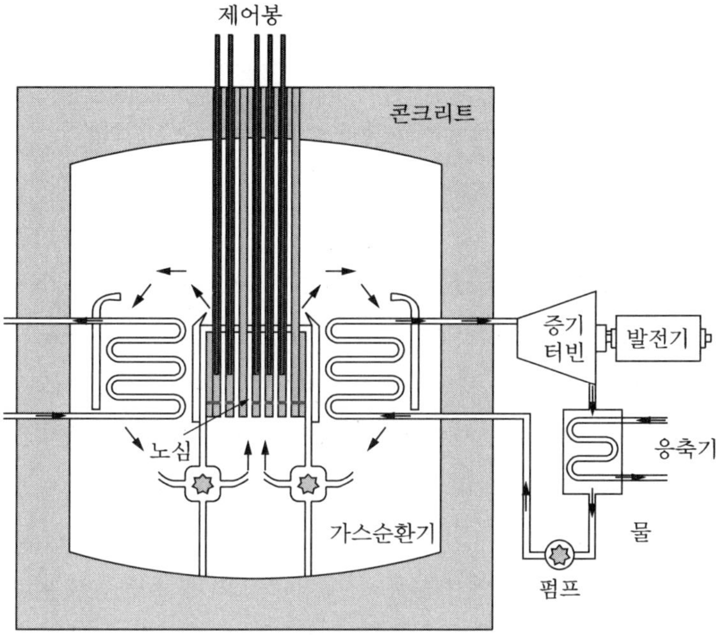

그림 9.38 가스냉각로 (GCR) 개요도

③ 고온원자로

고온원자로 (HTGR, HTR; High temperature gas-cooled reactor)는 일반적으로 냉각재의 출구온도가 727℃을 넘는 것을 말한다. 냉각매로 탄산가스를 쓸 수가 없고 노심도 금속으로 쌀 수가 없다. 그래서 헬륨을 냉매로 사용하는데 사용온도 범위에서 상변화가 없고 중성자 흡수도 적어 화학적으로도 헬륨은 안정하다는 이점이 있다. 냉매의 온도도 높아서 효율이 40% 정도 된다. 고온원자로의 또 다른 이점은 토륨을 사용할 수가 있다는 것이다. 천연의 토륨 (Th)-232 [^{232}Th]은 열중성자로 핵분열을 일으킬 수 없기 때문에 핵연료로 쓸 수는 없다. 그러나 원자로 내에서 열중성자를 흡수해서 우라늄 (U)-233 [^{233}U]을 만들 수가 있고 이 우라늄 (U)-233은 우라늄 (U)-235와 같이 열중성자에 의하여 핵분열을 할 수가 있다. 이렇게 핵분열이 불가능한 물질을 가능한 물질로 전환하는 것을 증식 (Breeding) 또는 전환 (Conversion)이라 한다.

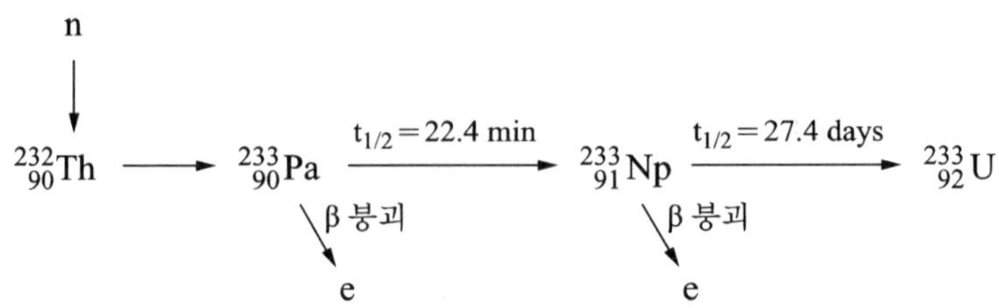

토륨 (Th)-232의 중간 생성물 [^{231}Pa (Protactinium), ^{237}Np (Neptunium) 동위원소]이 두 개의 전자 e를 방출하면서 우라늄 (U)-233이 된다. 우라늄 (U)-233은 실제 지구상에는 없지만 사용하기 충분하게 안정화되어 있다. 이처럼 새로운 핵연료의 생성은 중성자에 의해 좌우된다. 핵분열로 인해서 η의 중성자가 발생하였다고 하면 연쇄반응이 계속되기 위해서는 적어도 한 개의 중성자는 있어야 하므로 이를 빼면 중성자의 $\eta-1$량의 분열중성자 수율 (Yield of fission neutron)이 얻어진다. 중성자들이 노재나 냉각재에 흡수되면 핵분열에 사용할 수가 없으므로 결국 손실이 되고 마는 것이다. 핵반응에 사용되지 않고 이렇게 흡수되는 분율을 V라고 하면 반응에 이용될 수 있는 남은 분율의 양은 $A=\eta-1-V$로서 다음과 같이 된다.

$$A = \frac{\text{새로 생성된 핵의 수}}{\text{소비된 핵의 수}}$$

보통 PWR에서는 V는 0.55 정도가 된다. $A>1$이라는 것은 소비된 한 개의 중성자를 통해서 하나 이상의 핵분열이 가능한 핵이 생성된다는 것이다. 이것은 분열 가능한 핵이 증식된다는 말이며, 증식이 되려면 η가 2 이상이 되어야 한다. η의 전형적인 값은 2.23 (^{233}U, 열중성자의 경우) 또는 2.93 (^{239}Pu, 고속중성자)이다. 특히 $A>1$인 경우를 B로 표시하고 증식속도 (또는 증식비율)라고 하며, $1>A>0$의 것을 전환 (전환로)이라고 해서 C로 나타낸다. 다음에 언급하는 고속증식로의 경우 A 값은 1.25～1.40 정도가 되고 위의 열증식로에서는 0.9～1.1 정도가 된다.

④ 나트륨 냉각식 고속증식로

원자력발전은 지상에 극히 제한적으로 미량 존재하는 우라늄 (U)-235를 핵연료로 사용하는 원자로이다. 99.3%의 우라늄 (U)-238은 사용되지 않은 채로 우라늄 (U)-235를 사용하는 도중 원자로 내에 그대로 있다. 그러나 우라늄 (U)-235를 연료로 사용하는 동안에 발생된 중성자가 우라늄 (U)-238에 흡수되어 플루토늄 (Pu)-239를 일부 생성한다. 생성된 플루토늄 (Pu)-239는 핵분열이 가능하기 때문에 분리하면 다시 핵연료로 이용할 수 있다.

우라늄도 석유나 석탄과 같이 지구에 있는 유한한 천연자원이고 원자력발전도 현재와 같이 이용한다면 대략 50년 정도밖에는 자원으로 사용할 수 없다. 따라서 우라늄 (U)-238을 플루토늄 (Pu)-239로 변환해서 사용할 수만 있다면 에너지 공급은 앞서 말한 바와 같이 앞으로 1000년 정도는 충분히 사용할 수 있게 된다.

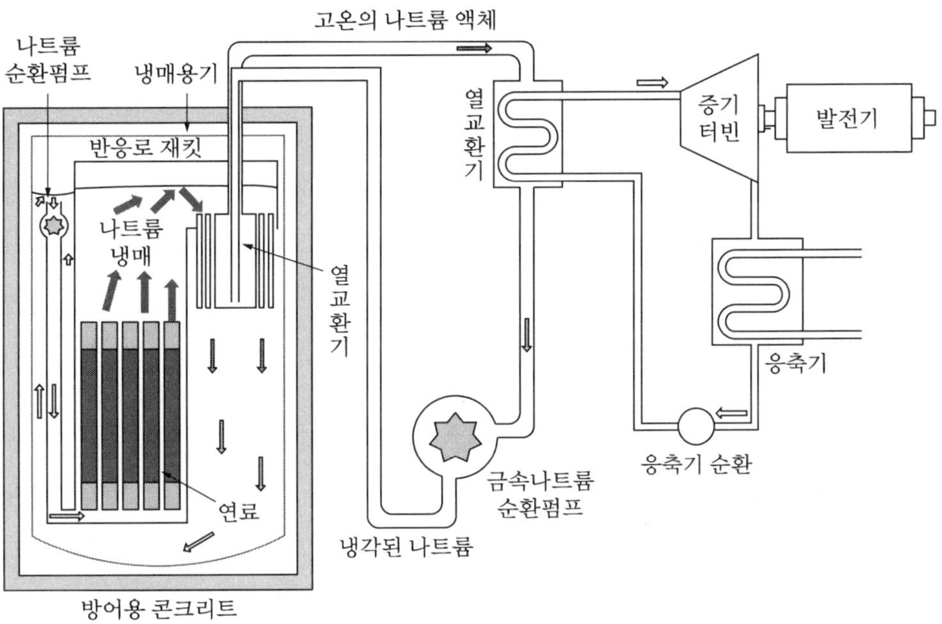

그림 9.39 고속증식로 (액체 금속냉각형) (FBR) 개요도

보통 경수로형 원자로 등에서는 핵분열에 의하여 생기는 고속중성자를 감속시켜 우라늄 (U)-235에 흡수/분열시키지만 고속증식로에서는 중성자를 감속시키지 않고 그대로 핵분열에 사용한다. 고속증식로의 원자로 구조는 노 중심에 핵연료로 우라늄 (U)-235 또는 플루토늄 (Pu)-239를 놓고 그 주위에 우라늄 (U)-238 [또는 토륨 (Th)]의 블랭킷을 설치한다. 냉각재로 물을 사용하지 않고 액체 금속나트륨을 사용한다. 금속나트륨이 갖고 나오는 원자로의 열로 별도의 열교환에 의해 물을 증기로 만들어 터빈을 돌려서 발전한다. 고속증식로에서 핵연료의 증식은 다음과 같이 일어난다.

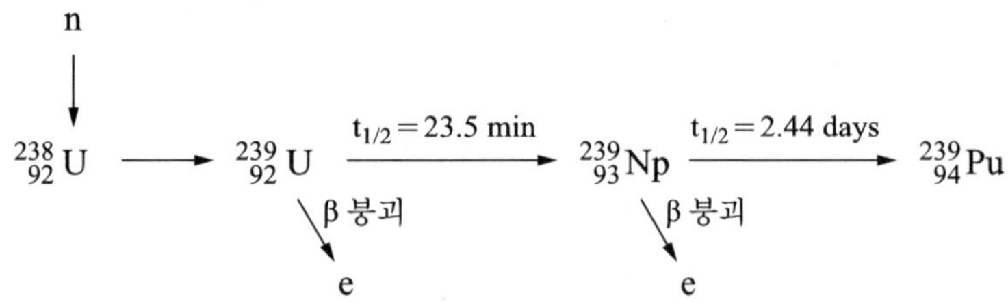

원자로 중심에 있는 우라늄 (U)-235가 핵분열을 하게 되면 2～3개의 고속의 중성자가 발생한다. 핵분열이 연쇄반응을 계속하기 위해서는 중성자를 한 개만 발생해도 되지만 여분의 중성자가 생기는데, 이 여분의 중성자가 원자로 주변의 우라늄 (U)-238에 흡수되면서 핵연료인 플루토늄 (Pu)-239가 된다. 이와 같이 노심에서 한 개의 우라늄 (U)-235가 핵분열로 소비되어도 블랭킷의 우라늄 (U)-238에서 그 이상의 플루토늄 (Pu)-239가 생성되는 현상이 일어나는 것이다. 이러한 연료의 증식이 가능한 원자로 중 하나로 액체 금속냉각형 고속증식로 (FBR; Liquid-metal-cooled fast breeder reactor)가 있다. 여기서 고속이라는 말은 고속의 중성자를 사용한다는 뜻으로 고속중성자로 (FNR; Fast neutron reactor)라고도 한다.

이 반응은 우라늄 (U)-238이 중성자를 한 개 흡수하여 우라늄(U)-239를 만들면서부터 시작된다. 플루토늄 (Pu)-239에 대한 전형적인 η값은 2.5～2.9범위에 들어가며 고속증식로에 대한 A값은 앞서 말한 바와 같이 1.25～1.40으로 계산되는데, 얻어질 수 있는 전형적인 값이 1.14～1.28 정도 된다. 프랑스의 Phenix의 경우 증식속도는 1.16 정도가 된다. 고속증식로에 대한 연구는 미국에서 시작되었다. 그러나 지금은 프랑스, 러시아, 일본 등의 국가에서 실증로의 설계를 행하고 있다. 물론 시기적으로 미국이 가장 빨라 1946년에 클레멘타인이라고 하는 실험로를 가동했다. 핵연료는 플루토늄과 우라늄 각각의 산화물을 혼합 (UO_2+PuO_2, MOX)한 것으로 기초 연구를 행하였지만 이는 최근에 대부분 중단된 상태이었으나 PRISM (실증로)을 GE가 최근 재설계하여 다시 시작을 계획하고 있다.

러시아에서는 이미 BN-350이라는 35만 KWe의 원자로를 개스비 해변에 건설하였고, 그 이후 BN-600이라는 원형로 전기출력 60만 KWe의 발전소를 건설하였으며 BN-800은 모두 MOX (Mixed oxide)의 사용이며 재처리에서 얻은 플루토늄 (Pu)의 사용 가능성을 보여 주고 있다. 또한 프랑스에서는 슈퍼페닉스 실증로 124만 KWe가 운전 중이었으나 1998년 중단된 상태이다. 일본에서는 쓰쿠바에 동력로 개발사업단이 플루토늄과 우라늄의 산화물 혼합연료 (MOX)를 사용하고 냉각재로 액체 금속나트륨을 사용하는 Monju라는 원형로를 가동하였으나 1995년 금속나트륨 유출로 일시 정지하였다가 2007년 보수공사를 마치고 2010년 5월 6일 재가동을 시작했다.

9.9.6 폐핵연료의 재처리

경수로와 중수로 (CANDU)에서 사용한 후의 폐핵연료의 조성은 대부분이 우라늄 (U)-238로서 사용되지 않고 일부만 플루토늄 (Pu)과 다른 소량의 방사능 물질을 만들게 된다. 따라서 우라늄 (U)-238을 핵분열이 가능한 물질로 만들어서, 즉 플루토늄 (Pu)으로 증식해서 사용률을 높이고자 하는 생각이 고속증식로이다. 따라서 폐연료로부터 플루토늄 (Pu)을 회수해야 한다. 핵분열이 가능한 물질들을 분리하는 데는 크게 습식법과 건식법의 두 가지가 있다. 다음은 경수로와 중수로의 폐핵연료의 조성을 나타낸다. 이것을 보면 경수로와 중수로에서 나온 폐연료 중에 플루토늄 (Pu)이 상당량 포함되어 있으며 특히 경수로 쪽이 크다.

표 9.10 ● 경수로/중수로의 폐핵연료 조성 비교

원자로	핵연료 원료	U 단위 중량당 발생 열출력량 (MWD/MTU)	사용 전 조성	사용 후 조성 (10년 냉각기준)
경수로 (PWR)	농축우라늄	35,000	U-235 3.5% (농축) U-238 96.5%	총 U 95.4% U-235 0.8%
				총 Pu 0.9% Pu.f 0.6%
				FP 3.6%
중수로 (PHWR)	천연우라늄	7,500	U-235 0.7%	총 U 98.8% U-235 0.2%
				총 Pu 0.4% Pu.f 0.3%
				FP 0.6%

주) Pu.f (핵분열 가능 플루토늄), FP (핵분열 생성물), MWD (Mega watt day), MTU (Metric ton uranium)

(1) 습식법 (PUREX 공정)

원자로에 사용하는 핵연료는 우라늄 (U)-235가 전부 소비될 때까지 계속 사용하는 것은 아니다. 핵연료의 소비에 따라 핵분열 생성물의 양도 증가하고 여기에 계속 중성자가 흡수되기 때문에 핵분열의 연쇄반응이 원활히 진행되지 않는다는 사정이 있기 때문이다. 여기서 이렇게 경수로나 중수로에서 꺼낸 (2~3년 후) 폐핵연료는 일단 물에 저장해서 발생되는 열과 방사능을 감소시킨 후에 재처리공장에서 연료의 피복관과 함께 5 cm 정도로 자르고 화학 처리 후 우라늄, 생성 플루토늄, 핵분열 생성물로 분할 처리한다. 다음은 핵연료 습식 재처리방법의 개요를 나타낸다.

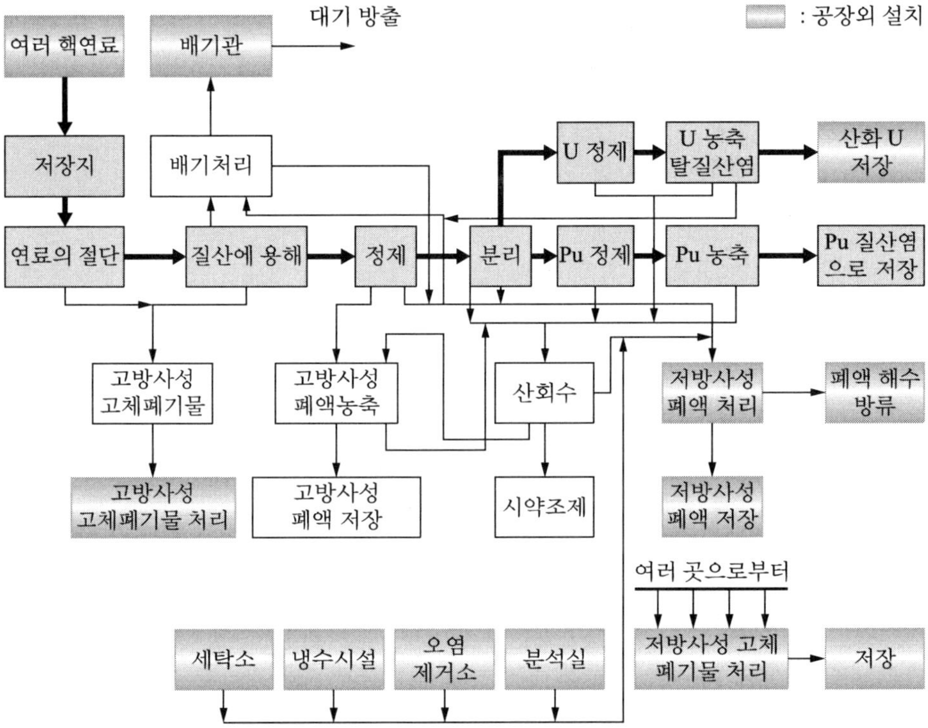

그림 9.40 핵연료 습식 재처리방법 개요도

질산용액으로 6가의 우라늄과 4가의 플루토늄의 질산염을 만들고 이를 유기용제로 추출한다. 유기용제는 TBP (Tributyl phosphate)를 노르말 도데칸 (*n*-Dodecane)에 30% 용해시킨 것이다. 질산에 용해된 질산염의 농도를 올리면 우라늄과 플루토늄의 질산염 [$UO_2(NO_3)_2 + Pu(NO_3)_4$]이 선택성이 높게 추출상으로 이동하고, 나머지 질산염은 추잔 수용액상에 남는다. 이때 미량의 핵분열 생성물이 추출상으로 이동하지만 후공정에서 정제된다. 다음 이 추출상의 Pu^{4+}는 환원제에 의하여 Pu^{3+}로 환원시키고 질산농도를 낮춰 제2의 추출로 물과 접촉시키면 Pu^{3+}는 수용액상에 분배도가 커서 우라늄과 분리된다.

이처럼 습식 재처리공장에서는 플루토늄의 추출이 이루어지기 때문에 핵확산방지라는 입장에서 여러 가지 문제가 있으며 우리나라에서도 한때 플루토늄의 추출을 위한 재처리공장을 고려한 적이 있으나 현재는 불가능한 상태이다. 원자로 자체보다도 발전소에서 사용한 연료의 재처리공정에서 발생하는 방사능 오염의 문제가 크다. 즉 방사성 물질의 외부로의 방출은 원자력발전소보다도 재처리시설 쪽이 많다고 할 수 있다. 재처리공정에서는 플루토늄과 우라늄을 추출 분리하고 이 공정에서 나오는 방사성 폐기물 중 저준위의 것은 해양에 폐기한다. 그러나 중간 정도의 수준인 것 (중준위)은 아직 확실한 처리법이 없다. 한 가지 방법으로는 화학적으로 안전한 유리의 형태로 굳힌다거나 콘크리트화 하거나 이것을 납 용기에 넣어 깊이 1,000 m 정도의 암염의 채굴공에 넣어두는 방법을 유럽과 미국에서 실시하고 있다. 또는 심해의 해저에 폐기하는 방법도 있지만 오랜 세월이 지난 후에 용기의 파괴 등의 문제가 있을 수 있어 적당하다고는 할 수 없다.

현재로는 원자력발전소로부터 나오는 방사성 폐기물 양의 정도에 따라 적절한 방법으로 처리하겠지만 장차 양이 많아질 때에는 수명이 긴 방사성 폐기물의 대량 저장이 환경오염에 어떤 영향을 줄지 예측할 수 없다. 우리나라도 현재 쌓여 있는 폐연료가 10,000톤 정도에 이르고 매년 700톤 정도를 생성하는 형편이다. 원자력발전소를 계속 증설하는 입장에서 처리법을 나름대로 서두르고 있다.

이 습식 재처리공정을 보유한 나라는 원자탄을 보유하고 있는 미국, 러시아, 중국, 영국, 프랑스 그리고 비핵보유국인 일본만이 보유하고 있다.

(2) 건식 재처리법 (Pyroprocessing)

건식법은 위의 습식법과는 달리 순수한 플루토늄을 분리해 낼 수 없는 공정이다. 이 기술은 공정을 단순화하고 핵 비확산에 초점을 맞추어 개발되는 기술로서 아직 상용화된 처리공장은 없다. 현재 미국, 일본, 그리고 우리나라에서 개발 전망을 보여주고 있는데 특히 우리나라가 앞선 연구 성과를 내고 미국과 공동으로 개발하고 있다.

이 방법의 개념은 용융전해법이다. 그림에서와 같이 금속 핵폐기물을 절단하여 이를 녹인 용융 Cd을 양극 (Anode)으로 하고, LiCl+KCl 용융염에서 두 개의 음극 (Cathode) 즉, 철 (낮은 전압)과 용융 Cd (고전압)을 음극으로 한다. 그리고 이들 음극을 용융 Cd의 양극에 걸어 주면 철 음극에는 우라늄만 석출하고 용융 Cd 음극에는 U과 TRU (Transuranium) 즉, Pu+MA (Minor actinide)의 혼합금속이 석출된다. 얻어지는 우라늄은 철에 석출한 우라늄과 용융 Cd으로부터 Cd을 증발 제거하여 얻은 U+TRU로 이루어지는데 후자를 고속로에 재사용하는 핵연료 사이클을 구상하는 것이다.

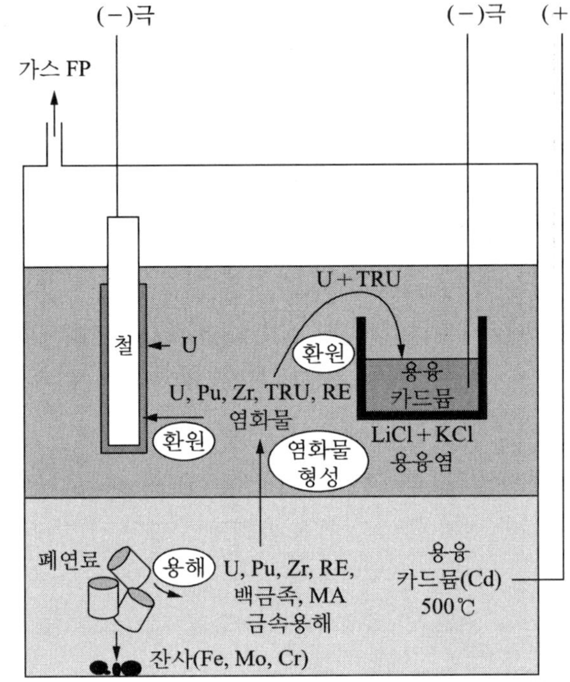

그림 9.41 건식 재처리 용융전해정련법의 개요도

이 사이클의 연료인 U+TRU는 Pu 외에 U+Np+Cm+Am 등 많은 다른 방사성 물질이 혼합되어 있는 관계로 Pu의 핵폭탄 제조가 불가능하다는 이유로 핵확산의 우려 즉, 핵확산의 저항성을 갖는 재처리기술로 인정된다는 것이다. 이런 핵재처리는 누적되는 핵폐연료의 부피를 1/20 정도로 줄일 수가 있어서 유리할 뿐만 아니라, 고속로에서 재사용하면 보통 PWR에서 발생된 폐연료 중 포함된 30만 년 정도 되는 폐기물의 반감기를 300년 정도로 줄일 수가 있다. 그리고 U의 활용도 측면에서도 100배 정도 높일 수가 있다.

우리나라가 4세대 원자로로 사용할 연료 사이클에 소듐을 냉각재로 사용하는 고속로(SFR; Sodium-cooled fast reactor)와 현재 개발 중에 있는 건식처리를 조합하는 방식을 연구 중이다. 다음은 핵폐연료의 건식 재처리공정의 개요도를 나타낸다.

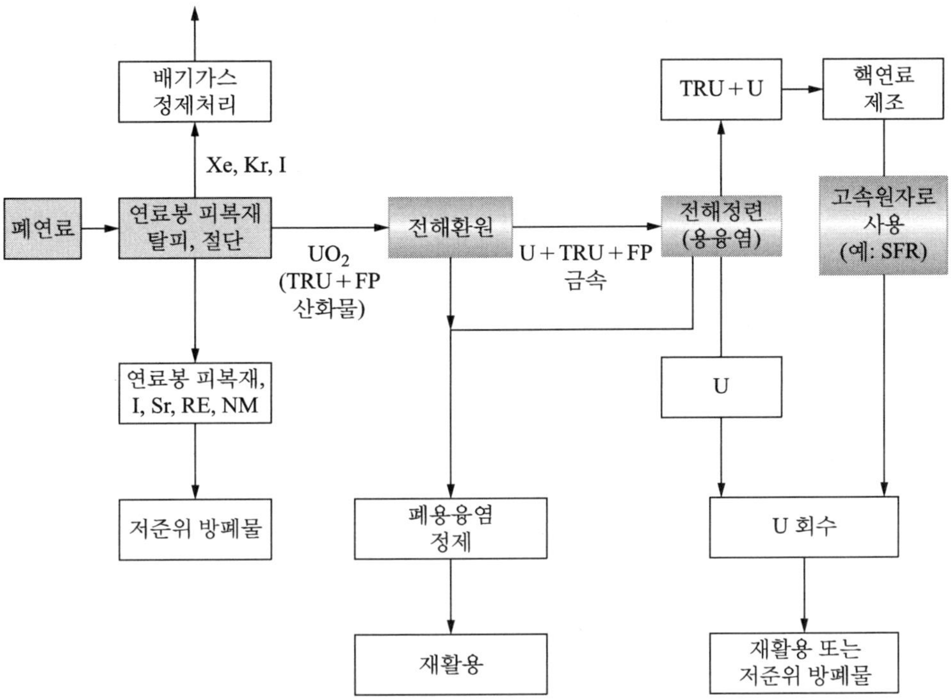

그림 9.42 핵폐연료 건식 재처리공정의 개요도

(3) 방사성 폐기물의 처리

핵폐연료 처리에서 발생하는 폐기물 그리고 원자력발전소나 운전보수작업 등을 할 때 아주 미량이지만 방사성 물질로 오염된 종이, 수건, 작업복 그리고 이들의 세탁배수 등에서 저준위의 방사성 폐기물이 발생한다. 이것은 소각이나 압축/농축 등으로 양을 줄이고 시멘트나 아스팔트와 함께 딱딱하게 만들어 드럼통에 넣고 원자력발전소 내에 안전한 상태로 일단은 보관된다. 그 방법은 암반으로 된 지하 100 m에 동굴을 만들고 폐기드럼을 저장하게 되는데, 오랜 세월이 지나면 방사능의 양도 점점 감소하여 무해하게 된다. 그러나 그 양이 많아져서 발전소 내에 저장할 공간이 없으면 다른 곳의 저장시설에 저장하게 되는데 우리나라는 최근 서해의 굴업도에 저장시설을 갖추려 하다가 취소되었고 울산지역에 건설되어 저장단계 (2014년)에 들어갔다.

(4) 일상생활과 방사능의 양

방사선의 인체 영향에 대해서는 화학물질의 독성보다도 연구가 더 잘 되어 있다. 방사선과의 의사와 X선 기사, 방사선 치료환자의 사례 그리고 일본의 히로시마와 나가사키의 원폭 피해자로부터 연구 실적이 많이 나와 있어서 방사선의 인체에 대한 영향이 잘 알려져 있다. 인체에 대하여 급성으로 나타나는 방사성 장애는 100렘 (ram) 이하일 때에는 회복이 잘 되는 것으로 알려져 있다. 때문에 사고 시에도 받는 방사선량이 100렘 이하이면 특별한 의료조치를 취하지 않아도 된다. 그림 9.43은 일상생활에서 받은 방사선량을 나타낸다. 브라질의 카리바리 시가지에서는 자연으로부터 받는 연간 방사선량이 X선 진단을 2.5회 받는 양과 같다.

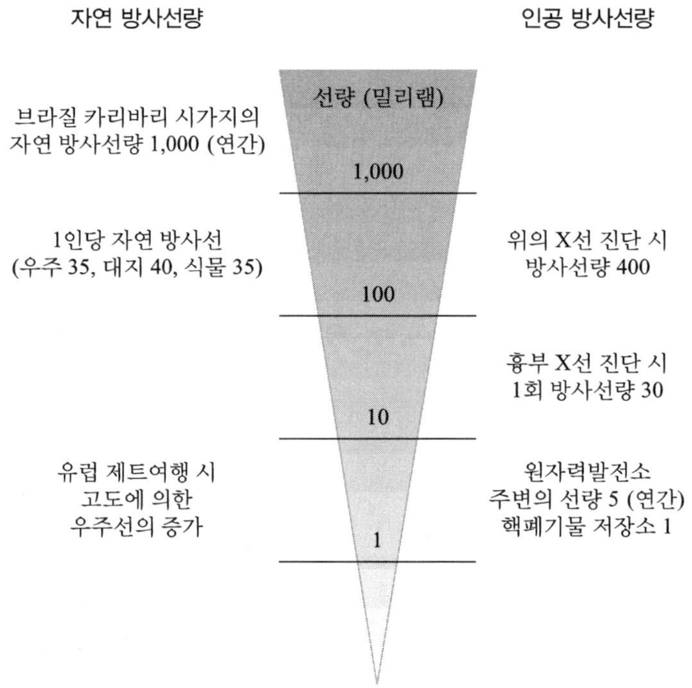

그림 9.43 자연 및 인공 방사선량의 비교

9.9.7 원자력발전의 안전성과 환경문제

미국의 스리마일 (1979년 3월 28일)과 러시아의 체르노빌 원자력 사고 (1986년 4월 26일) 이후 사람들은 원자력발전의 안전문제에 대하여 의심을 가지기 시작했다. 우리나라에서도 핵폐기물의 저장소 설치를 둘러싸고 과거 지역주민들의 반발이 크게 있었던 것을 기억하고 있다. 안전성에 대하여 의구심을 두는 데는 원자로의 제어가 불가능하게 되었다거나 고온에서 원자로가 파괴되면 어떻게 할 것인가 하는 것이고 방사성 물질의 확산에 의한 환경오염을 우려하고 있기 때문이다. 그러나 원자력발전소의 설계는 여러 겹의 안전 방어벽 (제1방호벽: 연료, 제2방호벽: 피복관, 제3방호벽: 원자로 용기, 제4방호벽: 원자로 건물 내벽/외부철판, 제5방호벽: 원자로 건물 외벽/120 cm 철근콘크리트)으로 되어 있고, 안전성에 기초해서 설계하고 있다. 극단적으로 이상 상황이 발생하지 않는 한 위험은 없다고 보아도 된다.

(1) 일본 후쿠시마 원전 사고

2011년 3월 11일 오후 2시 46분 강도 9.0의 지진이 후쿠시마 육지로부터 150 km 떨어진 해상에서 일어나 최고 약 13～15 m 정도 높이의 해일이 밀어 닥쳐 후쿠시마 비등형 원자력발전소 (BWR) 1～4호기를 휩쓸고 지나갔다. 이로 인하여 정전이 발생하고 발전소가 가동을 중단하기에 이른다. 그러나 원자로에서는 계속해서 핵반응이 일어나고 온도가 올라가 냉각수를 공급해야 하지만 정전으로 펌프가 작동하지 않았고, 디젤 발전기를 가동하려고 했으나 모두 물에 잠겨 가동할 수 없게 된다. 그래서 증기의 압력이 올라가고 노심이 노출되어 노의 피복재인 지르코늄이 수증기와 반응하여 수소가 발생하고 이 수소 가스가 격납고 상부로 올라가 원자로 4개 기가 모두 폭발하기에 이른다. 그래서 격납고 내 수증기압력을 낮추기 위해 원자로를 헬리콥터로 살수하면서 17일 외부로부터 송전선을 연결하여 냉각수를 공급하기에 이른다. 그러나 수소 폭발 시 핵반응 생성물인 요오드 (I_2), 세슘 (Cs) 등 방사능 물질이 방출되었으며 계속 방사능 수치가 올라가서 인근 30～40 km 내에 거주하는 주민을 대피시키고 대기 중에 방출된 요오드 등 방사능 물질이 지구 전체로 확산되는 현상이 일어났다. 이 농도는 인체에 해를 줄 정도는 아니었다. 위험 수위는 체르노빌이 7인데 비해 일본의 경우는 5～6 정도로 발표했다가, 4월 중순에는 계속적인 방사능의 누출로 7로 수정하기에 이른다. 이 경우는 자연재해였으나 설계자들의 의견에 따르면 안전설계 기준이 설계 당시에는 없었다고 한다.

(2) 방사선량 단위

방사선은 방사능 물질이 핵반응을 일으킬 때 알파선, 감마선, 중성자 등을 방사한다. 인체가 피폭된다는 뜻은 이러한 물질이 인체를 관통하며 DNA 같은 인체조직을 파괴

함으로써 피해를 주어 심하면 생명을 보장할 수가 없게 된다.

① 방사능 (Activity)

1베크렐 (Bq, Becquerel) = 1초 동안에 방사능 물질의 붕괴 수

1 Curie = 370억 Bq

② 방사선량

흡수선량 (Dose absorbed)

1 Gray (Gy) = 1 Joule/kg = 100 rad = 100,000 mrad

등가 방사선량 (Dose equivalent)

Sivert (Sv) = Gray × 가중인자

1 Sivert = 100 ram = 100,000 mram

ram은 주로 미국에서 사용한다 (학술적으로는 Sv 사용).

[참고] 가중인자 (= 방사선 가중인자 × 피폭물의 가중인자)

(1) 방사선 가중인자

X, γ, 전자, 양전자, 중간자: 1 | 10 KeV 이하의 중성자: 5
10 ~ 100 KeV 중성자: 10 | 10 ~ 2 MeV 중성자: 20
2 ~ 20 MeV 중성자: 10 | 20 MeV 이상의 중성자: 5
양성자: 2 | α 입자: 20

(2) 피폭물의 가중인자

뼈의 표피/피부: 0.01 | 방광/가슴/간/식도/갑상선: 0.05
골수/대장/폐/위: 0.12 | 생식선: 0.20

(3) 방사선 이용

에너지의 방출과 동시에 새로 생기는 원자핵은 많은 경우 방사능을 띠고, 핵분열에 의해 방출되는 중성자를 물질에 흡수시키면 모든 원소에 대하여 방사성 동위원소가 얻어지므로 이들을 인공방사선원으로 이용할 수 있다. 이것은 원자력의 이용면에서 동력원

과 함께 중요한 위치를 차지한다.

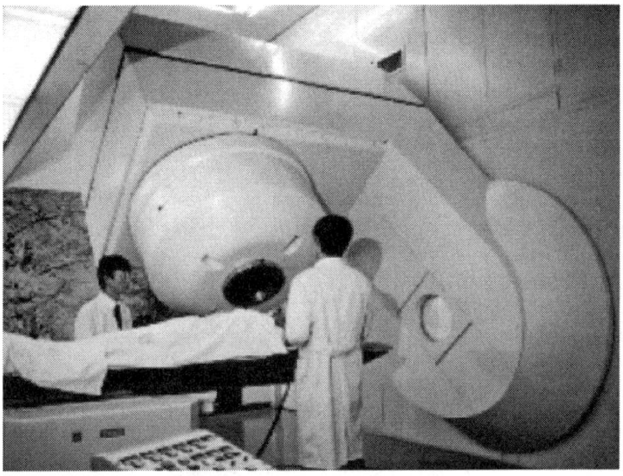

그림 9.44 원자력치료기

9.10 바이오매스에너지

바이오에너지 (Bio energy)라고도 한다. 에너지 이용의 대상이 되는 생물체를 총칭하여 일반적으로 바이오매스라고 한다. 즉 바이오매스는 생태학 용어로서 생물량 또는 생체량이라고도 한다. 원래 살아 있는 동물, 식물, 미생물의 유기물량을 의미하지만 산업계에서는 유기계 폐기물도 바이오매스에 포함한다. 주요 바이오매스 자원으로는 포플러, 버드나무, 아카시아 등의 나무, 사탕수수, 고구마, 옥수수 등의 초본식물, 그리고 수생식물, 해조류, 조류, 광합성 세균 등이 있다. 유기계 폐기물, 농산폐기물, 임산폐기물, 축산폐기물, 산업폐기물, 도시 쓰레기 등도 직접 또는 변환하여 연료화할 수 있다. 바이오매스를 에너지원으로 이용하면 에너지를 저장할 수 있고 재생이 가능하며 물과 온도 조건만 맞으면 지구 어느 곳에서나 얻을 수 있다. 또한 적은 자본으로도 개발이 가능할 뿐 아니라 원자력 등 다른 에너지와 비교할 때 환경 보전적으로 안전하다. 단지 바이오매스를 얻기 위해 넓은 면적의 토지가 필요하고 자원량의 지역적 차이가 큰 것이 결점이다.

9.10.1 바이오매스에너지 분류

위에서 언급한 것처럼 바이오매스는 식물이나 미생물 등을 에너지원으로 이용하는 생물체이다. 바이오매스를 연료로 사용하는 데에는 옛날 사람들이 이미 장작 같은 것을 이용해 왔으며 현재도 바이오매스라는 이름으로 계속 이용하고 있다. 예를 들면 바이오매스에 들어 있는 석유 성분을 추출, 사람이나 동물의 배설물을 메탄발효 (Methane fermentation), 특수한 해조 (Algae)나 폐기물 바이오매스를 메탄발효 또는 알코올발효 (Alcohol fermentation) 등에 의하여 연료로 만드는 것이다. 그리고 바이오매스를 형태별로 구분하면 다음과 같다.

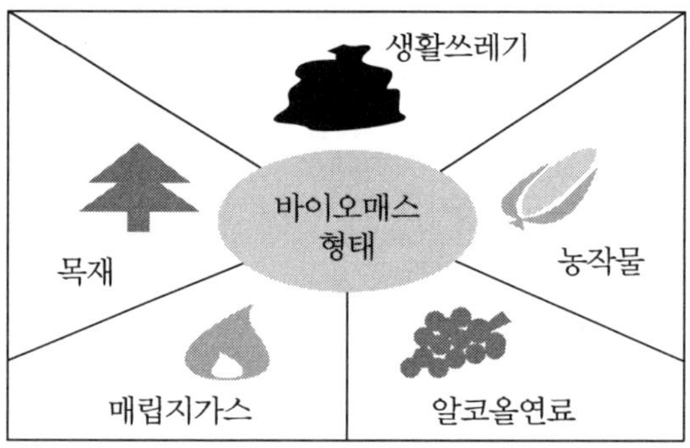

그림 9.45 바이오매스 형태별 구분

9.10.2 바이오매스에너지 이용 방법

바이오매스를 에너지원으로 이용하는 방법으로는 직접연소, 메탄발효, 알코올발효, 가스화, 열분해 등이 있다. 예를 들어 폐기액, 오물, 해조류 등에서는 혐기성 발효에 의하여 메탄가스를 얻는다. 이 과정을 무기호흡이라 하는데, 이때 생성된 메탄가스, 즉 바이오가스는 조리용, 난방용 등의 연료로 사용할 수 있다. 고구마 등에서는 알코올 발효로 알코올을 만들어낸다. 목재 등의 건조 바이오매스에서는 가스화 혹은 열분해에 의하여 가연가스를 채취한다. 이와 같이 생물자원을 발효, 가스화, 광합성 등을 통해 메탄, 알코올, 수소 등을 채취하여 이용하는 것이다. 다음은 바이오매스 이용 기술의 계통도를 나타낸다.

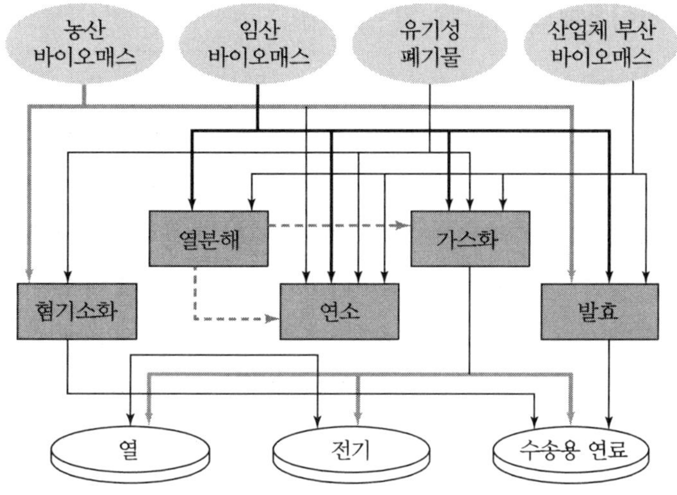

그림 9.46 바이오매스에너지 이용 계통도

전 세계에 서식하는 식물을 조사한 바에 의하면 육상에서 새롭게 성장하는 식물의 양은 매년 시들어 죽는 양인 1.5×10^{11}톤과 같다고 한다. 이 모든 것을 연소하거나 바이오매스 에너지원과 같은 용도로 사용한다면 매년 세계 에너지 사용량의 9배에 가까운 에너지가 생산될 것이다. 그러나 모든 산림이 파괴되고 식물은 물론 농경지 토양이 피해를 입을 것이다. 그럼에도 불구하고 연료용 식물을 잘 통제하여 수확한다면 산림을 파괴하거나 식량 공급에 지장을 주지 않고서도 연료용 바이오매스에너지 사용량을 늘릴 수 있을 것이다. 다음은 바이오매스에너지를 생산하여 이용하는 과정을 보여준다.

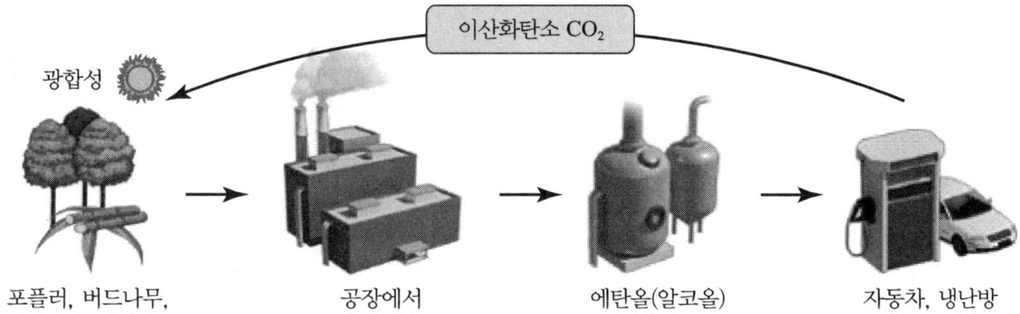

그림 9.47 바이오매스에너지 생산과 이용 과정

(1) 바이오매스 가스화 및 열분해

그동안 석탄, 페트코크 등의 가스화는 정유산업, 비료공업, 화학공정에서 오랫동안 사용되어 온 기술이다. 이때 생성되는 열에너지는 전력을 생산해서 사용하여 왔다. 여기서 가스화와 열분해도 바이오매스 중에 포함된 에너지 즉 연소가 가능한 휘발성 성분을 추출하는 것을 말한다. 실제 60~90%의 추출이 가능하다. 가스화 공정은 공기나 산소를 직접 사용해서 발열하는 열을 이용하여 바이오매스를 파괴시켜 연소가 가능한 가스와 휘발성 물질 그리고 회분으로 전환시키는데 여기에 가하는 산화제는 공기, 산소, 물, 탄산가스 같은 것을 사용한다. 이 사용 산화제는 산화시키는데 필요한 이론적인 공기나 산화제량을 가하는 것을 등가비 (E/R, Equivalent ratio)가 1이라고 하며 보통 E/R<1를 사용한다. 그러나 열분해 (Pyrolysis)는 산화제를 전혀 사용함이 없이 열만으로 분해하는 방법이다. 그런데 만일 E/R>1인 조건 즉 충분한 산소를 보내서 산화시키는 것이 연소인 만큼 가스화는 연소와 열분해의 중간영역의 처리과정이라고 볼 수 있다. 다음은 바이오매스의 가스화, 열분해, 연소의 차이점을 나타낸다.

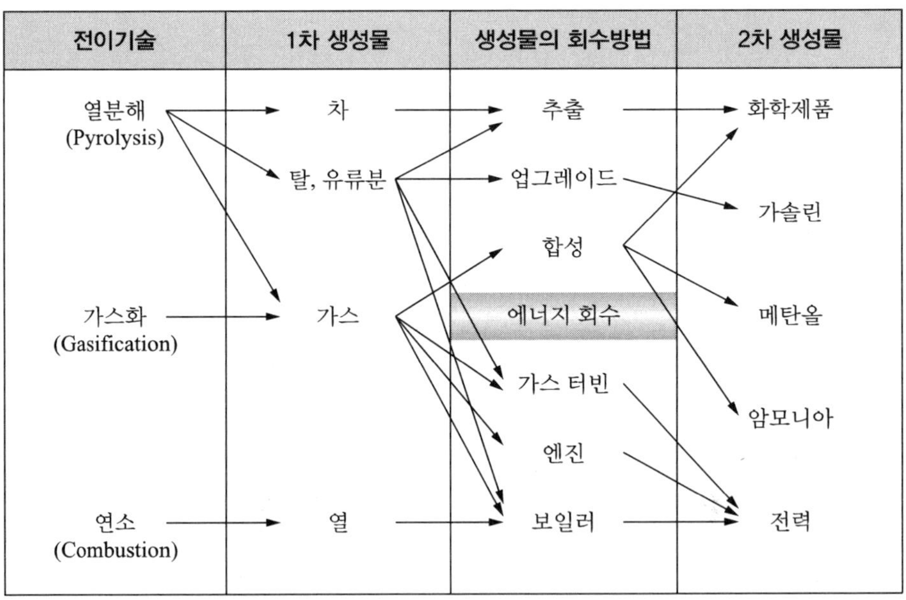

그림 9.48 바이오매스의 가스화/열분해/연소 차이

위 그림에서처럼 열분해는 증기상, 에어로졸, 차 (Char)를 생성한다. 이것을 냉각해서 응축시키면 검은 갈색의 액체가 얻어지는데 열량은 일반적인 보통 화석연료유의 절반 정도 된다. 급속 열분해는 바이오유 60～75%, 차 15～25%, 비응축성 가스 10～20% 정도가 각각 생성된다. 이 값들은 물론 바이오매스의 종류에 따라 달라진다. 액상이 많이 얻어지려면 온도 500℃ 근처에서 특히 상승속도가 빨라져야 한다. 급속 열분해는 결국 적어도 바이오매스의 공급 입자가 작아서 1 mm 이하면 좋고 생성 증기상은 적어도 2 s 이하 급속 냉각을 해야 바이오유가 많이 얻어진다. 또 다른 방법은 플래시 열분해 (Flash pyrolysis)로 이는 온도가 높고 체류시간이 급속 열분해보다 짧은 것을 말하는데 생성물은 급속 열분해 냉각과 유사하여 현재 실험실 외에 이용하는 경우는 없다.

그림 9.49는 열분해에서 얻어지는 기상, 액상, 고상의 이용계통을 보이고 있다. 석유에서 얻을 수 있는 대부분의 화합물을 얻을 수 있다.

가스화는 열분해가 먼저 일어나고 1차 분해 생성물이 계속 반응이 진행되어 가스화가 이루어지는데 가스, 타르 (Tar), 그리고 차 (Char)가 계속 반응하여 가스가 된다. 가스화는 합성가스 (Synthesis gas)로 CO, CO_2, H_2, CH_4, …가 얻어지고 이를 다시 처리해서 H_2/CO를 만들 수 있는데 두 경우 모두 여기서는 바이오매스의 전환에 의하여 만들어진 합성가스이다.

가스상에서는 수분에 의하여 주로 진행되고 고체상에서는 생성된 가스와 다음과 같이 반응이 진행된다.

구분	반응	반응식
균일상 (가스상)	발열반응	$CO + H_2O \leftrightarrow CO_2$
	흡열반응	$CH_4 + H_2O \leftrightarrow CO$
	분해반응	$Tar \rightarrow xCO + yCH_4 + zC$
불균일상 (탄소)	발열반응	$C + O_2 \leftrightarrow CO_2$
	흡열반응	$C + H_2O \leftrightarrow CO + H_2$
	흡열반응	$C + CO_2 \leftrightarrow 2CO$
	발열반응	$C + 2H_2 \leftrightarrow CH_4$

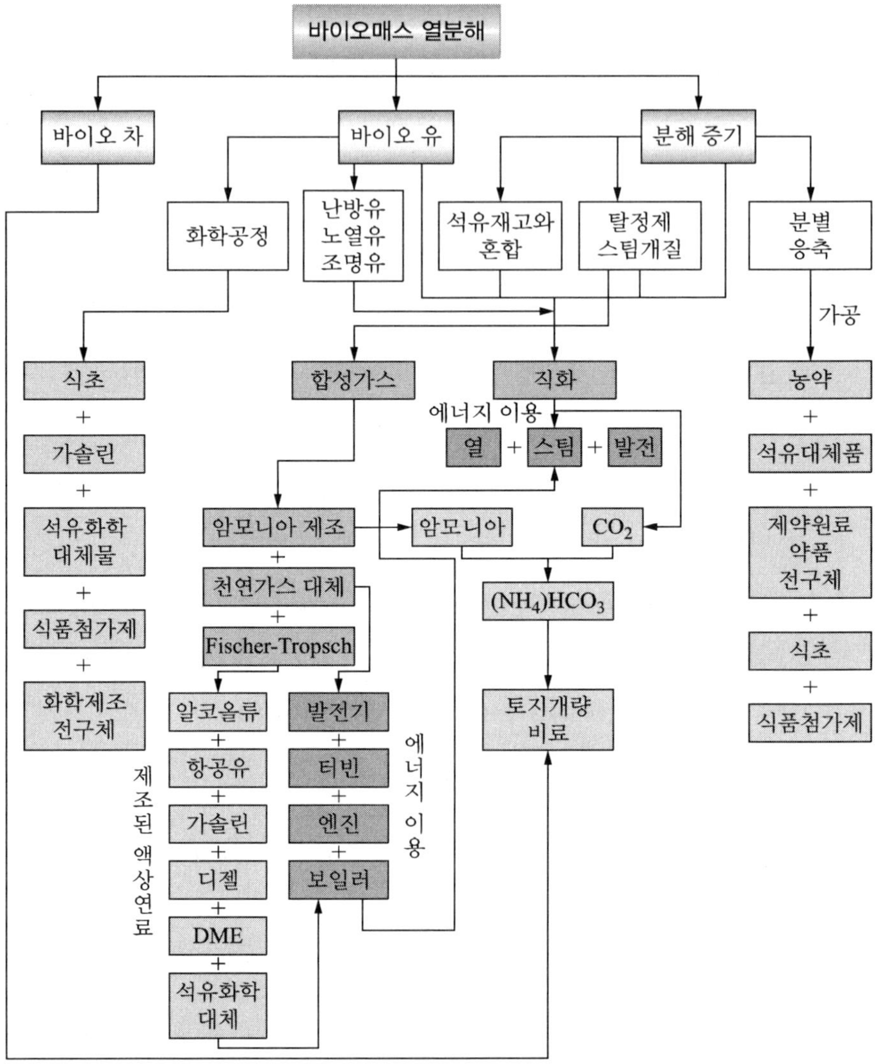

■ 그림 9.49 바이오매스 열분해 생성물의 이용계통도

(2) 정제 합성가스의 발효 (Fermentation)

이 방법은 정제 합성가스를 혐기성 미생물 박테리아인 Clostridium (전자공여체, 환원제) 즉 바이오 촉매를 혐기성 발효조에 공급하여 각종 알코올과 유기산등 산소를 포함한 탄화수소를 얻는 발효공정이다. 공정은 바이오매스를 다음 그림과 같이 가스화 해서 합성가스를 얻고 냉각/정제 후 미생물 발효조의 하부에 공급하면 알코올이 생성된다. 이를 증류에 의하여 분리한다. 발효조 안에 있는 바이오 촉매에 의하여 알코올 등

산소가 포함된 화합물이 선택적으로 얻어진다. 에탄올의 경우 적절하게 혼합된 미네랄, 금속, 비타민 등을 사용하여 최대의 에탄올이 얻어질 수 있도록 경로의 최적화를 만들어 주면 된다.

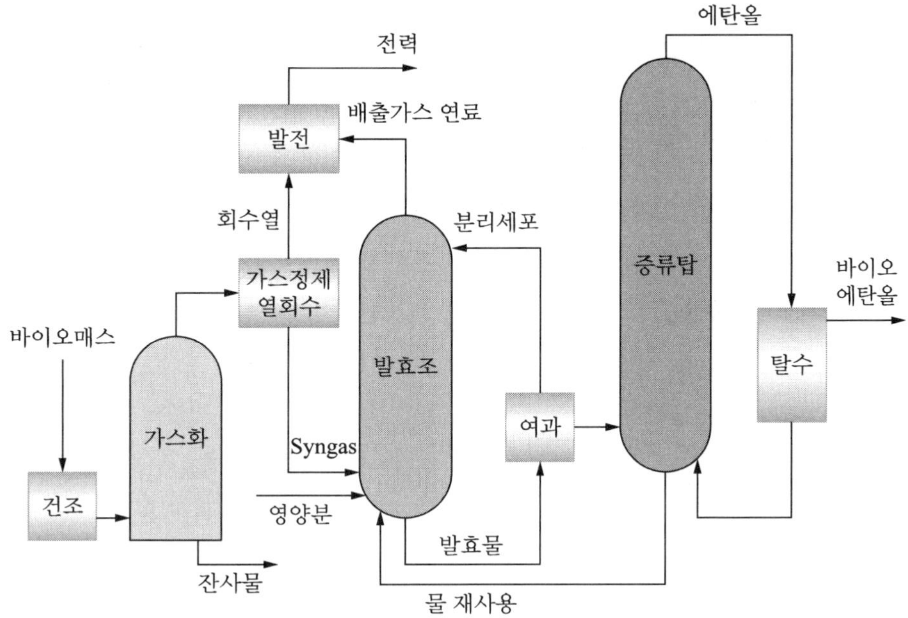

그림 9.50 정제 합성가스 발효 공정 흐름도

(3) 바이오디젤과 조류 및 지방

바이오디젤의 변천을 보면, 1세대는 식용작물을 이용한다는 점에서 지속 가능성과 경제성에 문제가 있었으나 2세대는 열대/아열대지역의 작물인 자트로파 (Jathropha curcus)나 조류 (Algae) 등을 이용하기 때문에 식용작물과 겹칠 염려가 없다는 것이다. 더구나 2030년부터 시작될 것으로 예측했던 3세대 바이오는 작물과 전혀 관계없는 원료로 합성가스를 만드는 것이 될 것이다. 이것이 위에서 언급한 정제 합성가스 발효 (Synthesis fermentation)로 보고 있다. 현재 바이오디젤은 식물유 및 지방 등의 글리세라이드를 촉매의 존재 하에서 알코올 (메탄올 또는 에탄올)로 치환하면서 트랜스에스테르화 (Transesterification)시켜 분자량을 감소시켜 얻는 것이다. 여기서 글리세린이 부산물로 얻어진다. 기존의 바이오디젤은 지방산의 메틸에스테르 (Methylester)이다. 그런데 이들은 원료량의 한계가 있기 때문에 식용폐유나 동물의 지방으로 확대 사용하고 있다 (10장 바이오디젤 에너지 생산 참조).

다음 연구 결과는 작물/조류가 1년에 단위면적당 얻을 수 있는 디젤유의 생산 가능량을 나타낸다.

작물/조류	콩	평지씨 (Rapeseed)	자트로파 (Jathropha)	야자	조류
오일 (ton/ha.yr)	0.4	0.8	1~1.5	4	10~25

(4) 목장의 바이오매스의 이용

넓은 목장에서 소가 목초를 그대로 먹든가, 또는 목초를 말린 건초를 우사에서 소에게 주면 소가 먹고 배설하는 배설물을 혐기성 발효조에서 발효시켜서 메테인가스를 발생시킨다. 메테인가스는 저장탱크에 저장한다. 저장된 가스는 필요에 따라 정화기를

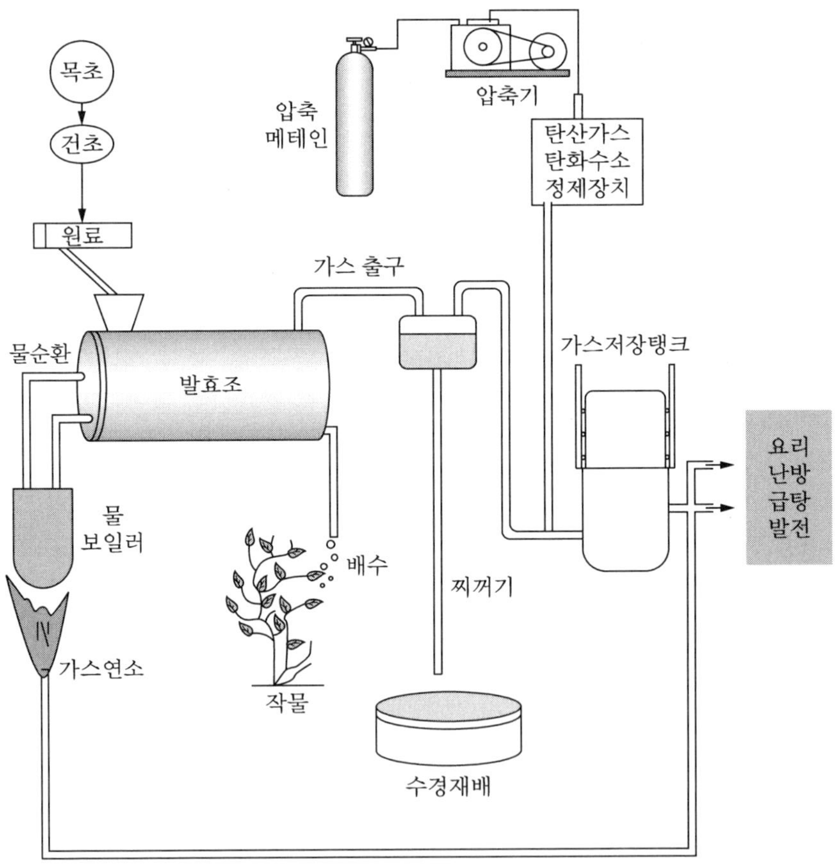

그림 9.51 소형 우사 목장의 바이오매스

거쳐 수분 등을 제거하고 건조가스를 사용한다. 위 그림 9.51은 목장에서 바이오매스를 이용한 에너지 이용 예의 한 경로를 나타내고 있다. 가스양이 많으면 터빈이나 내연기관을 돌려서 발전을 하고 여기서 얻은 전기는 조명에 사용하거나 냉방시설을 가동할 수 있다. 또는 우유의 가공에 필요한 동력으로 쓸 수도 있다. 그러나 소규모 농장인 경우는 불가능하다. 한편 소규모이더라도 가스는 직접 조리용 연료로 사용할 수 있고 난방이나 급탕에 이용이 가능하다. 발효조의 찌꺼기, 즉 슬러지는 목초에 되돌려서 비료로 사용할 수 있다. 우리나라에서도 이와 유사한 방법으로 대형 목장에서 이용하는 곳이 늘어나고 있다.

9.10.3 바이오매스에너지 이용 현황

현재 브라질에서는 세계적으로 앞서 바이오매스 연료인 에탄올을 제조하고 이것을 1975년에 화학공업원료와 가솔린 대체 연료유로 혼합 이용하는 계획이 진행되어 왔다. 지금은 25% 그리고 2013년에는 52%까지 혼합하고 있다. 에탄올을 자동차용 연료인 가솔린의 증량제로서 혼합하는 방법은 제2차 세계대전 중 일본에서 20% 정도 혼합해서 사용한 적이 있다. 미국에서는 10% 정도 혼합한 가솔린을 가소홀 (Gasohol)이라고 하는데 에탄올을 혼합하면 그만큼 가솔린을 절약할 수가 있고 옥탄가도 향상된다. 또한 순 알코올, 즉 에탄올만으로 달리는 자동차까지도 운행하고 있다.

미국은 주로 옥수수에서 그리고 브라질은 사탕수수에서 각각 2011년도 생산한 실적을 보면 두 나라 합해서 세계 전체 생산량의 87.1%를 차지하고 있다. 브라질은 무수에탄올 25%를 가솔린에 혼합하며 미국의 가소홀은 10%대로 대부분의 미국차는 알코올을 혼합한 가솔린으로 운행하고 있다. 에탄올을 사용하는 만큼 화석연료인 가솔린의 절약을 가져온다. 그러나 바이오매스라고 하지만 이것은 보통의 발효로 알코올을 만들기 때문에 농도가 낮아 농축에 막대한 양의 에너지 (증류 등)가 소비되어야 한다.

인도네시아, 필리핀, 태국, 인도, 호주, 중국 등의 동남아시아 농업국들이 바이오매스 에탄올 제조에 적극적으로 참여하고 있다. 그러나 앞서 말한 대로 미국에서는 옥수수를 사용해서 에탄올을 생산하고 있어 식량을 에너지로 전환한다는 문제점을 일으키고 있다. 따라서 바이오연료 생산과 식료곡물 가격 사이에 정치적인 타협이 필요한 것이다. 브라질의 경우는 이제 가격면에서 충분히 가솔린과 경쟁력을 갖춰 나가고 있다.

9.11 폐기물에너지

폐기물, 즉 쓰레기는 옛날에는 모닥불 정도로 태워 버리거나 그대로 매몰하는 경우가 많았으나 지금은 그 양이 막대해서 단순히 사람의 손을 거쳐 처리할 수는 없고 공정처리를 하지 않으면 안 되게 되었다. 더구나 플라스틱의 필름과 같은 것은 오랜 세월이 지나도 분해되지 않고 그대로 남아서 우리 생태계에 영향을 주고 있다. 더구나 땅속에 묻히면 더욱 분해가 곤란해지고 반영구적인 수명을 갖게 된다. 태양광선을 받으면 자외선에 의하여 세월이 지나면 분해는 가능하다. 그래서 인류는 쉽게 분해할 수 있는 플라스틱 개발에 힘쓰고 있으며 시제품이 나와 있다. 그러나 일단 사용한 플라스틱을 잘 분리수거해서 종류별로 회수할 수만 있다면 자원으로서의 재활용이 충분히 가능하다. 종류별로 수거가 잘 되지 않으면 소각해야 하는데, 이렇게 되면 열에너지로만 회수가 되기 때문에 이용 가치가 매우 떨어지게 된다. 다시 말해 생활폐기물, 산업폐기물 중 에너지 함량이 높은 가연성 폐기물을 가스화, 소각, 열분해 등의 변환 과정을 거쳐 고체, 액체 및 가스 연료, 폐열 등으로 생산하는 것을 일컫는다.

9.11.1 폐기물에너지 분류

이용하는 폐기물의 종류와 가공 및 처리 방식, 생산되는 연료의 형태 등에 따라 크게 플라스틱 열분해 연료유, 폐유 정제유, 성형 고체연료, 폐기물 소각열 등 네 가지로 분류할 수 있다. 성형 고체연료의 경우, 연소성이 높은 물질만을 선별하여 고형연료의 형태로 재생시킨 것으로, 폐기물 가공연료, 폐플라스틱 연료, 폐타이어 고체연료, 폐목재 연료 (Wood chip fuel) 등이 있다. 장단점으로 각종 폐기물을 감량하고 재활용함으로써 폐기물 처리 문제가 감소할 뿐 아니라 화석연료를 대체하는 에너지로서 이산화탄소 감축 효과를 볼 수 있다. 또한 고체, 액체, 가스 등 다양한 형태의 에너지원으로 변형이 가능하므로 활용 가치가 높고 에너지 이용 과정 중 열이 사용되므로 지역에 난방열 공급이 가능하여 경제적인 효과도 기대할 수 있다. 그러나 폐기물 소각 시에 배출되는 환경오염물질과 생산 및 보관 시에 발생하는 악취와 오염물질로 인해 설치에 어려움을 겪을 수 있다.

9.11.2 폐기물에너지 이용 현황

그 현황으로 폐기물에너지 생산량이 가장 많은 국가인 미국은 고형폐기물의 소각열을 이용한 에너지 생산량이 활성화 되어 있으며, 2010년 기준으로 2,900만 톤의 생활폐기물이 에너지로 이용된다. 유럽의 경우 소각시설의 폐열로 증기를 생산하는 다양한 원천기술을 보유하고 있으며, 폐기물 고형연료 생산을 통해 화력발전소나 시멘트 공장의 보조연료로 사용되는 경우가 많고, 국가간 고형연료의 거래도 활발하다. 일본 또한 2016년 기준으로 생활폐기물 고형연료화 시설을 약 70개 가동하고 있으며, 90% 이상의 생활폐기물을 소각시설에서 처리하고 있다. 한편 우리나라의 경우 폐기물에너지가 신재생에너지 생산량의 60%를 차지하며, 태양광이나 풍력 등 다른 에너지원에 비해 높은 비중을 차지하고 있다. 다음은 우리나라 신재생에너지 사용 현황을 나타낸다.

표 9.11 ● 우리나라 신재생에너지 사용 현황

구분	태양광	풍력	바이오	폐기물	연료전지	기타
생산량 (%)	7	2	23	60	2	6

Chapter 10

바이오디젤 에너지 생산

바이오디젤은 주로 식물성 기름을 원료로 해서 만든 바이오연료로 바이오에탄올과 함께 가장 널리 사용된다. 이 바이오디젤은 식물성기름을 원료로 해서 만들기 때문에 무공해 연료로써 현재 디젤자동차의 경유에 혼합해서 쓰거나, 100% 순수 연료로 사용되고 있는데, 미국/유럽연합 등에서는 이미 품질 기준이 마련되어 있다. 자동차 연료용 외에 난방 연료용으로도 개발되어 있고, 한국에서도 경유에 바이오디젤을 섞은 연료가 판매되고 있다.

10.1 바이오디젤 개요

바이오디젤 원료 유지에는 식물성기름 (유채씨유, 대두유, 해바라기씨유, 코코넛유, 팜유, 목화씨유, 옥수수유, 자트로파유), 동물성지방 (우지, 양기름, 돼지기름, 가금유) 및 폐식용유 등이 있다.

그림 10.1 식물성기름

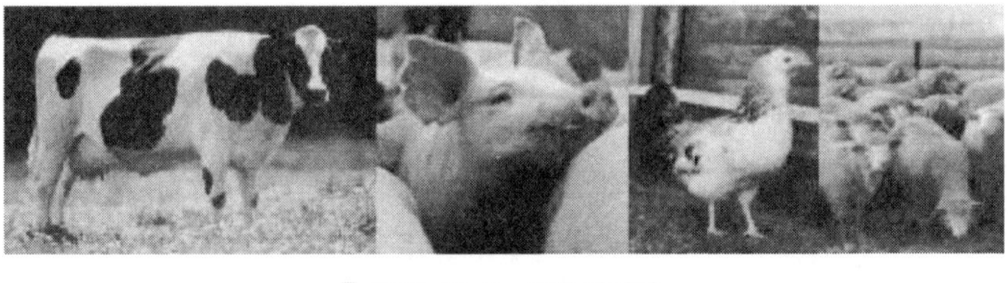

그림 10.2 동물성지방

그림 10.3 폐식용유

바이오디젤의 반응은 아래와 같이 트랜스에스테르화 (Transesterification)이다. 즉 소듐 메틸레이트 (Sodium methylate) 촉매 하에서 1몰의 유지 (Fat, Oil)와 3몰의 메탄올 (Methanol)이 반응하여 3몰의 메틸에스테르 (Methylester) / 1몰의 글리세린 (Glycerine)을 만드는 가역반응이다.

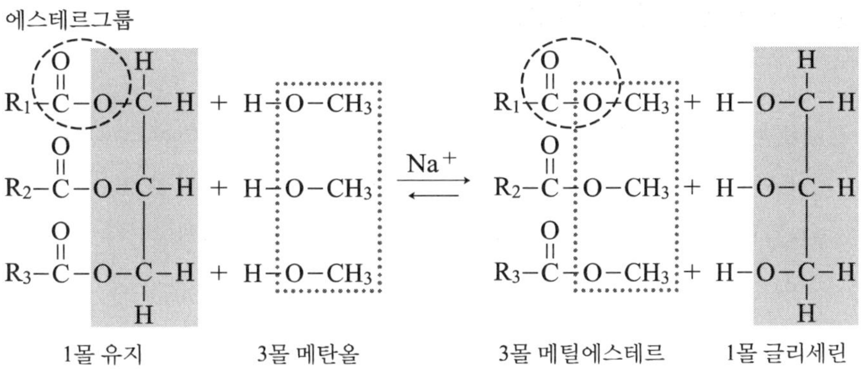

아래 그림 10.4는 반응물질 밸런스의 공정 흐름도를 나타내고 있다.

그림 10.4 반응물과 생성물 흐름도

그리고 반응부산물 (By-product)로 글리세린 (Glycerine), 유지분 (Fatty matter), 비누스톡 (Soap stock)이 있다.

글리세린: 바이오디젤 반응 공정에서 생성되는 부산물로서 글리세린 (Glycerine) 80%, 물 13%, 불순물 7%의 조성을 가지는 조제글리세린 (Crude glycerine)을 말한다.

유지분: 바이오디젤 세척공정에서 발생하는 글리세린워터 (Glycerine water)에 잔존하는 지방성분 물질을 말한다. 물성 및 조성은 겉보기 비중 55%, 지방산 20%, 불순물 30%이다.

비누 스톡 (Soap stock): 원료유 전처리 공정에서 지방산이 가성소다 (NaOH)와 결합하여 생성되고 조성은 물 60%, 비누 20%, 불순물 20%로 구성된다.

10.2 바이오디젤 제조공정

전체 공정은 크게 (a) 원료오일 전처리 (Crude oil pretreatment) 공정 (b) 바이오디젤 (FAME; Fatty Acid MethylEster) 생산 공정인 바이오디젤 반응/세척 및 메탄올 회수 (c) 글리세린 처리 (Glycerine treatment) 공정인 글리세린워터 전처리/글리세린 농축 (d) 그리고 침전물 분리와 바이오디젤 탈수 및 건조로 구분한다.

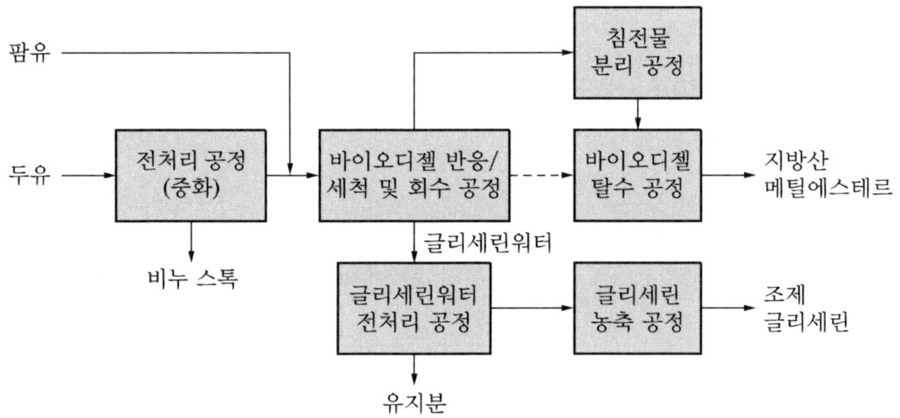

그림 10.5 바이오디젤 공정 흐름도

10.2.1 원료오일 전처리 공정

정제되지 않은 유지에 포함된 다량의 인지질 (Phosphatides)과 유리지방산 (Free fatty acid)은 바이오디젤 합성 공정이나 생산물의 품질에 나쁜 영향을 미치므로 인산 (Phosphoric acid)과 가성소다 (Caustic soda)를 투여하여 인지질과 유리지방산을 제거한다.

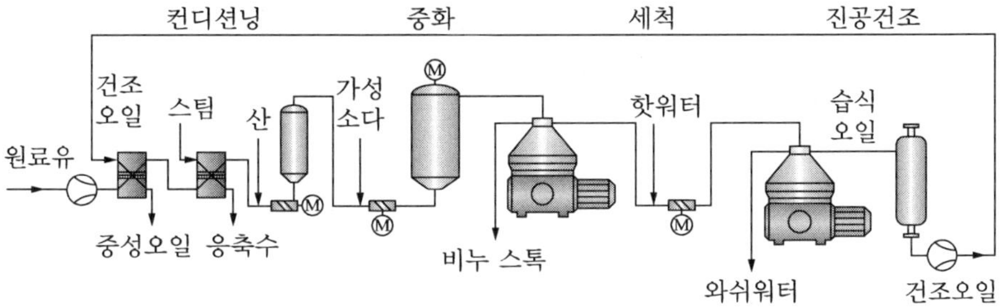

그림 10.6 원료오일 전처리 공정 흐름도

[참고] 인지질과 유리지방산

원료오일 (인지질 ≤ 250 ppm, 유리지방산 ≤ 1.5%, 수분 ≤ 0.3%)
→ 중성오일 (인지질 ≤ 10 ppm, 유리지방산 ≤ 0.1%, 수분 ≤ 0.1%)

10.2.2 바이오디젤 생산 공정

바이오디젤 반응 (Transesterification) / 바이오디젤 세척 (Water washing) 및 메탄올 회수 (Methanol recovery) 공정이 있다. 다시 말해 전처리된 유지 (Neutralized oil)를 알칼리 촉매 하에서 메탄올과 반응시켜 바이오디젤 (메틸에스테르)과 글리세린을 생성한다. 그리고 반응 후 잔류하는 글리세린, 메탄올, 촉매, 비누 등을 제거하기 위해 수세를 하고, 수세 공정을 통해 발생한 폐세척수에 잔류하는 메탄올은 회수하여 반응공정에 재사용한다.

또한 글리세린 처리 공정에는 글리세린워터 전처리 공정 (Glycerine water pretreatment)과 글리세린 농축 공정 (Glycerin water evaporation)이 있다. 즉 글리세린워터에 잔존하는 유지분 (Fatty matter)을 물리적으로 분리하고 가성소다를 투여하여 글리세린 워터를 중화시키는 전처리 공정과 물을 증발시켜 글리세린 함량을 80∼85%로 농축시키는 공정이다.

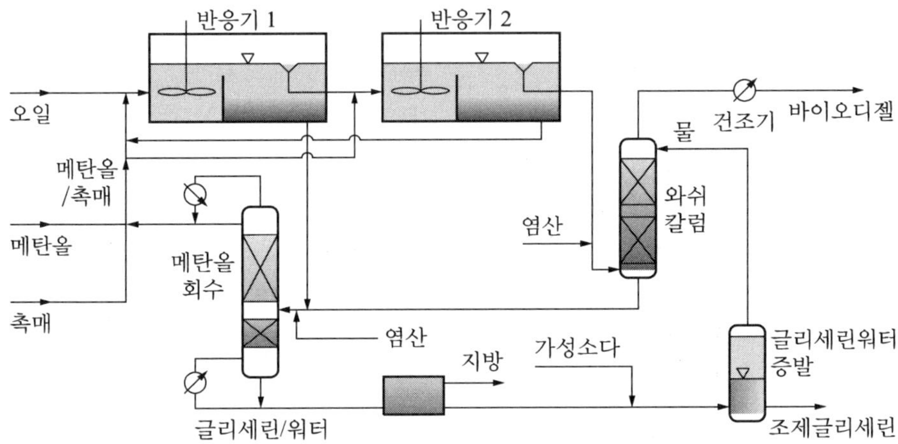

그림 10.7 바이오디젤 생산 공정 흐름도

(1) 바이오디젤 (메틸에스테르) 생성반응

반응은 원료유에 촉매 소듐메틸레이트 (30% Sodium methylate) 1.6%, 메탄올 9.8%를 넣고 온도 65℃ (최고온도), 대기압에서 반응시킨다. 반응에 영향을 주는 인자는 메탄올 양, 반응온도, 촉매 양이 된다.

① **메탄올 양**: 이론상 3몰의 메탄올이 필요하나 반응 효율성을 높이기 위해 약 80∼85%의 메탄올을 과잉 공급한다. 너무 낮으면 에스테르 전환율이 낮아져 미반응 물질 (Mono-, Di-, Triglycerides) 함량이 증가하고, 반대로 너무 높을 경우는 글리세린 상 (Glycerine phase) 밀도에 영향을 주어 비중차이에 의한 분리 효율성이 낮아진다.

② **반응온도**: 최대 온도는 메탄올의 끓는점인 65℃이다. 높은 온도는 분자 운동 증가로 인해 에스테르 전환율이 상승하나, 부반응 증가로 인해 비누 생성과 메탄올 증발이 일어난다. 그리고 압력은 대기압에서 진행한다.

③ **촉매 양**: 메탄올 속 소듐메틸레이트 촉매를 원료오일의 약 1.6% 투입한다. 너무 낮

으면 에스테르 전환율이 낮아지고 최악의 경우는 상분리도 매우 저하된다. 반대로 너무 높으면 부반응과 비누가 생성되고 마찬가지로 최악의 경우는 상분리도 심하게 저하된다.

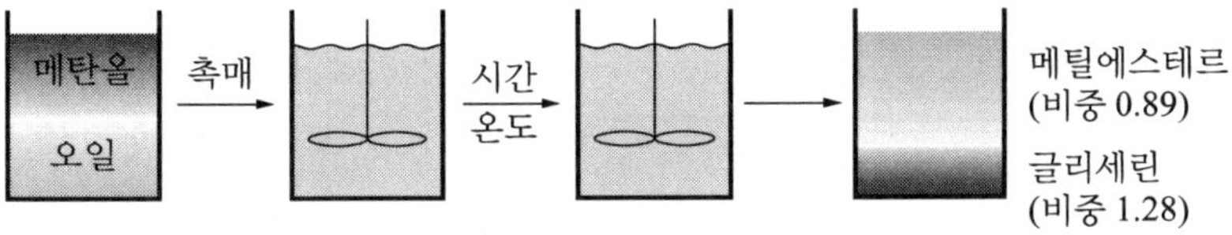

그림 10.8 메틸에스테르 반응 흐름도

(2) 바이오디젤 (메틸에스테르) 세척

잔여 알칼리 촉매를 중화시켜 제거하고 비누 스톡을 분열시켜 세척 효율성을 높이기 위함이다. 그리고 글리세린 (Glycerine), 메탄올 (Methanol), 염산 (HCl), 염화나트륨 (NaCl)을 제거한다.

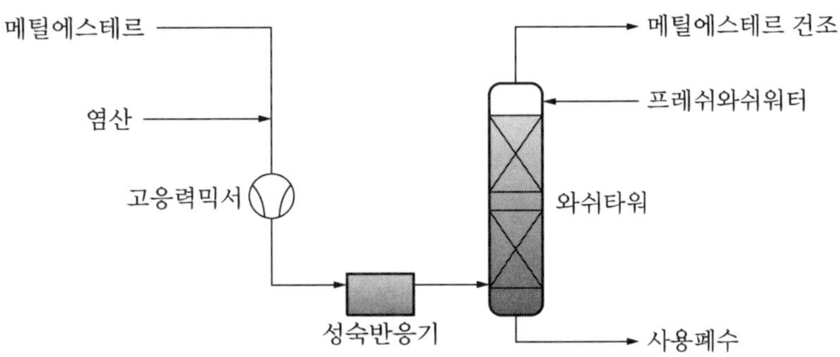

그림 10.9 메틸에스테르 세척 공정

(3) 메탄올 회수

메탄올 회수탑의 탑상부를 통해서는 수분이 없는 메탄올이 나오고, 탑하부로는 메탄올이 없는 글리세린워터가 나온다. 이들 각 물질의 비점은 메탄올 64.7℃, 글리세린 280℃, 물 100℃이다.

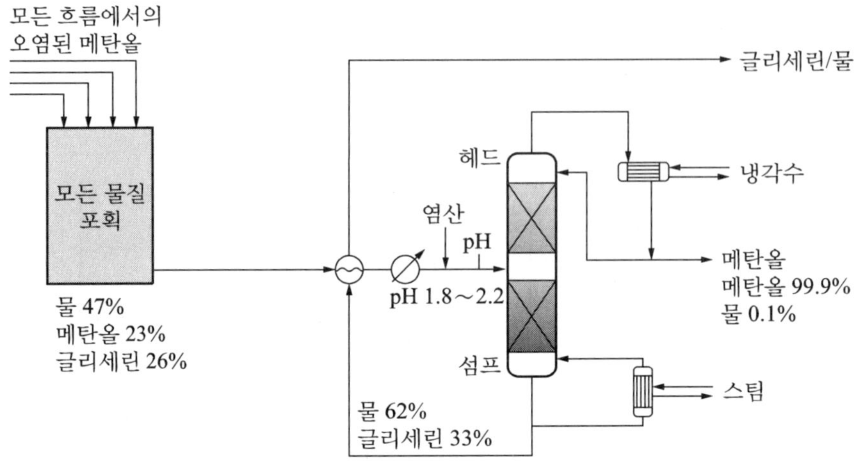

그림 10.10 메탄올 회수 공정

(4) 바이오디젤 (메틸에스테르) 건조

2단계 건조 공정이며 수분 함량이 0.3～0.4%에서 0.02%로 증발 건조된다.

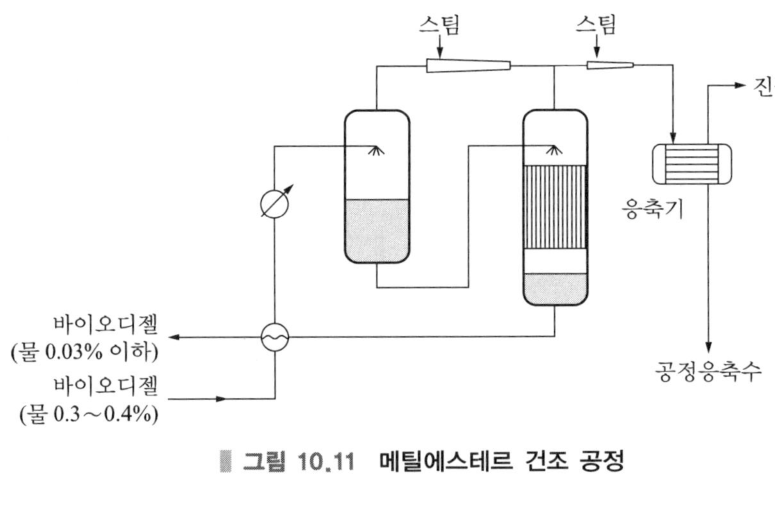

그림 10.11 메틸에스테르 건조 공정

(5) 글리세린 전처리

글리세린워터와 유지상의 효율적인 화학/물리적 분리를 하고, 분리된 글리세린을 중화하는 공정이다.

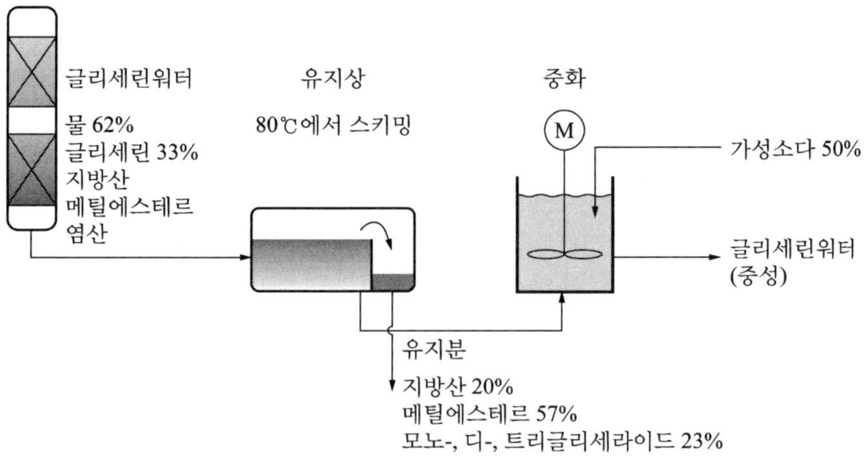

그림 10.12 글리세린 전처리 공정

(6) 글리세린워터 증발

3단계 증발 공정으로 글리세린에 잔존하는 일부 수분을 증발시켜 글리세린 농도를 80%까지 농축한다.

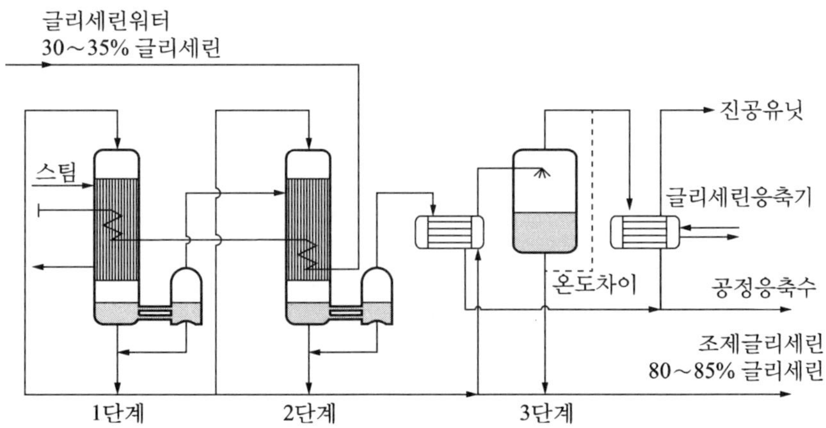

그림 10.13 글리세린워터 증발 공정

Chapter 11

스마트 그리드와 스마트 홈

전기에너지 공급원의 다양화는 태양에너지 (태양전지) 및 풍력발전의 확대, 수소에너지 (현재는 LNG로부터)를 사용하는 연료전지의 이용, 전기저장을 위한 홈-배터리, 공해를 발생 하지 않는 전기자동차의 사용, 열펌프 (지열 이용 및 공기 이용)의 사용 등이 복합적으로 엉켜 기존의 전력 공급망에 혼란을 일으키게 될 것이다. 예를 들면 쉬는 시간에 값 싼 전기를 홈-배터리에 저장했다가 수요 최고 시간에 값이 비싼 외부 전기를 사용하지 않고 집에 저장된 전기를 사용하게 된다. 또한 전기자동차를 저녁에 충전함으로서 값싼 전기를 밤 동안에 저장하여 사용하는 등 앞으로 전기에너지 사용의 패턴도 변할 것이기 때문에 공급 전력의 생산을 기존 방식에서 바꿔야 한다. 그렇게 되려면 수요자의 사용 패턴을 가정에 설치된 홈-오토메이션과 스마트 미터로부터 전력회사가 수집, 분석하고 이와 연계하여 상호 정보를 알도록 하여 과소비 전력 공급을 피하여 발전, 공급, 사용함으로써 전력사용을 크게 감소시킬 수 있다. 더구나 풍력발전과 태양전지의 보급이 급속도로 확대되고 있고 더 나아가 소형 풍력, 소형 수력, 산업체의 소형 발전시설의 사용뿐 아니라 바이오에너지 및 수소 연료전지의 사용비율이 늘어나면 이렇게 다양한 방법으로 생산되어 모이는 여러 종류의 전력을 전력공급회사가 수용해야 하는 복잡성이 일어나게 된다.

11.1 스마트 그리드

전력 공급망의 복잡성을 고려하면 기존 전력망을 스마트화 (지능화)하지 않을 수 없게 되었다. 이에 대처해서 구성한 전력망을 스마트 그리드 (Smart grid) 즉 지능형 전력망이라고 한다. 이는 에너지 절약을 가져올 수 있게 한다. 이를 위하여 실시간 관리, 송배전 자동화, 수요응답 그리고 통신 네트워크를 구성하여 전력망을 관리운영 하게 된다. 그렇게 되면 기존의 화석연료를 사용하는 발전소를 줄일 수 있어 온실가스 (Greenhouse gas)를 대폭 줄여 나갈 수가 있고 산성비의 대책도 부분적으로 감소시킬 수 있을 것이다. 이러한 지능형 전력망은 부분적으로 고장이 발생할 소지가 검출되면 미리 이를 자동으로 처리해 정상적인 시스템으로 자동 복구할 수도 있다. 소비자는 각 가정에 현재 사용하는 전력 적산계를 지능형 계량계인 스마트 미터로 교체해야 한다. 이는 공급자와 소비자 간에 새로운 공공 기반 시설 (Infrastructure)을 구축하고 가정내 에너지 사용을 시스템화해서 관리할 수가 있게 된다. 시간에 따라 달라지는 전기요금의 절약, 투명한 소비, 요금관리, 미터의 보수 등도 쉽게 수행할 수가 있다.

그림 11.1 스마트 미터

미국은 현재 많은 세대에 스마트 미터를 설치하였다. EU는 국가간 통합과정을 거쳐 슈퍼그리드 (Super grid)를 구성할 계획을 가지고 유럽 남부는 물론 태양열발전 설치가 용이한 아프리카 북부까지 통합해서 구축하려고 한다. 이런 일이 가능하기 위하여 국가 간 그리고 장거리 송전에 필요한 고압직류 전력망을 건설할 계획이다. 우리나라는 시범도시에 200개의 전기자동차 충전소를 현재 설치했고 2030년까지 대형마트, 주차장과 주유소에 27,000개의 충전소를 확보할 예정이다. 제주도에 스마트 그리드 시범 프로젝트를 추진 중에 있다. 여기서는 스마트 홈, 자동차 충전시설 등으로 실험을 수행하고 있고 LG전자, 포스코, 현대 중공업, SK텔레콤 등 기업이 참여하고 있다. 스마트 그리드가 감당해야 할 일은 다음과 같다.

(1) 변화가 심한 전력시장에 안정적 전력 공급
(2) 전력 공급의 효과적 운영
(3) 일부 공급망에 단전이 발생해도 안정적 전력 공급망의 구성
(4) 모든 형태의 발전시설과 저장시설을 수용
(5) 고품질의 전력 공급 가능
(6) 공급망의 일부에 긴급 상황이 발생해도 전력 공급이 안정적으로 가능한 전력망의

구성

(7) 소비자가 그리드 운영에 참여할 수 있는 동기부여 (전체 공급망에 과소비가 걸리는 것을 체크하면서 가정에서 가전기기의 사용 자제나 자가 저장 전력 사용)

(8) 현존 공급망에서 발생하는 문제점 해결

다음은 소비 패턴을 모니터링하여 스스로 문제를 해결할 수 있는 집적 소형 그리드의 전력망을 나타낸다.

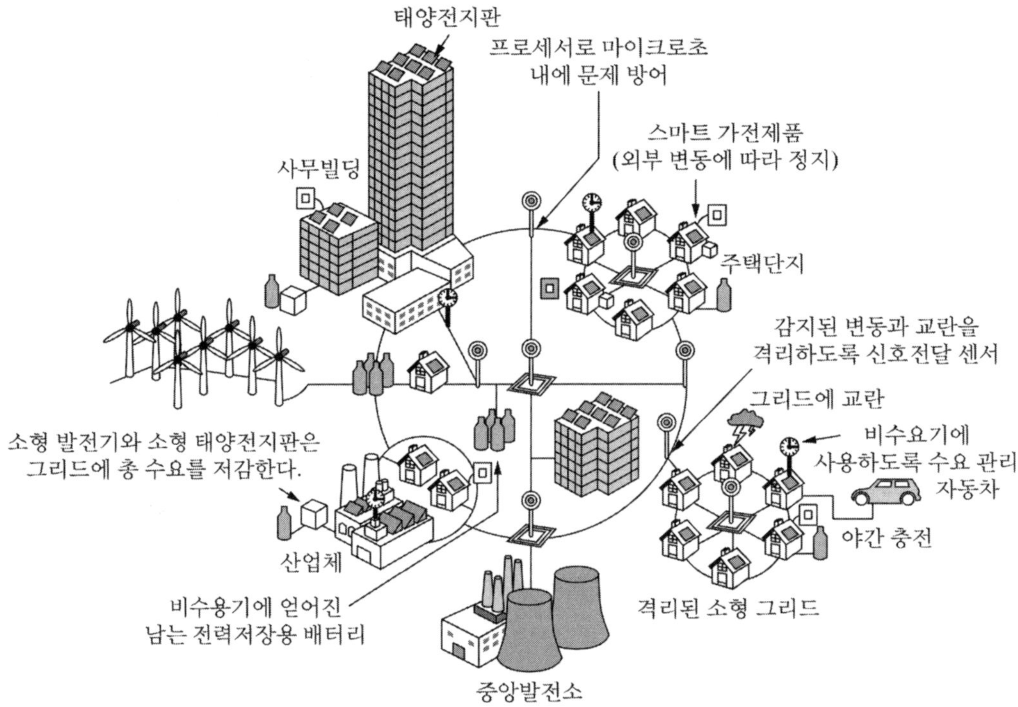

그림 11.2 스마트 그리드의 개요도

11.2 스마트 홈

스마트 그리드와 연계하여 작동할 수 있도록 주택에 전력 저장시설 (배터리), 각종 스마트 가전 (플러그, 냉장고, TV, 보일러, 가스밸브, 조명등) 사용, 연료전지 (아파트의 경우 공동), 열펌프 등을 설치하여 홈 - 네트워크 시스템 (전용 단말기, 스마트폰 또는 사물 인터넷)으로 감시 제어하며 스마트 그리드의 수요 상황에 대처하여 소비자가 주택의 전력소비가 최소가 되도록 하는 집을 에너지 측면에서 본 스마트 홈 (Smart home) 혹은 스마트 그린이라고 한다. 홈 - 네트워크 시스템을 구성하기 때문에 전용 단말기 하나로 집안의 조명, 가스밸브, 보일러 등 모든 상황을 제어하고 모니터링 할 수 있어 홈 자동화가 가능해지며 이외에 안전문제, 원격의료, 원격교육, 원격검침 등도 가능해진다. 이를 위하여 주택에는 보통 계량기 대신 위에서 말한 스마트 미터를 설치하게 되고 가전기기는 제조사 간에 네트워크 구성상 호환성이 있는 스마트기기를 사용하며 전용 단말기와 유선 또는 무선으로 연결된다. 대형 건물 또는 아파트의 경우는 건물 전체를 통합할 수 있는 모니터를 관제실에 두어 관리하게 된다. 단독 주택의 경우는 태양전지나 소형 풍차발전기, 연료전지를 설치할 수 있으나 아파트의 경우는 대형 연료전지의 공동 설치와 앞으로 상용화될 투명 태양광전지를 창에 부착하여 스마트 그리드와 연계하는 것도 가능하게 될 것으로 보고 있다. 홈 자동화에 필요한 구성 부분은 다음과 같이 예를 들 수 있다.

(1) 온도, 습도, 햇빛 또는 움직임 포착센서
(2) PC, 주택 자동화 제어기
(3) 모터로 작동하는 밸브, 전등 스위치 그리고 여러 형의 모터 작동기
(4) 유선 또는 무선 통신기
(5) 사람 - 기계 그리고 기계 - 기계간 인터페이스

이들에 따라 움직이는 인터넷 통신이 가능케 되는 가계 기기들 즉 전동식 수도꼭지, 전동식 가스밸브, 난·냉방제어기, 환기 조정기, 조명용 다중 스위치, 시청각 설비의 스위치, 커튼 조정기, 실외용 카메라, 자석식 스위치, 배전 제어식 스위치, 온도 제어기, 매연 및 화재용 센서, 스마트 리모트 컨트롤, 적외선 실내 탐지기, 인터넷과 전화기 (모바일) 등으로 복잡하게 얽히게 된다.

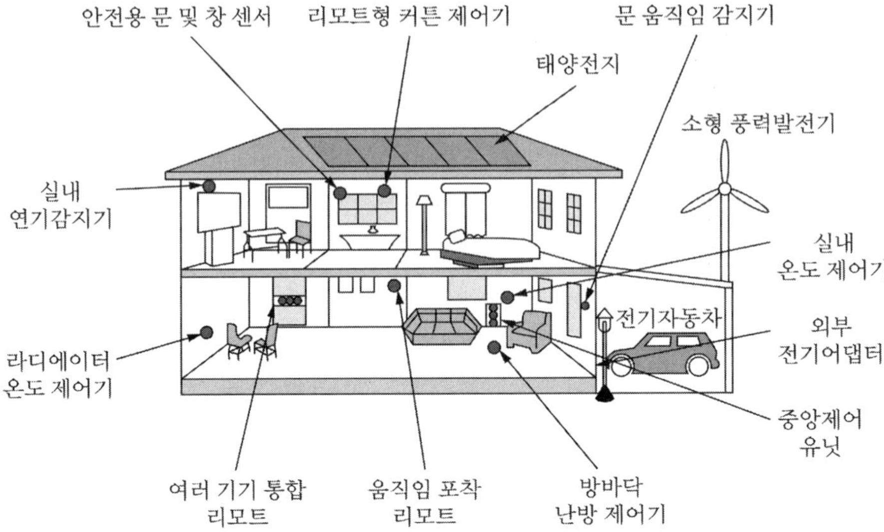

그림 11.3 스마트 홈 보기

11.3 태양 하우스 시스템

태양 온수기와 태양전지가 설치되어 있고 이로부터 얻은 열 및 전기를 축열 및 축전하여 급탕뿐만 아니라 난방, 냉방 그리고 가전제품에 사용하여 연료 및 전기를 절약할 수 있도록 설계한 시스템을 태양 시스템 (태양 하우스)이라 한다. 우리나라에서는 실용화되어 보급되고 있는 것은 매우 적으나 일본이나 유럽 그리고 미국에서는 상당한 수준에 실용성 있는 태양 시스템이 보급되고 있다. 예를 들어 보면 태양 하우스는 집열판으로부터 태양열을 흡수해서 지하에 있는 온수저장탱크에 열교환 형식으로 열을 저장하고 라디에이터나 온돌 형식으로 해서 난방을 할 수 있도록 하고 있다. 한편 태양전지로부터는 직류전기를 공급받아 전지에 축전한다. 이 직류전기는 인버터 (직류를 교류로 전환)를 거쳐 교류전기로 해서 조명, 보일러, 컴퓨터 등에 사용하는 것은 물론 전기에 의하여 작동하는 열펌프를 작동시킨다. 열펌프는 열원을 지열과 목욕탕의 배수로부터 얻을 수가 있도록 열교환기를 설치하고 있다. 추출된 열은 급탕탱크로 보내고 급탕 공급수와 열교환함으로써 욕실에서 샤워수로 사용한다. 또한 급탕수는 온수저장탱크와 순환하도록 하여 태양 집열판의 흡열을 보충하고 있다. 급수로부터는 열교환하지 않고 직접 샤워에 냉수로 사용하거나 혼합수로 공급할 수 있도록 설계되었다. 한편 외부 공기는 지하로 유입되거나 지붕으로부터 실내를 빠져나가는 공기와 열교환하여 실내로 유입함으로써 열손실을 최소로 줄이고 있다. 다음은 태양 하우스 시스템을 나타낸다.

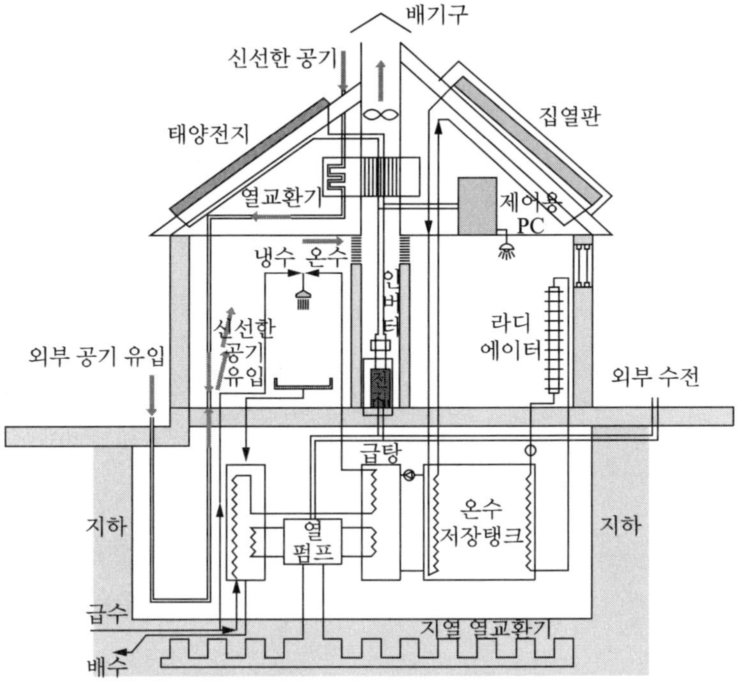

그림 11.4 태양 하우스

Chapter 12

초전도 기술

보통 전기를 수송하는 데 사용하는 전선은 구리나 구리의 합금으로 되어 있고 일정한 저항을 가진다. 여기에 전기가 통하면 저항 때문에 전력이 소모되며 열을 발생하게 되고 이 열은 공기 중으로 발산해 버린다. 우리가 사용하는 모든 전기제품에서도 전선을 따라 전기가 흐르면서 열을 발산하게 되는데 이것은 결국 손실되는 열만큼 전기 이용효율을 떨어뜨리는 결과를 가져온다. 따라서 도체에 전류량을 줄이기 위하여 전압을 올려서 열을 감소시키고 있다. 초전도기술은 에너지 이용에서 발전기, 송전, 에너지의 저장, 핵융합장치 등에 사용하여 에너지 이용효율을 올린다. 또한 수송분야에서는 자기부상열차, 선박 추진, 로켓 추진에; 산업기기에서는 자기분리에; 의료기기에서는 자기공명 영상장치, 컴퓨터 등에 각각 사용할 수 있다.

초전도체 즉 저항이 없는 (0) 재료를 갖는다는 것은 인간의 꿈이라고 할 수 있다. 즉 액체질소온도 (영하 200℃)에서 물질의 저항이 0이 되는 현상을 발견한 것이다. 아직은 보통으로 사용하는 기술은 아니지만 중요한 응용분야인 의료용 단층사진촬영장치 (MRI)에는 실용화되어 있다. 초전도 현상을 이용하면 상전도 자석을 이용할 때보다 높은 자계를 만들기 때문에 자계를 이용한 응용이 많이 발전하였다. 초전도의 실용화에는 초전도현상을 지배하는 초전도재료도 있어야 하지만 냉각기술 등의 주변기술에 대한 많은 연구가 계속되어야 한다. 초전도재료는 1,000여 종이 발견되었으나 실용화가 가능한 것은 10여 종에 불과하다.

12.1 초전도체의 종류

초전도체에는 재래의 초전도체, 유기 초전도체, 산화물 초전도체 등으로 구분할 수 있으며 이들에 대한 간단한 소개는 다음과 같다.

12.1.1 재래의 초전도체

초전도재료로 니오븀3주석 (Nb_3Sn), 바나듐3갈륨 (V_3Ga), 그리고 니오븀3게르마늄 등이 있다. 니오븀3게르마늄의 임계온도는 $T_c = 23$ K인데, 초전도 특성을 이해하는데 연구재료로 많이 이용되어 왔다. 그 후 1953년에는 니오븀과 질소와 탄소의 고용체의 초전도체를 만들었고 이를 토대로 최근 이론적인 계산에 의한 예측으로부터 질소몰리브덴을 만들 수 있게 되었다. 이의 임계온도는 $T_c = 29$ K 정도이다. 이 재료는 고임계온도의 초전도체를 합성하게 된 원인 제공을 하였다. 그 후 $PbMo_6S_8$이라는 결정이 발견되었다. 이 물질의 특징은 임계온도가 $T_c = 15$ K으로 낮지만 임계자계가 매우 높다.

12.1.2 유기 초전도체

유기물에도 초전도체가 있다. 초전도체의 임계온도를 높이는 것을 목표로 해서 새로운 초전도 기구를 구명하다가 유기 초전도 재료의 연구가 시작되었다. 1975년에 황과 질소의 화합물 $(SN)_x$가 $T_c = 0.3$ K인 초전도체로 발견되었다. 1980년에는 $(TMTSF)_2PF_6$가 12 kbar의 압력 하에서 $T_c = 1$ K의 전도성을 나타냈으며, 현재는 $T_c = 11$ K까지 올라간 재료가 나오고 있다. 여기서 TMTSF는 Tetramethyltetraselenaflvalene의 약자이다.

12.1.3 산화물 초전도체

산화물 초전도 재료는 1986년에 발견된 $(LaSr)_2CuSO_4$로부터 시작되었다. 산화물 초전도체는 $YBa_2Cu_3O_y$계가 $T_c = 90$ K에서 초전도성이 인정되고 있고 구조가 가장 간단한 La_2CuO_4계는 임계온도가 $T_c = 30$ K 부근으로 좀 낮지만 그의 간단한 결정구조 때문에 초전도 기구의 연구에서 중요시되고 있다. 산화물 초전도 재료의 특징은 (1) 임계온도가 높다 ($T_c = 90$ K). (2) 임계자계가 높다 ($T_c = 230$ K).

최근 희토류원소가 없는 $T_c = 105$ K의 $BiSrCaCu_2O_x$의 새로운 재료가 나왔고, $T_c =$ 135 K의 $HgBa_2Ca_2Cu_3O_{8-\delta}$ (1995년)에 이어 $T_c = 200 \sim 500$ K을 넘는 실온의 초전도 재료도 보고되고 있다. 그리고 2010년 현재 임계온도가 더 향상된 재료는 나오지 않고 있다. 다음은 초전도체 임계온도의 상승을 보여주고 있다.

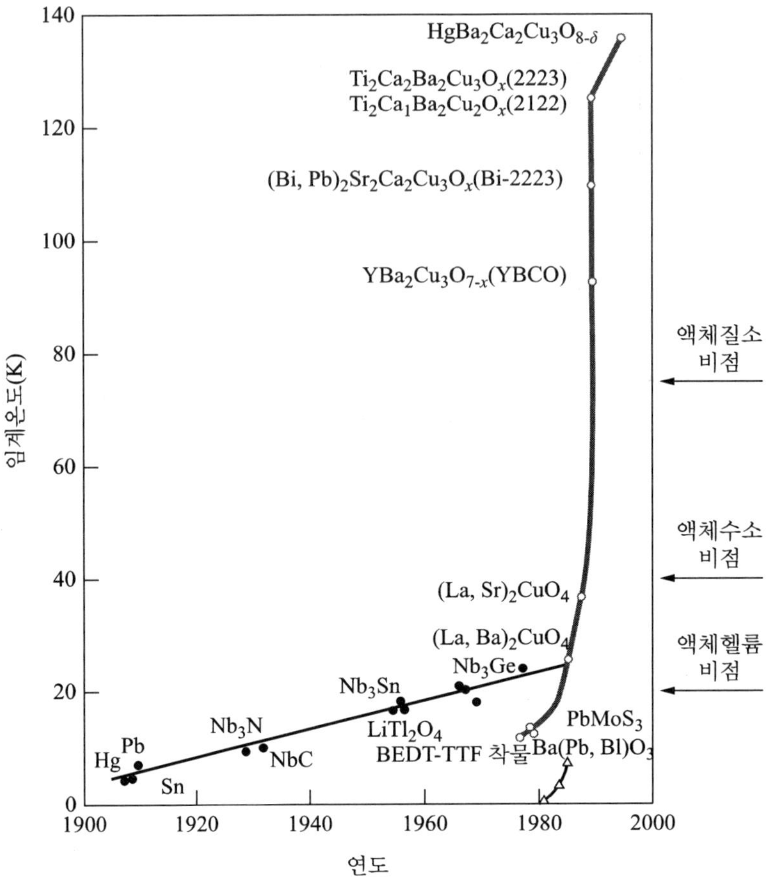

▌그림 12.1 초전도체 임계온도

12.2 초전도체의 응용

초전도체 응용에는 초전도 발전기, 초전도 에너지의 저장, 초전도 추진배, 자기부상열차 등의 예를 들 수 있다.

12.2.1 초전도 발전기

초전도 발전기는, 즉 직류회전자 코일선이 초전도화 되어 있고 전기자계 쪽은 교류자계가 걸려 있다. 초전도 상태를 만들기 위해서는 임계온도가 높은 산화물 초전도체를 사용하며 냉각도 해야 한다. 이를 위하여 회전자 중앙에 액체 헬륨의 냉매를 넣는다. 초전도 기술을 사용하면 자석밀도를 종래 모터에 비하여 2~3배 정도로 높일 수가 있다. 따라서 출력을 대폭 증가시킬 수 있다. 즉 출력이 같은 발전기라고 한다면 부피와 무게를 대폭 감소시킬 수가 있다. 발전효율은 현재 발전기의 효율이 98.5%인데 비하여 초전도 발전기는 99.4%까지 올릴 수 있고 시스템의 안정도도 높다. 현재 설계에서는 200~400 MW 이상의 규모에서 건설비와 연료비의 합이 종래의 발전기보다도 낮아진다. 규모에 대한 장점이 있어서 대용량일수록 비용이 적어진다. 일본에서 30 MW와 50 MW, 미국과 러시아에서는 20 MW가 각각 실험되고 있고, 독일에서는 400 MW의 것이 기존의 전기차와 조합해서 시험 중에 있다.

12.2.2 초전도 에너지의 저장

에너지 저장에서 자계에 축적 (SMES; Superconducting magnetic energy storage)하는 것이 가능하게 된 것은 초전도 기술 때문이다. 원리는 초전도 코일을 사용하여 냉각된 코일에 직류전류를 보내면 만들어지는 자장 내에 전자에너지의 형태로 저장한다. 10 kWh 초전도 에너지 저장 마그넷의 경우에는 지름 약 200 m, 높이 100 m 크기의 저장 시스템이 된다. 500 MWh 용량의 개념 설계 연구가 일본과 미국에서 행해졌고, 미국에서는 전력의 실제 시스템에 연결해서 실험이 진행되어 왔다.

12.2.3 초전도 추진배

로렌츠의 법칙 (Lorentz's law)에 의하면 전류와 자계의 상호작용으로 유체에 아래 그림과 같이 흐름이 발생한다. 관련 식은 다음과 같다.

$$qE = q(u \times B)$$

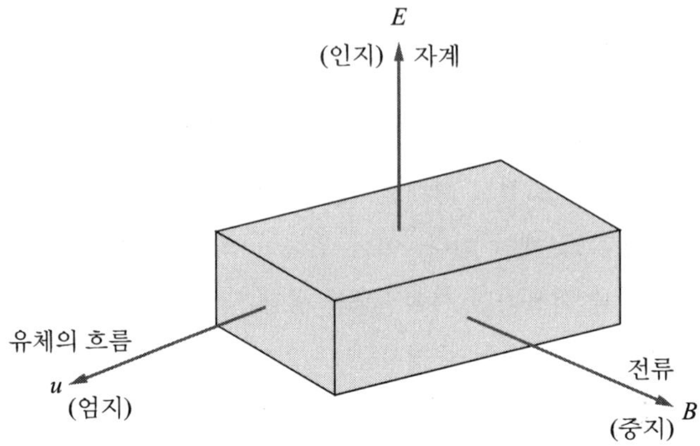

▌그림 12.2 Lorentz의 법칙

여기서, E는 전자장의 세기, q는 전하, u는 유체의 유속, 그리고 B는 자석밀도이다. 초전도 자석밀도 B를 강하게 하고 B를 변화시켜 유체류의 속도 u를 변화시킬 수가 있다. 전자장의 크기를 초전도 재료를 이용하여 크게 할 수가 있고 그만큼 추진력이 강해진다. 움직이는 부분이 없어서 소음이 없고 전극의 교환으로 추진 방향을 바꿀 수 있다. 다음은 초전도 원리를 이용한 배의 추진 개요도이다.

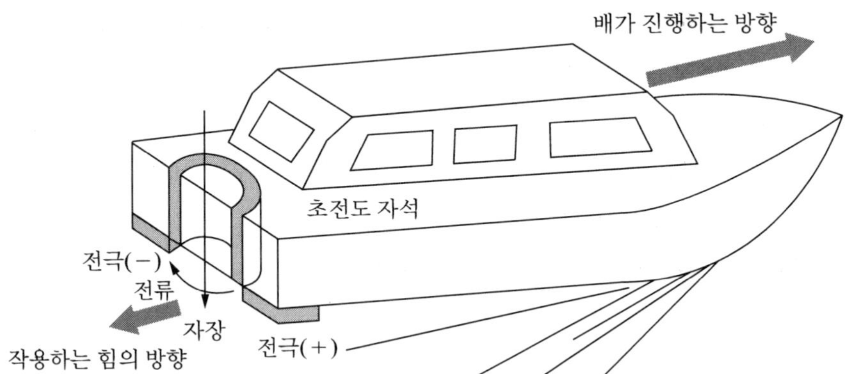

▌그림 12.3 초전도 배의 추진 개요도

12.2.4 자기부상열차

열차바퀴 부분에 자석을 부착하면 자석의 반발력으로 열차를 들어 올릴 수가 있다. 여기에 강한 자성을 나타내는 초전도 마그넷을 사용하면 매우 큰 자기부상력을 얻을 수 있다. 물론 초전도 마그넷이 아닌 일반 마그넷으로도 가능하나 초전도 자석의 강한 자력을 이용하는 것이 매우 효과적이다. 또한 선형 모터를 설치하면 열차를 공기 중에 부상한 상태로 달리게 할 수가 있다. 산화물 초전도체의 발견으로 부상열차의 실용화를 보다 앞당기게 되었다.

찾아보기

ㅍ

ㅎ

영문

기타

장구수
GS Caltex 근무
미국 GTC Technology 근무
국립한경대학교 일반대학원 화학공학과 강사
국립한경대학교 화학공학과 겸임교수
(현) 수원대학교 화학공학과 객원교수
(현) 인도 HPCL 국영정유사 (R&D 센터) 연구고문
(현) 중앙대학교 화학공학과 강사

저서:
≪Fired Heater Theory and Practice (English)≫ - Book Lab (2018.2.28)
≪석유화학공학≫ - 도서출판 동화기술 (2019.3.10)
≪대기오염 및 처리기술≫ - 도서출판 동화기술 (2019.9.10)
≪고분자공학≫ - 도서출판 동화기술 (2020.3.10)
≪유기화학≫ - 문운당 (2023.6.22)

에너지 공학 정가 25,000원

발 행 2024년 9월 10일 초판 1쇄
저 자 장구수
발행인 정우용
발행처 도서출판 동화기술
경기도 파주시 광인사길 201(문발동, 파주출판도시)
Tel (031)955-4211~6 donghwapub@nate.com
Fax (031)955-4217 www.donghwapub.co.kr
(등록) 1977년 12월 19일/9-16호

Printed in Korea
ISBN 978-89-425-9635-5